电工技术基础与实践教程

主　编：杜豪杰　赵换丽　王　艳　杨　丽

副主编：李鹏飞　薛亚许　姬鹏飞　代克杰

　　　　王化冰　兰少位　杨　霞　孙炳海

参　编：李杰峰　王克峰　董佩冉　崔晓庆

　　　　韦　明

吉林大学出版社

·长春·

图书在版编目（CIP）数据

电工技术基础与实践教程 / 杜豪杰等主编. -- 长春：
吉林大学出版社，2024. 11. -- ISBN 978-7-5768-4360
-6

Ⅰ. TM

中国国家版本馆 CIP 数据核字第 2024MT1183 号

书　　　名：电工技术基础与实践教程
DIANGONG JISHU JICHU YU SHIJIAN JIAOCHENG

作　　　者：杜豪杰　赵换丽　王　艳　杨　丽
策划编辑：李潇潇
责任编辑：刘守秀
责任校对：李潇潇
装帧设计：寒　露
出版发行：吉林大学出版社
社　　　址：长春市人民大街4059号
邮政编码：130021
发行电话：0431-89580036/58
网　　　址：http://www.jlup.com.cn
电子邮箱：jldxcbs@sina.com
印　　　刷：定州启航印刷有限公司
开本尺寸：787mm×1092mm　　16开
印　　　张：23.75
字　　　数：435千字
版　　　次：2024年11月第1版
印　　　次：2025年5月第1次
书　　　号：ISBN 978-7-5768-4360-6
定　　　价：98.00元

前　言

随着工业技术的飞速发展，电工技术作为现代工业体系的核心支撑，其重要性日益凸显。无论是电力系统的稳定运行、电气设备的智能化控制，还是新能源技术的创新应用，都离不开扎实的电工理论基础与娴熟的实践操作能力。然而，当前电工技术教育中普遍存在"重理论、轻实践"的倾向，导致许多学生在面对实际工程问题时缺乏解决能力。为此，我们结合多年教学经验与行业需求，编写了《电工技术基础与实践教程》一书。该书旨在构建一套"理论为基、实践为本、能力导向"的教学体系，帮助学生实现从知识积累到技能提升的跨越，为普通高等工科学校电气工程及其自动化、自动化、电子信息工程等专业的学生提供一本理论与实践相结合的教材，同时可供其他工程技术人员参考。

本书不仅详细介绍了电工技术的基础理论，还通过大量的实验和实训项目，引导学生动手操作，培养他们的实践能力和创新意识。

此外，本书还特别注重思政育人的问题。在新时代中国特色社会主义思想的指导下，紧密结合"新工科"建设的要求，培养德才兼备的工程技术人才是高等教育的重要任务。本书在编写过程中，巧妙地将思政育人目标融入教学内容，通过电工技术的安全意识、工程实践中的职业道德、社会责任等内容的介绍，引导学生树立正确的价值观和职业观，增强他们的社会责任感和使命感。

本教材的编写团队由高校教师、企业工程师、行业专家共同组成，由杜豪杰、赵换丽、王艳、杨丽担任主编，由李鹏飞、薛亚许、姬鹏飞、代克杰、王化冰、兰少位、杨霞（平顶山市姚孟职业技能培训学校）、孙炳海担任副主编，由企业行业专家李杰峰、王克峰、董佩冉、崔晓庆、韦明担任参编。全书共43.5万字，由杜豪杰整体负责，其中杜豪杰编写了绪论和第1，2，3，4章的部分内容，共11.1万字；赵换丽主要编写了第5，6，7章的部分内容，共8.1万字；王艳、杨丽、李鹏飞编写了第7，8，9，10章的部分内容，每人分别8.1万字；薛亚许、姬鹏飞、代克杰、王化冰、兰少位、孙炳海负责了教材各个章节内容的插图绘制和习题库编写；企业（平高集团有限公司、河南姚孟能源投资有限公司）、行业（平顶山市姚孟职业技能培训学校）的专家李杰峰、杨霞、王克峰、董佩冉、崔晓庆负责了工程实践的内容；韦明（平顶山市第一中学）负责了部分插图和排版。

在内容设计上，我们以《国家职业教育改革实施方案》为指导，紧密对接电工职业标准，突出"安全规范、技能实训、创新思维"三大核心要素。书中不仅涵盖了电工技术的基础理论，而且通过丰富的实训项目、仿真案例和故障排查场景，引导学生将知识转化为解决复杂问题的能力。本书共分为 10 章，内容层层递进，涵盖了电工技术的基础知识、基础性实验、拓展性实训以及虚拟化仿真，兼顾广度与深度，每个模块都紧密结合实际应用，力求通过理论与实践的结合，帮助学生全面掌握电工技术的核心知识和技能。第 1～3 章从电工安全常识、工具使用到仪表维护，夯实学生的安全意识与基础技能。例如，第 1 章通过触电急救、电气火灾扑救等场景化教学，强调"安全是技术之本"；第 2 章则以导线的连接与绝缘恢复为例，将工艺标准融入操作。第 4、5 章系统讲解低压电器、电动机原理及电力拖动控制电路，结合星形三角形启动、正反转控制等经典案例，剖析设备运行逻辑。第 6～10 章从照明装置安装、PLC 控制到电路仿真，引入 Multisim 等工具，培养学生的系统设计能力和数字化思维，使理论教学更具直观性。本书特别强调实训与实践的有机融合，通过"实训目的—原理分析—操作步骤—故障排查"四维模块进行实训，并辅以思考题拓展能力。

本书的出版得益于多位行业专家的悉心指导。同时，我们要感谢参与教材试用的师生，他们的反馈为内容的优化提供了重要依据。未来，电工技术将朝着智能化、网络化方向加速演进。我们期待本教材能成为学生职业发展的基石，帮助他们在实践中锤炼技能，在创新中提升高阶能力。

本书是杜豪杰主持的 2024 年第二批河南省专创融合特色示范课程"电工实训"的内容及成果，支持杜豪杰主持的 2023 年度河南省虚拟仿真实验教学项目"基于发电机组电气运行虚拟仿真项目"、河南省教育厅本科高校 2023 年度产教融合研究重点项目"产教融合视域下特色行业学院建设及运行模式研究与实践"、2023年河南省科技厅项目"面向智慧交通的摩擦纳米发电机光诱导电子传输机理研究"（23210224008）；支持赵换丽主持的平顶山学院 2021 年度校级精品在线开放课程"电机学"、王艳主持的平顶山学院 2021 年度校级精品在线开放课程"电力拖动与自动控制"、李鹏飞主持的"基于'三链融合'的应用型本科院校高质量双创能力培养模式探索与构建"（2021SJGLX268）；还支持平顶山学院的河南省第十批重点学科——"能源动力"。

由于编者水平有限，本书内容难免存在不妥之处，敬请读者批评指正。

目　录

绪 论

知识目标

1. 能够识记电工安全操作规程：学生应熟悉并掌握电工安全操作规程的基本内容，包括通用安全准则、变配电安全操作细则、电气安装安全技术操作规程等。

2. 了解并遵守实验实训室的行为准则，包括环境维护、设备使用、时间管理等方面的要求。

3. 了解并遵守"十项要求"与"十项禁止"的实训行为守则，确保实训过程中的安全和秩序。

能力目标

1. 具备在实际操作中严格执行安全操作规程的能力，能够正确使用电工工具和设备，确保操作过程中的安全。

2. 应具备在紧急情况下迅速切断电源、保护现场并报告指导教师的能力，能够有效应对突发情况。

3. 学生应具备在实训过程中与同学相互协作、共同完成任务的能力，确保实训活动的顺利进行。

素养目标

1.学生应树立强烈的安全意识，始终将安全放在首位，具备高度的责任感，确保自身和他人的安全。

2.学生应具备良好的职业道德，严格遵守实训室的行为准则和操作规范，培养规范操作的职业素养。

3.学生应树立正确的价值观和职业观，理解安全生产的重要性，培养爱岗敬业、遵纪守法的职业精神，增强社会责任感和集体荣誉感。

0.1 电工安全操作规程

1.通用安全准则

（1）电气作业人员在执行操作时，需保持高度专注。任何未经测电笔确认无电的电气线路，均视为带电状态，严禁徒手接触，不可仅凭绝缘体外观判断其安全性，应始终保持带电作业的安全操作意识。

（2）作业前，务必细致检查所用工具的安全性，并正确穿戴必要的个人防护装备，以预防作业过程中可能发生的意外情况。

（3）在进行线路维修时，应采取有效预防措施，如在开关手柄或线路上悬挂"维修中，禁止合闸"的警示标识，以防止他人突然操作送电。

（4）使用测电笔时，须明确其适用电压范围，严禁超范围使用。常规电工用测电笔，其使用电压上限应不超过 500 V。

（5）作业过程中，所有拆下的电线应妥善处理，裸露的带电部分必须包裹好，以防止触电事故发生。

（6）导线及保险丝的选择需严格遵循规定标准，其容量应能满足并超过所控制设备的总负荷需求，同时，开关的选型亦应匹配设备容量。

（7）作业完成后，必须及时拆除所有临时地线及警示标识，并将所有材料、工具、仪表等撤离现场，同时恢复原有的安全防护装置至正常工作状态。

（8）在检查、维修工作结束后，送电前操作人员须进行全面检查，确认一切符合安全要求，并与相关人员沟通协调后，方可进行送电操作。

（9）一旦发生火情，应立即切断电源，采用四氯化碳干粉灭火器或干燥的黄砂进行扑救，严禁使用水进行灭火，以防触电风险加剧。

2. 变配电（电工）安全操作细则

（1）高压隔离开关操作指南。

断电操作流程：①断开低压各分路空气开关，隔离开关。②断开低压总开关。③断开高压油开关。④最后断开高压隔离开关。

送电操作顺序和断电顺序相反。

（2）低压开关操作流程。

断电操作顺序：①断开低压各分路空气开关、隔离开关。②再断开低压总开关。

送电操作与断电操作顺序相反。

（3）倒闸操作规程。

对于高压双电源用户，进行倒闸操作前，必须事先与供电局取得联系并获得批准，严格按照规定时间执行，严禁私自操作。

倒闸时应先合上备用电源，再断开原电源，以确保用户供电不受影响。在未查明故障原因前，禁止进行倒闸操作。每次倒闸操作后，应立即对两个倒闸开关加锁，并悬挂相应的警告标识。倒闸操作必须实行双人作业制，一人操作，一人监护，确保操作安全无误。

3. 变配电设备安全维护与检修规程

（1）当电力维护人员接收到停电指令后，首要任务是拉下相关联的刀闸开关，并安全地取下熔断器。随后，在操作手柄上实施锁定措施，并悬挂醒目的警示牌，同时在尚未断电的设备周边设置保护屏障，以确保安全隔离。

（2）在高低压系统断电后，正式开展工作之前，验电步骤是不可或缺的。这一程序旨在确认工作环境已完全无电，为后续作业提供安全保障。

（3）针对高压验电作业，必须选用与待测电压等级相匹配的验电设备。验电过程中，操作人员须穿戴经检验合格的高压绝缘手套，并首先在已知带电的设备上进行验电器的有效性验证，确认无误后方可对目标设备进行验电。

（4）验电工作应全面覆盖施工设备的进出线两侧，以确保验电的全面性。特别地，对于室外配电设备的验电，应选择在干燥的天气条件下进行，以避免因潮湿环境导致的误判或安全隐患。

（5）在施工现场无电后，将施工设备接地并将三相短路，以有效防止突然中途来电，从而保障工作人员在作业过程中的安全。

（6）为确保施工设备在检修期间不会意外送电，需在所有可能的送电路径上安装接地线。对于采用双回路供电的系统，在检修某一母线刀闸、隔离开关或负荷开关时，不仅要拉开两母线刀闸，还需在施工刀闸的两端同时悬挂接地线，以增强安全保障。

（7）接地线的装设应遵循先接地后挂线的原则，而拆除时则顺序相反，以确保操作的安全性和有效性。

（8）接地线应设置在工作人员易于观察的位置，并在附近悬挂"有人工作，严禁合闸"的安全警示牌。工作监护人须定期巡查接地线的完好状态，确保其始终处于有效保护状态。

（9）为确保施工设备的安全隔离，必须将所有相关开关完全断开，包括刀闸和隔离开关等，以确保至少存在一个明显的断开点。禁止在仅通过断开油开关的设备上进行工作，同时需警惕低压侧通过变压器高压侧反送电的可能性。因此，在检修过程中，必须将涉及的设备从高压两侧同时断开。

（10）若工作过程中因故中断并需复工时，必须重新检查所有安全措施是否到位且有效。在确认一切安全无虞后，方可继续开展工作。当所有工作人员离开现场时，应确保室内上锁以防止无关人员进入，室外则需安排专人看守以维护现场安全。

4.用电人员安全行为规范

（1）各类用电人员应熟练掌握安全用电的基本知识及所使用设备的性能特点，确保操作过程中的安全无误。

（2）在使用设备前，必须严格按照规定穿戴和配备相应的劳动防护用品，并仔细检查电气装置和保护设施的完好性。严禁让设备在存在故障或隐患的状态下运行。

（3）对于停用的设备，应及时拉闸断电并锁好开关箱，以防止意外启动或造成其他安全隐患。

（4）严禁在配电箱、开关箱内随意搭接其他电器设备，以免破坏原有的电气连接或引发安全事故。

（5）用电人员应负责保护所使用设备的负荷线、保护零线和开关箱等部件的完好性。一旦发现问题或隐患，应及时报告并采取措施解决。

（6）在搬迁或移动用电设备时，必须事先通知电工切断电源并进行妥善处理后方可进行移动操作，以确保操作过程中的安全。

（7）如遇有人触电的紧急情况，应立即切断电源并进行急救；若发生电气火灾，则应迅速切断相关电源并使用二氧化碳或1211干粉灭火器等适宜的灭火器材进行扑救，严禁使用泡沫灭火器以免加剧火势或引发其他危险。

5.电气安装安全技术操作规程

（1）施工现场临时用电应采用TN-x配电系统，遵循"三相五线制"、三级配电两级保护和"一机一闸一保险一箱"的做法，高低压设备及线路的安装与架设，须严格依据施工用电的专项设计方案及电气安全技术规程执行。

（2）绝缘与检验工具应得到妥善管理，严禁挪作他用，并需定期进行检查与校验，以确保其有效性。电工在作业过程中，必须穿戴合格的绝缘鞋，以保障个人安全。

（3）严禁在线路上进行带负荷的接电或断电操作，同时禁止任何形式的带电作业，以防止触电事故的发生。

（4）在进行焊锡熔化作业时，锡块与工具必须保持干燥，以防止因水分导致的爆溅现象，确保作业安全。

（5）使用喷灯时，须确保喷灯无漏气、漏油及堵塞现象，严禁在易燃、易爆环境中进行点火及使用。工作结束后，应及时灭火并释放喷灯内残余气体。

（6）在配制环氧树脂及沥青电缆胶等有害物质时，操作区域应保持良好的通风条件，操作人员需佩戴必要的防护用品，以防中毒或皮肤损伤。

（7）锡焊容器不得用于盛装热电缆胶，以避免安全事故。在高空进行浇注作业时，下方严禁有人员停留，以防意外坠落物伤人。

（8）安装具有返回弹簧的开关设备（如高压油开关、自动空气开关等）时，应将开关预先置于断开状态，以防止因误操作导致的电击事故。

（9）当多台配电箱（盘）并列安装时，作业人员应避免将手指置于两盘接合处或触摸连接螺孔，以防止触电或机械伤害。

（10）在进行剔槽打眼作业时，需确保锤头紧固无松动，铲子边缘平整无卷边、裂纹。作业时应佩戴防护眼镜，以防飞溅物伤眼。当楼板、砖墙被打透时，需特别注意下方不得有人靠近。

（11）人力弯管器弯管，应选好场地，防止滑倒和坠落，操作时面部要避开。

（12）管子穿带线时，严禁对管口呼唤、吹气以防带线弹力伤人。同时作业人员应相互配合以防挤手事故发生。

（13）安装照明线路时，禁止直接在板条天棚或隔音板上通行及堆放材料。若确需通行，则应在大楞上铺设稳固的脚手板以确保安全。

6.外线及电缆工程作业规程

（1）电杆搬运时若使用小车应捆绑牢固；若采用人工搬运则需动作协调一致且电杆离地不宜过高以防倾倒伤人。

（2）人工立杆时应选用坚固完好的叉木作为辅助工具并确保操作人员间配合默契用力均衡。使用机械设备立杆时应在两侧设置溜绳以增强稳定性。立杆过程中坑内严禁有人停留，待基坑夯实后方可拆除叉木或拖拉绳。

（3）登杆前需检查杆根是否夯实牢固；对于旧木杆若其杆根单侧腐朽深度超过杆根直径八分之一则需进行加固处理后方可登杆作业。

（4）登杆作业时脚扣应与杆径相匹配且脚踏板钩子应朝上设置。安全带应系于安全可靠位置并确保扣环扣紧不得拴于瓷瓶或横担上以防脱落。工具与材料应通过绳索传递严禁上下抛扔以防伤人。

（5）杆上紧线作业应采取侧向操作方式并上紧螺栓以确保导线稳固。紧有角度的导线时应在导线外侧作业以防导线滑落伤人。调整拉线时杆上不得有人停留以防意外发生。

（6）紧线用的铁丝或钢丝绳需具备足够的承载能力并与导线连接牢固以防断裂。紧线过程中导线下方严禁有人停留以防导线断裂伤人。单方向紧线时应在反方向设置临时拉线以增强稳定性。

（7）耐压试验装置的金属外壳必须接地以确保安全。若被试设备或电缆两端不在同一地点则另一端应有人看守或加锁以防意外发生。在确认仪表、接线无误且人员已撤离后方可进行升压操作。

（8）对电气设备或材料进行非冲击性试验时升压或降压过程应缓慢进行以防设备损坏或人员受伤。试验暂停或结束时需先切断电源并进行安全放电同时将升压设备高压侧短路接地以确保安全。

（9）在对电力传动装置系统及高低压各型开关进行调试时应将相关开关手柄取下或锁上并悬挂安全警示牌以防误操作导致事故发生。

（10）在利用摇表进行绝缘电阻的测量过程中，务必确保无人触及处于测量状态中的电路或设备，以保障人员安全。完成对于具有容性或感性特性的设备材料的测量后，必须执行放电操作，以消除潜在的安全隐患。此外，在雷电天气条件下，严禁进行线路绝缘电阻的测量工作，以防止意外发生。

（11）电流互感器在操作过程中严禁开路运行，以避免产生高电压对设备造成损害；同时，电压互感器则需严格避免短路情况，并且不得用于升压操作，以维护其正常运行状态及系统安全。

（12）当需要对电气材料或设备进行放电处理时，操作人员必须穿戴完备的绝缘防护装备，确保个人安全。随后，应使用绝缘棒这一专业工具进行安全、有效的放电操作，以彻底消除电荷积累，保障后续工作的顺利进行。

0.2　实训操作规则

0.2.1　实验实训室行为准则

（1）进入实验实训室区域，应维持环境宁静，禁止喧哗与嬉戏，严禁吸烟、饮食，保持场地无痰迹、无纸屑及杂物，确保空间整洁有序。

（2）对仪器设备需倍加爱护，厉行节约材料。未经授权，不得擅自操作与当前实验实训不相关的设备或物品，且严禁将实验实训室内的任何物品携带至室外。

（3）参与者须严格遵守时间安排，准时参与实验实训活动，迟到超过十分钟者，将视为放弃本次实验实训机会。

（4）在实验实训前，务必深入预习相关指导书及内容，清晰理解实验步骤与原理，并能准确回答指导教师的提问，未达标者须重新预习直至合格。

（5）实验实训活动开始前，须经指导教师审核准备情况后方可进行。实验过程中，必须严格遵循实验室规章制度及设备操作规范，真实记录实验数据，独立完成实验报告，严禁抄袭行为。

（6）实验实训期间，安全至上。如遇紧急情况，应立即切断电源，保护现场，并迅速向指导教师报告，待查明原因并消除隐患后，方可继续实验。

（7）实验实训结束后，应及时关闭电源、水源及气源，并将仪器设备归位。经指导教师检查确认仪器设备、工具、材料及实验记录无误后，方可离开实验实训室。

（8）实验实训班级应设立卫生值日制度，值日生须主动负责清扫实验实训室，确保环境整洁。清扫完毕并经指导教师验收合格后，方可离开。

（9）对于违反上述规定者，将依据情节严重程度给予相应处理。

0.2.2 学生实训行为守则——"十项要求"与"十项禁止"

（1）着装规范：学生需穿着符合安全标准的服装，女生应将长发及长辫妥善盘起。

（2）准时入场：须提前五分钟到达实训场地。

（3）岗位明确：按照教师分配的岗位进行实训操作。

（4）专注学习：认真聆听教师讲解，细致观察教师示范操作。

（5）安全至上：严格遵守安全操作规程，保持高度集中，确保人身与设备安全。

（6）高效完成：保证质量，按时完成实训任务。

（7）爱护资源：珍惜设备、工具及量具，合理使用材料与水电资源。

（8）团队协作：相互关心，营造团结友爱的实训氛围。

（9）环境整洁：维护实训室的整洁与美观。

（10）离场规范：按时结束实训，做好清洁工作，关闭水电气源及门窗。

（1）着装不当：禁止穿戴背心、短裤、裙子、高跟鞋、拖鞋及带有吊带的饰物等。

（2）时间管理不当：禁止迟到、早退，请假须办理正规手续。

（3）行为失序：禁止串岗、喧哗、嬉笑打闹。

（4）不尊重师长：禁止顶撞教师。

（5）擅自操作：禁止擅自操作与实训无关的设备。

（6）公私不分：禁止利用实训机会谋取私利或干私活。

（7）私带物品：禁止私自携带工具、量具、零件等材料出实训室。

（8）代做实训：禁止让他人代做或替他人完成实训、考核任务。

（9）物品管理不善：禁止乱丢乱放工具，擅自使用他人工具、材料。

（10）不良习惯：禁止吸烟、随地吐痰、丢弃果皮杂物。

0.2.3 电工实训操作规则

（1）预备充分：在进行实验实训之前，学生需深入研读实验指导书及关联理论，以清晰把握实验实训的目标与任务。

（2）听从指导：进入实训场地后，学生应严格遵守实训导师的指引，依据分配就座于指定实训台，展开实训活动。若实施分组，各组需在实训前依据规定推选一名负责人。

（3）规范操作：实训期间，学生须保持严肃态度，禁止嬉戏打闹与闲谈，依据实训导师的指示，遵循既定流程操作，详尽记录每一步骤，并精确分析实训过程中的各种现象，严禁任何违规或粗暴操作行为。

（4）仪表使用：使用仪表时，务必遵循其正确使用方法，尤其注意连接方式的正确性与量程的适宜性，以防仪表受损。

（5）检查确认：接线完成后，首要任务是进行自我检查，确认无误后再请实训导师进行复核。在获得导师确认并处于其监督之下，方可进行通电实验。

（6）断电作业：在实验实训过程中，任何涉及检查或接线的工作均须在断电状态下进行，严禁带电操作。

（7）安全第一：实训全程须将人身安全及设备安全置于首位。一旦发现仪器、设备故障，应立即切断电源，中止实训，并立即向实训导师报告。

（8）设备保护：未经允许，不得擅自使用实训室设备。

（9）异常处理：实训过程中如遇发光、异响、异味等异常现象，应立即切断电源，停止实训，并立即向实训导师报告。

（10）防触电：在整个实验实训过程中，严禁触摸任何金属裸露部分，即便是低压环境亦不例外，以养成良好的安全习惯，确保人身安全。

（11）整理离场：实训结束后，学生须将实训设备、仪器、工具整理归位，并经实训导师清点验收后，方可停电拆线并清理实验台及实验实训室卫生，最终方可离开实训场地。

（12）损坏赔偿：对于实训过程中因人为因素导致的仪器、设备、工具损坏，需进行相应赔偿。情节严重者，除承担赔偿责任外，还将上报政教处接受进一步处分。

0.2.4　电工实训安全规程

（1）防护到位：上岗时，必须按规定穿戴好个人防护装备，并尽量避免带电作业。

（2）工具检查：工作前，应全面检查所用工具的安全性及可靠性，同时熟悉场地与环境状况，选择安全的工作位置。

（3）电器管理：在使用各类电器时，须严格遵循"安全安装、彻底拆卸、定期检查、及时维修"的原则。

（4）断电作业：在进行线路与设备的维护作业时，首要步骤是切断电源并悬挂警示标识，以确认无电状态后方可展开工作。

（5）保护装置：严禁无故移除电器设备上诸如熔丝、过负荷继电器及限位开关等关键安全保护装置，以保障设备运行的安全性。

（6）完工检查：机电设备完成安装或维修后，于正式通电前，务必详尽检查其绝缘电阻、接地装置及传动部分的防护装置，确保其全面符合安全标准。

（7）触电急救：一旦发生触电事故，首要任务是迅速切断电源，随后采用科学、安全的方法对触电者实施紧急救援与救治。

（8）灯头与线路：安装灯头时，开关设计需确保控制相线，而临时线路的铺设则需遵循先接地线、后拆相线的原则，以确保操作安全。

（9）高电压操作：使用电压超过 36 V 的手电钻时，必须严格佩戴绝缘手套与绝缘鞋。同样，使用电烙铁时，需确保其周围无易燃物且远离其他电器设备，使用后应立即拔掉电源插头。

（10）电线处理：工作过程中拆卸的电线须妥善处理，特别是带电的线头，必须用绝缘材料妥善包扎，以防意外触电。

电工实训课程对安全性的要求极为严苛，其核心在于保障人身安全，进而确保设备安全。在整个实训过程中，必须始终贯彻安全操作与紧急救护的核心理念与行为规范，不容丝毫懈怠。

思考题

1. 在电工实训过程中，为什么必须严格遵守安全操作规程？结合实际案例，讨论不遵守安全规程可能带来的后果。

2. 在实验实训室中，如何通过团队协作提高实训效率和安全性？请结合"十项要求"与"十项禁止"中的相关内容进行思考。

3. 如何通过实训活动培养职业道德和规范意识？请结合素养目标中的职业道德与规范意识进行思考。

4. 在电工实训中，如何将安全意识与责任感融入日常操作中？

第1章　电工安全常识

学习目标

知识目标

1. 能够识记触电的生理危害机制，掌握电流强度和频率对触电后果的影响。

2. 能够识记安全电流与安全电压的等级划分及其适用场景，明确人体阻抗的组成（内部阻抗与皮肤阻抗）与影响因素（湿度、接触面积等）。

3. 能够阐释触电的三种类型（单相、两相、跨步触电）及其对应的防护措施（接地保护、漏电保护、绝缘防护、屏护等）。

4. 能够熟知并阐释触电心肺复苏术（CPR）的操作流程。

5. 能够识记电气火灾的主要成因及扑救方法，明确灭火工具选用规范。

能力目标

1. 能够根据作业环境选择并正确使用绝缘工具（如电工钳、木棍）进行安全操作。

2. 能够在跨步电压触电场景中快速判断危险区域，并采取脱离电源、警示他人等应急措施。

3. 能模拟触电事故现场，独立完成脱离电源、伤情诊断及心肺复苏术的规范操作。

4. 能够识别电气线路老化、违规接线等火灾隐患，并正确选用灭火器扑救初期火灾。

素养目标

1. 始终贯彻"安全第一"原则，严格遵守电工安全规程，杜绝冒险作业。

2. 培养在紧急情况下冷静判断、分工协作的能力，强化"生命至上"的救援责任感。

3. 践行工匠精神，以严谨态度对待每一道工序，维护行业声誉与公共利益。

随着我国社会主义经济体制改革的持续深化以及社会主义市场经济制度的日益健全，我国国民经济展现出了高速且稳健的发展态势。在此过程中，电能作为不可或缺的二次能源，其应用范围日益广泛，其在社会经济发展中的核心地位愈发凸显。然而，电能因其无形无质的特性，在为人类生活带来极大便利的同时，也潜藏着一定的风险。回顾过往事故案例，触电事故频发的原因可归结为以下几点：

（1）设计施工缺陷。电气设备的安装与检修过程中存在的安全漏洞，厂家生产的部分设备材料未能达到安全标准，给日后的安全事故埋下了隐患。

（2）维护管理缺失。电气设备及线路因缺乏定期、有效的检查与维护，导致潜在问题逐渐累积，最终引发事故。

（3）职业素养不足。表现为职业责任感淡薄，对电气安全技术的掌握不够深入，对潜在的安全隐患缺乏警觉，反映出职业道德与安全意识的双重缺失。

（4）违规操作行为。在缺乏足够安全意识的情况下，部分人员选择违反安全规程进行作业，加之自我保护能力不足，冒险行事，最终导致了触电事故的发生。

鉴于此，为了确保用电安全，首要任务是深入理解并掌握相关的安全用电知识。

1.1　触电相关基础知识

在人们的日常生活与各类生产活动中，电能的运用极为普遍。然而，若未能妥善使用电力及带电设备，触电事故便可能轻易发生。鉴于此，掌握安全用电的基础知识显得尤为重要。关于触电电流对人体造成的伤害程度，经过长时间的深入研究，科学界已达成共识：其严重性主要受电流强度、频率、流经路径以及电压水平的共同影响。

1.1.1　电流对人体的伤害

1. 电流对人体的生理影响

流经人体的电流强度与其引发的生理反应成正比，即电流越大，人体的感应与反应愈发显著，促使心室颤动的时间缩短，从而加剧其致命风险。基于电流大小与人体状态的不同，工频交流电可大致划分为以下三类。

（1）感觉电流：指引起人的感觉的最小电流。对成年人而言，其有效范围大致在 0.7 ～ 1 mA 之间。此等级电流通常不直接造成人体伤害，但随着电流强度的提升，人体的反应会愈发强烈。

（2）摆脱电流：指人体触电后能自主摆脱电源的最大电流。对于一般成年人而言，此值通常不超过 15 mA。此范围内的电流被视为人体在短时间内可承受且通常不会引发严重后果的电流水平。

（3）致命电流：指在较短的时间内危及生命的最小电流。当电流超过 50 mA 时，易引发心室颤动，构成生命威胁。通常，低于 30 mA 的电流在短时间内被认为相对安全，故常将此范围内的电流称为安全电流。

关于电流频率，普遍认为 40 ～ 60 Hz 的交流电对人体构成最大威胁。随着频率的上升，其危险性逐渐减弱。然而，当电源频率攀升至 20 000 Hz 以上时，虽然直接损害有所减轻，但高压高频电流对人体仍保持着高度危险性。

此外，通电时间的延长也是增加触电危险性的重要因素。长时间通电会导致人体因出汗等原因电阻降低，进而使通过人体的电流增大，触电风险随之上升。

电流流经人体的不同路径会显著影响其所造成的伤害程度。具体而言，电流穿越头部可能引发昏迷；流经脊髓则可能导致瘫痪；若通过心脏，将直接造成心脏骤停，血液循环受阻；而穿越呼吸系统则可能引发窒息。因此，从左手至胸部的路径被视为最为危险的，紧随其后的是手到手、手到脚的路径，相对而言，脚到脚的路径危险性较小。

电流通过人体时，会触发一系列生物效应，包括热效应、化学效应及刺激作用，这些效应共同作用于人体，影响其正常功能。在热量产生层面，少量热量仅会导致局部组织温度微升，对健康无碍；然而，当热量累积至较高水平时，人体温度将急剧上升，严重时可导致组织损伤乃至致命后果。此外，电流还能在体内引发电解、电泳和电渗等化学变化，显著影响人体的功能状态及反应性，极端情况下亦可造成组织损伤和生命危险。

同时，电流的刺激作用广泛作用于人体的组织和器官，引发体内不同区域及器官的反应，这些反应可能涉及内脏功能的变化，甚至影响内分泌系统，进而干扰血液循环、机体代谢及组织营养状态。电流对心脏的刺激作用尤为强烈，常引发心室纤维性颤动，最终导致心跳停止和死亡。事实上，大多数触电致死案例均源于心室纤维性颤动。

电流对人体的伤害可大致划分为电击伤与电灼伤两类。电击伤是指电流通过人体内部时造成的伤害，主要影响心脏、肺及神经系统的正常运作，其危险性极高，常导致死亡事故。而电灼伤则是由电弧对人体外表造成的伤害，表现为局部的热、光效应，轻者仅伤及皮肤，重者则可深入肌肉、骨骼，甚至危及生命。

2. 安全电流

在保障人身安全的前提下，我们通常将触电后人体未展现出有害生理反应作为安全评估的基准。基于这一原则，定义了一个关键参数——安全电流，它指的是通过人体而不引发有害生理效应的电流阈值。安全电流这一概念进一步细化为容许安全电流与持续安全电流两类。当人发生触电，通过人体的电流值未超过摆脱电流值称为容许安全电流。遵循国家标准，对于 50 ~ 60 Hz 的交流电，其容许安全电流值设定为 10 mA；而在矿井等特殊工作环境中，这一数值更为严格，降至 6 mA。对于直流电，其人体安全电流则设定为 50 mA。当人发生触电，通过人体的电流与相应的持续通电时间对应的电流值称为持续安全电流。其中持续安全电流的具体数值会随着通电时间的延长而发生变化。交流持续安全电流值与持续通电的时间关系为

$$I_{ac} = 10 + 10/t$$

式中：I_{ac}——交流持续安全电流，mA；

t——持续通电时间，$0.03\ s \leq t \leq 10\ s$。

在探讨人体对电流的承受能力时，我们关注的是在特定时间范围内，电流通过人体而不致引发生命危险的阈值，这通常被称为人体容许电流。人体容许电流是人体遭受电击后在可能延续的时间内不致危及生命的电流。通常情况下，此容许电流可近似视为人体能够自主摆脱电源的最小电流，即摆脱电流。然而，在配备有防触电功能的漏电速断保护设备的电路中，为了增强安全性，通常将人体的容许电流阈值设定为 20 ~ 30 mA，并确保漏电保护装置能在不超过 1 s 的时间内迅速响应。对于那些存在高度风险，可能导致二次伤害事故的场所，设置人体容许电流时需更为

谨慎，以确保即便在电流作用下，应按不致引起人体生理有强烈感觉和反应的容许电流值设定。在此情境下，一般将容许电流值设定为较低水平，如 5 mA，以最大限度地保护人员安全。

3.人体阻抗与安全电压

在触电事故中，人体阻抗作为关键因素之一，直接影响着流经人体的电流强度、个体的生理反应及伤害程度。人体阻抗由人体内部阻抗及人体外部（皮肤）阻抗两部分组成，其数值受多种复杂因素调控。人体内部阻抗本质上表现为电阻性，其值主要取决于电流流经的路径。人体皮肤阻抗则更为复杂，可视为电阻和电容混合的串并联电路，其值是由接触电压、频率、通电持续时间、接触面积、接触压力、皮肤湿度和温度等多重变量影响。

对人体无致残致命的电压称为安全电压。其设定依据在于人体允许的安全电流和人体阻抗，是安全规范制订中需要考虑的一个不可或缺的因素。

针对 50 ～ 500 Hz 范围内的交流电，安全电压被细化为 42 V，36 V，24 V，12 V，6 V 等五个等级，以适应不同场景下的安全需求。表 1-1 详细列出了这些等级及其选用示例，为实际操作提供了明确指导。

必须确保任意两导线间或导线与地之间的电压不超过表 1-1 所规定的上限值，以保障人员安全。值得注意的是，即便某些重载电气设备在额定负载下符合表 1-1 列出的额定值，但空载时电压却很高，若空载电压超过规定上限值，此时不可视为满足该等级的安全电压要求，需采取额外措施以确保安全。

表 1-1　安全电压等级及选用举例

安全电压交流有效值 /V		选用举例
额定值	空载上限值	
42	50	在有触电危险的场所使用的手持式电动工具等
36	43	湿度较高的环境，如矿井、布满导电性粉尘的区域以及类似的高危地带，行灯等照明设备
24	29	作业空间受限，作业人员易于大面积接触带电体的场合，如在锅炉、金属容器内等环境
12	15	人体可能长时间直接或间接接触带电部分的场合
6	8	

1.1.2 触电的分类

触电作为一种严重的安全隐患，能够对人体造成从轻微到致命的多种伤害，包括剧烈的疼痛、身体机能的丧失乃至生命的终结。触电现象根据其特性和影响，主要可划分为四大类别。

（1）电击：是指人体接触到较高电压时，电流通过人体对细胞、神经系统及器官等形成的针刺感和打击感，极端情况下严重时可能引发肌肉抽搐、神经功能紊乱等。

（2）电伤：是指人体接触到较高电压时，电流对人体产生的伤害。电伤是由于电流作用于人体局部，导致的皮肤及组织损伤，此类伤害虽局限于体表，但常留下醒目的伤痕。

（3）二次伤害：是指触电后可能引发的连锁反应，如因失去平衡而导致的摔倒、撞击等额外伤害。

（4）最为严重的则是电致死亡，强烈的电击能导致昏迷、呼吸停止，最终造成心脏功能衰竭而丧命。

根据电流流过人体的路径和触及带电体的方式，触电通常情况下可以分为单相触电、两相触电和跨步触电等几种类型。

1. 单相触电

当人体某一部分与大地接触，另一部分与一相带电体接触所致的触电事故称为单相触电，如图 1–1 所示。

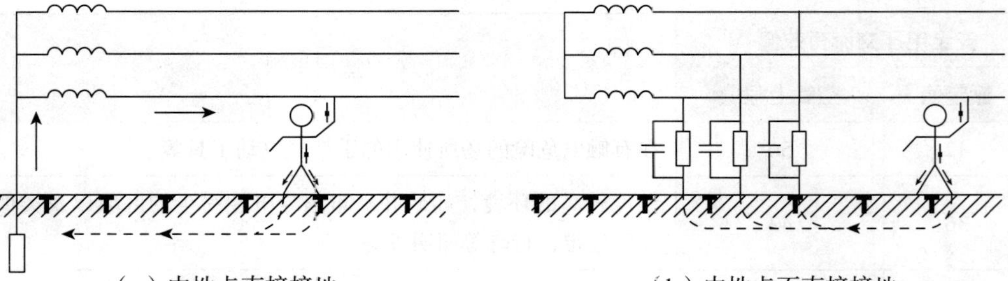

（a）中性点直接接地　　（b）中性点不直接接地

图 1–1　单相触电

2. 两相触电

发生触电时，人体的不同部位同时与两个不同相位的带电体发生接触，则此情况被界定为两相触电。在此类触电事件中，人体充当了电流回路的载体，使两相电源之间形成了通过人体的闭合电路，如图 1-2 所示。此时，流过人体的电流大小完全取决于电流所经过的路径以及供电系统的电网电压水平，这两大因素共同决定了电流对人体的潜在危害程度。

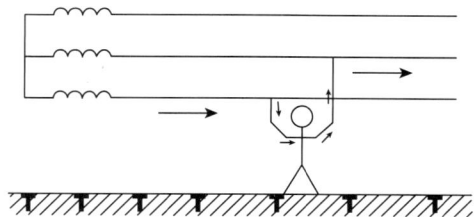

图 1-2　两相触电

3. 跨步触电

在输电线路遭遇断线并触地的情况下，会以其落地点为中心，在地面周围形成一个显著的电场梯度区域。此区域内，电场强度随距离中心点的远近而呈现递减趋势，即越接近落点电压越高，反之则越低。具体而言，在距电线 1 m 以内的区域内，电压骤降显著，占据了总电压降的约 68%；而在 2 ～ 10 m 范围内，电压降减缓，占比约为 24%；进一步扩展至 11 ～ 20 m 区间，电压降趋于平缓，仅占约 8%。因此，当距离电线超过 20 m 时，地面电位可视为接近零。

当个体步入此电场梯度影响区域内，尤其是距离中心点 10 m 以内，且双脚间距（约 0.8 m）因行走而自然展开时，两脚间将因所处电位不同而产生电位差，此现象即为跨步触电，如图 1-3 所示。在此情境下，电流自电位较高的一脚流入，经由人体下半身及双腿，最终从电位较低的一脚流出，从而构成电流通路，导致触电。人体触及跨步电压而造成的触电，称跨步触电。

跨步电压触电主要影响人体下半身，初始时可能不直接危及生命，但引发的生理反应却极为显著。若跨步电压较高，流经双腿的电流强度增大，将促使下肢肌肉发生强烈收缩，进而影响人体的平衡与稳定性，增加跌倒的风险。一旦跌倒，电流路径可能发生改变，流经人体更为关键的内脏器官（如心脏），从而显著提升触电致死的风险。因此，对于跨步电压触电的防范与应对措施，需高度重视。

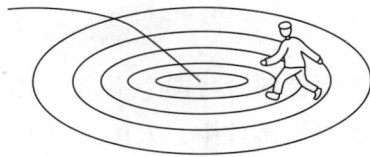

图 1-3　跨步电压触电

1.2　预防触电和触电急救

1.2.1　预防触电的措施

预防触电事故采取的措施，包括接地保护、漏电保护、绝缘防护、屏护、安全电压、设置安全标志、创建非导电场所、实施电气隔离、采用不接地的局部等电位连接、维持安全距离及设置物理障碍等。

（1）接地保护。在电气设备出现一相对外壳漏电的情况下，接地保护机制旨在削减漏电设备外壳的接触电压，作为防范间接触电风险的关键手段。然而，实践经验揭示，多数情况下接触电压难以降至安全阈值以下，故接地保护在人身安全保障上存在局限性，需辅以漏电保护装置以实现全面防护。

（2）漏电保护。针对低压电气系统中出现的一相对地漏电或人身一相对地触电紧急情况，漏电保护装置能在极短时间内（约 0.1 s）迅速切断电源，有效遏制人身间接或直接触电事故的发生。此外，该技术还具备防范由漏电引发的电气火灾之功能。

（3）绝缘防护。绝缘防护运用绝缘材料将带电体完全封闭，以此隔离带电体或不同电位导体，确保电流沿预设路径流通。电气线路与设备的绝缘层，以及各类绝缘安全工具，必须依据其额定电压等级、运行环境及操作条件进行适配选择。同时，需定期实施预防性试验与检测，以维持绝缘性能处于合格标准。

（4）屏护。当电气设备的带电部分因条件限制难以全面绝缘或绝缘效果不足以保障安全时，需引入屏蔽防护装置，如安全护栏、防护罩、护盖及箱盒等。此类装置能有效隔离带电体，防止人体接触或过分接近带电区域，从而预防触电、电弧短路及电弧灼伤等危险事件的发生。

（5）安全电压。采用安全电压时，须综合考虑场所特性、使用模式及人员状况等因素，参照相关标准选定适宜等级的安全额定电压。值得注意的是，虽 6 V 与 12 V 安全电压允许直接接触而无显著风险，但 24 V 安全电压应谨慎避免直接接触，而 36 V 与 42 V 安全电压则严禁直接接触。因此，在使用 24 V 及以上安全电压时，必须采取额外的绝缘隔离措施以确保安全。

（6）安全标志。设置不同种类的安全标识牌，旨在明确界定电气检修人员的作业区域，并警示公众远离带电设备，以防止直接触电事故的发生，是保障安全作业环境的必要手段。

（7）非导电场所。为确保在电气设备绝缘失效时人体的安全，需采用非导电材料构建作业环境，即室内地板与墙壁须具备绝缘性能。此外，不同电位点之间应保持足够的距离，通常不小于 2 m，以减少触电风险。绝缘材料的电阻值亦须符合规范，对于额定电压 500 V 及以下者，电阻值应不低于 50 kΩ；超过 500 V 者，则不低于 100 kΩ。

（8）电气隔离。电气隔离是一种安全措施，旨在切断用电设备与电网电源间通过大地的电流回路，从而显著降低地面作业时的触电风险。结合适当的绝缘防护措施，可进一步避免触电伤害。常见的电气隔离方法包括采用 TT 系统供电，该系统低压中性点不直接接地；以及使用 1∶1 隔离变压器，其一、二次侧对地额定电压均控制在 250 V 以内；还有具备隔离功能的多绕组电动发电机组供电方式。

（9）不接地的局部等电位连接。此措施是将人体可能接触的所有电气设备金属外壳（特别是Ⅰ类电器）及操作区域内的非电气但导电部分（含导电地板）进行连接，以消除彼此间的电位差。此等电位连接系统需与大地保持电气隔离，确保隔离效果。连接范围应覆盖所有可能触及带电体的区域。进入此类区域时，人员需特别注意避免两脚或手脚跨接于存在电位差的导体上，建议在出入口铺设绝缘垫以增强安全。

（10）安全距离。为预防人体、车辆或其他物体与带电体之间发生直接接触或过度接近，进而防止电气火灾、过电压放电及短路等事故的发生，需在不同带电体之间、带电体与操作人员、地面、其他设备或设施间设定合理的安全距离。这些距离的制订依据包括电压等级、设备类型及安装方式等因素。具体而言，人体与带电体间的安全距离设定为：低压环境下约为 0.3 m；10 kV 及以下电压时，基本距离为 0.7 m（加装护栏后可缩短至 0.35 m）；35 kV 电压下则为 1 m（加装遮栏后为 0.6 m）。

（11）设置障碍。通过安装栅栏、围栏等物理障碍，可有效防止人员（尤其是儿童与家畜）无意中触及或接近带电体，从而预防触电事故的发生。然而，对于成年人而言，此类障碍主要起警示作用，难以完全阻止有意绕行行为。因此，需结合其他安全措施共同使用，以提高整体防护效果。

1.2.2 触电急救

生理学领域的研究早已阐明，人体对氧气的依赖尤为显著，特别是大脑与心肌组织。当血液循环骤停，即意味着血液供给的彻底中断，此时大脑储备的氧气仅能维持脑细胞功能约 10 s，心脏亦仅能依靠残余氧气跳动数次。在常温环境下，若脑细胞持续缺血缺氧超过 4 min，便会遭受损害；一旦超过 10 min，这种损害将变得极为严重，达到"不可逆"的程度，即损伤几乎无法修复，可能导致即使幸存，个体智力严重受损，甚至陷入无意识的植物人状态。因此，面对心跳呼吸骤停的患者，在医疗专业人员抵达之前，把握黄金救援时间，即刻实施心肺复苏术显得尤为重要。这要求我们必须熟练掌握急救技能，以便在紧急情况下能迅速且准确地于现场展开救治。

触电急救原则是触电急救必须分秒必争，一旦触电事故发生，必须立即行动，就地迅速应用心肺复苏法进行紧急处理，并持续进行，不容有丝毫懈怠。同时，应迅速与医疗机构取得联系，请求专业医疗团队的支援，但在医疗人员到达并接手救治之前，现场的急救工作不应中断，亦不得擅自断定伤者已死亡而放弃抢救。唯有医生有权根据专业评估，做出关于伤者生命状态的最终判断。

发生触电事故时，现场急救的具体操作可分为迅速脱离电源、简单诊断和对症处理三大部分。争分夺秒，反应敏捷，迅速进行抢救，往往奏奇效。

1.迅速脱离电源

首要且至关重要的是迅速且有效地将受害者从电源中分离出来，此过程需力求迅速，以减少潜在伤害。在受害者仍与电源相连的状态下，其身体成为电流通路，特别是当导电物体紧握于手中时，由于电流刺激，受害者往往会紧握不放。因此，救援人员必须确保双手被绝缘材料妥善包裹，并优先考虑单手操作，以最小化风险，直至成功切断电源后方可安全释放对受害者的接触。若触电事故发生在高处，救援行动还需同步规划预防措施，防止断电后受害者因失去平衡而跌落受伤。此外，若断电操作导致现场照明中断，影响救援进程，应立即指派人员准备应急照明设备，确保救援工作持续进行。使触电者脱离电源的措施有：

（1）直接切断电源：若距离电源开关或插头很近，应毫不犹豫地立即关闭电源或拔掉插头，以最快速度切断电流。

（2）利用绝缘工具切断电线：若无法直接触及电源控制装置，救援人员应使用配备绝缘手柄的电工工具，如电工钳，或选用干燥且绝缘性能良好的非专业工具（如干燥木柄的斧头、菜刀等，但需谨慎操作以防意外），以切断电线，从而断开电源。

（3）绝缘材料辅助解脱：当电线直接缠绕在受害者身上或被其压于身下时，救援人员应迅速寻找干燥衣物、绳索、木棍等绝缘物品作为辅助工具，小心谨慎地拉开受害者与电线的接触，或挑开覆盖在受害者身上的电线，确保受害者安全脱离电源环境。如图 1-4 和图 1-5 所示。

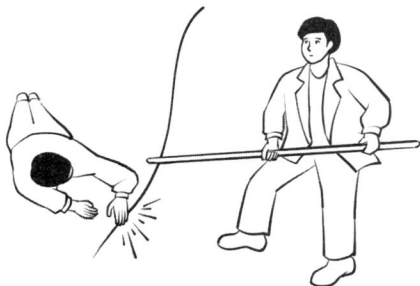

图 1-4　用木棍挑开电线　　　　图 1-5　用一只手拉触电人干燥的衣服

2. 触电者脱离电源后的简单伤情诊断

（1）对于意识清醒的触电者，应首先安排其就地平躺，并进行持续观察，暂时避免其起身或移动，以防加剧潜在伤害。

（2）若触电者呈现无意识状态，应立即协助其仰面平躺，并确保呼吸道畅通无阻。随后，在 5 s 内通过呼唤其名字或轻拍肩部的方式，尝试判断其是否丧失意识，此过程中严禁晃动头部以免造成进一步伤害。

（3）一旦发现触电者出现假死症状，应立即就地展开紧急而正确的抢救措施，并同时拨打急救电话，迅速与医疗救援机构取得联系，以便专业团队能够及时接替救治工作。

（4）关于呼吸与心跳状态的评估，对于已丧失意识的触电伤员，须在接下来的 10 s 内迅速采用"看、听、试"的综合方法来判断其呼吸与心跳状况。具体而言，应观察伤员胸部与腹部的起伏情况，倾听口鼻处是否有呼吸声，使用轻薄纤维物品测试口鼻呼出的气流，以及用手指轻触喉结旁凹陷处检查颈动脉的搏动情况。若以上检查均未能感知到呼吸与心跳，则可判定该伤员已处于呼吸与心跳停止状态。

3.急救方法：心肺复苏法

当触电受害者出现呼吸与心脏骤停的情况时，必须即刻遵循心肺复苏指南中的三项核心措施，对现场实施高效抢救。这三项核心措施是：确保气道畅通无阻；实施口对口（或鼻）人工呼吸；以及进行胸外心脏按压（即人工循环）。

（1）确保气道畅通无阻。面对呼吸停止的触电伤员，首要任务是维持气道的通畅性。若发现伤员口腔内存有异物，应迅速而谨慎地将其身体与头部同步侧向一边，利用单手或双手指交叉法，自口角轻柔地探入并移除异物，操作过程中需警惕避免异物被推入咽喉深处，加剧风险。

为实现气道的有效畅通，可采纳如图1-6所示的仰头抬颏技术。具体操作为：一手轻置于伤员前额，另一手则以手指向上托举其下颏骨，双手协作使头部后仰，从而带动舌根上抬，开放气道。值得注意的是，严禁在伤员头下垫放枕头或任何物品，以防头部前倾加重气道梗阻，并可能减少或阻断胸外按压时血液向脑部的流动。

（2）口对口（或鼻）人工呼吸，在保持伤员气道通畅的同时，救护人员用放在伤员额头上的手指，捏住伤员的鼻翼（见图1-7）。接下来救护人员深吸气，与伤员口对口紧合，在不漏气的情况下，先连续大口吹气两次，每次1～1.5 s。如两次吹气后试测颈动脉仍无搏动，可判断心跳已经停止，要立即同时进行胸外按压。

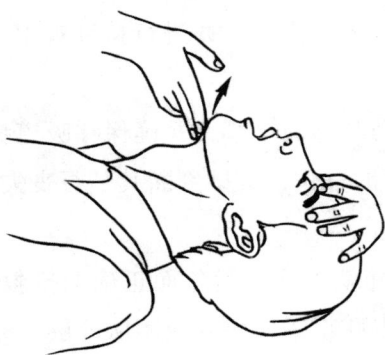

图1-6　仰头抬颏法　　　　图1-7　口对口（鼻）人工呼吸

在施行人工呼吸时，除初始阶段需进行两次大力吹气外，针对成年伤员的正常口对口（或鼻）呼吸量应维持在约800 mL的水平，操作节奏控制为吹气2 s后暂停

3 s，确保每分钟实施约 12 次循环。对于少年儿童，应适度减少吹气量，旨在防止胃过度膨胀乃至潜在的肺泡损伤。

若触电伤员出现牙关紧闭的情况，可采取口对鼻的呼吸方式作为替代。在进行此类操作时，务必确保伤员的嘴唇紧密闭合，以有效防止气体外泄，确保人工呼吸的有效性。

（3）胸外按压。关于胸外按压的规范操作，首先精确定位按压位置是提升按压效果的关键。具体定位步骤阐述如下：

第一步，使用右手的食指与中指，沿触电伤员右侧肋弓下边缘向上探索，直至触及肋骨与胸骨接合处的中点；

第二步，将两手指并齐，中指轻置于剑突底部（即胸骨切迹中点），而食指则平贴于胸骨下部作为参照；

第三步，以另一只手的掌根紧贴于食指边缘上方置于胸骨上，即为实施胸外按压的正确位置。

此外，确立并维持一个准确的按压姿态，是达成高效胸外按压效果的根本前提。这一姿态的核心在于确保施加的力量能够均匀且高效地传递至既定区域，从而最大化复苏的成效。具体而言，按压姿态应遵循以下步骤：

首先，触电伤员应被平稳地置于坚硬平坦的地面上，呈仰卧姿态。随后，救援人员需选择站立或跪姿，定位于伤员一侧，确保双肩精准对齐伤员胸骨的正上方。双臂需完全伸展，肘关节保持锁定状态，以维持稳定性。双手掌根紧密贴合，手指自然上翘，避免与伤员胸壁产生直接接触，以防影响按压效果。

其次，在按压过程中，救援人员应以髋关节为轴心，巧妙利用自身体重，垂直向下施力，使正常成年人的胸骨下陷深度达到 5 ～ 6cm（针对儿童或体质较弱的个体，此深度应作适当调整）。

最后，按压至要求程度后，应立即且彻底地释放压力。然而，需特别注意的是，在放松阶段，救援人员的掌根仍需紧贴于伤员胸壁之上，以维持按压的连续性和有效性（具体图示可参见图 1-8）。

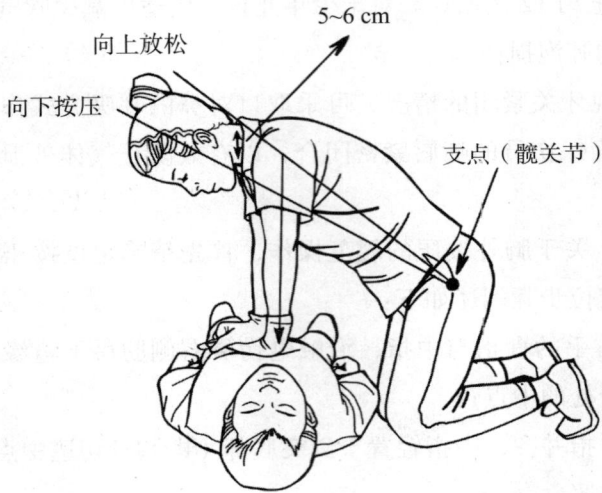

5~6 cm

向上放松

向下按压

支点（髋关节）

图 1-8　按压姿势与用力方法

胸外按压需维持稳定的速率，大约每分钟执行 80 次，确保每次按压与随后的放松时段均等分配。按压时候需要能明显感知到颈动脉的搏动。

（4）面对触电致呼吸与心脏骤停的伤员，应立即采取同步实施的口对口（或鼻）人工呼吸与胸外按压措施。操作节奏依抢救人数而定：单人操作时，遵循每 15 次按压后辅以 2 次吹气的比例（15：2），循环往复；双人协作时，则调整为每 5 次按压后由另一人进行 1 次吹气（5：1），持续交替进行。

完成 1 min 的按压与吹气循环后，应立即运用观察、聆听及触感检查的方式，在 5～7 s 的时间窗口内，重新评估伤员呼吸与心跳的恢复状况。

若评估结果显示颈动脉已有搏动但呼吸未恢复，则应暂时中断胸外按压，专注于人工呼吸的维持；若呼吸与脉搏均未显现复苏迹象，则需持续不懈地执行心肺复苏术，直至情况有所改善。

在整个抢救流程中，应每隔数分钟重复一次评估步骤，且每次评估的耗时需严格控制在 5～7 s 之内，以确保抢救措施的高效与精准。

（5）抢救过程中伤员的移动与转运。

①心肺复苏应在现场就地持续进行，避免轻易搬动伤员以追求便利，如确实需要转移时，抢救中断时间不应超过 30 s。

②当需要移动伤员或转运至医院时，应确保伤员平稳躺置于担架上，背部应垫以硬质且宽敞的木板，以维持体位稳定。在整个移动或转运过程中，抢救措施应不

间断地进行，以保障伤员的生命体征。

③为强化复苏效果，应设法创造条件，利用塑料袋包裹碎冰屑制成头部冷敷装置，环绕伤员头部（确保眼睛露出），以降低脑部温度，从而力求实现心肺脑的全面复苏。

（6）伤员好转后的处理。如伤员的心跳与呼吸功能已通过紧急救治得以恢复，可暂时中止心肺复苏措施。然而，鉴于这一恢复阶段的初期仍潜藏着心跳与呼吸再次突发停滞的风险，因此，持续而严密的监测措施显得尤为关键，以确保随时能够迅速响应并重启必要的抢救流程。

伤员在初步复苏后可能出现神志模糊、精神状态不稳定乃至躁动不安的情况，为稳定其生理与心理状态，需采取适当措施促使伤员保持宁静，以辅助其进一步康复。

1.2.3　注意事项

（1）为了安全地将触电者从电源中解救出来，必须避免直接接触其肌肤，以防发生二次触电事故，保障救援者自身安全。

（2）触电事故一旦发生，急救措施的迅速实施至关重要，不容丝毫拖延。仅仅依赖医生到场是不足够的，因为抢救的黄金时间极为有限。具体而言，触电后 1 min 内启动救治，其成功率可高达 90%；若拖延至 6 min 后才开始，成功率骤降至 10%；而若等待至触电后 12 min，则救治成功的可能性微乎其微，几乎为零。

（3）救护人员在实施抢救过程中，应展现出极大的耐心与毅力，不可轻易放弃或终止努力。历史案例表明，持续不懈的抢救可带来奇迹，曾有触电者经连续 4 h 抢救最终获救的先例。因此，即便是在将伤者转运至医院的途中，抢救工作也应当持续进行，不得中断。

1.3　电气安全

1.3.1　产生电气火灾的主要原因

电气火灾的主要诱因可归纳如下：一是设备或线路短路，其瞬间电流激增，可达常态数十乃至百倍，由此释放的巨大热量足以点燃设备本身或其邻近的可燃物；二是电气设备因负载过大而过度发热；三是接触不良同样导致过热现象；四是通风散热系统不足或失效，尤其在大功率设备应用中，缺乏有效散热机制或设施损坏，加剧了过热风险；五是电器使用不当，诸如电炉、电熨斗等加热设备未按规范操作，或操作后忘记关闭电源，遗留安全隐患；此外，部分电气设备在正常运作时即能生成电火花、电弧，这些均为潜在点火源。上述因素均为人为可控范畴，强调严格遵守电气使用规范的重要性。

电气火灾的另一重大威胁源自用电环境中的易燃易爆物质，广泛存在于如石油液化气、燃气（包括煤气、天然气）、各类燃油（汽油、柴油）、酒精以及多种可燃材料（棉、麻、化纤、木材、塑料）之中。同时，某些设备在特定条件下（如电弧作用下）其绝缘材料会分解产生可燃气体，一旦遭遇电气故障，立即成为火势蔓延的助燃剂。

一旦发生电气火灾，首要任务是迅速拨打 119 火警电话报警。在扑救过程中，务必优先切断电源，确保安全，并立即通知电力部门派遣专业人员到场，提供技术指导与安全监护，防止因触电事故或不当操作导致火势扩大。

1.3.2　电气火灾的扑救

在电气火灾的应对过程中，恰当选择灭火工具与设备是至关重要的，以规避触电风险及扩大灾情的可能性。

（1）断电灭火。一旦遇到电气火灾，在条件允许的情况下，应立即切断电源，此举旨在预防触电事故，并有效遏制火势的蔓延。断电操作须兼顾灭火效率，避免因切断位置不当而影响照明或关键救援设备的正常运行。在剪断电源线时，应确保操作安全，防止电线掉落引发跨步电压触电。拉闸操作时，操作人员应佩戴绝缘手套，以防止直接接触电源导致的触电伤害。

（2）带电灭火。如情况紧急或无法立即断电时，须采取带电灭火措施。此时，应选用非导电性质的灭火剂，如二氧化碳、1211 干粉灭火器等，以及干黄沙等自然介质，严格禁止使用泡沫灭火器，因其可能损害电气设备并增加触电风险。带电灭火时，需确保消防器材不与带电体直接接触，救火人员需穿戴绝缘鞋以保护自身安全。对于含油电气设备（如变压器、油断路器）的火灾，应采用黄沙进行覆盖灭火。

（3）对不明是否带电的物体灭火，应一律视为带电状态处理，采取相应防护措施。例如，使用四氯化碳灭火器时，灭火人员应处于上风位置，以防吸入有毒气体中毒，灭火后须确保现场通风良好。在使用二氧化碳灭火器时，需警惕其高浓度（如达到 85%）可能导致的呼吸困难问题，防止发生窒息事故。

1.3.3　安全用电方法

为了有效预防触电与火灾事故，需实施一系列严谨的安全用电措施。

1. 构建并执行"安全第一，预防为主"的组织管理体系

电力部门应强化安全用电教育，确保其深入人心，成为保障公众生命与财产安全的基石。在设计、生产、安装、运行及检修维护电气系统与设备的全过程中，务必遵循国家既定标准与规范。此外，需建立健全安全管理体系，涵盖安全操作、电气安装、运行管理、维护检修等各项规章制度，并确保其得到有效执行。通过持续的安全教育培训与考核，提升电气作业人员的专业素养与安全意识，坚决杜绝违章作业行为。

2. 配电线路安全防护的具体措施

（1）确保每个电气系统均配备有总电源开关，便于紧急情况下迅速切断电源。

（2）用电器具应独立设置电源开关，并在非使用状态下保持断开，以降低潜在风险。

（3）电气设备金属外壳应妥善接地，以保障人员安全。

（4）禁止随意拉接电线，且根据场所不同，合理设定 220 V 灯头的离地高度，必要时采用安全电压。

（5）单相 220 V 插座及插头应正确接线，并清晰标注电压信息，防止误用。

（6）开关接线需牢固可靠，特定类型开关应配备熔断器，且不得以铜丝替代，外壳应接地保护。

（7）易燃易爆物品存储场所应采用特殊防爆电气设施。

（8）禁止采用"一地一火"的非标准用电方式。

（9）定期检查电线绝缘层，发现损坏立即更换，避免直接拉扯电线。

3. 停电操作及安全措施

（1）在进行电气线路的维护与检修时，首要步骤是切断电源，遵循从低压至高

压、从支路至总开关的顺序，确保安全。

（2）作业前，务必利用验电设备对目标设备实施带电性检测，确认其处于非带电状态后，方可着手进行操作，以保障人员安全。

（3）面对六级以上大风、强降雨及雷电交加等极端天气条件，严禁执行任何形式的登高作业，以规避潜在的安全风险。

4.带电作业安全规范及防护措施

（1）执行带电作业时，必须严格遵守既定的安全操作规程，不容有丝毫懈怠。

（2）选用绝缘性能好的工具进行操作，确保作业过程中电流得到有效隔离，防止触电事故发生。

（3）在断开导线的过程中，应遵循先相线后零线的原则，严禁同时剪断两者，以防止因短路而造成的不良后果。

（4）对于已断开的相线及仍带电的部分，须立即采取可靠的绝缘或隔离措施，以防止意外接触引发事故。

（5）当需要检测安装于高压杆塔上的低压电路时，操作人员应确保与高压线路保持足够的安全距离，以防触电危险。

1.3.4 日用电器安全

日用电器大都使用单相电，包括台扇、电熨斗、电热毯、洗衣机、电冰箱、电视机等家用电器，生产使用的电烙铁、电焊机、潜水泵、电钻、冲击电钻、电锤等电动工具。日用电器的电源大都通过插座供给，严禁把电源引线的线头直接插入插座孔内使用。日用电器的金属外壳应有接地螺钉，并可靠接地，电源线必须采用带塑料护套的三芯电源插头线（三相 380 V 的电器设备，应用四芯线），长度一般为 2 m，其中黄绿双色线专用接地。如该电源线无黄绿双色线，而有唯一黑色线芯时，则黑色线芯做专用接地线。日用电器的电源引线均应完整无缺。为确保日用电器的安全使用，在使用电器前首先应阅读产品说明书，熟悉产品标记和操作指示，且核对电源电压、容量是否符合器具规定的要求。日用电器的安放位置应避免阳光直射、炉灶的热源、潮湿等环境影响和有腐蚀性气体的场所。

对于初次使用或长时间未启用的电器，建议在操作前使用验电笔检测可触及部位是否存在漏电情况，必要时，可利用兆欧表测量其绝缘电阻值。对于设计为间断工作的电器，应严格遵循产品说明书中的使用时长限制。电器的电源线应避免与热源、油污表面直接接触，同时防止受到外力牵拉或扭曲造成损坏。一旦发现电器故障，应立即切断电源，进行故障排查，切勿在不明原因的情况下擅自拆卸电器外壳，以免引发危险或进一步损坏设备。

思考题

1. 某工地发生单相触电事故，触电者手部接触漏电设备外壳。请结合电流路径和人体阻抗影响因素，分析为何左手到胸部的路径最危险，并提出三种降低此类风险的防护措施。

2. 在高压线断线触地导致跨步电压触电的场景中，若发现有人倒地，请设计一套包含脱离电源、急救操作及现场警示的救援方案，并说明注意事项。

3. 某电工为节省成本使用未达标的绝缘材料，最终引发触电事故。从职业道德与社会责任角度，分析此类行为的危害及应吸取的教训。

4. 国家推行"安全生产月"旨在强化全民安全意识。作为电工，如何通过自身行动践行"人民至上、生命至上"的理念？请结合本章内容举例说明。

第2章　电工工具及基本操作

知识目标

1. 能够识记常用电工工具（如测电笔、螺丝刀、钢丝钳、剥线钳等）的结构、功能及使用方法。

2. 能够阐释导线连接的基本原理，包括单股铜芯线、多股铜芯线及铝芯线的连接方法与技术要点。

3. 熟悉绝缘材料的分类、性能指标及绝缘恢复的操作流程，明确不同绝缘胶带的适用场景。

能力目标

1. 能够正确选择、使用和维护各类电工工具，遵守安全操作规程。

2. 能够独立完成导线的直线连接、T形连接及绝缘恢复操作，确保连接稳固、绝缘可靠。

3. 具备根据实际需求调整操作方法的能力（如应对不同导线材质、规格及环境条件）。

素养目标

1. 通过规范操作和事故案例分析，强化"安全第一"的职业理念，理解安全生产对个人、家庭和社会的重要性。

2. 培养细致、精准的操作习惯，追求工艺的完善性（如导线连接无毛刺、绝缘包裹无缝隙），体现精益求精的工匠精神。

3. 在实训中学会分工协作，尊重他人劳动成果，遵守实验室行为准则，践行诚信、守纪的职业价值观。

2.1　常用电工工具的使用与维护

2.1.1　验电笔

在电力检测领域，验电笔作为一种不可或缺且使用便捷的工具，广泛应用于识别照明电路中的火线与零线，并有效检验低压电气设备的漏电状况。此工具形态多样，主要包括钢笔型与螺丝刀型两大类别，其构造精巧，由笔尖、限流电阻、氖泡指示灯、回位弹簧及笔体等关键部件构成。特别地，回位弹簧与笔身后端的金属外壳紧密相连，要求用户在操作过程中务必接触该金属部分，以确保验电笔能准确判断低压电气设备及其线路是否带电。

当前，市场上主流的低压验电笔可细分为氖泡显示型与感应式数字显示型两大类。前者通过氖泡的亮灭来直观指示电压存在与否，而后者则借助先进的感应技术与数字显示屏，提供更加精准、直观的电压检测信息，进一步提升了电气安全检测的效率与可靠性。

1. 氖管式验电笔的结构和操作指南

（1）氖管式验电笔的结构如图 2-1 所示。在使用氖管式验电笔时，务必确保指尖接触笔尾的金属部件，并调整氖管观察窗使其背光面向自身，以便于清晰观察氖管发光状态，避免因外界强光干扰而导致误判。当验电笔接触带电体时，电流通过带电体、验电笔、人体及地面形成闭合回路。只要带电体与地之间的电势差超过 60 V，验电笔内的氖管便会亮起，表明电压存在。值得注意的是，低压验电笔的有效检测范围设定在 60 ~ 500 V 之间。

（a）钢笔T型

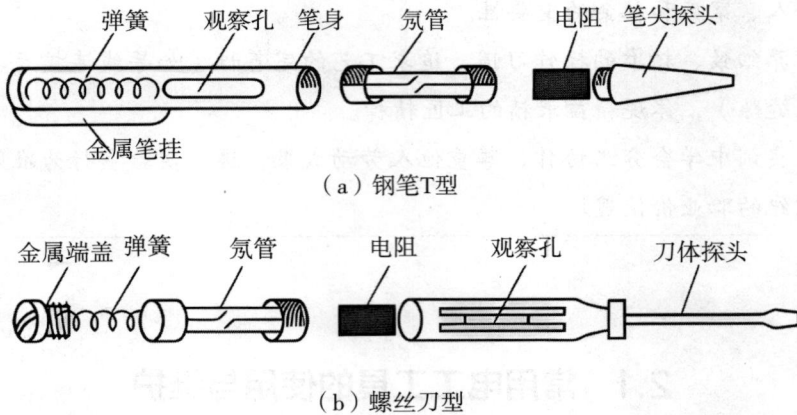

（b）螺丝刀型

图 2-1　氖管式验电笔的结构

（2）操作注意事项。

①预测试验：在正式使用前，应在已知电源处对验电器进行功能验证，确保其处于良好工作状态，方可安全使用。

②逐渐接近：验电过程中，应缓慢将验电器靠近待测物体，直至氖管亮起，避免直接触碰可能带来的风险。

③尾部接触：验电时，务必保持手指与笔尾金属部分的接触，否则可能因回路不完整而导致误判。

④前部防护：为防止触电，验电过程中应避免手指触及笔头金属部分。

2.感应式数显验电笔

感应式数显验电笔，作为现代电工电子工具的一种类型，专门用于检测电线中的带电状态。其显著特点是配备了 LED 显示屏，能够直接显示检测到的电压数值，不仅提升了检测的直观性，还因其高灵敏度而日益普及。该类型验电笔通常用于测量 12 ~ 250 V 范围内的电压，兼容交流与直流电压的检测。图 2-2 展示了感应式数显验电笔的具体结构。

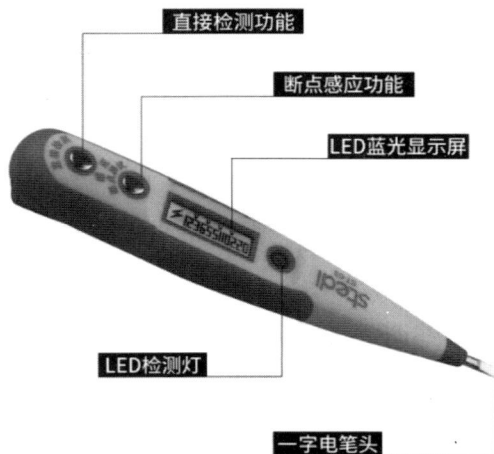

图 2-2　感应式数显验电笔结构

（1）线路通断测试。

①在进行测试时，首先需用一手稳固地按压电器插头的尾端，同时，另一手则按着验电笔的直接检测按键，并令笔尖轻触插头的另一端。若指示灯亮起，则表明电路畅通无阻；反之，若指示灯熄灭，则暗示电路存在断路，此时需进一步借助断点检测功能来定位故障点。此步骤广泛应用于诸如电饭煲、电吹风及电源插座板等家用电器的电路检测中。

②一旦确认电路存在故障，接下来便是利用"感应断点测试"功能进行细致排查。具体操作时，需持续按压"感应断点测试"按钮，同时使笔端缓缓沿电线移动。在移动过程中，若原先显示的带电指示标志突然消失，则该位置即为电线的断点所在。

（2）电场感应检测。

手持试电笔缓缓接近电线、电场源或电脑电源等区域时，内置的感应元件会捕捉到电场信号，进而触发指示灯亮起。值得注意的是，在湿度较高的环境或临近海洋的地带，由于空气中悬浮的带电微粒增多，同样可能引发指示灯的响应。此外，新购置的某些试电笔在初次使用时也可能因类似原因而自行发光。

（3）直流电源检测。

为了评估直流电池的电量状态，可先将电池的一端稳妥握持，随后以另一手按下直接检测按钮，并确保电笔尖端与电池的另一极形成接触。此时，若指示灯明亮，则表明该电池电量饱满；反之，若灯光微弱或完全熄灭，则意味着电池电量不足或已耗尽，直观反映了电池的供电能力。

2.1.2　螺丝刀

螺丝刀作为一种专业工具，其核心功能在于通过旋转螺丝钉以实现其固定或拆卸，其设计特色在于拥有一个细长的楔形头部，该头部能够精准地嵌入螺丝钉头部的槽口或凹槽中。螺丝刀主要分为两类：一字形（亦称平头或负号形）与十字形（亦称菲利普斯型或正号形），如图 2-3 所示，这两者在形态与应用上各有侧重。

一字型螺丝刀，专为匹配一字槽螺丝及木螺丝而设计，其手柄材质多样，常见的有木质与塑料两种。其规格界定主要依据除手柄外的刀体长度，常见规格涵盖 100 mm，150 mm，200 mm，300 mm 及 400 mm 等。其型号标识遵循"刀头宽度 × 刀杆长度"的原则，例如"2 mm×75 mm"，即指示刀头宽度为 2 mm，而此处的金属杆长度为 75 mm（非整体长度）。十字形螺丝刀则专注于紧固或拆卸十字槽螺丝及木螺丝，同样提供木质与塑料手柄供选择。其规格描述结合了刀体整体长度与十字槽的具体规格。型号表示方式亦遵循"刀头大小 × 刀杆长度"的规范，如"2 mm×75 mm"，意指刀头宽度为 2 mm，金属杆部长度为 75 mm（非总长度）。

在使用螺丝刀时，须根据螺丝的具体尺寸谨慎选择合适的规格。若以小规格螺丝刀尝试旋转大尺寸螺丝，可能导致螺丝刀损坏，因此务必确保工具与作业对象的匹配性。

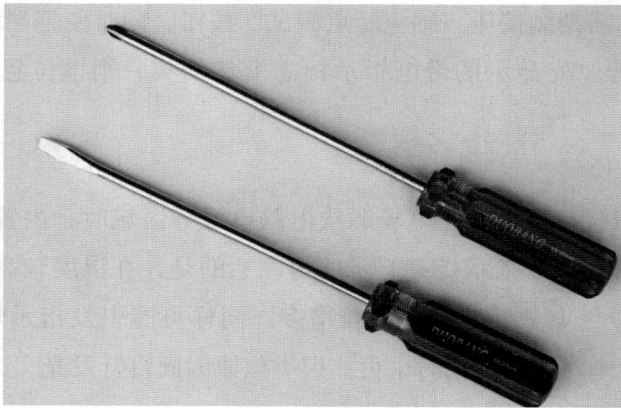

图 2-3　螺丝刀

1. 螺丝刀的操作方法

（1）大型螺丝刀：使用时，除拇指、食指与中指紧密夹持握柄外，还需以手掌稳固地支撑柄端，此举旨在防止旋转过程中可能出现的滑脱现象。

（2）小型螺丝刀：则可采用拇指与中指夹持握柄，同时食指应紧贴末端，以此方式施加旋转力，确保操作的精准与稳定。

（3）长柄螺丝刀：推荐右手紧握手柄实施转动，左手则应轻轻握住螺丝刀的中部（切记避开螺钉周边，以免手部受伤），此双手协同作业能有效防止螺丝刀在使用过程中意外滑落。

2. 安全注意事项

（1）为防止发生触电风险，在进行带电作业时，务必确保手部不直接接触螺丝刀的金属部分。

（2）电工作业人员在操作时，应避免选用金属杆直接贯穿至握柄顶部的螺丝刀，以减少潜在的安全隐患。

（3）建议在金属杆上安装绝缘套管，防止金属杆意外触碰人体或带电物体，以增强使用过程中的安全性。

2.1.3　钢丝钳

钢丝钳作为一种多功能工具，其核心功能涵盖了对金属导线的剪切、弯曲及夹持操作，同时亦能胜任紧固螺母与切断钢丝的任务，具体如图 2-4 所示。在电气作业中，电工应优先选择配备绝缘手柄的钢丝钳，以确保作业安全，这类钳子的绝缘等级可达 500 V。市场上常见的钢丝钳规格多样，主要包括 150 mm，175 mm 及 200 mm 三种长度选项。此外，钢丝钳的种类繁多，依据不同的设计特点与用途，可大致划分为以下几类：专为精细作业设计的日式专业钢丝钳、获得 VDE（德国电气工程师协会认证，代表钳类产品的顶级安全标准）认证的耐高压钢丝钳、采用镍铁合金材质并融合欧式风格的钢丝钳、经过精细抛光处理的美式钢丝钳，以及同样以镍铁合金为基材的德式钢丝钳等，每一种都各具特色，适用于不同的工作场景。

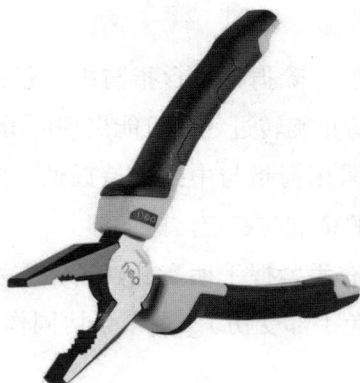

图 2-4　钢丝钳

在电气作业领域内，钢丝钳展现出其多样化的应用价值。其钳口设计便于对导线线头进行弯曲或夹紧操作；齿口则能有效紧固或松开螺母；而刀口则承担了剪切导线及修整导线绝缘层的重任；此外，侧口还具备切割导线线芯、钢丝等硬质材料的功能。关于钢丝钳各功能的详细使用方法，请参阅图 2-5 所示。

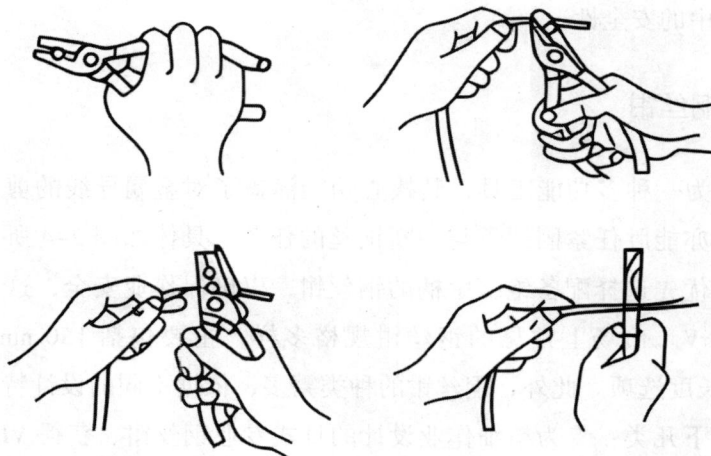

图 2-5　钢丝钳的用法

在正式使用电工钢丝钳之前，首要步骤是检查其绝缘手柄的完整性，确保绝缘层未受损，以免在带电作业中引发触电风险。若需使用钢丝钳剪切带电导线，务必避免同时切断相线与零线，或同时切断两根相线，且需确保两根导线的断点间保持安全距离，预防短路事故的发生。同时，严禁将钢丝钳作为锤子使用进行敲击，以及在剪切导线或金属丝时，通过锤击或其他工具对钳头施加外力。为保持钳轴的顺畅运作，建议定期涂抹润滑油，防止生锈现象的发生。

2.1.4　尖嘴钳

尖嘴钳，以其尖细的头部设计，成为处理狭小工作空间内精细作业的理想工具，具体如图 2-6 所示。它擅长夹持小型物件，包括但不限于螺钉、螺帽、垫圈及导线，并具备弯绞导线及剪切细薄金属丝的功能。配备刃口的尖嘴钳更可轻松剪断细微金属丝，而绝缘柄款式则能在高达 500 V 的工作电压下安全使用，规格多样，全长涵盖 130 ～ 200 mm 不等。在使用尖嘴钳时，应注意的事项与钢丝钳操作原则相契合。

图 2-6　尖嘴钳

2.1.5　斜口钳

电工工具箱中不可或缺的另一利器是"斜口钳"，亦称"断线钳"，其主要职责在于剪切导线及元器件上多余的引线，同时亦能替代普通剪刀，用于裁切绝缘套管、尼龙扎带等材质，具体应用场景如图 2-7 所示。针对不同的材料粗细与硬度，选择合适的斜口钳尺寸显得尤为重要。

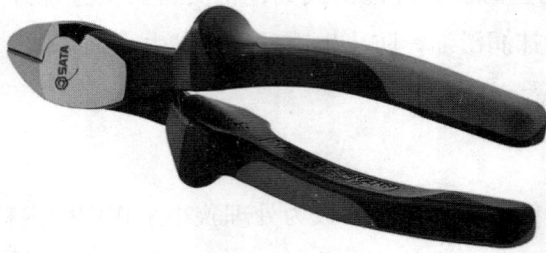

图 2-7　斜口钳

2.1.6　剥线钳

剥线钳作为内线电工、电机维修及仪器仪表电工的常用工具（见图 2-8），其专为去除电线端部的绝缘层而设计。在使用时，首先需通过标尺精确设定待剥绝缘长度，随后将导线置于略大于其直径的刃口中，最后轻轻一握钳柄，即可干净利落地剥离导线的绝缘层。

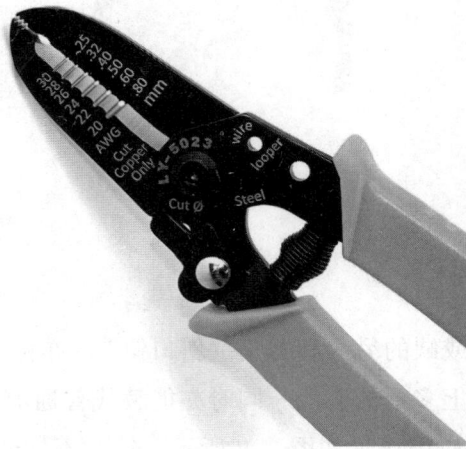

图 2-8　剥线钳

2.1.7　活口扳手

活口扳手，作为一种普遍应用的安装与拆卸辅助器械，其工作原理基于杠杆原理，专为手动拧紧或松开螺栓、螺钉、螺母等螺纹紧固件而设计。该工具通过其柄部一端或两端的特定开口或套孔结构，实现对螺栓或螺母的夹持，并在柄部施加沿螺纹旋转方向的力，从而轻松完成拧紧或松开操作。

活口扳手，适用于紧固与拧松多种规格的螺母和螺栓，以其开口宽度可调的特性著称，亦称活扳手。它由头部与柄部两大部件构成，其中头部集成了呆扳唇、活络扳口、蜗轮及轴销等关键组件。通过旋转蜗轮，用户可灵活调整扳口的大小，以适应不同尺寸的螺母。常见的活动扳手规格包括 150 mm、200 mm 及 300 mm 等，选用时需根据具体螺母大小来确定。图 2-9 直观展示了活口扳手的构造与使用方式。

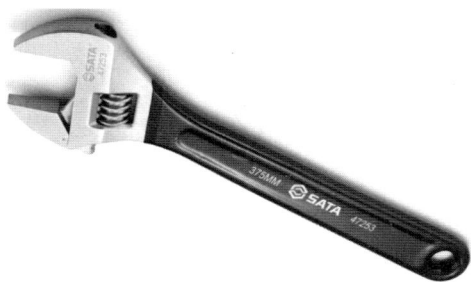

图 2-9　活口扳手

2.1.8　手电钻

电钻的工作原理是借助电力驱动实现钻孔作业。其规格多样，涵盖从 4 ~ 49 mm 不等的钻头直径范围，这一数值设定依据于在 390 N/mm² 抗拉强度钢材上的最大有效钻孔直径。值得注意的是，针对有色金属及塑料等材质，其最大钻孔直径可较标称规格提升 30% ~ 50%。电钻家族可细分为三大类别：便携的手电钻、具备冲击功能的冲击钻，以及力量更为强劲的锤钻。

手电钻作为手持式电动工具的一员，既可由交流电源供电，也能依赖直流电池作为动力源，如图 2-10 所示。其结构紧凑，便于携带，主要由小型电动机、操作控制开关、钻头夹具及钻头几大部分构成。手电钻广泛应用于金属、木材及塑料等多种材料的钻孔作业中。当配备有正反转切换及电子调速机制时，它还能转变为电动螺丝刀，实现螺丝的拧紧与松开。此外，部分型号的手电钻还配备了可充电电池，确保了即便在无外接电源的环境中，也能在限定时间内持续作业，极大地提升了使用的灵活性与便捷性。

图 2-10   手电钻

手电钻的安全操作规程如下：

（1）确保手电钻的外壳已妥善接地或连接至中性线，以实现有效的电气保护。

（2）手电钻的电源线需得到妥善维护，严禁随意拖拽以防磨损、割裂，且不可将电线置于油、水环境中，以防电线遭受腐蚀损害。

（3）操作时，严禁佩戴手套、饰品等可能被卷入设备的物品，以免对手部造成伤害。建议穿着绝缘胶鞋作业。在潮湿环境下工作时，务必站在绝缘垫或干燥木板上，以预防触电风险。

（4）若在使用过程中发现电钻出现漏电、异常震动、过热或发出异响等异常情况，应立即停止作业，并及时进行故障排查与修复。

（5）在电钻尚未完全停止旋转之前，严禁进行钻头的拆卸或更换操作，以防发生意外。

（6）当需要暂停工作或离开工作岗位时，务必切断电源，以确保安全。

（7）严禁使用手电钻来钻取水泥或砖墙等硬质材料，此类操作极易导致电机负荷过大，进而可能引发电机过热甚至烧毁的严重后果。

2.1.9   电烙铁

电烙铁，作为手工焊接的核心工具，其恰当选择与合理使用是确保焊接品质的关键基石。该工具主要由发热系统、储热与传热部件及手柄等关键组件构成，如图2-11 所示，其结构主要包含：

（1）发热元件。亦称能量转换模块或铁芯，是电烙铁的心脏。它通过将镍铬合金发热电阻丝紧密缠绕于云母或陶瓷等耐热绝缘基体上制成，依据加热方式可分为内热型与外热型两大类。

（2）烙铁头。作为能量储存与传递的媒介，普遍采用紫铜材质打造，以其优异的热传导性能而著称。

（3）手柄。通常由木质或胶木等绝缘材料精心制成，确保用户操作时的安全舒适。

（4）接线柱。作为发热组件与电源线的交会点，连接时需严格区分相线（火线）、中性线（零线）及保护线，确保接线准确无误。

图 2-11　电烙铁

2.2　导线的连接

导电材料，顾名思义，是指那些专门用于传导电流的物质，它们对电阻率、导电性、导热性、线膨胀系数、机械强度、抗氧化与抗腐蚀性能以及加工与焊接性能均有着严苛的要求。多数导电材料源自金属，而在电气工程中应用的导电材料则需兼具高电导率、优越的机械与加工性能、出色的耐大气腐蚀能力、化学稳定性以及经济性与资源可获得性。目前，铜、铝及其合金因其卓越的综合性能，在生产和生活中被广泛用作导电材料，形式多样，包括但不限于裸导线、电磁线及电缆线等。

2.2.1　导线的连接基本要求

在选择裸导线时，需综合考量使用场景、负载电流的大小以及经济指标等综合因素确定导线的材质、物理状态、几何形状及合适的截面积。而对于电线电缆的选用，则需遵循以下步骤：首先明确用途，其次评估使用环境，接着考虑额定电压与负载电流需求，最后结合经济指标，全面分析，科学选材，确保应用恰当。鉴于导线种类与连接形式的多样性，其连接方法亦需灵活选择，常见的包括绞合连接、紧压连接及焊接等工艺。在进行连接操作前，务必谨慎剥离导线连接部位的绝缘层，确保操作过程中不损害芯线，以维护其完整性。

导线连接作为电气作业中的一项基础且至关重要的环节，其质量直接关乎整个电气线路能否实现长期、稳定、安全地运行。因此，对导线连接的基本要求包括：确保连接稳固可靠，降低接头电阻，提升机械强度，增强耐腐蚀与抗氧化能力，同时保持良好的电气绝缘性能，以保障电气系统的整体性能与安全性。

2.2.2 导线的绝缘层剥离

针对截面积不超出 4 mm² 的硬质塑料导线绝缘层剥离，业界普遍采用钢丝钳作为工具，具体操作流程及要点如下：

（1）初步切割：利用钢丝钳的锋利刃口，依据所需的导线裸露长度精确切割绝缘层，操作过程中需把控力度，确保不伤及内部导体。

（2）绝缘层剥离：左手稳固握住导线，右手则紧握钢丝钳钳头，施加适当的外拉力，沿着既定方向平稳剥离塑料绝缘层，如图 2-12 所示为此步骤的规范操作。

（3）质量检查：剥离完成后，至关重要的一步是细致检查导体芯线是否保持完好，一旦发现显著损伤，应立即采取重新剥离的措施。值得注意的是，对于软质塑料导线的绝缘层剥离，同样推荐采用剥线钳或钢丝钳，而非电工刀，因其操作方法与此相似，但需格外注意避免损伤。

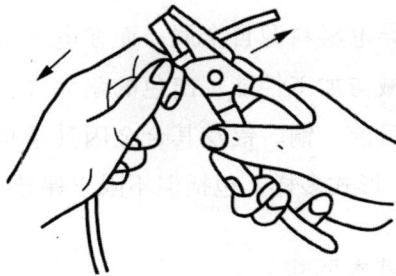

图 2-12 导线的剥削

针对芯线截面积超过 4 mm² 的大型塑料硬质导线，电工刀成为剥离绝缘层的首选工具，具体操作流程如下：

（1）斜向切入：首先，依据所需裸露的导线长度，以大约 45° 的倾斜角度，用电工刀轻轻切入绝缘层，此过程中需严格控制力度，防止损伤导线芯体。

（2）推削绝缘：随后，调整刀面与芯线之间的角度约为 25° 角，沿着导线轴向平稳推削，确保仅去除外层塑料绝缘，而避免触及内部导体。

（3）齐根切除：最后，将已部分剥离的绝缘层向后翻折，利用电工刀在绝缘层与芯线的交界处进行精确切割，彻底剥离绝缘层，完成整个操作过程。整个流程如图 2-13 所示。

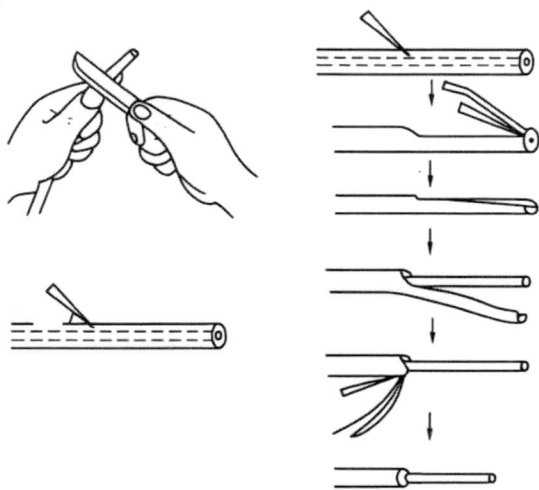

图 2-13　电工刀的剥削导线流程

塑料护套线的绝缘层剥离操作需严格采用电工刀执行，其详细步骤阐述如下：

（1）依据所需的剥离长度，利用电工刀的尖端精准地沿芯线中心缝隙切入护套层，实现初步分离。

（2）将已分离的护套层向后翻折，再运用电工刀沿其根部进行整齐切割，彻底去除护套层。

（3）在距离已处理的护套层边缘约 5 ~ 10 mm 的位置，以 45° 角倾斜，使用电工刀切入绝缘层，后续的剥离方法与塑料硬线绝缘层处理相同，确保操作的一致性。

橡皮线绝缘层的剥离流程简述如下：

（1）与剥离护套线护套层相似，采用电工刀划破橡皮线的编织保护层，为后续的剥离工作做准备。

（2）运用与塑料线绝缘层剥离相同的技术手段，逐步削除橡皮层，确保操作过程的连贯性和精确性。

（3）将棉纱层剥离至其根部，并使用电工刀进行根部切除，完成整个剥离流程。

关于花线绝缘层的剥离方法，其步骤如下所述：

（1）依据预定的剥离长度，使用电工刀在花线外表的织物保护层上环绕一圈进行精确切割，随后将织物保护层剥离。

（2）在距离已剥离的织物保护层约 10 mm 处，利用钢丝钳的刀口以适当力度切割橡皮绝缘层，操作过程中需特别留意，以免损伤内部芯线，之后将橡皮绝缘层轻轻拉下。

（3）将暴露出的棉纱层进行松散处理，并使用电工刀进行精准切割，以彻底去除棉纱层，完成剥离工作。

2.2.3　导线的连接方式

1.单股铜芯线的直线连接

首先利用电工刀精确削除两根待连接导线的绝缘层及表面氧化层。在此过程中，需确保电工刀刃与导线保持约 45° 的倾斜角，以斜向切入方式起始，随后转为约 25° 的倾斜角进行推削，直至绝缘层被齐根剥离，全程需谨慎操作，以防损伤线芯。随后，将两根已去绝缘层的裸露线头以 X 形交叉方式相互缠绕 2～3 圈，以增强连接强度。紧接着，将两线头拉直，并分别紧密缠绕于对方线芯之上，各绕 3～5 圈，以确保连接紧密。最后，使用钢丝钳剪除多余的线头，并使用钳口轻压平整线芯末端及任何可能存在的切口毛刺，完成整个连接过程，具体操作如图 2-14 所示。

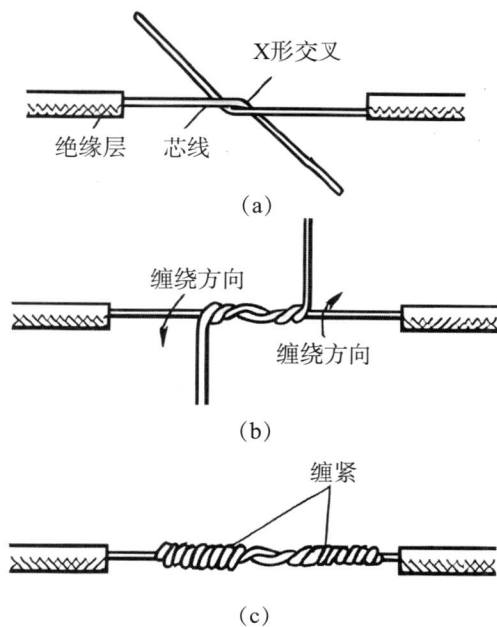

图 2-14　小截面单股铜导线的连接

2.单股铜芯线的 T 形连接

　　在进行单股铜芯导线的 T 形连接时，首要步骤是将已去除绝缘层及氧化层的支线芯线头与干线芯进行十字交叉，确保支线芯根部保留约 3 ～ 5 mm 的裸露部分，以便于后续操作，如图 2-15（a）所示；随后，将支线芯顺时针紧密缠绕于干线芯上，缠绕圈数控制在 6 ～ 8 圈之间，之后使用钢丝钳剪除多余线芯，并确保线芯末端及切口边缘平整，如图 2-15（b）所示。

　　若遇到单股铜导线截面较大的情况，需在支线芯与干线芯十字交叉后，依据特定绕法［见图 2-15（c）］进行缠绕：即从右侧开始向下绕行，继而水平绕至左侧，再由内向外（即自下而上）紧密缠绕 4 ～ 6 圈，随后剪除多余线端，并使用绝缘胶带进行严密包裹，以确保连接处的绝缘性能。

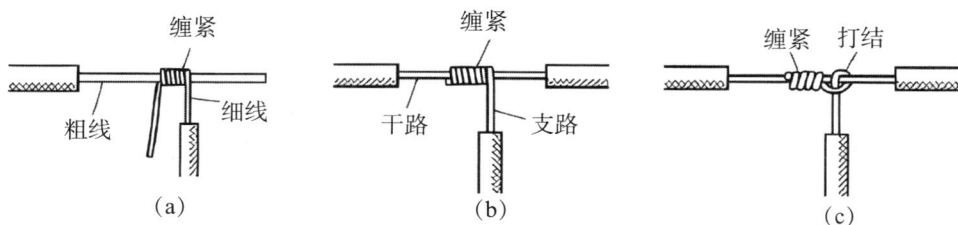

图 2-15　单股铜导线的 T 字形连接

3.多股铜芯导线的直线连接

以下以 7 股铜芯线为例，阐述多股铜芯导线的直接连接方法。①将两根已去除绝缘层及氧化层的线头分别散开并拉直，随后在接近绝缘层的 1/3 线芯段进行紧密绞合，以增强该区域的强度。接着，将剩余的 2/3 线芯分散成类似伞状的形态，如图 2-16（a）所示。②将两个伞状分散的线头进行隔根对叉，形成交错的状态，如图 2-16（b）所示。③将两端对叉的线头平放，确保它们处于同一平面上，便于后续操作，如图 2-16（c）所示。④把一端的 7 股线芯按 2、2、3 股分成三组，把第一组的 2 股线芯扳起，垂直于线头，如图 2-16（d）所示。⑤按顺时针方向紧密缠绕 2 圈，将余下的线芯向右与线芯平行方向扳平，如图 2-16（e）所示。⑥将第二组 2 股线芯扳成与线芯垂直，如图 2-16（f）所示；按顺时针方向紧压着前两股扳平的线芯缠绕 2 圈，也将余下的线芯向右与线芯平行方向扳平。⑦将第三组的 3 股线芯扳成与线芯垂直，如图 2-16（g）所示。⑧按顺时针方向紧压线芯向右缠绕，再缠绕 3 圈，之后，切去每组多余的线芯，钳平线端如图 2-16（h）所示。用同样的方法去缠绕另一边线芯。

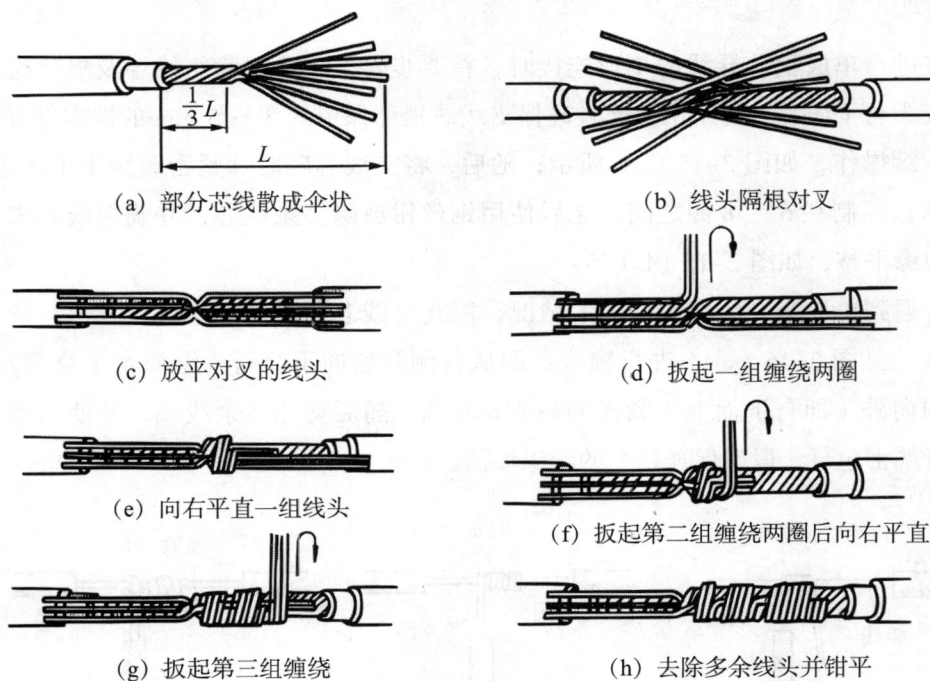

(a) 部分芯线散成伞状

(b) 线头隔根对叉

(c) 放平对叉的线头

(d) 扳起一组缠绕两圈

(e) 向右平直一组线头

(f) 扳起第二组缠绕两圈后向右平直

(g) 扳起第三组缠绕

(h) 去除多余线头并钳平

图 2-16 7 股铜芯线直线连接

4. 7 股铜芯线的 T 字分支连接

在进行 7 股铜芯线的 T 字分支连接时，首先需将分支线芯的绝缘层及氧化层去除，并散开钳直。于距离绝缘层约 1/8 线头长度的位置，将线芯紧密绞合，随后将剩余线芯分为两组，一组包含 4 股，另一组包含 3 股，并确保两组线芯排列整齐。接着，利用螺丝刀将已去绝缘层的干线线芯撬分为两组，以便后续插入支线线芯。将支线中 4 股线芯的一组插入干线两组线芯之间，而将 3 股线芯的一组置于干线线芯前方，如图 2–17（a）所示。随后，将 3 股线芯的一组按顺时针方向紧紧缠绕干线一侧 3 ~ 4 圈，剪除多余线头，并钳平线端，如图 2–17（b）所示。最后，将 4 股线芯的一组按逆时针方向缠绕干线另一侧 4 ~ 5 圈，同样剪除多余线头并钳平线端，完成整个 T 字分支连接，如图 2–17（c）所示。

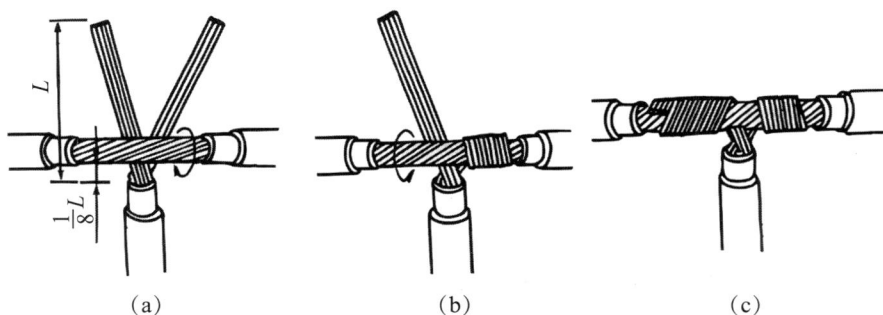

(a)　　　　　　　　(b)　　　　　　　　(c)

图 2–17　7 股铜芯线 T 字连接

5. 单股线与多股线的 T 字分支连接

（1）芯线分组处理：在多股线左侧绝缘层边缘外约 3 ~ 5 mm 处，利用螺丝刀巧妙地将多股芯线均匀地分为两组，例如，对于七股芯线，可将其中的三股与另四股分开，如图 2–18（a）所示。

（2）单股线插入与固定：将单股芯线插入这两组多股芯线之间，但需注意的是，单股芯线不应完全插入至底部，而是应保留约 3 mm 的绝缘层至多股线的距离，如图 2–18（b）所示。紧接着，使用钢丝钳将多股芯线之间的缝隙平整并压紧，以确保单股线稳固嵌入。

（3）紧缠与收尾处理：接下来，按照顺时针方向，将单股芯线紧密缠绕在多股芯线上，缠绕过程中应确保每圈紧密相邻，且总缠绕圈数需达到十圈以上，如图

2-18（c）所示。缠绕完成后，剪除多余的单股芯线，并使用钢丝钳将切口边缘的毛刺处理平整。

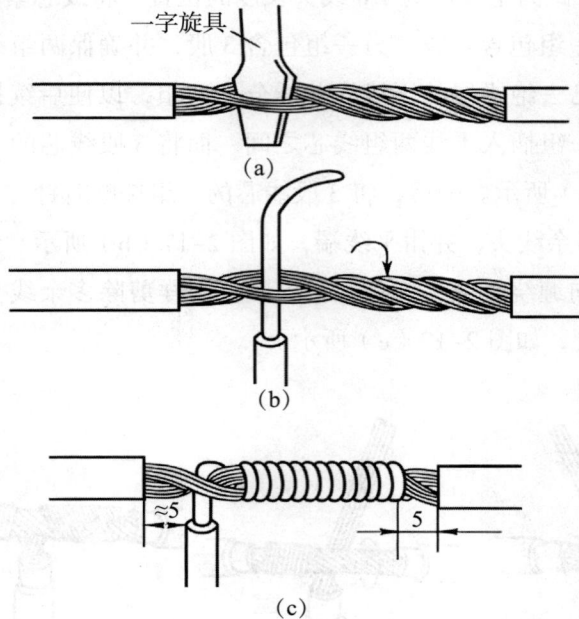

图 2-18　单股与多股铜导线的 T 字形连接

6.铝芯导线的特殊处理

鉴于铝材易于氧化且氧化膜具有高电阻率的特性，铝芯导线的连接不宜直接套用铜芯导线的连接方法。相反，通常采用更为适宜的螺钉压接法或压接管接法来实现连接。这些方法能有效应对铝材的氧化问题，确保连接的可靠性与电气性能。

（1）螺钉压接法。此方法主要用于处理负载较轻的单股铝芯导线连接任务。首先，需剥离铝芯导线的绝缘外层，随后采用钢丝刷细致清除线头表面的氧化铝膜，并均匀涂抹一层中性凡士林油。紧接着，将处理好的线头妥善插入瓷接头、熔断器、插座或开关等器件的接线端子中，随后利用工具旋紧压接螺钉以完成连接，连接过程如图 2-19 所示。

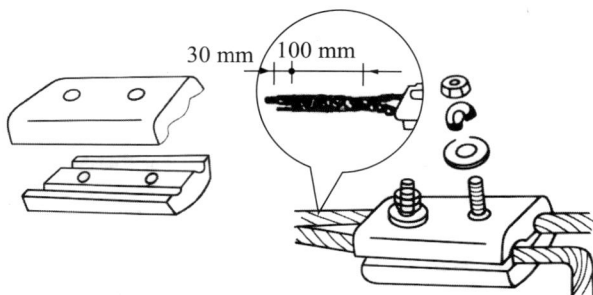

图 2-19　螺钉压接法

（2）压接管接法。针对承受较大负载的多股铝芯导线进行直线连接时，压接管接法成为首选方案，此过程需配备压接钳及相应规格的压接管。首先，根据铝芯线的具体规格选取合适的压接管。随后，移除待连接两根多股铝芯导线的绝缘层，并使用钢丝刷清理线头及压接管内壁的氧化铝层，之后均匀涂抹中性凡士林。接下来，将两根铝芯线头相对穿入压接管内，确保线端从压接管另一端伸出约 25 ～ 30 mm。最后进行压接操作，关键在于首道压坑应置于铝芯线头一侧，避免反向压接。

2.3　绝缘的恢复

2.3.1　常用绝缘材料

在电气工程技术领域，绝缘材料通常被定义为那些电阻率超过 10^{10} $\Omega \cdot m$ 的物质所构成的材料。这类材料与导电材料形成鲜明对比，当直流电压施加其上时，除了极微小的泄漏电流外，几乎不表现出导电性。绝缘材料在电机、电器设备、开关装置、变压器、电线电缆、电工仪表及无线电通信设备中扮演着至关重要的角色，其主要功能可归纳为四个方面。

（1）确保导电体与其他组件之间实现有效绝缘隔离。

（2）在电气系统中分隔开具有不同电位的带电部分，防止短路或电击危险。

（3）优化高压电场中的电位分布，减少电场中的电位强度梯度，提高系统安全性。

（4）作为电容器等电器元件的构成部分，确保其达到设计所需的电容量要求。

根据化学性质的不同，电工领域常用的绝缘材料可细分为无机绝缘材料、有机绝缘材料及混合绝缘材料三大类。

（1）无机绝缘材料：包括云母、石棉、大理石、瓷器、玻璃、硫黄等少数特定化合物。这些材料广泛用于电机绕组的绝缘层、电气开关的底板和绝缘子等关键部位。

（2）有机绝缘材料：涵盖树脂、橡胶、棉纱、纸张、麻、蚕丝及人造纤维等多种材料。它们主要用于制造绝缘漆、为绕组导线提供外覆绝缘层等，显著提升了电气设备的绝缘性能。

（3）混合绝缘材料：则是通过结合两种或多种不同材料，经过特定工艺加工而成的成型绝缘制品。这类材料广泛应用于电器设备的底座、外壳等部件的制造中，以其优良的绝缘性能和机械强度保障了设备的安全运行。

在电气工程领域，绝缘材料的关键性能指标涵盖绝缘强度、抗张强度、密度、膨胀系数等几个方面。

（1）绝缘强度：绝缘物质在电场中，当电场强度增大到某一极限时，就会击穿。这个绝缘击穿的电场强度称为绝缘强度（又称介电强度），通常以 1 mm 厚的绝缘材料所能承受的电压值表示。

（2）抗张强度：绝缘材料每单位截面积能承受的拉力，例如玻璃的抗张强度为 140 N/mm^2。

（3）密度：绝缘材料每立方米体积的质量，例如硫黄的密度为 2 g/cm^3。

（4）膨胀系数：绝缘体受热以后体积增大的程度。

2.3.2　绝缘的恢复

在进行导线连接操作时，首要步骤是剥离连接点处的绝缘层。完成连接后，至关重要的一环是对所有裸露的导线部分进行妥善的绝缘恢复，旨在复原乃至提升导线原有的绝缘防护能力。这一绝缘修复过程，普遍采用绝缘胶带缠绕包裹的方式来实现。电工常用的绝缘胶带种类繁多，包括但不限于黄蜡带、涤纶薄膜带、黑胶布、塑料胶带及橡胶胶带，它们通常以 20 mm 宽的规格为主，便于操作。

1. 一般导线接头的绝缘处理

一字形连接的导线的绝缘恢复流程如图 2-20 所示，首先，从接头左侧未剥除绝缘的绝缘层边缘起始，紧密缠绕一层黄蜡带，再包缠一层黑胶布带。将黄蜡带从接头左边绝缘完好的绝缘层上开始包缠，包缠两圈后进入剥除了绝缘层的芯线部分如图 2-20（a）所示。缠绕时，黄蜡带应维持约 55° 的倾斜角度，并确保每圈重叠前一圈带宽的一半，如图 2-20（b）所示，直至覆盖至接头右侧，保持两圈距离至完好绝缘层处。紧接着，以相反的叠压方向，将黑胶布带接在黄蜡带尾端，自右向左紧密缠绕，同样保持每圈重叠带宽的一半，直至完全覆盖黄蜡带，如图 2-20（c）、（d）所示。整个过程中，需确保胶带拉紧无松弛，避免露出芯线，以保障绝缘效果与电气安全。对于 220 V 电路，出于简化考虑，可省略黄蜡带，直接使用两层黑胶布带或塑料胶带进行包裹。此外，在潮湿环境下作业，应优先选用聚氯乙烯或涤纶材质的绝缘胶带，以增强防潮性能。

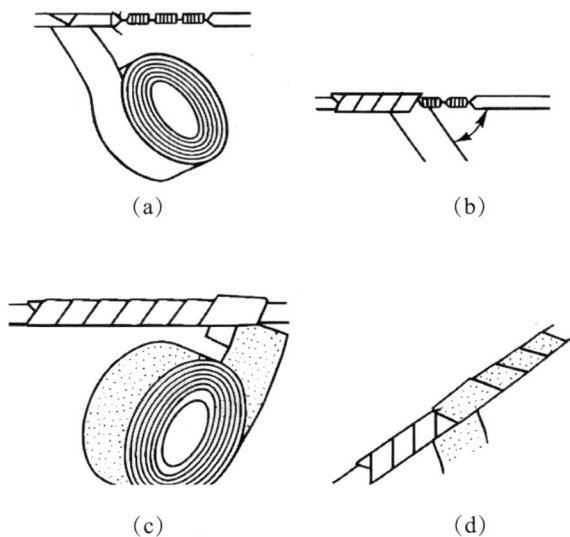

(a)　　　　　　　　　(b)

(c)　　　　　　　　　(d)

图 2-20　一般导线接头的绝缘处理

2. T 字分支接头的绝缘防护

在处理 T 形导线分支接头的绝缘层时，基本步骤与上述类似，但具体包缠路径需遵循图 2-21 所示的 T 字形模式，确保每根分支导线均被两层绝缘胶带紧密包裹，且包缠范围需扩展至各自完好绝缘层外侧，至少达到两倍胶带宽度的距离，以此强化绝缘效果。

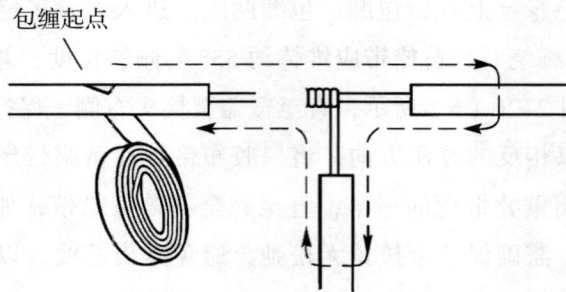

图 2-21 T字分支的绝缘处理

3. 十字分支接头的绝缘处理

如图 2-22 所示，针对导线的十字形分支接头进行绝缘保护时，包缠时需沿十字路径反复缠绕，以确保每根参与交叉的导线均获得双层绝缘胶带的覆盖。同样地，包缠区域应扩展至各导线原有完好绝缘层的两倍胶带宽度之外，此举旨在提升接头的整体绝缘性能，确保电气安全。

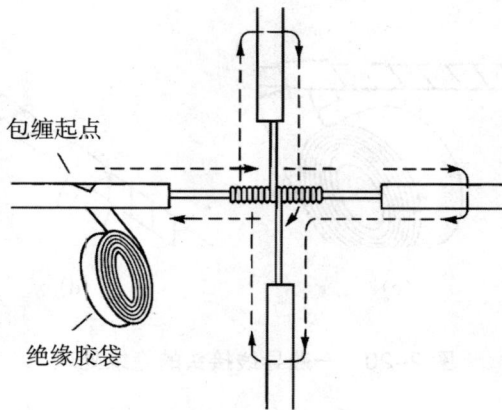

图 2-22 十字分支的绝缘处理

思考题

1. 在带电环境下使用螺丝刀时，为何必须避免手部接触金属杆？结合工具结构及电流回路原理说明原因。

2. 若导线连接后未妥善恢复绝缘，可能引发哪些安全隐患？请从电气性能和实际操作角度分析。

3. 在团队合作完成电工任务时，如何通过规范操作和有效沟通体现"安全责任共同体"的理念？请举例说明。

4. 某电工因忽略导线切口毛刺导致设备短路，结合本章内容，分析其违背了哪些操作规范，并提出改进措施。

第3章 常用电工仪表的使用与维护

学习目标

知识目标

1. 能够识记电工仪表的分类、工作原理及面板符号的识别方法。

2. 能够识记电流表，电压表，万用表，钳形电流表和电能表的结构、功能及适用场景。

3. 能够阐述电工仪表的精确度等级、误差范围及维护保养规范。

4. 了解电度表的关键技术特性（如灵敏度、潜动）及接线注意事项。

能力目标

1. 能正确选择并合理使用各类电工仪表进行电流、电压、电阻等参数的测量。

2. 能根据实际需求调整量程、校准仪表，并分析测量误差的来源。

3. 能规范完成电能表的安装与接线，避免因操作失误导致测量失效或设备损坏。

4. 能结合安全规程，处理仪表使用中的突发问题（如指针异常、超量程等）。

素养目标

1. 严格遵守电工安全操作规程，养成"断电操作""量程预判""防磁防潮"等职业习惯。

2. 通过精确校准、反复验证测量结果，培养精益求精的工匠精神。

3. 在实训中分工配合，共同完成复杂电路的测量与调试任务。

4. 强化"节能环保"意识，通过电能表的精准计量，培养节约能源、减少浪费的社会责任感。

3.1　电工仪表基础概论

3.1.1　常用电工仪表分类

电工仪表依据其测量目标的不同，可细化为电流表（亦称安培计）、电压表（伏特计）、功率表（瓦特计）、电能表（千瓦时计量器）及欧姆表等几大类。从工作原理的角度出发，这些仪表可进一步划分为磁电式、电磁式、电动式及感应式等类型。依据被测电量属性的差异，它们又可分为专门用于交流、直流或两者兼用的测量表。此外，依据使用场景与安装方式的差异，电工仪表还可分为固定式（如开关板式）与便携式两类。而在精确度方面，这些仪表被严格划分为 0.1 级、0.2 级、0.5 级、1.0 级、1.5 级、2.5 级和 4 级共七个误差等级，确保了测量结果的准确性。

3.1.2　电工仪表常用面板符号

为了使电工人员快速了解仪表技术特性，在电工仪表的面板上展示着各类标识符号。它们不仅指明了仪表的适用条件，还界定了其可测量的电气参数范围、内部构造特征及精确度等级等重要信息。对于用户而言，这些符号构成了选择和使用仪表时不可或缺的参考依据，确保了仪表能够精准匹配测量需求，并高效执行测量任务。

3.1.3　电工仪表的精确度

电工仪表的精确度等级是指在规定条件下使用时，可能产生的基本误差占满刻度的百分数。它直接反映了仪表测量误差的大小。在仪表分类的七个误差等级中，精度等级数值越小，则代表仪表的精度越高，即其基本误差越小。具体而言，0.1 级～0.5 级的仪表以其卓越的精度性能，常被应用于实验室环境作为校准基准；而 1.5 级及以下的仪表，尽管精度稍逊，却因其经济性与实用性，广泛适用于工程检测与计量领域。

基本误差，作为仪表固有的一个属性，源自仪表内部结构设计、材质质量等因素的不完善性，在正常使用过程中难以完全避免。以 0.5 级电流表为例，其基本误差界定为满量程的 0.5%，意味着当测量 100 A 电流时，实际读数将落在 99.5 ~ 100.5 A 的区间内，这一范围即为该仪表在特定精度等级下的误差容限。

3.1.4　常用电工仪表结构概述

常用的电工仪表构造通常包括由电木、铁皮或硬质塑料精心打造的外壳，以及配备有刻度尺和相关符号的面板，用于直观显示读数。对于包含测量功能的仪表，其内部还集成了测量线路（某些简易仪表可能不包含此部分）、表头电磁系统、精确指示的指针、用于减缓指针摆动的阻尼器、确保顺畅转动的转轴与轴承、维持指针稳定位置的游丝，以及用于校准零位的调整器等关键组件。

3.1.5　电工仪表的维护保养

（1）严格遵守产品说明书中的指导，确保在适宜的温度、湿度、粉尘控制、振动限制及电磁场环境下妥善保存与使用仪表。

（2）长时间未使用的仪表应定期进行通电检测，以驱散内部积聚的潮气，保持其性能稳定。

（3）对于频繁使用的仪表，须依据电气计量标准，实施必要的检验与校准流程，确保其测量准确性。

（4）禁止未经许可的拆卸与调试操作，以免损害仪表的灵敏性与精确度。

（5）针对内置电池的仪表，需定期检查电池电量，及时替换耗尽的电池，防止电解液泄漏腐蚀内部构件。同时，对于长期闲置的仪表，建议取出电池以防不测。

3.2　电流表和电压表

3.2.1　电流表

电流表，作为测量交流或直流电路中电流量的工具，在电路图中以"A"作为标识符号。其标准单位为"安"或"A"。电流表基于通电导体在磁场中受力的原理设计而成，内部包含一个永磁体以产生磁场，以及一个置于磁场中的线圈。线圈两端通过游丝弹簧与接线柱相连，并由转轴实现灵活转动。当电流通过时，它会在磁场中受到力的作用，导致线圈偏转，进而带动转轴及指针偏转。由于磁场力的大小与电流强度成正比，因此可以通过观察指针的偏转角度来判断电流的大小。此类基于磁电效应的电流表，是实验室常用的测量设备之一。根据测量对象的不同，电流表可分为直流电流表、交流电流表及数字显示电流表等多种类型。

（1）直流电流的测量通常采用磁电式或电动式测量机构（参考机械式指示电表的测量机制），这些机构的核心测量对象是电流，尤其适用于小电流的直接测量。当面对大值直流电流时，磁电式机构需借助分流器——即并联电阻来分流大部分被测电流，从而实现准确测量。结合分流器与数字电压表，可构建出直流数字电流表，具体结构如图 3-1 所示。

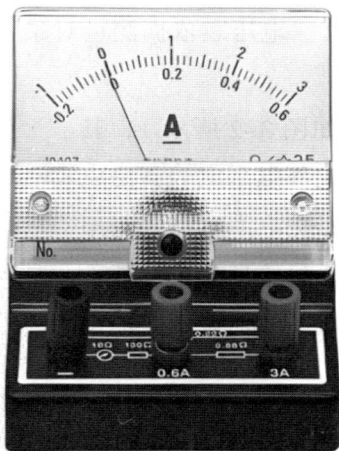

图 3-1　直流电流表

（2）交流电流的测量则可选择电磁式或电动式测量机构。为让磁电式机构也能适应交流电流的测量，需通过整流器或热电偶等转换装置，将交流信号转换为直流信号。这样的组合分别形成了整流式电流表（见整流式电表分类）和热电式电流表。此外，利用分流器和交流数字电压表，同样可以构建出交流数字电流表，以满足不同的测量需求。

（3）数显电流表进一步细分为单相与三相两种类型，此类电表集成了变送、LED（或 LCD）显示及数字接口等功能。它们通过交流采样技术，对电网中的各项参数进行捕捉，并以数字形式直观展示测量结果。经过 CPU 的高效数据处理，三相（或单相）的电流、电压、功率、功率因数及频率等电气参数能够直接在 LED（或液晶）屏幕上显示。同时，电表还提供了 0～5 V、0～20 mA 或 4～20 mA 的模拟电量输出，便于与远程终端单元（RTU）等设备进行连接。此外，数显电流表还配备了 RS-232 或 RS-485 等通信接口，以实现更广泛的数据传输与监控功能。

3.2.2 电压表

电压表，作为电压测量的专用工具，其典型代表——伏特表，以符号 V 标识。从原理上理解，电压表可视为电流表与一个大电阻的串联组合。在精密的电流计构造中，内置一永磁体，其间通过导线绕制的线圈串联于两接线柱之间，线圈置于永磁体磁场内，并通过精巧的传动机构与表盘指针相连。多数电压表设计有双量程功能，配备三个接线柱：一负两正，确保正极对接电路正极，负极则对应电路负极，且必须与被测电器以并联方式连接。电压表依据测量对象不同，可细分为直流、交流及数显电压表三类。

（1）对于直流电压表（如图 3-2 所示），其核心测量机构常基于磁电系或静电系电表。磁电系直流电压表实质上是小量程磁电系电流表与串联电阻（分压器）的组合体，起始量程可达数十毫伏。为拓宽测量范围，可通过增加分压器的电阻值来实现。

（2）交流电压表则广泛采用整流式、电磁系、电动系及静电系等多种测量机构。除静电系外，其余类型多通过小量程电流表与分压器串联构建而成。此外，还可利用多级电阻分压网络与测量机构串联，设计出多量程交流电压表，以满足不同测量需求。

图 3-2　直流电压表

（3）数显电压表，作为现代测量技术的产物，采用模数转换器将模拟电压信号转换为数字信号，并直接以数字形式显示测量结果。该类型电压表适宜在 0 ～ 50 ℃环境温度及 85 % 以下湿度环境中使用。面对磁场干扰、高频设备、高压放电等潜在电压异常源，建议在外围配置电源线滤波器或非线性电阻等干扰抑制电路，以确保测量精度与设备安全。

3.2.3　电流表与电压表的使用、维护方法

1. 电流表的合理选取

（1）依据测量精度的需求，精确选择电流表的准确度等级。具体而言，对于高标准及精密测量场景，推荐使用 0.1 ～ 0.2 级的磁电式电流表；实验室环境下，0.5 ～ 1.5 级磁电式电流表是理想选择；而在工矿企业，进行电气设备运行监控与检修时，1.0 ～ 5.0 级磁电式仪表则更为适用。

（2）电流表的量程需与被测电流大小相匹配，以避免精度损失或仪表损坏。为确保测量精度最大化，建议选择电流表量程时，使被测电流落在标尺的后 1/4 区间内。

（3）在电流表内阻的选择上，应追求尽可能低的内阻，以提升测量效率与准确性。

2. 正式测量前准备

在正式测量之前，首要任务是校验电流表指针是否已准确归零于"0"刻度线。若指针偏离，需通过调整"调零装置"来确保指针复位。

3. 电流表与被测电路的连接

（1）实施测量时，电流表应正确串联于被测电路的低电位端，以确保测量的准确性。

（2）测针对直流电的测量，需特别注意电流表端钮的标识。对于单量程电流表，电流应从标有"+"的端钮流入，从"−"端钮流出；而在多量程电流表中，公共端钮以"*"标示，若其他端钮标有"+"，则电流流向应与单量程相同；反之，若标有"−"，则流向需相应调整，以确保电流路径的正确性。

4. 数值读取

在读取数值时，首要确保指针已稳定静止，随后以垂直视角对准刻度盘，以保读数准确无误。若刻度盘配备反射镜，应细心调整至指针与其镜像完全重合，此举旨在进一步缩减读数误差。

5. 维护措施

（1）首要考虑电路连接的极性正确性及量程的适宜选择。

（2）遇指针异常偏转（无论反向或超出满刻度），应立即切断电源，暂停测量，待电路连接调整正确或选用更合适量程的电流表后，方可继续。

（3）测量任务完成后，首要操作是切断电源，随后轻柔地从电路中移除电流表，并妥善存放于干燥、通风且阴凉的环境中，以防损坏。

6. 电压表的使用与维护

电压表的使用与维护流程与电流表相似，但有其特定注意事项：

（1）测量时，电压表必须并联接入待测电路，以确保测量结果的准确性。

（2）鉴于电压表与负载的并联关系，其内阻 R 需显著大于负载电阻 R_L，以减小对电路的影响。

（3）在直流电压测量中，应首先连接电压表的"−"端至被测电路的低电位点，随后再将"+"端接入高电位点，确保测量路径的正确性。

（4）对于多量程电压表，当需调整量程时，务必先将其从被测电路中脱离，再行量程变更操作，以防损坏仪表或影响测量精度。

3.2.4 使用仪表时的注意事项

（1）确保接线的准确性：在进行电流测量时，电流表应准确无误地串联接入待测电路中；而对于电压的测定，电压表则需以并联方式接入电路。特别在直流电流与电压的测量中，尤为重要的是保持仪表极性与被测量对象的极性相匹配，以确保测量的准确性。

（2）高电压与大电流的安全测量。针对高电压或大电流的测量任务，推荐使用电压互感器及电流互感器作为辅助工具。选择时，需确保电压表与电流表的量程与互感器二次侧的额定值相匹配，通常情况下，电压设定为 100 V，电流则为 5 A，以保障测量的安全与精确。

（3）量程的扩大。若待测值超出仪表原有量程范围，可借助外部附加的分流器或分压器进行量程的扩展。在此过程中，务必关注这些辅助设备的准确度等级，确保其与主仪表的准确度等级相协调，以维护测量结果的可靠性。

（4）此外，还需特别留意仪表的使用环境，确保其远离可能产生干扰的外磁场，为仪表提供一个稳定、适宜的测量条件，从而进一步提升测量数据的准确性和可信度。

3.3　万用表

万用表，亦称复用表、多用表、三用表、综合测量表等，作为电力电子等领域不可或缺的测量工具，其核心功能涵盖电压、电流及电阻的精确测定。依据显示技术的不同，万用表可细分为指针式万用表（见图 3-3）与数字式万用表（见图 3-4）。此仪表集多功能、广量程于一身，不仅能测量直流与交流的电压、电流，还能检测电阻、音频电平，部分高端型号更具备电容、电感量及半导体特性（如 β 值）的测量能力。

图 3-3　指针式万用表

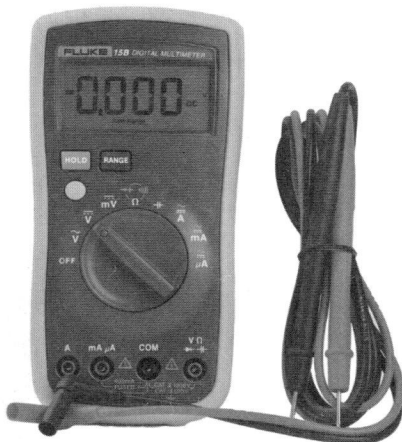

图 3-4 数字式万用表

精通熟知万用表的操作技巧是电子技术领域工作人员的基本技能之一。指针式万用表依托表头作为核心显示单元，通过指针的偏转来指示测量结果。而数字式万用表则直接利用液晶显示屏以数字形式直观展现测量值，部分型号还融入了语音辅助提示功能。两者共通之处在于，它们均整合了电压表、电流表及欧姆表的功能于一体，通过共享一个表头实现多元化测量。

关于操作规程，以下几点需严格遵守：

（1）使用前，务必详尽了解万用表的各项功能，根据待测参数特性，准确选择挡位、量程及表笔接口。

（2）面对未知数据范围时，应先将量程调至最大，随后逐步减小至合适范围，若使用指针式万用表，建议使指针保持在满量程刻度的一半附近。

（3）在使用指针式万用表测量电阻时，选定合适倍率挡位后，需通过短接表笔进行零位校准，若指针偏离零点，需调整"归零"旋钮以确保测量精准。若无法归零或数字表发出低电量警告，应立即检查并更换电池。

（4）测量电路电阻前，必须确保被测电路已断电，严禁带电操作。

（5）操作万用表时，安全至上，避免手部直接接触表笔金属部分，禁止在通电状态下切换挡位，以保障测量精确性与操作安全，防止触电及仪表损坏等意外发生。

3.4 钳形电流表

钳形表，亦称钳形电流表，是根据电流互感器的原理制成的，具体结构如图 3-5 所示。它是专门设计用于在不中断电路的情况下测量交流电流的工具。

图 3-5 钳形电流表

3.4.1 钳形表的操作流程

首先，需将量程选择器调整至适宜挡位，随后握持绝缘手柄，以食指轻压铁芯开关，使其张开，此时可将待测导线引入铁芯中心位置。接下来松开食指，铁芯自动闭合，导线产生的交变磁场随即在表盘上感应出电流值，实现直接读数。需注意的是，使用钳形电流表时应确保仅夹持一根导线，避免平行导线同时夹入导致测量失效。此外，利用钳形表中心（即铁芯区域）进行检测，往往能获得更为精准的测量结果。在评估家用电器能耗时，借助线路分离器可简化操作，部分分离器还具备电流放大功能（如放大 10 倍），便于对微弱电流（如 1 A 以下）进行放大后检测。特别地，直流钳形电流表（DCA）在检测直流电流时，能识别并显示电流流向的负值，这一特性对于判断汽车蓄电池的充放电状态尤为有用。

3.4.2　钳形表使用时的安全须知

（1）严禁使用钳形表测量高压线路电流，确保被测电压不超过表具规定的上限，以防绝缘损坏及触电风险。

（2）测量前，应预估电流范围，选择合适量程挡位，避免以小量程测量大电流，防止仪表损坏。

（3）每次测量仅限于一根导线，且应确保导线位于钳口正中，以提升测量精度。测量完成后，应将量程开关调至最大量程挡位，便于后续安全使用。

3.5　电能表

深入理解电能表的结构构造与运作机理，对于精确量测电能至关重要。在实际操作场景中，充分掌握各类电能表的技术参数、连接方式及选型准则，可显著降低潜在损失与误差。以下详细阐述电能表的关键技术特征及使用要求。

3.5.1　关键技术特性

1. 准确度

影响电能表的准确度是电能表内部转动构件的摩擦阻力以及电流组件中电流与磁通之间固有的非线性关系，一般是指电能表的基本误差。这种非线性关系导致在不同转速与负载条件下，难以实现完美的误差补偿，从而形成了电能表的基本误差。此外，外部环境条件的变化还可能产生一些附加误差。

根据国家标准化要求，有功电能表的精确度被划分为 1.0 级与 2.0 级两个等级，每个等级均对应着具体的基本误差限值与附加误差标准。对于单相电能表及负载均衡的三相有功电能表，其基本误差（即读数相对于真实值的百分比误差）的详细范围可参见表 3-1。至于负载不均衡情况下的三相有功电能表及三相无功电能表，其误差标准另有专门规定，此处不予赘述。

表 3-1　单相电能表的基本误差

负载电流（额定电流的百分数）	功率因数 $\cos\varphi$	基本误差	
		1.0 级	2.0 级
5	1	± 1.5	± 2.5
10 至额定最大电流	1	± 1.0	± 2.0
10	0.5（感性）	± 1.5	± 3.0
20 至额定最大电流	0.5（感性）	± 1.0	± 2.0

2. 灵敏度

在额定电压、额定频率及 $\cos\varphi = 1$ 的条件下，负载电流从零增加至铝盘开始转动时的最小电流与额定电流的百分比，这是衡量其灵敏度的关键指标。

依据标准，此临界电流占比不应超越额定电流的 0.5%。以额定电流 5 A 的电能表为例，其铝盘启动所需的电流应严格控制在 0.025 A 以下，这在 220 V 线路上对应的功率约为 5.5 W。

3. 潜动

潜动是指电能表在无负载状态下的自行旋转现象，是评估其性能稳定性的重要方面。按照规范，当电能表处于无电流负载状态，而电压维持在额定值的 80% ～ 110% 范围内时，铝盘的潜动圈数应被限制在 1 圈以内。

3.5.2　电能表的选型

电能表的选择应从用途、量程以及测量值的准确度等来考虑。

在选择电能表时，需综合考虑其应用目的、测量范围及精度要求。依据不同用途，可选用特定系列的电能表，如 DD 系列专用于单相测量，DS 系列适用于三相三线有功计量，DT 系列则针对三相四线有功场景，而 DX 系列则专注于三相无功电能的测量。量程的选定则需依据负载的额定电压与最大电流值，确保所选电能表与这些参数相匹配。

3.5.3　电能表的接线规范与注意事项

电能表的接线过程复杂且易出错，错误的接线可能导致铝盘反转，影响测量准确性。因此，接线前务必参阅产品说明书，严格遵循接线图指引，确保进线与出线准确无误地连接至电能表对应端钮。接线操作应坚守发电机端接线原则，即电流与电压线圈的发电机端需同极性接入电源。此外，还需特别关注电源相序，尤其是在配置无功电能表时，相序的正确性至关重要。一旦发现铝盘反转，需细致排查原因。

当发现电能表铝盘反转时，必须进行具体分析。有可能是接线错误引起，但并非所有的反转现象都是接线错误的原因。但也不排除其他正常工况下的反转现象：

（1）在双侧电源联络盘上安装的电能表，若电能传输方向发生逆转，即由一段母线向另一段母线供电转变为反向供电时，电能表的铝盘会呈现反转的现象，反映出能量流动方向的改变。

（2）在利用双只单相电能表对三相三线有功负载进行计量时，若电流与电压之间的相位差角超过 $60°$，即功率因数 $\cos\varphi < 0.5$，将导致其中一只电能表发生反转，这是由于功率的负向分量所致。

当电能表通过仪用互感器接入电路系统时，其接线准则与功率表相类似，确保电压线圈与电流线圈中的电流流向与未使用互感器直接接入时保持一致。

3.5.4　电能表的读数

对于直接连接至电路的电能表，或是与指定互感器配套使用的电能表，所测电能值均可直接从电表读数中获取。若电能表表面标有"$10 \times kW \cdot h$"或"$100 \times kW \cdot h$"的倍率标记，则需将读数相应乘以 10 或 100，以得出实际的电能消耗值。

若配套使用的互感器变比与电能表上标明的参数不一致时，为确保被测电能值的准确性，必须对电能表的读数进行相应的换算处理。举例来说，若电能表上标明互感器变比为 10 000/100 V 与 100/5 A，而实际部署的互感器变比则为 10 000/100 V 与 50/5 A，则此时被测电能的真实值需通过电能表读数除以 2 的换算方法来获得。

在日常工作中，利用有功电能表与无功电能表月度计量的数据，计算车间用户的月度平均功率因数是一项常规且重要的任务。

思考题

1. 某电流表标称精度为 1.5 级，量程为 0 ～ 10 A。若测量结果为 8 A，其可能的最大绝对误差是多少？如何通过量程选择提高测量精度？

2. 在测量某交流电动机的电流时，钳形电流表显示值波动较大。请分析可能的原因，并提出解决方案。

3. 若发现万用表在测量高电压时冒烟，应立即采取哪些应急措施？如何避免此类问题的发生？

4. 在电能表的安装过程中，若因接线错误导致用户电费虚增，可能引发哪些社会问题？作为电工，如何通过规范操作维护公共利益？

第4章 低压电器与电动机基本知识

知识目标

1. 掌握低压电器（按钮、断路器、熔断器、交流接触器、继电器）的功能、符号及工作原理。

2. 理解三相交流异步电动机的基本结构、运行特性及铭牌参数含义。

3. 熟悉低压电器在电动机控制电路中的作用及选型原则（如熔断器额定电流计算）。

能力目标

1. 能正确识别并区分常用低压电器的外观、符号及适用场景。

2. 能根据电动机功率和工况，合理选择断路器、熔断器等保护器件。

3. 能通过实验验证交流接触器的自锁、互锁功能及继电器的时间控制特性。

素养目标

1. 质量意识（思政目标）：理解低压电器质量对电气系统安全的重要性，树立"选用合格产品"的责任意识。

2. 职业道德：在实验和操作中保持严谨细致，杜绝因粗心导致的接线错误或器件损坏。

3. 诚信意识（思政目标）：如实记录实验数据，拒绝篡改或虚构结果，培养科学求真的职业态度。

4. 终身学习能力：关注低压电器技术发展（如智能化断路器），主动更新专业知识以适应行业需求。

5. 社会责任（思政目标）：认识电动机高效运行对节能减排的意义，倡导合理用电的社会责任感。

电器，简而言之，是一种控制电的装置，它依据外部指令，无论是自动还是手动方式，均能接通、断开电路，并能间断或连续地调整电路参数，以实现电路的切换、控制、保护、监测及调节功能。电器的应用领域极为广泛，功能丰富多样。

（1）从工作电压的角度，电器可划分为低压电器与高压电器两大类。低压电器特指那些在交流频率为 50 Hz 或 60 Hz，且额定电压不超过 1 200 V（交流）或 1 500 V（直流）环境下运行的电器设备。而高压电器则是指在交流额定电压超过 1 200 V 或直流额定电压超过 1 500 V 的电路中工作的电器。

（2）依据动作原理的不同，电器可分为非自动（即手动）电器与自动电器。非自动电器需人为操作，如刀开关、组合开关、按钮及行程开关等；而自动电器则能依据电信号（或其他如光、磁、速度、时间等信号）自动执行动作，包括接触器、继电器及自动开关等。

（3）根据用途差异，电器可进一步细分为控制电器、保护电器与执行电器。控制电器主要负责控制电动机的启动、停止、转向变换及速度调节等，如按钮、继电器、接触器等；保护电器则专注于电动机的安全保护，如熔断器、电流继电器、热继电器等；执行电器则直接参与生产机械的驱动与操纵，如电磁铁、电磁离合器、电磁工作台等。

以下将着重介绍几种常见的低压电器，通过剖析其结构特性、工作原理、型号规格、关键技术参数、图形与文字符号、选用准则及操作注意事项等方面内容，为日后正确选型与合理使用电器奠定坚实基础。

4.1 按钮

在电气控制系统中，按钮扮演着操作元件的角色，它通过人体施加的外力动作，并内置有储能（如弹簧）机制以实现自动复位功能，从而作为一种特殊的控制开关存在。这类装置亦被广泛称为按钮开关或控制按钮，主要用于手动操作以短暂地接通或断开控制电路。鉴于其触点设计，按钮通常仅能承载较小的电流，一般不超过5 A，因此不直接参与主电路（即大电流电路）的通断控制，而是作为信号源，在控制电路中发出指令或信号，间接通过接触器、继电器等电气元件实现对主电路通断、功能转换或电气联锁的控制。

按钮的结构主要包含按钮帽、复位弹簧、桥接式活动触头、固定触头、支撑连杆以及外壳等核心组件。依据按钮在静态（即未受外力作用时）触头的开闭状态，可将其分类为常开按钮（亦称启动按钮）、常闭按钮（或称停止按钮）以及兼具两者特性的复合按钮。图 4-1 和图 4-2 分别直观地展示了这些按钮的外形及其对应的符号标识。

图 4-1 按钮开关的外形

图 4-2 按钮开关的符号

"常开"与"常闭"触点的命名，源于电器在未受外力作用时触点所处的自然状态（对于接触器和继电器而言，则指线圈未通电的状态）。此外，值得注意的是，当电器受到外力作用而动作时，其常闭触点会先于常开触点而断开连接，反之，在外力消失后，常开触点则会先于常闭触点断开，随后常闭触点复位至初始状态。这一特性在图 4-3 所展示的按钮构造图中得到了清晰的体现。

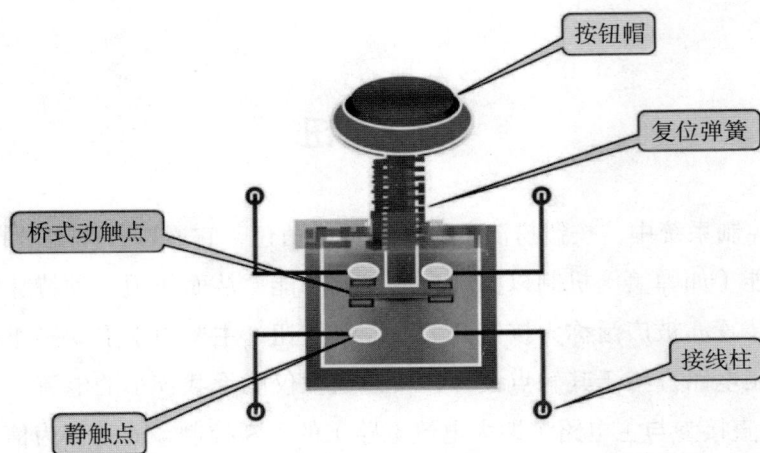

图 4-3 按钮开关的结构图

　　在探讨按钮的功能分类及其操作特性时，我们可将其未受外力作用下的触头状态细分为启动型（等同于常开按钮），其特点为未触动时触头断开，触动时则闭合，释放后自动复位至断开状态；停止型（等同于常闭按钮），与之相反，未触动时触头闭合，触动时断开，释放后自动复位至闭合状态；对于复合型按钮，该类型集成了前两者的特性，触动时先断开常闭触头后闭合常开触头，释放时则先断开常开触头再闭合常闭触头。按钮触点的额定电压通常设定在 500 V 以下，而额定电流则限制在 5 A，这一规格足以满足控制接触器、继电器等线圈电路的需求。

　　关于按钮开关的安装与使用规范，以下几点需特别注意：

　　（1）布局合理性：按钮在面板上的安装应讲求整齐划一，依据电动机启动的逻辑顺序，可采用从上至下或从左至右的排列方式，以提升操作便捷性。

　　（2）状态对应性：当同一机床运动部件涉及多种工作状态时，应确保每对相反状态（如上下、前后、松紧等）的按钮安装于同一组，以便于直观识别和操作。

　　（3）安装稳固性：按钮的安装必须牢固可靠，安装过程中使用的金属板或按钮盒需有效接地，以确保使用安全。

　　（4）触头维护：鉴于按钮触头间距较小，易受油污等污染物影响导致短路，因此需定期清洁触头，保持其表面清洁无垢，以保障电路的正常运行。

4.2　低压断路器

断路器，是一种兼具控制与保护双重功能的电器设备，又称自动空气断路器或自动开关，如图 4-4 所示。它日常被用于非频繁性地接通、断开电路，并实现对电动机运行的有效控制。当电路遭遇短路、过载或欠压等异常状况时，断路器能迅速且自动地切断电路，从而保护电力线路及各类电气设备免受损害。故障解决后，断路器能够便捷地恢复供电功能，既支持就地操作，也支持远程操作，确保了操作过程的安全性与便捷性。低压断路器因其多重优势而备受青睐，这些优势包括操作安全性高、安装与使用简便、工作稳定性强、动作设定值可调、故障判别能力卓越、集成多重保护功能，以及在动作后无须更换内部元件即可恢复使用。

特别地，低压断路器还具备出色的短路与过载保护功能，当电压显著降低至预设阈值或发生断电时，其内部衔铁将被释放，进而驱动主触头断开，有效实现欠电压保护，确保电力系统的稳定运行。

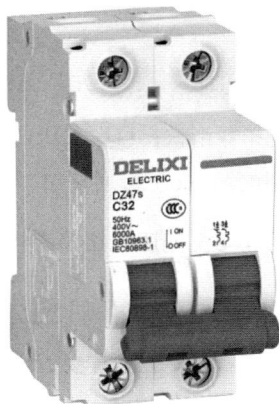

图 4-4　低压断路器

自动空气开关展现出多样化的结构形态，其核心构成通常涵盖触点系统、灭弧机构及脱扣机构等部分，具体如图 4-5 所示。该设备内置的自动脱扣系统，在遭遇短路等故障时能自动触发跳闸机制，迅速切断电源，实现有效的安全保护。对于短路、欠压及过载等保护需求，自动空气开关分别依赖于过流脱扣器、欠压脱扣器及热脱扣器来实现。

在正常工况下，过流脱扣器的衔铁是释放着的，然而，一旦电路中出现严重的过载或短路情形，与主电路串联的线圈将产生强大的电磁力，吸引衔铁移动，进而通过杠杆机构解锁锁钩，促使主触点分离，切断电路。与此相反，欠压脱扣器的工作原理在于，当电压维持在正常范围内时，其衔铁被稳定吸附，不影响主触点的闭合状态。但若电压显著降低至预设阈值以下或发生断电，电磁吸引力减弱或消失，衔铁将被释放，并驱动杠杆机构，使主触点断开，实现欠压保护。

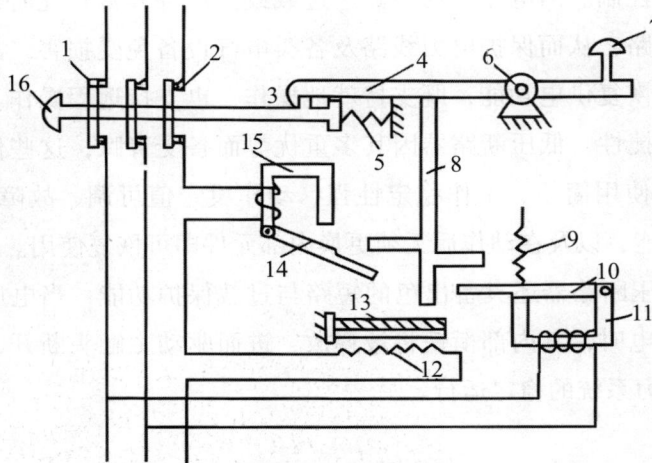

1—动触头；2—静触头；3—锁扣；4—搭钩；5—反作用弹簧；6—转轴座；7—分断按钮；8—杠杆；9—拉力弹簧；10—欠电压脱扣器衔铁；11—欠压脱扣器；12—热元件；13—双金属片；14—电磁脱扣器衔铁；15—电磁脱扣器；16—接通按钮。

图 4-5 低压断路器的结构

面对电路中的一般性过载状况，虽然过载电流尚不足以激活过流脱扣器，但足以使热元件累积热量。这一过程导致双金属片受热后发生弯曲变形，向上推动杠杆，最终使搭钩与锁钩分离，实现主触点的断开，从而完成过载保护。

低压断路器在电气领域中常以"QF"作为文字标识，其电气图形符号则如图4-6所示，便于在图纸与文档中进行统一识别与标注。

QF

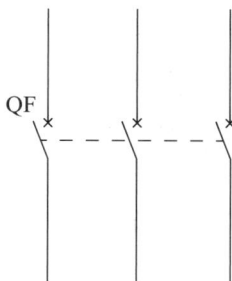

图 4-6　低压断路器的电气图形符号

低压断路器的安装与使用一般原则如下：

（1）在安装时，低压断路器应确保垂直放置，其电源接入线应连接于设备的上方，而负载输出线则相应接于下方，以确保电流流向的正确性。

（2）当低压断路器被用作电源系统的总控制开关或电动机的专项控制开关时，必须在其电源输入端增设刀闸或熔断器等装置，此举旨在形成明确的电气隔离点，便于安全操作与维护。

（3）对于出厂前已精确设定的整定值、间距参数及调节螺钉等关键参数，用户不得擅自调整或更改，以维护设备性能的稳定性和可靠性。

（4）针对配备有双金属片脱扣机制的断路器，若因系统过载而触发自动断开，则需待其内部组件充分冷却并复位后，方可重新启用脱扣功能，以确保后续操作的安全性。

4.3　熔断器

熔断器，亦称保险丝，乃低压配电与电力拖动系统中不可或缺的短路防护元件。管式低压熔断器的外形和低压熔断器的符号分别如图 4-7 和图 4-8 所示。在实际应用中，熔断器被串联接入待保护电路之中，一旦该电路遭遇过载或短路故障，流经熔断器的电流即会攀升至或超越预设阈值，此时熔断器内部会因电流效应产生的热量而触发熔体熔断机制，自动切断电路，从而有效实现防护功能。此过程通过牺牲熔体的局部完整性，避免了整个线路中电气设备因承受过量热能或电能而受损的风险。

特别地，在电动机的保护中，熔断器主要扮演短路防护的角色。而在控制与照明电路中，其不仅具备短路防护能力，还兼具一定程度的过载防护功能。然而，值得注意的是，熔断器对于过载状况的反应相对迟缓，尤其在电气设备仅经历轻度过载时，熔断器可能需经历较长时间方能触发熔断，甚至在某些情况下可能不触发熔断。因此，除了照明与电加热等特定电路外，熔断器通常不被推荐作为过载保护的首选设备，而是主要被应用于短路保护场景。

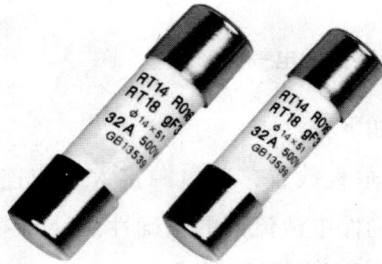

图 4-7　管式低压熔断器的外形　　　图 4-8　低压熔断器的符号

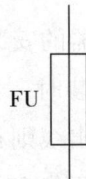

熔断器的额定电压需与线路额定电压相匹配或更高，同时，其额定电流亦需不低于所装熔体的额定电流值。关于熔断器的安装与操作规范如下：

（1）熔断器在安装前需确保完好无损，安装过程中应保证熔体与夹头、夹座之间的接触紧密无隙，并清晰标注其额定电压与额定电流值，以便于识别与维护。

（2）对于插入式熔断器，应确保其垂直安装。对于螺旋式熔断器，电源线应正确连接至瓷底座下方的接线座，而负载线则应接于螺纹壳上方的接线座。此布局设计便于在更换熔断管时，通过旋出螺帽使螺纹壳处于无电状态，从而保障操作人员的安全。

（3）熔断器内部应配置符合标准的熔体，严禁采用多根小规格熔体并联替代单一大规格熔体的做法，以维持其原有的保护性能。

（4）在安装熔断器时，各级熔体之间应相互协调，遵循下级熔体规格小于上级的原则，以确保在故障发生时能逐级有效隔离。

（5）安装熔丝时，应遵循顺时针方向将其紧密缠绕于螺栓上，并置于垫圈之下，随后适度拧紧螺钉以确保接触良好。同时，操作过程需避免损伤熔丝，以防熔体截面积减小导致的局部过热及误动作。

（6）在更换熔体或熔管之前，务必切断电源，严禁带负荷操作，以防止电弧产生可能导致的灼伤风险。

（7）对于 RMIO 系列熔断器，在经历三次相当于其分断能力的电流切断操作后，必须更换熔断管，以确保在后续使用时，能够可靠保护用电回路及设备。

（8）当熔断器作为隔离器件使用时，应安装在控制开关的电源进线侧；而若作为短路保护元件，则应安装于控制开关的出线侧，以符合电气安全及保护逻辑。

4.4　交流接触器

低压开关与主令电器，作为非自动切换电器，其核心功能在于通过手动直接操作来接通或断开电路触点。在电力拖动领域，我们广泛采用接触器这一自动切换电器，以实现电路的智能化控制。如图 4-9 所示，接触器，作为一种电磁式自动开关装置，常用于远距离及高频次的交直流电路及大容量控制回路的通断操作。其主要服务对象为电动机，同时也可灵活应用于电热设备、电焊设备及电容器组等多种负载的控制中。接触器不仅提供了远距离自动操控与欠电压防护的便捷性，还凭借其大控制容量、高工作可靠性、高频操作能力及长久使用寿命等显著优势，在电力拖动系统中占据了举足轻重的地位。

图 4-9　交流接触器

功能阐述：接触器具备欠压与失压双重保护机制。前者指在线路电压低于电动机额定运行电压时，能自动切断电源，防止电动机在欠压状态下运行，从而保护设备免受损害。而后者则针对电动机运行中因外部因素导致的突然断电情况，能即时切断电源，并在重新供电时阻止电动机自行启动，确保安全。

值得注意的是，尽管接触器功能强大，但它并不直接提供短路与过载保护。其中，"欠压"状态指的是线路电压不足以支撑电动机正常运行的状况；"欠压保护"则是针对此情况设计的安全措施，确保电动机在电压不足时自动脱离电源。"失压保护"则进一步增强了系统的安全性，防止了电动机在突然断电后重新供电时的无意识启动。

根据主触头所承载电流类型的不同，接触器可细分为交流接触器与直流接触器两类。在此，我们将重点聚焦于交流接触器的介绍。

交流接触器的构造主要包含电磁系统、触点系统、灭弧装置及辅助部件。其工作原理依赖于电磁铁产生的吸引力来驱动操作。依据实际应用需求的不同，接触器的触点被明确区分为两大类：主触点与辅助触点。其中，辅助触点因其承载电流较小，常设计用于电动机的控制回路之中；而主触点则因其具备通过大电流的能力，被设计用于电动机的主电路连接。

1. 交流接触器的符号

交流接触器的符号，如图4-10所示。

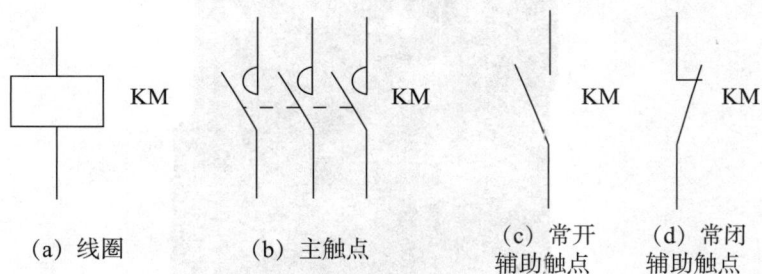

(a) 线圈　　(b) 主触点　　(c) 常开辅助触点　　(d) 常闭辅助触点

图4-10　交流接触器的图形符号和文字符号

2. 交流接触器的连接方式

（1）主触头：其特性为常态开启，主要职责在于主电路中执行电动机的接通与断开操作，是控制电机运行状态的关键元件。

（2）辅助触头：辅助触头则安装在控制电路中，发挥自锁与互锁的双重作用，确保控制逻辑的正确执行与系统的稳定运行。

（3）接触器线圈：作为核心部件之一，被串联于控制回路之中。其通电状态直接触发整个接触器的工作流程，是电磁力产生的源头。

交流接触器基于电磁感应原理实现其操作，如图 4-11 所示为交流接触器的工作原理。具体而言，当线圈通电，电流流经产生的磁场足够强大，吸引铁芯克服弹簧阻力，使衔铁紧密接合。这一动作通过机械联动装置，促使主触头与辅助常开触头闭合，同时辅助常闭触头则相应断开。反之，若线圈断电或遭遇电压骤降，电磁吸引力减弱乃至消失，弹簧的复位将促使衔铁及其所连触头回归至初始位置，完成一次完整的控制循环。此机制确保了接触器在电力系统中能够精确、可靠地执行开关任务。

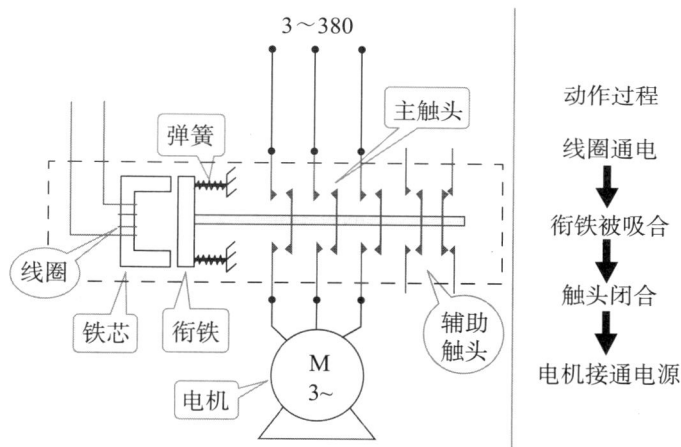

图 4-11　交流接触器的工作原理

3. 交流接触器的安装与维护

（1）安装预备阶段的核查。

技术匹配性验证：首要确认接触器铭牌与线圈标明的技术参数，诸如额定电压、电流限额及操作频率等，须精准匹配实际应用场景的需求。

外观与机械功能检查：细致审视接触器外观，确保无机械损伤痕迹；通过手动轻触其活动部件，评估其运动流畅度，确保无阻碍或卡滞现象；同时，检查灭弧罩的完整性及固定情况，确保稳固无损。

内部清洁处理：使用煤油细心清除铁芯极面上的防锈油脂及附着的铁锈，以防长期使用中衔铁因黏附而无法正常释放。

电气性能测试：执行线圈电阻与绝缘电阻的测量，以验证其电气性能是否符合标准。

（2）交流接触器的安装步骤。

位置与方向考量：接触器应优先垂直安装，且倾斜角度严格控制在5°以内。若设计有散热孔，则需确保该面朝上，以促进热量散发，并预留足够的空间以防飞弧影响邻近设备。

安装与接线细节：操作过程中需谨防零件落入接触面，确保安装孔的螺钉配备弹簧垫圈与平垫圈，并紧固到位，以抵御振动导致的松动。

功能验证：安装完成后，于主触头未带电状态下进行数次操作试验，随后测量并记录接触器的动作与释放值，确保所有参数均符合产品规格要求。

（3）日常维护指南。

定期检查：实施定期检查计划，重点关注螺钉紧固状态及可动部分的灵活性，确保无松动或卡顿现象。

触头保养：定期对接触器触头进行清洁，维持其表面洁净，但需避免涂抹油脂。一旦发现触头表面因电弧作用产生金属微粒，应及时清理。

灭弧罩保护：拆装过程中需谨慎操作，以防损坏灭弧罩。特别强调，带灭弧罩的交流接触器在运行时，必须确保灭弧罩完好无损，严禁无罩或破损状态运行，以防止电弧短路故障的发生。

4.5 继电器

4.5.1 继电器的作用与特性

继电器作为一种自动化电气元件，其核心功能在于依据外部电信号实现对电路的有效控制与安全防护。它常见于电动机控制回路之中，虽不直接介入大电流主电路的直接调控，却通过间接方式，如配合接触器或其他电气装置，实现对主电路的精准控制。相较于接触器，继电器具有触头分断能力小、结构简单、体积小、重量轻、反应灵敏、动作准确、工作可靠等特点。继电器主要有感测机构、中间机构和执行机构三部分组成。感测机构把感测到的电量或非电量传递给中间机构，并将它与预定阈值（整定值）相比较，当达到预定值（过量或欠量）时，中间机构使执行机构动作，从而接通或断开电路。

4.5.2　继电器的分类

继电器的分类依据多元且详尽，依据输入信号的不同性质，可划分为：电压继电器、电流继电器、速度继电器、压力继电器等；从工作原理角度出发，则可分为：电磁式继电器、电动式继电器、感应式继电器、晶体管式继电器和热继电器等；另外，依据其输出形式的不同，还可区分为：有触点式和无触点式继电器。值得注意的是，继电器与接触器的构造原理存在共通之处，但触点数量上继电器往往更为丰富，而容量则相对较小，这直接导致了接触器主触头能够承载大电流，而继电器触头则更适用于小电流场景。

4.5.3　热继电器

热继电器，作为一种专为电动机及其他电气设备和线路设计的过载防护装置，其核心功能在于预防因过载而导致的损害。在电动机的正常运行过程中，尤其是驱动生产机械时，若遭遇机械故障或电路异常，易引发电动机过载现象。此时，电动机转速减缓，绕组电流激增，进而导致绕组温度急剧上升。若过载程度较轻且持续时间短暂，使得绕组温升未超出安全阈值，则此类过载可视为可接受范围。然而，若过载持续时间长且电流过大，绕组温度将远超允许范围，加速绕组老化进程，显著缩短电动机使用寿命，极端情况下甚至可能引发绕组烧毁的严重后果。因此，此类过载状况对电动机而言是不可承受的。

热继电器正是基于电流热效应的基本原理，在检测到电动机处于不可承受的过载状态时，能够迅速切断电路，从而有效保护电动机免受进一步损害。这一保护功能对于维护电动机的安全稳定运行至关重要。图 4-12 展示了热继电器的典型外观结构。

图 4-12　热继电器的典型外观

热继电器的图形符号和文字符号如图 4-13 所示。

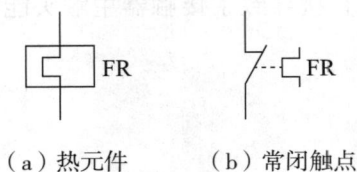

（a）热元件　　（b）常闭触点

图 4-13　热继电器的图形符号和文字符号

热继电器的结构和工作原理如图 4-14 所示。它主要由发热元件、动作机构、触头系统、电流整定装置、复位机构和温度补偿元件等多个核心组件构成。

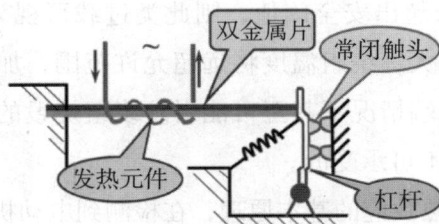

图 4-14　热继电器的结构和工作原理

在电机主电路中接入发热元件，一旦电机经历长时间过载，发热元件便会产生大量热量，导致双金属片受热不均。由于双金属片上下层材料的热膨胀系数存在差异，下层因膨胀系数较大而显著伸长，进而促使双金属片向上弯曲。此形变过程触发扣板被弹簧力拉回，随之常闭触点分离，有效切断了电动机与电源之间的连接，实现了对电机长时间过载状态的及时防护。值得注意的是，此过程中通过发热元件的电流直接反映了电动机的负载电流，而常闭触点则串联于电动机的控制回路之中。

热继电器的工作原理基于电流热效应的累积效应，对于短路紧急情况，其无法迅速响应以实现电路的即时断开，故不承担短路保护职责。若需使热继电器恢复初始状态，简单按压复位键即可完成。

热继电器的安装与维护如下所示。

（1）安装遵循规范：热继电器必须严格依照产品手册的要求进行安装，确保环境温度与电动机运行环境相近。在多电器共存环境中，应优先将热继电器置于低位，以隔离上方电器的热辐射，防止其性能受干扰。

（2）清洁触头表面：安装前应彻底清除触头表面附着的尘埃与污垢，以防因接触不良或电路中断而削弱热继电器的功能性。

（3）精选连接导线：热继电器出线端导线的选择至关重要，需依据规范进行，因导线规格直接影响热量的轴向传递效率。过细的导线可能因导热不良导致热继电器误动作，而过粗的导线则可能因导热过快延迟其动作。

（4）定期校验与检查：热继电器需定期通电验证其性能，且在短路后检查热元件的完整性，以防永久变形。一旦发现变形，应立即断电并重新校验。对于因热元件变形或其他原因导致的动作异常，仅限于调整可调部件，严禁直接弯折热元件。

（5）调整复位模式：出厂时，热继电器预设为手动复位模式。若需转换为自动复位，可通过顺时针旋转复位螺钉 3～4 圈并适度紧固来实现。

（6）日常清洁保养：使用过程中，应定期用软布清除热继电器上的尘埃与污渍。若发现双金属片有锈迹，应采用浸有汽油的清洁棉布轻柔擦拭，避免使用砂纸等粗糙材料，以防损伤。

4.5.4　时间继电器

时间继电器，作为一种集电磁与机械原理于一体的控制设备，在电路中扮演着延时控制或通断切换的关键角色。依据其动作机制的不同，时间继电器可细分为有空气阻尼型、电动型、电子型等几大类。作为电气控制系统中不可或缺的元件，时间继电器依据功能特性又可划分为通电延时型与断电延时型两大类。图 4-15 和图 4-16 分别展示了多种常见时间继电器的外观形态及其符号。

图 4-15　时间继电器的外观形态

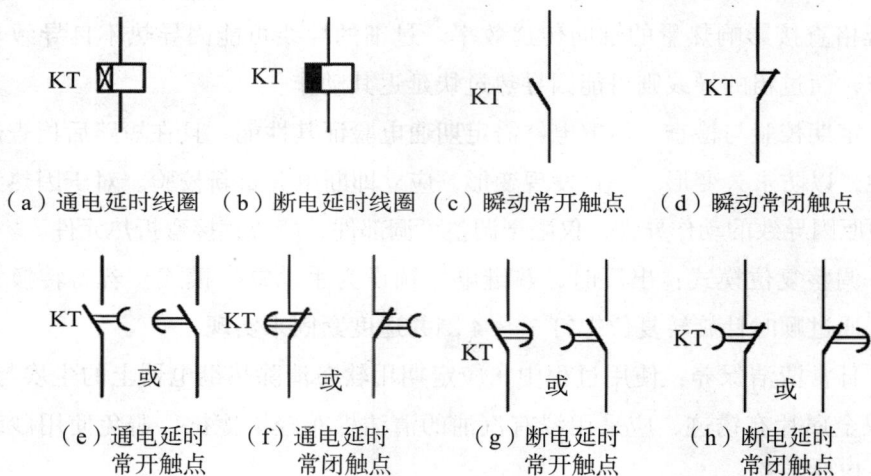

（a）通电延时线圈　（b）断电延时线圈　（c）瞬动常开触点　（d）瞬动常闭触点

（e）通电延时
常开触点　（f）通电延时
常闭触点　（g）断电延时
常开触点　（h）断电延时
常闭触点

图 4-16　时间继电器的符号

　　当时间继电器的线圈通电时，线圈获得电能后，衔铁及其附带的托板会立即被铁芯磁力吸引而下移，这一过程促使瞬时动作触点迅速接通或断开电路。然而，活塞杆与杠杆系统的运动并非与衔铁同步进行，原因在于活塞杆顶部连接着气室内的橡皮膜。随着活塞杆在释放弹簧的驱动下缓缓下降，橡皮膜随之凹陷，导致上方空气室内气压降低，形成阻尼效应，延缓了活塞杆的下降速度。经过预设的时间间隔，活塞杆抵达特定位置，通过杠杆机构触发延时触点的动作，实现动断触点的断开与动合触点的闭合。从线圈通电至延时触点完成动作的全过程，即构成了继电器的延时周期，该周期的长短可通过调整空气室进气孔大小（利用螺钉控制）来灵活设定。当吸引线圈断电后，在恢复弹簧的复位作用下，继电器回归初始状态，同时，空气迅速通过出气孔排出，完成整个工作循环，其结构原理如图 4-17 所示。

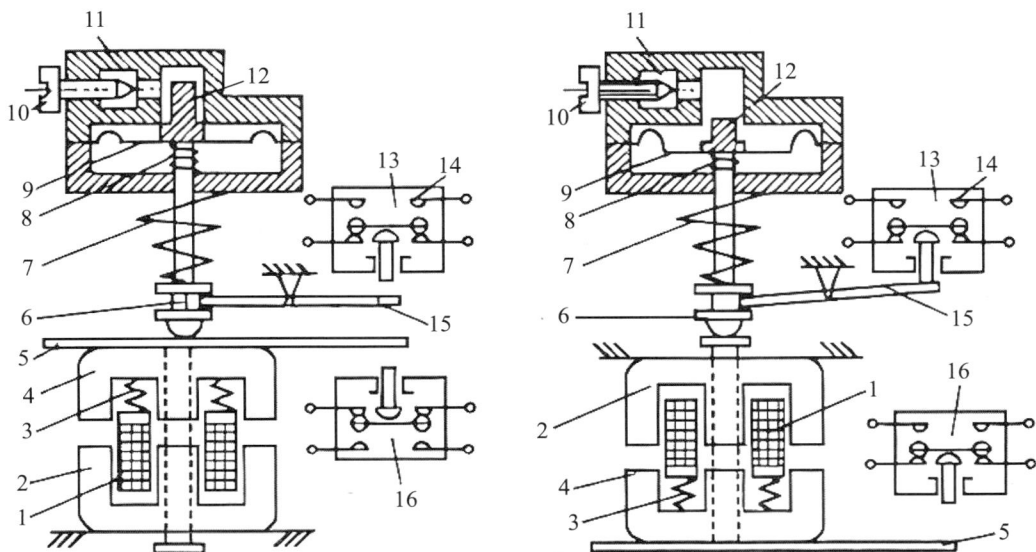

1—线圈；2—静铁芯；3，7，8—弹簧；4—衔铁；5—推板；6—顶杆；9—橡皮膜；10—螺钉；11—进气孔；12—活塞；13，16—微动开关；14—延时触点；15—杠杆。

图 4-17　空气阻尼式时间继电器

对于通电延时型时间继电器，其触点动作流程阐述如下：一旦线圈获得电能，随即启动计时机制；当累计时间达到预设阈值时，触点将执行状态转换操作，具体而言，是常开触点转变为常闭状态，而常闭触点则转变为常开状态；此状态变更在断电瞬间即刻逆转，触点回归初始配置。

相对于此，断电延时型时间继电器的动作流程则有所不同：线圈通电的刹那，触点状态立即发生反转，常开与常闭触点互换其初始状态；此后，直至线圈电源切断，计时功能方才激活；经过设定的延时周期后，触点方才恢复到其初始的通断配置。

4.5.5　速度继电器

速度继电器作为三相异步电动机反接制动控制体系中的关键组件，其核心功能在于响应三相电源相序变更后，生成与转子实际旋转方向相悖的旋转磁场，进而引发制动力矩，促使电动机在制动过程中迅速减速。当电动机转速趋近于零时，该继电器即时发出信号，触发电源切断机制，确保电动机平稳停止（避免其意外反向启动）。

速度继电器的内部结构如图 4-18 所示，其转轴与电动机转轴同轴相连，共同旋转。转轴上装设有一圆柱形永久磁铁，磁铁外围则灵活套设一可沿正反方向微调角度的外环，外环圆周上嵌入了鼠笼式绕组。电动机运行时，外环的鼠笼绕组切割磁铁磁力线，诱导感应电流产生，并据此形成转矩，驱使外环随电动机旋转方向偏转一定角度。此过程中，固定于外环支架的顶块推动动触头，促使一组触头执行相应动作；若电动机反转，顶块则作用于另一组触头，实现触头状态的切换。通常，当速度继电器转轴转速达到约 120 r/min 时，触点即开始动作；而当电动机转速降至约 100 r/min 以下，由于鼠笼绕组电磁力减弱，顶块复位，触点亦随之恢复原状。鉴于其触头动作状态直接关联于电动机转速，故得名速度继电器；同时，鉴于其在电动机反接制动中的应用，亦常被称作反接制动继电器。图 4-19 为速度继电器的标准符号图示。

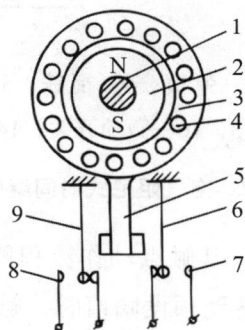

1—转轴；2—转子；3—定子；4—绕组；5—摆锤；6，9—簧片；7，8—静触点。

图 4-18　速度继电器结构示意图

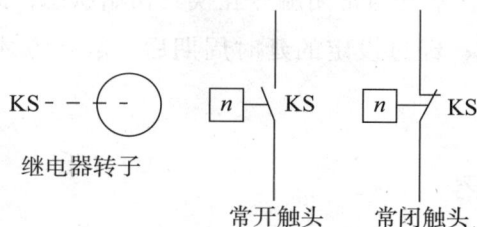

图 4-19　速度继电器符号

4.6 三相交流异步电动机

4.6.1 异步电机的结构

异步电动机，亦称感应电动机，广泛应用于电动机领域，少数情境下亦被用作发电机。三相感应电动机在工业领域占据主导地位，而单相感应电动机则常见于家用电器中。此类电机的显著优势在于结构简洁、制造流程简便、成本低廉且运行稳定可靠。然而，其固有局限在于功率因数持续滞后，尤其在轻载状态下表现尤为明显，同时在调速性能上相较于直流电机稍显逊色。

三相感应电机的构造主要由定子、转子及二者间的气隙三大部分构成。

定子由定子铁芯、定子绕组和机座、端盖等部分组成。定子铁芯作为主磁路的关键部分，为减少涡流与磁滞损耗的产生，采用厚度为 0.5 mm 的硅钢片堆叠而成，并于片间涂覆绝缘漆以实现层间绝缘。定子铁芯的组装方式分为外压装与内压装两种：前者是先将硅钢片叠装压紧成整体后，再安置于机座之内；后者则是通过扇形冲片在机座内逐层错位叠装而成。定子铁芯内圆均匀分布着形状一致的槽，专为嵌置定子绕组而设。定子绕组作为电能传输的电路部分，负责从电源汲取能量并激发气隙内的旋转磁场。小型感应电动机常采用半闭口槽设计，搭配由高强度漆包线绕制的单层（散嵌式）绕组，绕组外覆槽绝缘层以实现与铁芯的电气隔离。半闭口槽设计旨在降低主磁路磁阻，进而减少励磁电流，同时缩小槽开口有助于抑制气隙磁场的脉动，减少电动机的杂散损耗，尽管这可能增加嵌线的复杂度。相比之下，中型低压感应电动机普遍使用半开口槽，而中、大型高压感应电动机则普遍采用开口槽设计（如图 4-20 所示），以简化嵌线操作。

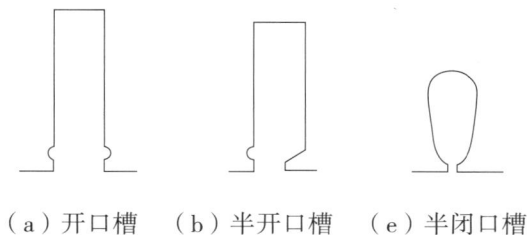

（a）开口槽　（b）半开口槽　（e）半闭口槽

图 4-20　定子铁芯槽形

三相绕组常见的连接方式包括星形连接（亦称 Y 形或 y 形）与三角形连接（亦称 D 形或 d 形）。在星形连接中，三相绕组的起始端 A、B、C 被单独引出，而它们的末端 X、Y、Z 则汇聚并连接于一点，作为中性点，如图 4-21（a）所示。相反，三角形连接则是通过将一相绕组的末端与相邻绕组的起始端相连，依此类推，形成一个封闭的三角形环路，最终仅将三个起始端 A、B、C 引出，如图 4-21（b）所示。为了优化电磁性能，中大型感应电机普遍采用双层短距绕组设计。至于定子绕组的连接方式，中小型电机以三角形连接为主，而高压大型电机则倾向于采用星形连接。

机座的两侧安装有端盖，这些端盖不仅起到了保护定子绕组末端的作用，还内置了轴承，用于支撑并稳定转子的运行。

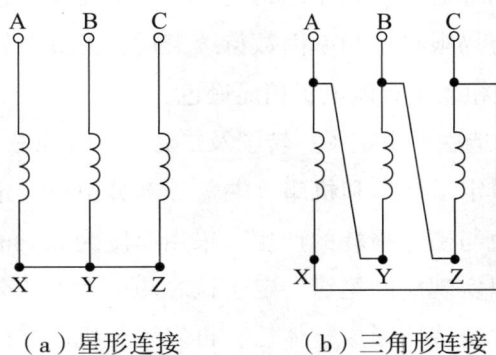

（a）星形连接　　　（b）三角形连接

图 4-21　三相绕组的连接法

转子结构主要由转子铁芯、转子绕组以及转轴三部分组成。转子铁芯作为主磁路的关键组件，通常由多层厚度为 0.5 mm 的硅钢片紧密叠压而成，其外形呈现为圆柱形，并稳固地安装于转轴或转子支架之上。转子产生的机械能则通过转轴有效传递至外部。

转子绕组，作为转子的电气核心，依据其构造差异可分为笼型与绕线型两大类。笼型绕组，作为一种自闭合的短路结构，由嵌入转子槽中的导条与两端的环形端环共同构成，整体形态若去除铁芯则酷似"圆笼"，故得名（见图 4-22）。为优化成本及生产效率，小型笼型电机普遍采用铸铝转子；而对于中、大型电机，鉴于铸铝质量的控制难度，则倾向于使用铜条嵌入转子槽内，并在两端焊接端环的构造方式。笼型感应电机凭借其结构简单、制造便捷、经济耐用等优势，在各类应用中占据广泛市场。

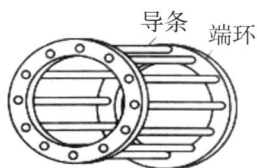

图 4-22　笼型绕组

　　绕线型转子则在其槽内嵌入了由绝缘导线精心绕制而成的三相绕组，这些绕组的引出线连接至轴上的集电环，进而通过电刷实现与外部电路的接通（如图 4-23 所示）。此类型转子的独特之处在于其绕组中可接入外部电阻，以此调节电动机的启动与调速特性。相较于笼型转子，绕线型结构稍显复杂，成本略高，但其在需要低启动电流、大启动转矩或调速功能的场合中表现出色。

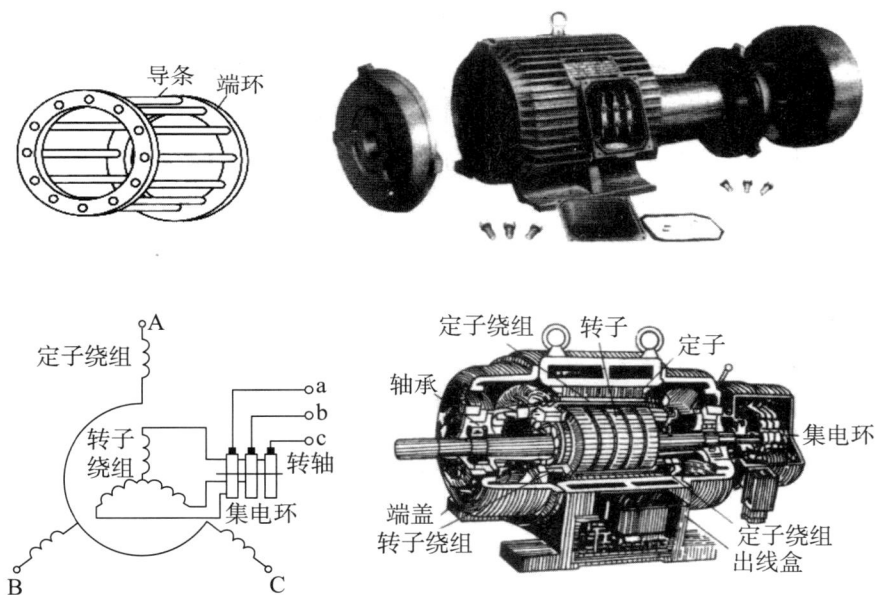

图 4-23　三相绕线型感应电动机示意图

　　在定子与转子之间，存在一个至关重要的气隙。此气隙内的主磁场主要是由励磁电流的激励产生。鉴于激磁电流本质上多属无功电流性质，其数值的增大直接导致电机功率因数的相应下降。为有效遏制励磁电流的过度消耗，并促进电机功率因数的提升，感应电动机设计时常采用缩小气隙的方式。然而，这一调整需审慎进行，以确保既不妨碍电动机的装配，也不影响其安全稳定运行。具体而言，对于中、小型电机而言，其气隙宽度通常被精心控制在 0.2 ～ 2 mm 的范围内，以达成上述优化目标。

4.6.2 异步电机的工作原理

三相异步电动机的定子绕组在空间上为保持对称的三相绕组。当此绕组中通入三相幅值大小相等且相位互差 120° 的交流电时，电动机内部将产生一个持续以恒定速度旋转的磁场，这一特殊磁场被称为旋转磁场。旋转磁场的转向严格依赖于供给定子绕组的三相交流电源的相序排列，它构成了异步电动机能够正常运作不可或缺的基础。

1. 旋转磁场的产生

一台典型的两极三相交流电机定子的结构如图 4-24 所示。为便于理解，图中将各相绕组简化为集中的线圈形式进行表示，而虚线则清晰地标示出各相绕组的轴线位置。具体而言，B 相绕组的轴线相对于 A 相轴线滞后了 120° 的电角度，同理，C 相绕组的轴线也相对于 B 相轴线滞后了 120° 的电角度。这种三相绕组在空间上互成 120° 电角度的布局，直接导致三相基波磁动势在空间中也呈现出相互间隔 120° 电角度的分布特性。当向这三相绕组中通入对称且为正序的电流时，即

$$i_1 = I_m\sin\omega t, \quad i_2 = I_m\sin(\omega t-120°), \quad i_3 = I_m\sin(\omega t + 120°)$$

那么，各相脉振磁动势在相序上亦呈现 120° 电角度的相互间隔。将 A、B、C 三相各自的单相基波脉振磁动势进行矢量叠加，即可合成出三相绕组所产生的基波磁动势总和。接下来，我们将通过图示方法进一步阐释三相基波磁动势的合成过程。

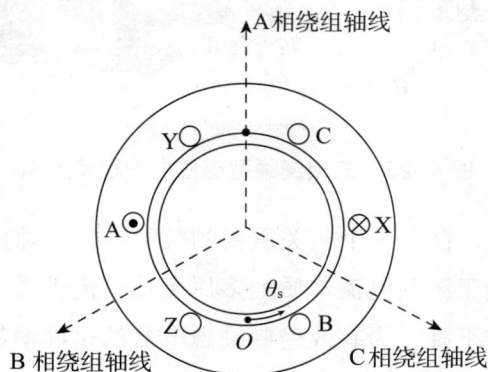

图 4-24 三相交流电机的定子示意图

在 A，B，C 三相绕组中分别通入 i_1，i_2，i_3 三相电流，鉴于交流电的性质，其方向会随时间周期性改变。为了明确某一具体时刻电流在绕组中的具体流向，从而推断出所产生的磁场方向，我们设定电流从线圈的起始端（即 A，B，C 端）流入，并从对应末端（X，Y，Z 端）流出时视为正向，反之则为负向。这一设定有助于我们更直观地分析和理解三相电流所产生的磁场变化。

电流流入端用"⊗"表示，流出端用"⊙"表示。下面就分别取几个特定的瞬时时间来分析三相交变电流流经三相绕组所产生的合成磁场。当 $\omega t = 0$ 时，由三相电流的波形可见，电流瞬时值 $i_1 = 0$，$i_2 < 0$，$i_3 > 0$。这表示 A 相无电流，B 电流是从线圈的末端 Y 流向首端 B，C 相电流是从线圈的始端 C 流向末端 Z，按右手螺旋定则可得到各个导体中电流所产生的合成磁场如图 4-25（a）所示，是一个具有两个磁极的磁场，上为 N 极，下为 S 极。

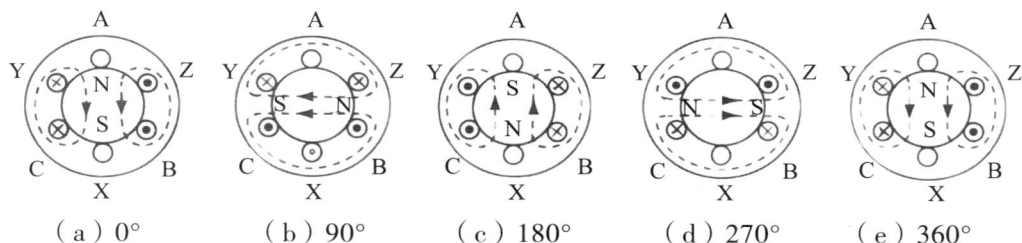

| （a）0° | （b）90° | （c）180° | （d）270° | （e）360° |

图 4-25　不同瞬时一对磁极的旋转磁场

当 $\omega t = 90°$ 时，由三相电流的波形可见，电流瞬时值 i_1 为正值，i_2 为负值，i_3 为负值。A 相电流是从线圈的首端 A 流向末端 X，B 相电流是从线圈的末端 Y 流向首端 B，C 相电流是从线圈的末端 Z 流向始端 C。因此这时的合成磁场方向沿顺时针方向在空间旋转了 90°，如图 4-25（b）所示。同理可做出 $\omega t = 180°$，$\omega t = 270°$，$\omega t = 360°$ 时的合成磁场，分别如图 4-25（c），（d），（e）所示。由图 4-25 可以看出，当正弦电流变化一周时，磁场在空间也正好旋转一圈。当三相电流不断地随时间变化时，所产生的合成磁场在空间也不断地旋转，这就形成了旋转磁场。

2. 转动原理

在定子绕组中施加三相对称电流后，定子内部将生成一个以顺时针方向旋转、转速为 n_s 的磁场。此旋转磁场与静止的转子导体之间发生相对运动，导致转子导体切割磁力线，进而依据右手定则原理产生感应电动势。鉴于转子绕组为闭合回路，此感应电动势将驱动电流 i_2 在转子绕组中流通，其流向与感应电动势方向保持一致，如图 4-26 所示。

当带有感应电流 i_2 的转子导体置身于旋转磁场之中时，会受到电磁力的作用。根据左手定则分析，转子导体的上半部将受到向右的电磁力作用，而下半部则受到向左的电磁力 f。这些电磁力合力形成一个对转轴产生作用的电磁转矩 T_{em}，该转矩推动转子沿旋转磁场的方向旋转，上述内容即为异步电动机实现转动的原理。

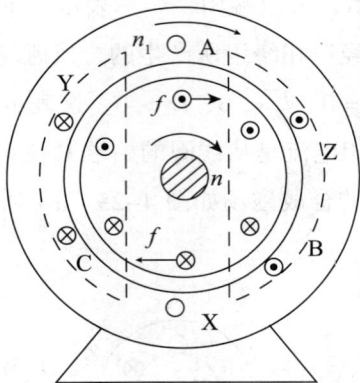

图 4-26 异步电动机的转动原理

在探讨转子转速 n 与旋转磁场转速 n_s 之间的大小关系时，我们需明确一个基本论断：两者通常不会等同。此论断基于物理原理：若转子转速与旋转磁场转速完全一致，则二者间将丧失相对运动，进而无法感生出感应电动势与感应电流，最终导致电磁转矩的缺失。电磁转矩作为驱动转子旋转的关键力量，其存在依赖于转速间的差异。因此，可以推断，转子的实际转速 n 总是略低于旋转磁场的转速 n_s，它们两个总是有速度差，这一现象正是异步电动机命名的由来。

为了量化这一转速差异，引入了转差率 s 的概念，它精确地表示了旋转磁场转速 n_s 与转子转速 n 之间的相对偏离程度，为电机性能分析提供了重要的参数依据，其中转差率 s 为

$$s = \frac{n_s - n}{n_s}$$

转差率 s 是异步电动机运行时的一个重要物理量，当旋转磁场转速 n_s 一定时，转差率的数值与电动机的转速 n 相对应，正常运行的异步电动机，其 s 很小，一般 s 在 $0.01 \sim 0.05$。

在异步电动机的运行过程中，转差率 s 作为一个至关重要的物理参数，其值在旋转磁场转速 n_s 恒定的条件下，受电动机的实际转速 n 的影响。对于处于正常运行状

态的异步电动机而言，其转差率 s 通常保持在一个很低的范围内，普遍介于 0.01 至 0.06 之间。

当向定子中的对称三相绕组施加对称的三相电压时，会引导对称的三相电流流通，这些电流进而在电机的气隙内构建出一个旋转的磁场。此磁场的旋转速度 n_s 被定义为同步转速，它与电网频率 f_1 以及电机的磁极对数 p 之间遵循以下特定的数学关系：

$$n_s = \frac{60 f_1}{p}$$

对于已制造完成的电机而言，其磁极对数 p 是固定的，因此，影响旋转磁场转速 n_s 的关键因素便是电网的电流频率。在我国，电网的标准频率为 50 Hz，这一固定值进一步明确了 n_s 与 p 之间的对应关系，如表 4-1 所示。

表 4-1　n_s 与 p 的关系

p	1	2	3	4	5	6
$n_s/$（r·min^{-1}）	3 000	1 500	1 000	750	600	500

异步电动机的旋转方向始终与旋转磁场方向一致，而旋转磁场方向又取决于异步电动机的三相电流相序，因此，三相异步电动机的转向与电流的相序一致。要改变转向，只需改变电流的相序即可，即任意对调电动机的两根电源线，便可使电动机反转。

在探讨异步电动机的旋转特性时，电动机转子的旋转方向始终与内部产生的旋转磁场方向保持一致。而内部旋转磁场的方位直接由异步电动机供给的三相电流的相位序列所决定。因此很容易推断出三相异步电动机的旋转方向与电流的相序保持一致。针对一台正在运行的异步电动机，若需要调整电动机的旋转方向，只需要调整电流的相序。具体操作是通过互换电动机中任意两相的电源输入线，从而有效地实现电动机的反向旋转。这一过程既直接又高效，充分展示了三相异步电动机在控制旋转方向上的灵活性。

思考题

1. 某工厂为降低成本使用劣质熔断器，导致电路过载时无法熔断引发火灾。结合此案例，说明质量意识在电气工程中的重要性。

2. 实验中发现接触器线圈电压标注模糊，若随意接线可能导致线圈烧毁。从职业道德角度，阐述应如何正确处理此类问题。

3. 某学生在实验中因操作失误导致数据异常，为获得"理想结果"篡改数据。请分析此行为对个人职业发展和团队信任的负面影响。

4. 从"碳达峰"目标出发，分析电动机能效等级提升对工业领域节能减排的贡献，并提出个人可践行的建议。

5. 智能化断路器逐渐替代传统机械式断路器，作为技术人员应如何主动学习新技术？请提出具体学习路径。

6. 在电动机控制实验中，若忽略按钮触点清洁导致接触不良，可能引发什么后果？结合案例说明细节操作的重要性。

7. 废弃低压电器（如含铅熔断器）若随意丢弃会污染环境，从社会责任角度谈谈应如何规范处理电子废弃物。

第5章　常用电力拖动基本控制电路实训

知识目标

1. 掌握三相异步电动机的基本结构、工作原理及典型控制电路（点动、自锁、正反转、星三角启动等）的组成与功能。

2. 理解联锁机制（按钮联锁、接触器联锁、双重联锁）在电动机控制中的作用及实现方式。

3. 熟悉降压启动（串电阻、星三角切换）、能耗制动、多地控制等特殊控制电路的原理与接线方法。

4. 了解时间继电器、接触器等关键器件在控制电路中的功能及参数选择依据。

能力目标

1. 能独立完成电动机点动、自锁、正反转控制电路的接线、调试与故障排查。

2. 具备星三角启动控制电路的设计与实施能力，能通过时间继电器实现自动切换。

3. 能分析多地控制、自动往返控制等复杂电路的逻辑关系，并验证其功能。

4. 能使用仪器仪表（万用表、兆欧表）检测电路通断、绝缘性能及器件状态。

素养目标

1. 安全生产意识：严格遵守电气安全操作规程，理解误操作（如未联锁导致短路）的严重后果。

2. 职业责任感（思政目标）：树立"安全第一"的职业理念，明确电力拖动系统安全运行对工业生产和人员生命的重要性。

3. 规范操作习惯：养成按标准图纸接线、标注清晰、工具归位的规范化作业习惯。

4. 法律与标准意识（思政目标）：遵守国家电气安全法规（如 GB/T 5226.1），强化依法依规操作的职业底线。

5.1　三相鼠笼式异步电动机

5.1.1　实训目的阐述

（1）深入理解三相鼠笼型异步电动机的构造特征及其额定参数，确保对其有全面而准确的认识。

（2）能够利用异步电动机绝缘性能的工具和有效方法对设备进行检验，以保障设备安全运行。

（3）学习并实践三相异步电动机定子绕组始末端的辨识技巧，为后续的电气操作打下基础。

（4）精通三相鼠笼型异步电动机的启动与反转操作技术，提升对电机控制能力的掌握。

5.1.2　实训理论基础

1.三相鼠笼式异步电动机的结构

作为电磁转换装置，三相鼠笼型异步电动机的核心功能在于将交流电能高效转化为机械能。其结构主体主要由定子和转子两大核心部件构成。其中定子结构包含有定子铁芯、均匀分布的三相对称绕组以及支撑结构——机座。定子绕组通常配备六根引出线，这些线端被妥善安置于机座外部的接线盒内，如图 5-1 所示。依据三相电源电压的具体配置，定子绕组可采用星形（Y 形）或三角形（△形）接法，进而与三相交流电源实现稳定连接。转子，作为旋转部分，由转子铁芯、转轴、鼠笼式绕组及散热风扇等组件构成。特别地，小功率鼠笼型异步电动机的转子绕组多采用铝铸工艺制造，并采用风扇冷却方式以确保其高效运行。

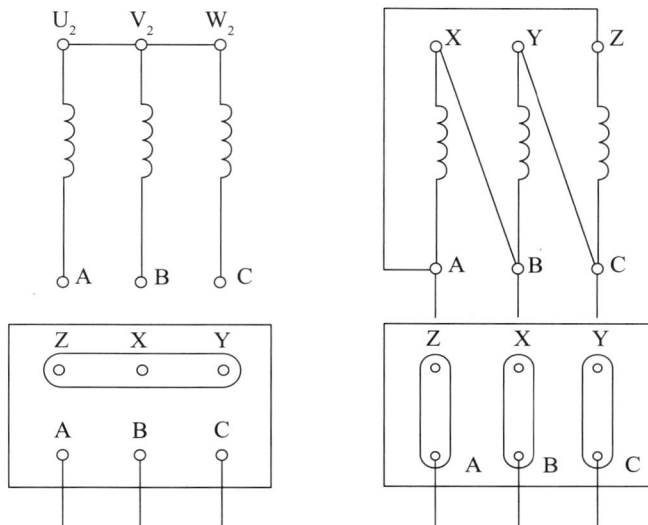

图 5-1　定子绕组接线图

2. 三相鼠笼式异步电动机的铭牌

通常情况下，三相鼠笼式异步电动机的额定参数信息均被明确标注于电动机的铭牌之上，本次实验所使用三相鼠笼式异步电动机的铭牌详情：电动机型号是 DJ24，额定电压为 380 V/220 V，接法为 Y/△，额定功率为 180 W，额定电流为 1.13 A/0.65 A，额定转速为 1 400 r/min。对于上述参数，进一步解释如下：

（1）额定功率：此值表示在电动机额定运行条件下，其轴上所能输出的机械功率。

（2）额定电压：额定运行状态下，需施加于定子三相绕组上的电源线电压值，支持 380 V/220 V 双电压输入，并对应 Y 形 / △形接法。

（3）接法：指明了定子三相绕组的连接方式，依据额定电压的不同，可选择 Y 形或△形接法。

（4）电流：在电动机以额定功率运行时，通过定子电路的线电流值，具体分为 1.13 A（Y 形接法）和 0.65 A（△形接法）。

3.三相鼠笼式异步电动机的检查

在电动机投入使用之前,进行必要的检查是至关重要的,具体分为机械检查与电气检查两方面。

(1)机械检查:第一步,需要验证引出线的完整性及牢固性,确保无缺失或松动现象。第二步,需要检查转子转动的流畅性、均匀性及是否有异常声响,以评估其机械状态。

(2)电气检查。

第一步:利用兆欧表对电机绕组间及其与机壳之间的绝缘电阻进行测试,以评估其绝缘性能是否符合要求。

电动机的绝缘性能评估可通过采用兆欧表进行精确测量得以实现。对于额定电压低于 1 kV 的电动机而言,其绝缘电阻的基准值需至少维持在 1 000 Ω/V 的水平之上,以确保安全运行。图 5-2 详细展示了这一测量方法的操作步骤。特别地,针对 500 V 及以下的中小型电动机,通常要求其具备不低于 2 MΩ 的绝缘电阻值,以此作为电气安全性的重要指标。

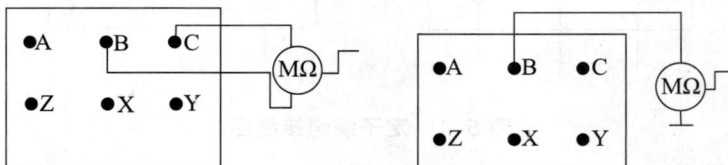

图 5-2 测量接线图

第二步:识别定子绕组的首端与末端。

在异步电动机中,三相定子绕组包含六个出线端,这些端点被划分为三个首端(常标记为 A,B,C)和三个末端(常标记为 X,Y,Z)。正确区分并连接这些端点是至关重要的,因为错误的接线会导致磁势与电流不平衡,进而引发绕组过热、机械振动、噪声增加,甚至因过热而损坏电动机。若因故无法直接识别六个出线端的标记,可通过实验手段来判定各端点的归属(即确定同名端)。具体操作如下:

采用万用表欧姆挡功能,从六个出线端逐一辨识并配对属于同一相的引出线,进而明确三相绕组的划分,并赋予相应符号标记,例如 A、X 代表第一相,B、Y 代表第二相,C、Z 代表第三相。随后,将任意两相绕组进行串联连接,连接方式参照图 5-3 所示。

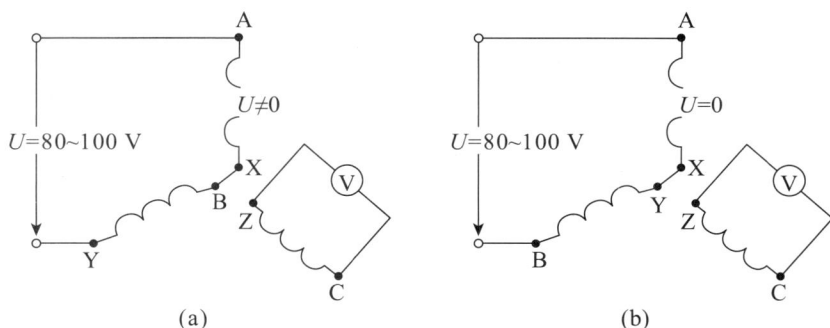

$U=80{\sim}100\text{ V}$　　　$U{\neq}0$　　　$U=80{\sim}100\text{ V}$　　　$U=0$

(a)　　　　　　　　　　　　(b)

图 5-3　万用表连接图

在进行实验前，需将控制屏上的三相自耦调压器手柄调至零位，随后开启电源总开关，并按下启动按钮以接通三相交流电源。接下来，通过调节调压器的输出，向串联的两相绕组施加一单相低电压（范围在 80 ～ 100 V 之间）。此时，测量第三相绕组的电压值，若测得电压有一定数值，则表明所串联的两相绕组末端与另一相的首端相连，如图 5-3（a）所示；反之，若电压值接近零，则表示两相绕组的末端与末端（或首端与首端）相连，如图 5-3（b）所示。采用相同方法，可进一步确定第三相绕组的首末端。

4. 三相鼠笼式异步电动机的启动

在直接启动的瞬间，鼠笼式异步电动机的直接启动电流峰值可达到额定电流的 4 ～ 7 倍，尽管这一高电流状态持续时间短暂，通常不会引发电机过热损坏。然而，对于大容量电机而言，如此大的启动电流可能导致电网电压显著下降，进而影响其他负载的正常运行。因此，对于这类电机，常采用降压启动方式，其中 Y–△ 换接启动法最为常见，它能有效将启动电流降低至直接启动的 1/3，但前提是电机在正常运行时必须采用△形接法。

5. 三相鼠笼式异步电动机的反转控制

在前面章节已经介绍，三相异步电动机的旋转方向直接由定子绕组通入的三相电源的相序决定。因此，要改变电动机的旋转方向，仅需调整三相电源与定子绕组之间的相序连接即可实现。

5.1.3　实验内容及流程

（1）数据记录与结构观察：首先，详尽抄录三相鼠笼式异步电动机的铭牌参数，随后细致观察其物理结构，以获取全面的设备信息。

（2）定子绕组首尾判别：利用万用电表作为工具，精确识别并标记定子绕组的首端与末端，确保后续连接无误。

（3）绝缘电阻检测：采用兆欧表对电动机的绝缘性能进行全面评估。具体步骤包括测量各相绕组之间的绝缘电阻值，以及每相绕组对电机机座（即地）的绝缘电阻值。记录数据如下：

各相绕组之间的绝缘电阻

A 相绕组与 B 相绕组间 _____ （单位：MΩ）

A 相绕组与 C 相绕组间 _____ （单位：MΩ）

B 相绕组与 C 相绕组间 _____ （单位：MΩ）

绕组对地（机座）之间的绝缘电阻

A 相绕组与地（机座）间 _____ （单位：MΩ）

B 相绕组与地（机座）间 _____ （单位：MΩ）

C 相绕组与地（机座）间 _____ （单位：MΩ）

（4）鼠笼式异步电动机的直接启动。

选用 380 V 三相交流电源作为动力源。

在启动前，需将三相自耦调压器的手柄调整至输出电压为零的位置，同时确保控制屏上的三相电压表切换开关已置于"调压输出"侧。根据电动机的额定功率，合理设定交流电流表的量程。

①接通控制屏上的三相电源总开关，并按下启动按钮。此时，自耦调压器的原绕组端 U1，V1，W1 将获得电能。随后，通过调节调压器的输出，使 U，V，W 端输出的线电压稳定在 380 V，同时观察三只电压表的指示，确保它们的读数基本保持平衡。在确认一切正常后，保持自耦调压器手柄位置不变，按下停止按钮，以安全地切断自耦调压器的电源供应。

依据图 5-4 的所示线路图进行接线，电动机的三相定子绕组需配置为 Y 形连接，供电系统提供的线电压为标准的 380 V。在此实训中线路内的 Q1 及 FU 组件由控制屏上的接触器 KM 及熔断器 FU 所替代，学生应从 U，V，W 三个端子开始逐步搭建线路，此后的所有控制实验均遵循此操作流程。

②当按下控制屏上的启动按钮后，电动机随即进入直接启动状态。在此阶段，

需密切关注启动瞬间的电流冲击现象以及电动机的旋转方向，并准确记录起动电流值。待电动机运行趋于稳定，适时将电流表的量程调整至较小挡位，以精确记录空载状态下的电流数值。

③维持电动机的稳定运行状态，突然移除 U，V，W 三相中的任意一相电源（务必注意操作安全，防止触电事故）。在此情况下，观察并记录电动机在单相运行模式下电流表的读数，并仔细聆听电机运行声音的变化，以评估其工作状态。（此步骤可由指导教师现场示范）

④在电动机正式启动之前，预先断开 U，V，W 三相中的任意一相，模拟缺相启动条件。随后，观察并记录电流表的读数，同时留意电动机是否成功启动，并仔细聆听是否有异常声响产生，以此评估缺相条件对电动机启动及运行的影响。

⑤实验结束后，务必按下控制屏上的停止按钮，以确保安全地切断实验线路的三相电源供应。

当采用 220 V 三相交流电源进行实验时，需通过调节调压器的输出，将输出线电压设定为 220 V。此时，电动机的定子绕组需重新配置为△形连接。随后，依据图 5-5 的接线示意图，重复上述①中的各项实验步骤，并详细记录相关数据及观察结果。

（5）异步电动机的反转。实验电路连线依据图 5-6 进行设计。首先，通过控制屏上的启动按钮激活电动机，随后密切监测启动电流的大小以及电动机的旋转方向，特别关注是否存在反转现象。

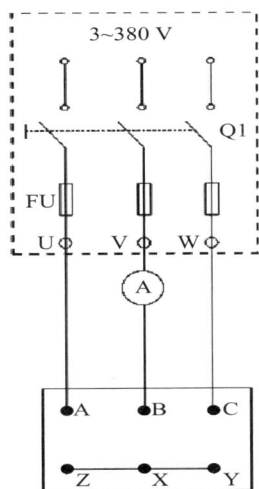

图 5-4　Y 接

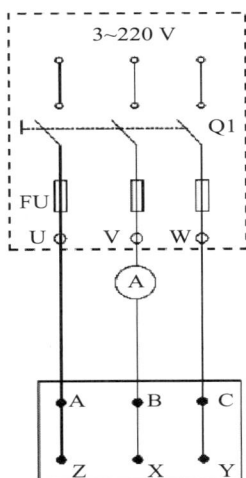

图 5-5　△ 接

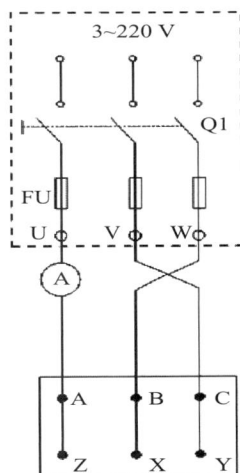

图 5-6　反转

实验结束后，为确保安全，需先将自耦调压器的输出调整至零位，随后按下控制屏上的停止按钮，彻底切断实验线路中的三相电源供应。

5.1.4　安全须知与操作要点

（1）电源管理：鉴于本实训涉及强电，无论是实验前准备（含线路修改）、实验过程中还是实验结束后，均必须确保实验线路处于断电状态。特别是在修改线路或拆线时，必须严格遵守"先切断电源，再进行操作"的安全原则。电机运行期间，其电压与转速均达到较高水平，严禁接触任何导电部件或旋转部件，以防止意外触电或设备损坏。为加强安全防护，学生进入实验室时应穿戴绝缘鞋。所有接线或线路修改工作，均需在指导教师审核通过后方可执行。

（2）启动电流观测：值得注意的是，启动电流的持续时间极短，仅在电源接通的瞬间可通过电流表捕捉到指针的最大偏转读数（需注意，由于指针惯性，此读数可能与实际启动电流值存在细微偏差）。若未能及时记录，需停止电机运转，待其完全停止后再重新启动以重新获取数据。

（3）单相运行限制：在实验中，应严格控制单相（或称缺相）运行的时间，以防长时间的高电流对电机造成损害。

5.2　电动机点动控制线路的调试

5.2.1　实训目的阐述

（1）旨在通过直观观察实体部件，深入了解按钮与接触器的构造及其操作技巧，以增强实践经验。

（2）通过亲手操作，精准掌握包含短路防护机制在内的点动控制电路的安装布线流程与检验策略，以提升专业技能。

（3）强调使用万用表工具进行故障检测的必要性，以及通过数据解析与逻辑推理来诊断并排除潜在问题的方法论，从而全面提升故障处理能力。

5.2.2　控制线路原理

电动机点动控制线路的原理图如图 5-7 所示。首要任务是清晰识别并明确标注线路中涉及的各类电器元件及其特定功能，进而建立起对整体线路工作原理的深刻理解。这一过程不仅有助于巩固理论知识，更能为后续的实践操作奠定坚实基础。

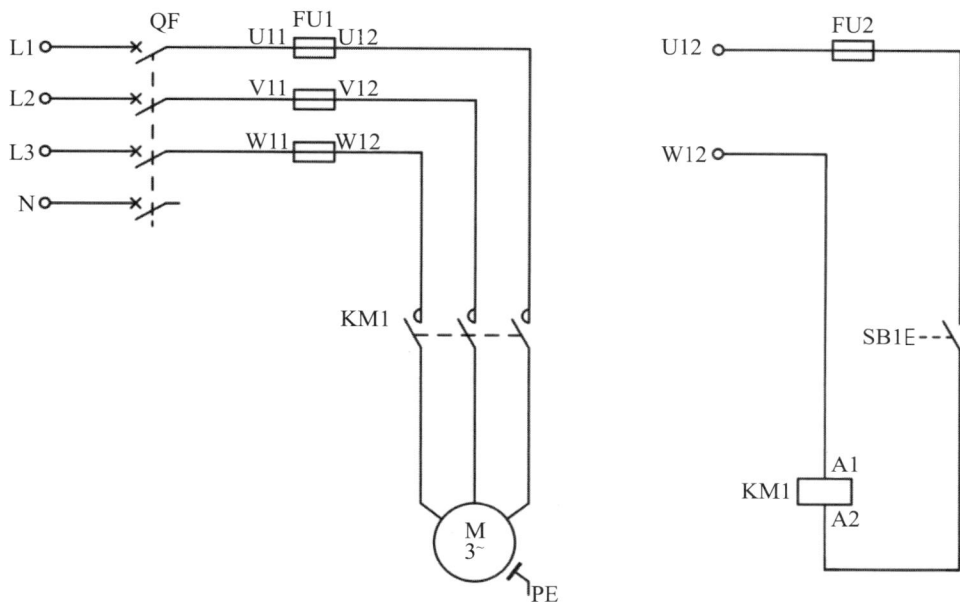

图 5-7　电动机点动控制线路电路图

5.2.3　工具、仪表及器材

（1）电气维护常用工具：测电笔、螺钉旋具、尖嘴钳、斜口钳、剥线钳等。

（2）测量仪表：万用表，用于电气参数的精确测量。

（3）元件明细：各类元件的型号、规格及具体数量，参见表 5-1。

表 5-1　电动机点动控制线路所用设备清单

代号	名称	型号、规格	数量
QF	空气开关	CDBK-4P/6 A	1
KM	交流接触器	CJX2SK-0910　AC380 V	1

续　表

代号	名称	型号、规格	数量
SB	按钮开关盒	LA4-3H	1
M	三相鼠笼式异步电动机	380 V/ △	1
FU1	直插式保险丝	3P	1
FU2	直插式保险丝	1P	1

5.2.4　安装步骤及工艺要求

（1）依据清单准备电器元件，执行全面质量检查，确保无误。

（2）核查所选低压电器元件的技术参数（如：型号、规格、额定电压、额定电流等）是否完整并符合要求，并细致检查其外观、备件及附件的完整性与完好状态。

（3）评估电器元件电磁机构的操作顺畅性，排查衔铁卡滞等异常现象。利用万用表检测电磁线圈的导通状态及各触点的闭合与断开情况。

（4）使用万用表复核电器元件及电动机的关键技术参数，确保其满足设计要求。

（5）遵循元件的操作规程，精心安装各元器件。

（6）实施布线作业，确保线路布局合理、美观。

（7）参照电路图细致核查布线准确性，避免错接、漏接引发的不当运行或短路风险。

（8）自电源端始，按电路原理图或接线图逐段确认接线及线号标识的准确性，检查导线连接点质量，确保压接稳固、接触良好，预防负载运行时出现闪弧现象。

（9）使用万用表，在适当电阻挡位下校验线路通断状态，进行校零操作以防短路，特别关注控制电路的独立检查（必要时可断开主电路）。

（10）实施电线穿线作业。

（11）装配电动机至指定位置。

（12）确保接地线连接牢固无误。

（13）对安装成果进行质量核查，并执行绝缘电阻的精确测量。

（14）将三相电源输出端安全接至控制开关系统中。

（15）执行通电调试环节，此过程须严格遵守安全操作规程，实施双人协作模式，一人负责监控安全，一人进行实际操作。调试前，全面检查相关电气设备的安全性，一旦发现隐患，立即采取措施整改，确认无误后方可启动调试。

（16）闭合电源开关，随后按下 SB1 启动按钮，细致观察接触器运行状态，验证其是否符合设计功能及线路要求；同时，检查电器元件动作流畅性，排查卡滞或异常噪声等现象；确认电动机运转状况正常。需注意，严禁在带电状态下检查线路连接状态。若发现异常，应立即停机处理。待电动机稳定运行后，可运用钳形电流表对三相电流的平衡性进行检测。

（17）若在调试过程中遭遇故障，须即刻切断电源，待故障排除并确认无误后，方可重新上电。

（18）调试完成后，待电动机完全停止运转，再次切断电源；拆卸作业时，应先移除三相电源线，随后再解除电动机的连接导线。

5.2.5　操作注意事项

在实际维修过程中，务必重视以下方面：

（1）面对故障时，应秉持正确的分析逻辑与解决策略。

（2）使用测电笔检测时，必须确认是否符合使用标准。

（3）严禁随意改动电路布局，且不可在带电状态下用身体接触电器元件。

（4）正确使用各类仪表，以防误导判断。

（5）进行带电维修时，务必安排人员现场监护，确保作业安全无误。

5.3　三相异步电动机自锁控制电路

5.3.1　实训目的阐述

（1）通过实践操作，深入理解热继电器的构造、工作机制及其操作应用方法。

（2）针对具备过载防护功能的接触器自锁电路能够正确安装并规范布线，并能够对线路的性能进行检测。

（3）熟练使用万用表进行故障检测、问题分析及故障排除的方法。

5.3.2　控制线路原理

在点动控制模式下，电动机的旋转依赖于持续按压按钮，这在需要电动机长时间连续运转的生产场景中显得不切实际。因此，引入了接触器自锁控制电路以满足此类需求。相较于点动控制，自锁控制电路的关键在于采用常开触头作为自锁触点，并将其与启动按钮并联接入。三相异步电动机自锁控制电路的原理图如图 5-8 所示。鉴于电动机的连续工作特性，电路中必须集成热继电器以实现过载防护功能。如图 5-8 所示为具备过载保护的自锁控制电路，其设计特色在于增设了停止按钮 SB1，并在启动按钮 SB2 两端并联了接触器 KM1 的常闭辅助触头，同时加入了热继电器 FR1 作为过载保护元件。

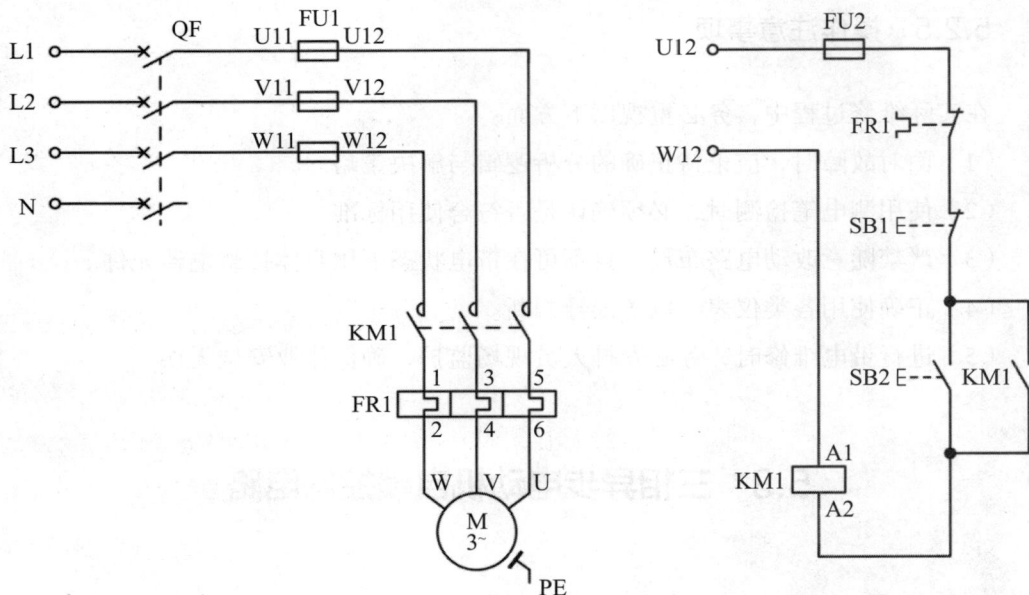

图 5-8　电动机自锁控制线路电路图

自锁控制的工作如下：启动按钮 SB2 被按下时，接触器 KM1 的线圈获得电能，致使其主触头闭合，电动机 M 随之启动。即便随后松开 SB2，电动机仍会持续运转，原因在于接触器 KM1 的辅助触点已构建起自锁回路，维持了线圈的通电状态，进而确保了主触头的闭合，使电动机保持供电。此类在按钮释放后仍能维持线圈通电状态的控制电路，被称为接触器自锁控制电路，简称自锁电路。而与 SB2 并联的接触器常开触头，则扮演了自锁触头的角色。

5.3.3　工具、仪表及器材

（1）电气维护常用工具：测电笔、螺钉旋具、尖嘴钳、斜口钳、剥线钳等。

（2）测量仪表：万用表，用于电气参数的精确测量。

（3）元件明细：各类元件的型号、规格及具体数量，参见表 5-2。

表 5-2　电动机自锁控制线路所用设备清单

代号	名称	型号、规格	数量
QF	空气开关	CDBK-4P/6 A	1
KM1	交流接触器	CJX2SK-0910　AC380 V	1
FR1	热继电器	JRS1Dsp-25/Z（0.63~1A）	1
SB	按钮开关盒	LA4-3H	1
M	三相鼠笼异步电动机	380 V/△	1
FU1	直插式保险丝	3P	1
FU2	直插式保险丝	1P	1

5.3.4　继电保护方式

1. 欠电压保护

欠电压指的是电路中的电压降至电动机设计运行所需的额定电压之下。此情形会导致电动机转矩减弱，转速减缓，进而影响其正常作业效能，极端情况下还可能损害电动机，诱发安全事故。在配备接触器自锁功能的控制系统中，若电动机运行中电源电压跌至某一阈值（通常为额定电压的 85% 以下），接触器线圈的磁通将减弱至不足以克服反力弹簧的作用力，从而促使动铁芯释放，接触器主触头分离，自动阻断主电路，实现电动机的停机，有效实施低电压保护。

2. 失电压保护

在工业生产过程中，若其他设备突发故障导致瞬时断电，将使生产机械骤然停止。一旦故障排除，电源恢复时，若电动机自动重启，可能引发设备与人员安全事故。采用接触器自锁控制电路的设计，即便电源恢复，由于自锁触点仍处于断开状态，接触器线圈无法获得电能，从而防止了电动机的意外启动，这种安全措施被称为失电压保护或零电压保护，有效规避了潜在风险。

3. 过载保护

尽管自锁控制电路已具备短路、低电压及失电压保护功能，但在实际应用中仍需进一步完善。电动机在长时间超负荷运行、操作频繁或遭遇三相电路中一相缺失等情况下，其电流可能超出额定范围，而有时熔断器并不会立即响应。这种情况下，电动机绕组会因过热而受损，绝缘材料亦可能损坏。因此，有必要为电动机增设过载保护机制，通常通过安装三相热继电器来实现，以全面保障电动机的安全运行。

5.3.5 实训接线

根据电气元件清单及电路原理图，在接线板上精确选取熔断器（如 FU1）及空气断路器等关键组件，随后进行细致布线工作。动力线路的连接采用红、蓝、黄三色导线以示区分，而控制线路则灵活选用红蓝或红黑组合色线，确保所有接线均符合既定的电流与电压规范。

5.3.6 检查与调试

在完成接线并确认无误后，接通交流电源，并操作合上空气断路器 QF。随后，按下启动按钮 SB2，预期电机应顺利启动并保持连续运转状态；而按下停止按钮 SB1时，电机则应即刻停止。进一步测试欠压保护功能，即在电机由 SB2 启动并运转过程中，若电源电压意外降至 320 V 以下或发生断电，接触器 KM1 的主触点将自动断开，导致电机停止转动。当电源电压恢复至 380 V（允许 ±10% 范围内的波动）时，电机不应自行重启，以此验证欠压与失压保护机制的有效性。

此外，在接通交流电源后电机若出现转轴卡死情况，热继电器应在数秒内迅速响应，切断供给电机的交流电源，以防止电机因长时间过载而受损（需特别注意，此过程不应超过 10 s，以免电机过热引发冒烟甚至损坏）。

5.4　按钮联锁的三相异步电动机正反转控制电路

5.4.1　实训目的阐述

（1）在熟知热继电器结构的基础上，能够运用其工作原理进行功能分析。

（2）通过实践训练，能够正确安装按钮联锁机制下电机正反转控制回路的线路。

（3）熟练使用万用表进行设备检测、故障分析以及问题排除的全方位技能，以确保系统稳定运行。

5.4.2　控制线路原理

按钮联锁的三相异步电动机正反转控制电路的原理图如图 5-9 所示，在调整电动机旋转方向时，直接触动反转按钮即可达成目的，无须中间通过停止按钮过渡。这一设计基于电动机正转状态下线圈已通电的实际情况。具体而言，按下 SB3 按钮时，其串联于 KM1 线圈电路中的常闭触点会率先断开，从而切断 KM1 的供电，此步骤等同于操作停止按钮 SB1，令电动机停止。紧接着，SB3 的常开触点闭合，为 KM2 线圈构建通路，导致电源相序反转，进而促使电动机朝相反方向旋转。同理，若电动机正处于反转状态，按下 SB2 按钮亦会先使电动机停止，随后启动正向旋转。此控制线路巧妙运用了按钮触点的特性——即常闭触点先于常开触点动作，确保了 KM1 与 KM2 不会同时处于通电状态，有效实现了电动机正反转的互锁控制机制。因此，SB2 与 SB3 的常闭触点在有时也称为联锁触头。

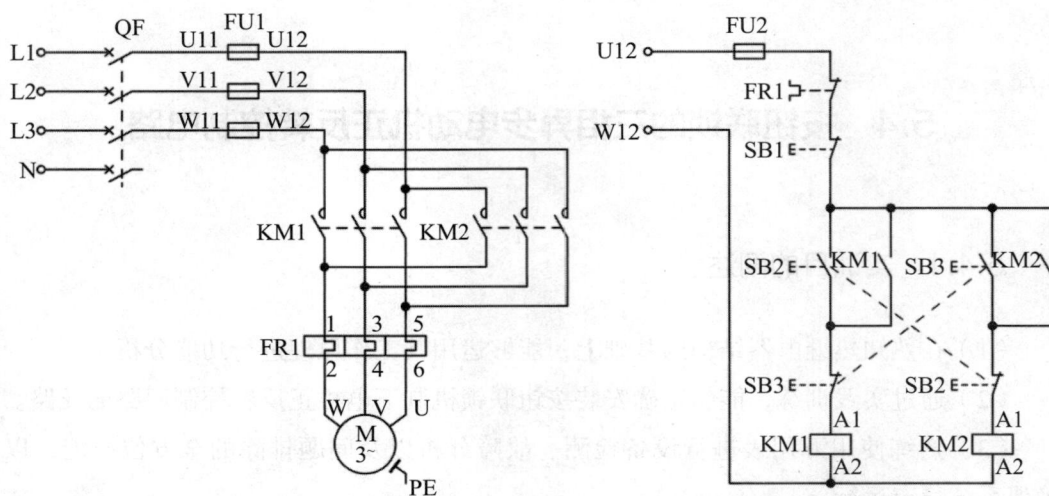

图 5-9　按钮联锁的三相异步电动机正反转控制线路电路图

5.4.3　工具、仪表及器材

（1）电气维护常用工具：测电笔、螺钉旋具、尖嘴钳、斜口钳、剥线钳等。

（2）测量仪表：万用表，用于电气参数的精确测量。

（3）元件明细：各类元件的型号、规格及具体数量，参见表 5-3。

表 5-3　按钮联锁的三相异步电动机正反转控制线路所用设备清单

代号	名称	型号、规格	数量
QF	空气开关	CDBK-4P/6 A	1
KM1，KM2	交流接触器	CJX2SK-0910 AC380 V	2
FR1	热继电器	JRS1Dsp-25/Z（0.63-1A）	1
SB	按钮开关盒	LA4-3H	1
M	三相鼠笼异步电机	380 V/△	1
FU1	直插式保险丝	3P	1
FU2	直插式保险丝	1P	1

5.4.4　实训接线

根据电气元件清单及电路原理图，在接线板上精确选取熔断器（如 FU1）及空气断路器等关键组件，随后进行细致布线工作。动力线路的连接采用红、蓝、黄三色导线以示区分，而控制线路则灵活选用红蓝或红黑组合色线，确保所有接线均符合既定的电流与电压规范。

5.4.5　检查与调试

在确认所有接线准确无误之后，接通交流电源。随后，通过按下 SB2 按钮，应能启动电机进行正向旋转；而按下 SB3 按钮，则使电机进行反向旋转；若按下 SB1 按钮，电机应平稳停止运行。若在上述操作过程中，电机未能按预期工作，则需立即着手对可能存在的故障进行细致分析与排除。

5.5　接触器联锁的三相异步电动机正反转控制电路

5.5.1　实训目的阐述

（1）在熟知热继电器结构的基础上，能够运用其工作原理进行功能分析和操作。
（2）通过实践训练，能够正确安装接触器联锁的电机正反转控制电路的线路。
（3）熟练使用万用表进行设备检测、故障分析以及问题排除的全方位技能，以确保系统稳定运行。

5.5.2　控制线路原理

接触器联锁的电机正反转控制电路的原理图如图 5-10 所示。接下来介绍该控制线路的运行流程。

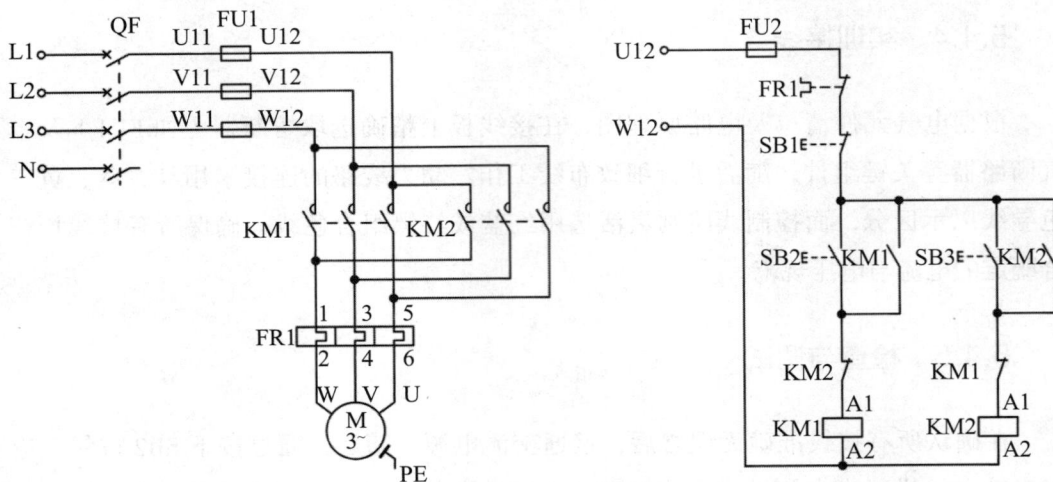

图 5-10　接触器联锁的三相异步电动机正反转控制线路电路图

对于正转控制过程，首先闭合电源开关 QF，随后按压正转启动按钮 SB2，此举导致正转控制通路接通，进而使接触器 KM1 的线圈通电并触发动作。此时，KM1 的常开触点闭合实现自锁，而其常闭触点则断开，以实现对 KM2 的联锁阻断。同时，主触点闭合，主电路依据 U13，V13，W13 的相序顺序接通，从而驱动电动机进入正转状态。

至于反转控制过程，欲使电动机转向改变（即由正转切换至反转），必须首先按下停止按钮 SB1，以切断正转控制电路的通路，使电动机停止运转。此步骤的必要性在于反转控制回路中串联了正转接触器 KM1 的常闭触点，当 KM1 处于通电工作状态时，该触点处于断开状态。若此时直接按压反转按钮 SB3，由于 KM1 的常闭触点阻断了通路，反转接触器 KM2 将无法获得通电信号，因此电动机无法获得反转所需的电源，保持原正转状态不变。待电动机完全停止后，再按压 SB3，反转接触器 KM2 随即通电动作，其主触点闭合，主电路按 W13，V13，U13 的相序逆序接通，从而改变电动机的电源相序，驱动其实现反向旋转。

值得注意的是，正反转控制电路的布线设计相对复杂，尤其体现在按钮使用的增多方面。在此类电路中，两处主触点的接线务必确保相序相反，以实现正反转控制；同时，联锁触点需严格遵循常闭互串的原则；此外，按钮的接线工作也需遵循准确性、可靠性及合理性的高标准要求。

5.5.3　工具、仪表及器材

（1）电气维护常用工具：测电笔、螺钉旋具、尖嘴钳、斜口钳、剥线钳等。

（2）测量仪表：万用表，用于电气参数的精确测量。

（3）元件明细：各类元件的型号、规格及具体数量，参见表5-4。

表 5-4　接触器联锁的三相异步电动机正反转控制线路所用设备清单

代号	名称	型号、规格	数量
QF	空气开关	CDBK-4P/6 A	1
KM1、KM2	交流接触器	CJX2SK-0910　AC380 V	2
FR1	热继电器	JRS1Dsp-25/Z（0.63-1A）	1
SB	按钮开关盒	LA4-3H	1
M	三相鼠笼异步电动机	380 V/△	1
FU1	直插式保险丝	3P	1
FU2	直插式保险丝	1P	1
KM	辅助触头 F4-11	F4-11	2

5.5.4　实训接线

根据电气元件清单及电路原理图，在接线板上精确选取熔断器（如 FU1）及空气断路器等关键组件，随后进行细致布线工作。动力线路的连接采用红、蓝、黄三色导线以示区分，而控制线路则灵活选用红蓝或红黑组合色线，确保所有接线均符合既定的电流与电压规范。

5.5.5　检查与调试

在确保所有接线准确无误的前提下，可以安全地接入交流电源。随后，执行以下步骤以启动电机：首先，闭合开关 QF，并按下启动按钮 SB2，此时电机应依设计顺时针方向旋转，即电机右侧轴伸端为正向旋转。若电机的旋转方向不符合预设要求，需立即停机，并通过调换电机定子绕组中任意两相的连接线来调整旋转方向。进一步地，若需维持电机正转状态，可再次按下SB3，电机应持续保持正向旋转。然而，若需实现电机反转，则需首先按下停止按钮 SB1，使电机完全停止运转，随后再按下 SB3，此时电机将按相反方向旋转。

在操作过程中，若电机未能按预期工作，应立即切断电源，并进行故障排查与分析。通过细致的检查与必要的修复措施，确保整个电路系统能够恢复正常运行，满足使用需求。

5.6 双重联锁的三相异步电动机正反转控制电路

5.6.1 实训目的阐述

（1）在熟知热继电器结构的基础上，能够运用其工作原理进行功能分析和操作。

（2）通过实践训练，能够正确安装双重联锁的电机正反转控制电路的线路。

（3）熟练使用万用表进行设备检测、故障分析以及问题排除的全方位技能，以确保系统稳定运行。

5.6.2 控制线路原理

双重联锁的电机正反转控制电路的原理图如图 5-11 所示，接下来介绍该控制线路的运行流程。

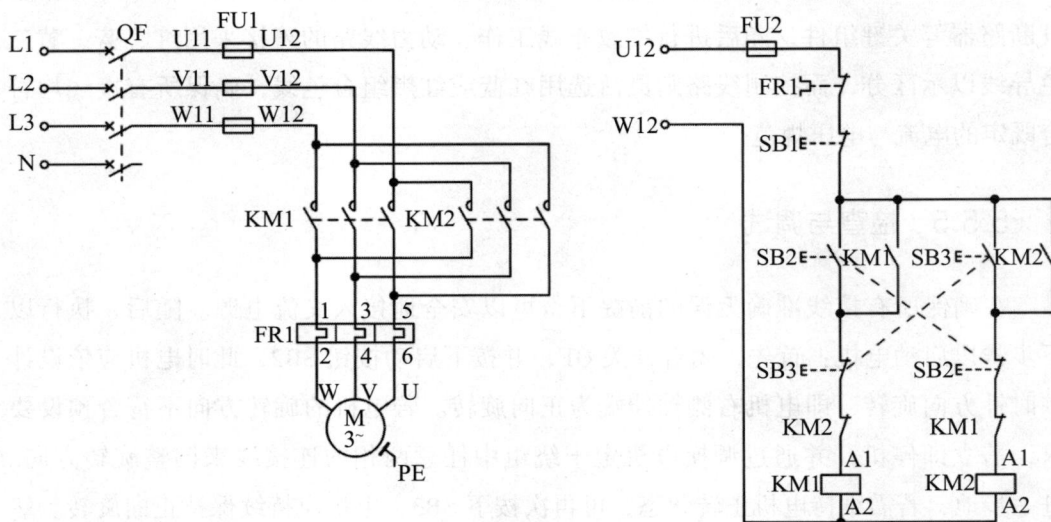

图 5-11 双重联锁的三相异步电动机正反转控制线路电路图

在电力拖动设备的控制系统中，此控制线路巧妙融合了按钮联锁与接触器联锁的双重优势，不仅提升了操作的便捷性，还提高了系统运行的安全性与可靠性，因此成为该领域广泛采用的设计方案。通过优化整合两种联锁机制，该线路在保持高效能的同时，也满足了工业应用对于操作简便与安全性能的高标准要求。

5.6.3　工具、仪表及器材

（1）电气维护常用工具：测电笔、螺钉旋具、尖嘴钳、斜口钳、剥线钳等。

（2）测量仪表：万用表，用于电气参数的精确测量。

（3）元件明细：各类元件的型号、规格及具体数量，参见表 5-5。

表 5-5　双重联锁的三相异步电动机正反转控制线路所用设备清单

代号	名称	型号、规格	数量
QF	空气开关	CDBK-4P/6 A	1
KM1，KM2	交流接触器	CJX2SK-0910　AC380 V	2
FR1	热继电器	JRS1Dsp-25/Z（0.63-1A）	1
SB	按钮开关盒	LA4-3H	1
M	三相鼠笼异步电动机	380 V/△	1
FU1	直插式保险丝	3P	1
FU2	直插式保险丝	1P	1
KM	辅助触头 F4-11	F4-11	2

5.6.4　实训接线

根据电气元件清单及电路原理图，在接线板上精确选取熔断器（如 FU1）及空气断路器等关键组件，随后进行细致布线工作。动力线路的连接采用红、蓝、黄三色导线以示区分，而控制线路则灵活选用红蓝或红黑组合色线，确保所有接线均符合既定的电流与电压规范。

5.6.5　检查与调试

在确认所有接线准确无误的前提下，我们需接通交流电源。随后，操作过程如下：按下 SB2 按钮，电机应响应为正转；而按下 SB3 按钮时，电机则应切换至反转状态；若需停止电机运行，则按下 SB1 按钮即可实现。若在实际操作中，电机未能按照上述指令正常运作，那么有必要进行深入分析，以识别并排除潜在的故障问题。

5.7　接触器切换星形 / 三角形启动控制电路

5.7.1　实训目的阐述

（1）在熟知热继电器结构的基础上，能够运用其工作原理进行功能分析和操作。

（2）通过实践训练，能够正确安装接触器切换的星形 / 三角形启动控制电路的线路。

（3）熟练使用万用表进行设备检测、故障分析以及问题排除的全方位技能，以确保系统稳定运行。

5.7.2　控制线路原理

接触器切换星形 / 三角形启动控制电路的原理图如图 5-12 所示，接下来介绍该控制线路的运行流程。

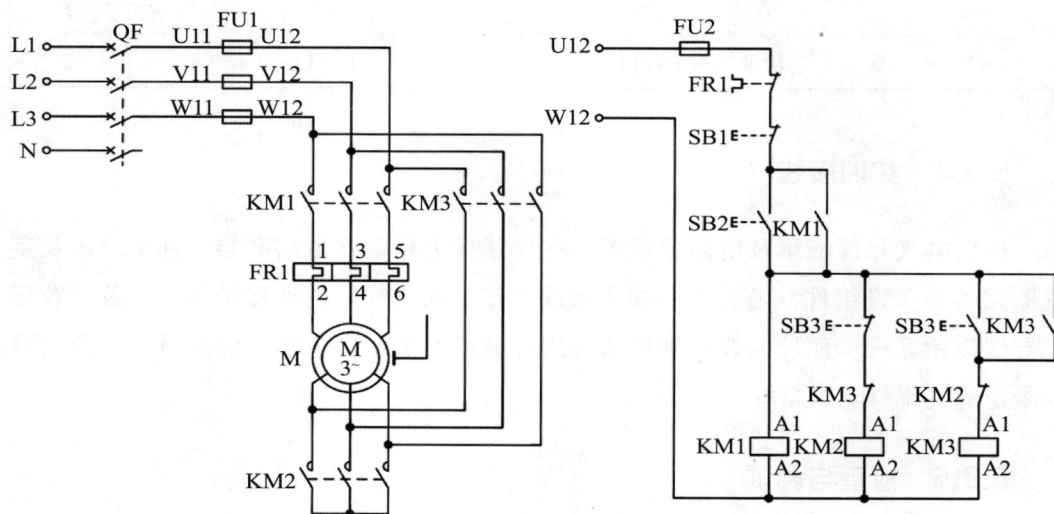

图 5-12　接触器切换星形 / 三角形启动控制线路电路图

（1）Y 接法启动：按下按钮 SB2 后，KM1 线圈得电，KM1 主触头闭合，为 M 的启动做准备，KM1 自锁触头闭合，同时 KM2 线圈得电，KM2 常闭触点断开，KM2 常开触点闭合，M 作星形降压启动。

（2）当电机转速升高到一定值时，按 SB3 使电机三角形接法运行：当按下 SB3 后，KM2 线圈失电，KM2 主触头断开，KM2 常闭触点断开，同时 KM3 线圈得电，KM3 常开触点闭合，KM3 自锁触点闭合，KM3 主触头闭合，M 作三角形全压运行。

（3）按下 SB1，电机停转。

5.7.3　工具、仪表及器材

（1）电气维护常用工具：测电笔、螺钉旋具、尖嘴钳、斜口钳、剥线钳等。

（2）测量仪表：万用表，用于电气参数的精确测量。

（3）元件明细：各类元件的型号、规格及具体数量，参见表 5-6。

表 5-6　接触器切换星形 / 三角形启动控制线路所用设备清单

代号	名称	型号、规格	数量
QF	空气开关	CDBK-4P/6 A	1
KM1，KM2，KM3	交流接触器	CJX2SK-0910　AC380 V	3
FR1	热继电器	JRS1Dsp-25/Z（0.63-1A）	1
SB	按钮开关盒	LA4-3H	3
M	三相鼠笼异步电动机	380 V/△	1
FU1	直插式保险丝	3P	1
FU2	直插式保险丝	1P	1

5.7.4　实训接线

根据电气元件清单及电路原理图，在接线板上精确选取熔断器（如 FU1）及空气断路器等关键组件，随后进行细致布线工作。动力线路的连接采用红、蓝、黄三色导线以示区分，而控制线路则灵活选用红蓝或红黑组合色线，确保所有接线均符合既定的电流与电压规范。

5.7.5　检查与调试

在确认所有接线准确无误后，方可安全地接入交流电源。随后，执行闭合操作，即合上开关 QF，并按下启动按钮 SB2。此时，KM1 与 KM2 的线圈将获得电力供应，启动电动机进入 Y 形（星形）运行模式。若需转换至更高效率的三角形全压运行模式，则按下转换按钮 SB3，导致 KM2 线圈断电而 KM3 线圈通电。整个控制线路的操作流程严格遵循上述描述。

在电动机初始以星形连接方式启动时，其三个绕组承受的电压大致维持在 220 V 左右，这一设定旨在降低启动电流，保护电路。而当电动机顺利过渡至三角形运行模式后，其绕组电压将提升至约 380 V，实现全压运行，以满足负载需求。

一旦发现任何异常操作现象或不符合预期的运行状态，应立即采取紧急措施，切断电源供应，并细致检查各个环节，以精准定位问题根源。只有在故障被彻底排除并确认无误后，方可重新接通电源并继续操作，以确保设备运行的安全性与稳定性。

5.8　时间继电器切换星形 / 三角形启动控制电路

5.8.1　实训目的阐述

（1）在熟知热继电器结构的基础上，能够运用其工作原理进行功能分析和操作。

（2）通过实践训练，能够正确安装时间继电器切换星形 / 三角形启动控制电路的线路。

（3）熟练使用万用表进行设备检测、故障分析以及问题排除的全方位技能，以确保系统稳定运行。

5.8.2　控制线路原理

时间继电器切换星形 / 三角形启动控制电路的原理图如图 5-13 所示，接下来介绍该控制线路的运行流程。

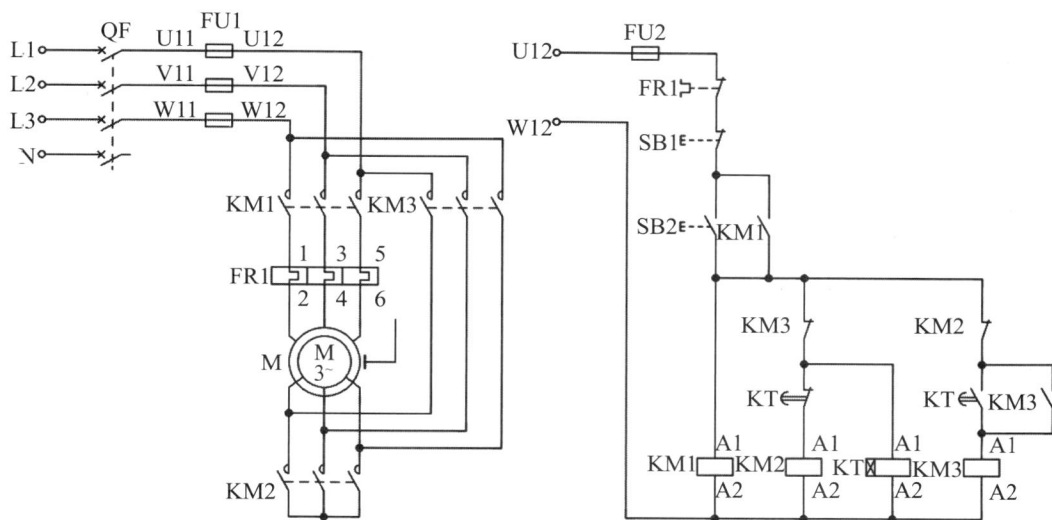

图 5-13　时间继电器切换星形 / 三角形启动控制线路电路图

此控制方法是通过调整电动机的接线方式，即在其启动时采用星形接法，以减少初始电流峰值，随后切换至正常工作所需的三角形接法。具体而言，星形启动阶段有效降低了启动电流至原值的约 1/3，同时，启动转矩也相应减小至相同比例，即 1/3。线路操作流程如下。

启动阶段：按下启动按钮 SB2 后，线圈 KM1 随即获得电能，导致 KM1 的主触头闭合，形成自锁回路。与此同时，线圈 KM2 也获得电能，其主触头闭合，使电动机 M 以星形接法实现降压启动。此时，时间继电器 KT 开始计时。待 KT 设定的延时（通常为 5～6 s）届满后，KM2 线圈失电并释放，随后 KM3 线圈得电并自锁，KM3 的主触头闭合，电动机 M 随之转变为三角形接法运行。

停车阶段：为停止电动机运行，需按下停止按钮 SB1。此举将导致 KM1 与 KM3 线圈失电并释放，进而切断电动机 M 的电源供应，实现安全停机。

5.8.3　工具、仪表及器材

（1）电气维护常用工具：测电笔、螺钉旋具、尖嘴钳、斜口钳、剥线钳等。

（2）测量仪表：万用表，用于电气参数的精确测量。

（3）元件明细：各类元件的型号、规格及具体数量，参见表 5-7。

表 5-7　时间继电器切换星形／三角形启动控制线路所用设备清单

代号	名称	型号、规格	数量
QF	空气开关	CDBK-4P/6 A	1
KM1，KM2，KM3	交流接触器	CJX2SK-0910　AC380 V	3
FR1	热继电器	JRS1Dsp-25/Z（0.63-1A）	1
KT	时间继电器	JSZ3A-B　AC380 V	1
SB	按钮开关盒	LA4-3H	1
M	三相鼠笼异步电机	380 V/△	1
FU1	直插式保险丝	3P	1
FU2	直插式保险丝	1P	1
KM	辅助触头 F4-11	F4-11	2

5.8.4　实训接线

根据电气元件清单及电路原理图，在接线板上精确选取熔断器（如 FU1）及空气断路器等关键组件，随后进行细致布线工作。动力线路的连接采用红、蓝、黄三色导线以示区分，而控制线路则灵活选用红蓝或红黑组合色线，确保所有接线均符合既定的电流与电压规范。

5.8.5　检查与调试

在确认所有接线准确无误的前提下，方可安全地接通交流电源。随后，进行以下操作步骤：首先，合上开关 QF，并按下启动按钮 SB2。此时，控制线路将依照既定原理启动电动机，初始阶段电动机以星形连接方式启动，其三个绕组上的电压将维持在大约 220 V 的水平。待电动机成功过渡到三角形运行模式后，三个绕组上的电压将提升至约 380 V，以满足全压运行的需求。

若在上述过程中观察到任何不符合预期的现象，应立即采取紧急措施，切断电源供应，并随即进行细致的故障排查，以明确问题所在。一旦故障被成功识别并排除，方可重新接通电源，继续后续的操作流程。在整个操作过程中，务必保持警惕，确保每一步都符合安全规范与设备要求。

5.9　电机自动往返控制

5.9.1　实训目的阐述

（1）在熟知热继电器结构的基础上，能够运用其工作原理进行功能分析和操作。

（2）通过实践训练，能够正确安装电机自动往返控制电路的线路。

（3）熟练使用万用表进行设备检测、故障分析以及问题排除的全方位技能，以确保系统稳定运行。

5.9.2　控制线路原理

电机自动往返控制电路的原理图如图 5-14 所示，接下来介绍该控制线路的运行流程。

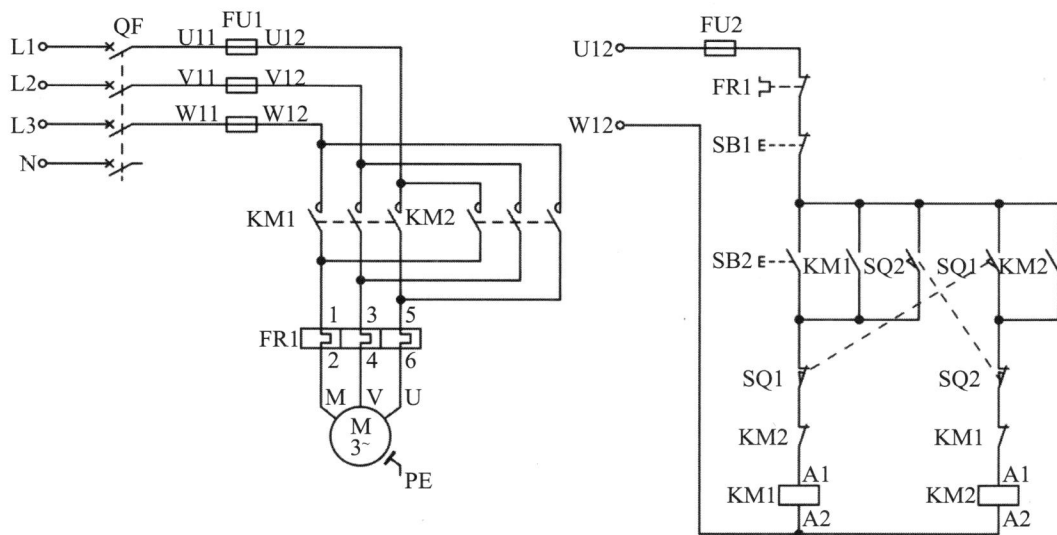

图 5-14　电机自动往返控制线路电路图

通过按下 SB1 按钮触发，电机随即启动并沿正方向旋转。当电机触碰到右侧的限位开关 SQ1 时，其运行方向即刻逆向运行，进入反转模式运行，直至触及左侧的限位开关 SQ2，电机再次变换方向，恢复正转。此正反转循环过程将持续进行，直至接收到停止信号。通过按下 SB2 按钮，电机将立即停止运转。

在电机的控制逻辑中，交流接触器的互锁机制是必不可少的，以确保电机在切换正反转时不会发生短路或误动作。至于电机的正反转方向本身，在此应用场景下无须特别区分，只要保证两种运行方向相反，即能满足需求。

5.9.3 工具、仪表及器材

（1）电气维护常用工具：测电笔、螺钉旋具、尖嘴钳、斜口钳、剥线钳等。

（2）测量仪表：万用表，用于电气参数的精确测量。

（3）元件明细：各类元件的型号、规格及具体数量，参见表 5-8。

表 5-8　电机自动往返控制线路所用设备清单

代号	名称	型号、规格	数量
QF	空气开关	CDBK-4P/6 A	1
KM1、KM2	交流接触器	CJX2SK-0910　AC380 V	2
FR1	热继电器	JRS1Dsp-25/Z（0.63-1A）	1
SB	按钮开关盒	LA4-3H	1
M	三相鼠笼异步电机	380 V/△	1
FU1	直插式保险丝	3P	1
FU2	直插式保险丝	1P	1
KM	辅助触头 F4-11	F4-11	2
SQ	行程开关	LX19-001	2

5.9.4 实训接线

根据电气元件清单及电路原理图，在接线板上精确选取熔断器（如 FU1）及空气断路器等关键组件，随后进行细致布线工作。动力线路的连接采用红、蓝、黄三色导线以示区分，而控制线路则灵活选用红蓝或红黑组合色线，确保所有接线均符合既定的电流与电压规范。

5.9.5　检查与调试

在确保所有接线准确无误的前提下，方可安全地接通交流电源。随后，执行以下操作：首先，闭合开关 QF，紧接着按下启动按钮 SB1，此时 M1 电机将启动并处于正转状态。当电机触碰到限位开关 SQ1 时，其运行方向将自动切换为反转。待电机再次触及限位开关 SQ2 时，则又恢复为正转。此正反转循环过程将持续进行，直至按下停止按钮 SB2，电机随即停止运行。

在操作过程中，若观察到任何异常情况，应立即采取断开电源的措施，以便进行细致的分析与故障排查。待故障被成功解决并确认无误后，方可重新启动电机，继续后续操作。这一流程旨在确保设备的安全运行，同时提升操作效率与可靠性。

5.10　三相异步电动机串电阻降压启动控制线路

5.10.1　实训目的阐述

（1）在熟知热继电器结构的基础上，能够运用其工作原理进行功能分析和操作。

（2）通过实践训练，能够正确安装三相异步电动机串电阻降压启动控制电路的线路。

（3）熟练使用万用表进行设备检测、故障分析以及问题排除的全方位技能，以确保系统稳定运行。

5.10.2　控制线路原理

三相异步电动机串电阻降压启动控制电路的原理图如图 5-15 所示，接下来介绍该控制线路的运行流程。

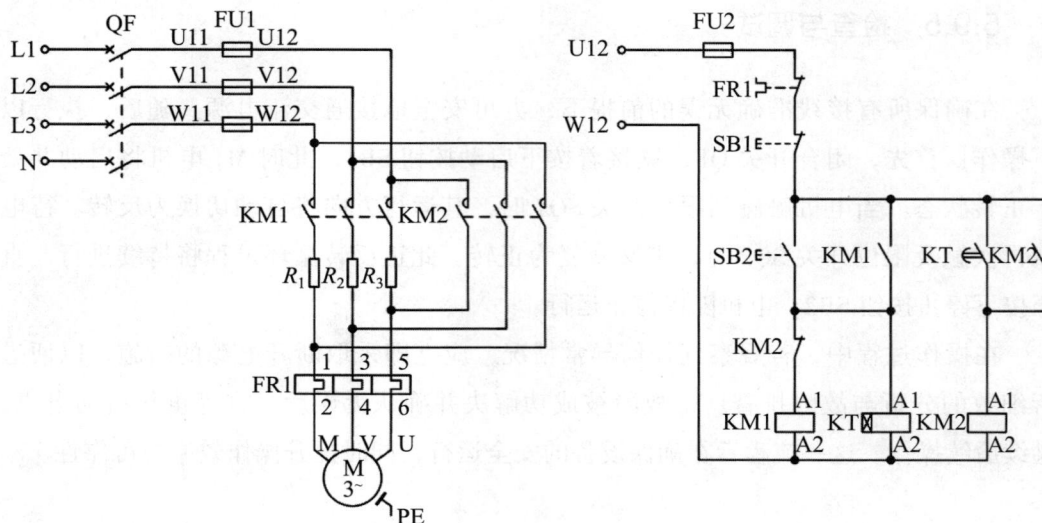

图 5-15　三相异步电动机串电阻降压启动控制线路电路图

在电动机的启动过程中，采用定子绕组串接电阻的降压启动方法，具体操作为：将电阻元件串联于电动机的定子绕组与电源之间，利用电阻的分压效应，有效降低启动阶段定子绕组上的电压，以达到平稳启动的目的。一旦电动机启动完成，通过后续操作将电阻短路，使电动机能在额定电压下持续、稳定地运行。

启动流程详细如下：按下启动按钮 SB2 后，KM1 线圈随即通电，随之 KM1 的自锁触头闭合实现自锁功能，同时 KM1 的主触头也闭合，电动机 M 在串联电阻 R 的条件下进行降压启动。随着电动机的逐步加速，当预设的时间继电器（通常为 3～5 s）达到设定时间并吸合时，KM2 线圈得电，而 KM1 线圈则失电断开，此时 KM2 的自锁触头闭合实现自锁，KM2 的主触头也闭合，将原本串联在电路中的电阻 R 短接，电动机 M 随即转入全压运行状态。

若需停止电动机运行，仅需简单按下停止按钮 SB1，此举将导致控制电路断电，进而使电动机 M 因失去电力供应而停止转动。

5.10.3　工具、仪表及器材

（1）电气维护常用工具：测电笔、螺钉旋具、尖嘴钳、斜口钳、剥线钳等。

（2）测量仪表：万用表，用于电气参数的精确测量。

（3）元件明细：各类元件的型号、规格及具体数量，参见表 5-9。

表 5-9　三相异步电动机串电阻降压启动控制线路所用设备清单

代号	名称	型号、规格	数量
QF	空气开关	CDBK-4P/6 A	1
KM1，KM2	交流接触器	CJX2SK-0910 AC380 V	2
FR1	热继电器	JRS1Dsp-25/Z（0.63-1A）	1
SB	按钮开关盒	LA4-3H	1
M	三相鼠笼异步电机	380 V/△	1
FU1	直插式保险丝	3P	1
FU2	直插式保险丝	1P	1
KM	辅助触头 F4-11	F4-11	2
R	电阻	75 Ω/75 W	3

5.10.4　实训接线

根据电气元件清单及电路原理图，在接线板上精确选取熔断器（如 FU1）及空气断路器等关键组件，随后进行细致布线工作。动力线路的连接采用红、蓝、黄三色导线以示区分，而控制线路则灵活选用红蓝或红黑组合色线，确保所有接线均符合既定的电流与电压规范。

5.10.5　检查与调试

在确保所有接线准确无误的前提下，方可安全地接通交流电源。随后，执行以下操作：首先，按下启动按钮 SB2 后，电动机 M 在串联电阻 R 的条件下进行降压启动。当预设的时间继电器（通常为 3 ~ 5 s）达到设定时间并吸合时，原本串联在电路中的电阻 R 短接，电动机 M 随即转入全压运行状态。当按下停止按钮 SB1 时，电动机 M 因断电而停止转动。

在操作过程中，若观察到任何异常情况，应立即采取断开电源的措施，以便进行细致的分析与故障排查。待故障被成功解决并确认无误后，方可重新启动电机，继续后续操作。这一流程旨在确保设备的安全运行，同时提升操作效率与可靠性。

5.11 三相异步电动机的多地控制

5.11.1 实训目的阐述

（1）在熟知热继电器结构的基础上，能够运用其工作原理进行功能分析和操作。

（2）通过实践训练，能够正确安装三相异步电动机的多地控制电路的线路。

（3）熟练使用万用表进行设备检测、故障分析以及问题排除的全方位技能，以确保系统稳定运行。

5.11.2 控制线路原理

三相异步电动机的多地控制线路电路的原理图如图 5-16 所示，接下来介绍该控制线路的运行流程。

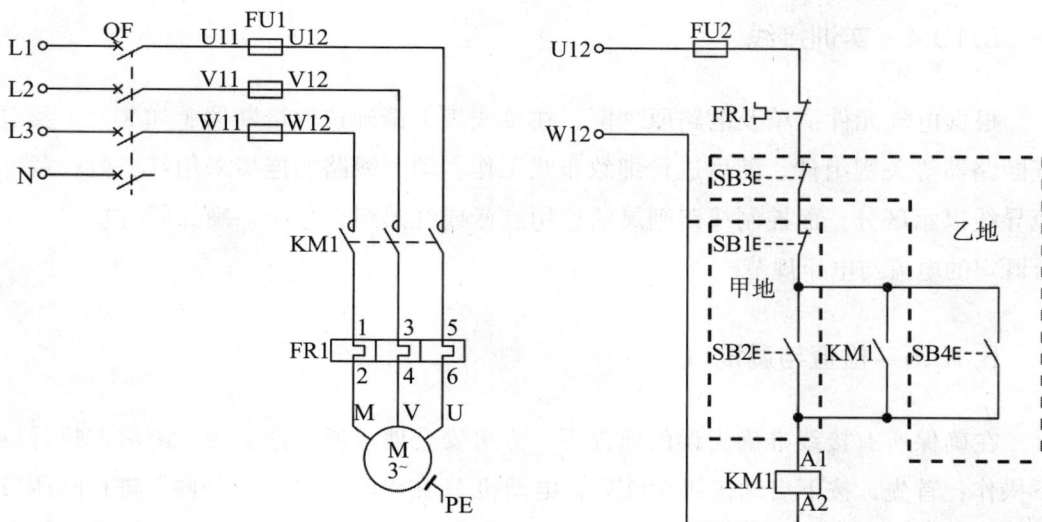

图 5-16 三相异步电动机的多地控制线路电路图

在电路布局中，SB2 与 SB1 被设定为位于甲地的启动与停止控制按钮，而 SB4

与 SB3 则相应安置于乙地，执行相应的启动与停止功能。该电路设计独具匠心，通过将两地的启动按钮 SB2 与 SB4 以并联方式连接，以及将停止按钮 SB1 与 SB3 以串联方式组合，实现了从甲地或乙地均能便捷地启动或停止同一台电动机的目的，极大地提升了操作的灵活性与便利性。

进一步推广至三地或多地控制场景，该设计原理同样适用：仅需确保所有地点的启动按钮并联连接，而停止按钮则串联相接，即可达成跨区域控制的目标。

具体操作流程如下：当在甲地或乙地按下启动按钮 SB2（或 SB4）时，KM1 线圈随即通电，触发 KM1 自锁触头的闭合与自锁机制，同时 KM1 主触头亦闭合，进而启动电动机。相反，若按下停止按钮 SB1（或 SB3），则会导致 KM1 线圈断电，随之 KM1 自锁触头断开，最终使电动机 M 停止运行。

5.11.3　工具、仪表及器材

（1）电气维护常用工具：测电笔、螺钉旋具、尖嘴钳、斜口钳、剥线钳等。

（2）测量仪表：万用表，用于电气参数的精确测量。

（3）元件明细：各类元件的型号、规格及具体数量，参见表 5–10。

表 5–10　三相异步电动机的多地控制线路所用设备清单

代号	名称	型号、规格	数量
QF	空气开关	CDBK–4P/6 A	1
KM1，KM2	交流接触器	CJX2SK–0910 AC380 V	2
FR1	热继电器	JRS1Dsp–25/Z（0.63–1A）	1
SB	按钮开关盒	LA4–3H、LA4–2H	2
M	三相鼠笼异步电机	380 V/Δ	1
FU1	直插式保险丝	3P	1
FU2	直插式保险丝	1P	1

5.11.4 实训接线

根据电气元件清单及电路原理图，在接线板上精确选取熔断器（如 FU1）及空气断路器等关键组件，随后进行细致布线工作。动力线路的连接采用红、蓝、黄三色导线以示区分，而控制线路则灵活选用红蓝或红黑组合色线，确保所有接线均符合既定的电流与电压规范。

5.11.5 检查与调试

在确保所有接线准确无误的前提下，方可安全地接通交流电源。随后，执行以下操作：首先，当在甲地或乙地按下启动按钮 SB2（或 SB4）时，电动机 M 启动运行。若按下停止按钮 SB1（或 SB3），电动机 M 停止运行。

在操作过程中，若观察到任何异常情况，应立即采取断开电源的措施，以便进行细致的分析与故障排查。待故障被成功解决并确认无误后，方可重新启动电机，继续后续操作。这一流程旨在确保设备的安全运行，同时提升操作效率与可靠性。

5.12 三相异步电动机能耗制动电路

5.12.1 实训目的阐述

（1）在熟知热继电器结构的基础上，能够运用其工作原理进行功能分析和操作。
（2）通过实践训练，能够正确安装三相异步电动机能耗制动电路的线路。
（3）熟练使用万用表进行设备检测、故障分析以及问题排除的全方位技能，以确保系统稳定运行。

5.12.2 控制线路原理

三相异步电动机能耗制动电路的原理图如图 5-17 所示，接下来介绍该控制线路的运行流程。

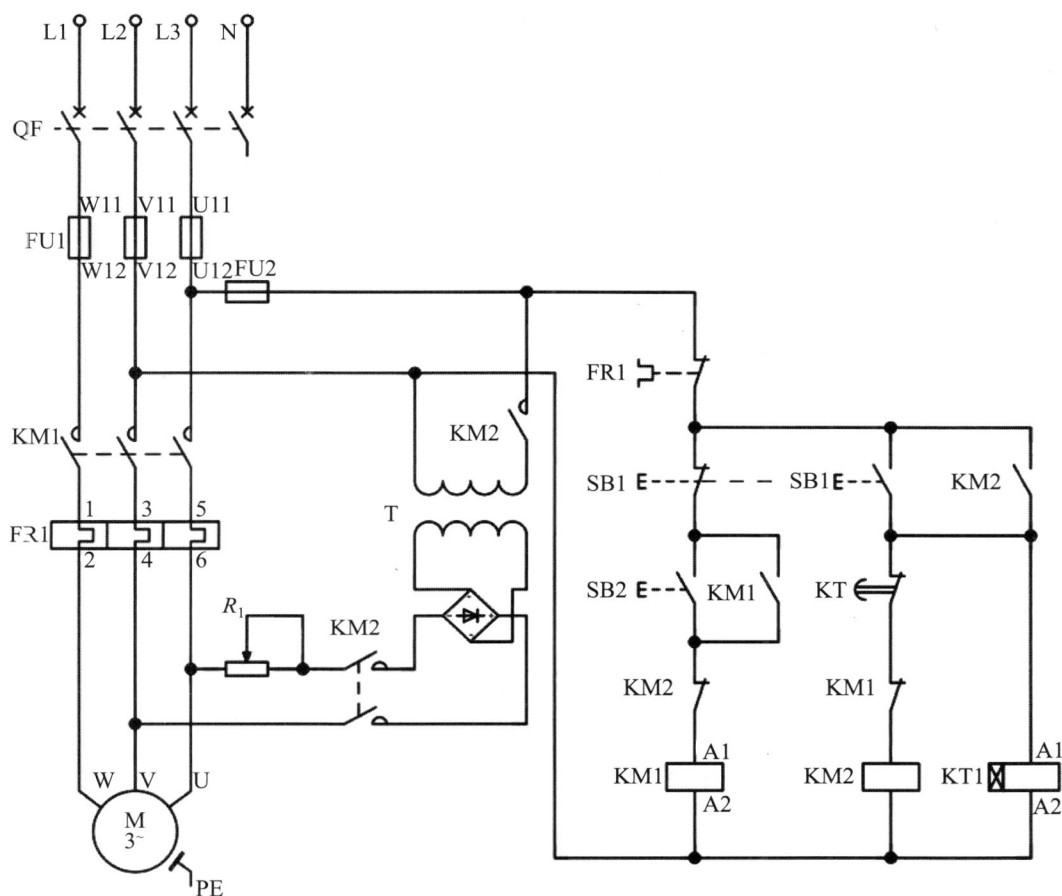

图 5-17　三相异步电动机能耗制动线路电路图

当电动机电源断开后，立即使定子绕组接上直流电源，于是在定子绕组中产生一个磁场，转子切割这个磁场，产生与原转向相反的转矩，产生制动作用。

主回路：合上 QS，主电路和控制线路接通电源，变压器需经 KM2 的主触头接入电源（原边）和定子线圈（副边）控制回路。

（1）启动：按下 SB2，KM1 得电，电动机正常运行。

（2）能耗制动：按下 SB1 → KM1 失电 → 电动机脱离三相电源，KM1 常闭触头复原 → KM2 得电并自锁，（通电延时）时间继电器 KT 得电 → KM2 主触头闭合 → 电动机进入能耗制动状态 → 电动机转速下降 → KT 整定时间到 → KT 常闭触点断开 → KM2 线圈失电 → 能耗制动结束。

在电动机的电源被切断的瞬间，迅速将直流电源连接至定子绕组，此举在定子内催生了一个磁场。随后，转子在旋转过程中切割此磁场，从而生成一个与原始旋转方向相反的转矩，此过程即实现了制动效果。

主回路的操作流程为：闭合 QF 开关，此举确保了主电路与控制线路均获得电力供应。变压器则通过 KM2 的主触点接入，其原边接入电源，副边则连接至定子线圈。

控制回路的操作流程为：启动时按下启动按钮 SB2，导致 KM1 线圈通电，进而驱动电动机进入正常运行状态。能耗制动时按下停止按钮 SB1，KM1 线圈随即失电，电动机随即脱离三相电源供给。同时，KM1 的常闭触点恢复原位，触发 KM2 线圈得电并自锁。此时，（带有通电延时功能的）时间继电器 KT 也开始工作，其触点闭合后使 KM2 的主触点闭合，电动机随之进入能耗制动阶段，转速逐渐降低。当 KT 设定的延时时间到达后，KT 的常闭触点断开，导致 KM2 线圈失电，从而标志着能耗制动过程的结束。

5.12.3 工具、仪表及器材

（1）电气维护常用工具：测电笔、螺钉旋具、尖嘴钳、斜口钳、剥线钳等。

（2）测量仪表：万用表，用于电气参数的精确测量。

（3）元件明细：各类元件的型号、规格及具体数量，参见表 5-11。

表 5-11　三相异步电动机能耗制动线路所用设备清单

代号	名称	型号	数量
QF	空气开关	CDBK-4P/6 A	1
KM1，KM2	交流接触器	CJX2SK-0910 AC380 V	2
FR1	热继电器	JRS1Dsp-25/Z（0.63-1A）	1
SB	按钮开关盒	LA4-3H	1
M	三相鼠笼异步电机	380 V/△	1
FU1	直插式保险丝	3P	1
FU2	直插式保险丝	1P	1

续　表

代号	名称	型号	数量
KM	辅助触头 F4–11	F4–11	2
R_1	滑动电阻		1
T	变压器		1
	二极管整流桥		1

5.12.4　实训接线

根据电气元件清单及电路原理图，在接线板上精确选取熔断器（如 FU1）及空气断路器等关键组件，随后进行细致布线工作。动力线路的连接采用红、蓝、黄三色导线以示区分，而控制线路则灵活选用红蓝或红黑组合色线，确保所有接线均符合既定的电流与电压规范。

5.12.5　检查与调试

在确保所有接线准确无误的前提下，方可安全地接通交流电源。随后，执行以下操作：首先，当按下启动按钮 SB2，电动机进入正常运行状态时，若按下停止按钮 SB1，电动机随之进入能耗制动阶段，转速逐渐降低。当 KT 设定的延时时间到达后，能耗制动过程结束。

在操作过程中，若观察到任何异常情况，应立即采取断开电源的措施，以便进行细致的分析与故障排查。待故障被成功解决并确认无误后，方可重新启动电机，继续后续操作。这一流程旨在确保设备的安全运行，同时提升操作效率与可靠性。

思考题

1. 在三相异步电动机的点动控制电路中，如何确保电动机在按下启动按钮时启动，松开按钮时停止？这种控制方式在实际应用中有什么局限性？

2. 对比按钮联锁与接触器联锁的三相异步电动机正反转控制电路，分析它们的优缺点及适用场景。

3. 在星形 / 三角形启动控制电路中，为什么采用星形启动后再转换为三角形运行？这种启动方式相比直接三角形启动有何优势？

4. 电机自动往返控制电路中，如何实现电机的自动换向？这种控制方式在哪些场合下具有应用价值？

5. 在三相异步电动机的串电阻降压启动控制线路中，电阻的选择原则是什么？如何确保电阻在启动过程中的安全？

6. 多地控制电路中，如何实现同一电动机在不同地点的启停控制？这种控制方式在实际应用中有什么重要意义？

7. 能耗制动电路在三相异步电动机中的应用原理是什么？相比其他制动方式（如反接制动），能耗制动有何优点？

8. 结合电力拖动控制技术的学习，谈谈你对国家工业现代化进程的认识。作为未来的工程技术人才，你将如何为实现国家工业现代化贡献自己的力量？

第6章 照明装置实训

知识目标

1. 理解感应开关控制照明电路的工作原理及常见类型。
2. 掌握住宅照明线路的布局设计原则及安装规范。
3. 熟悉单相电能表的结构、工作原理及直接接线与经电流互感器接线的区别。
4. 掌握电能表接线操作的安全规范与常见故障排查方法。

能力目标

1. 能够独立完成感应开关控制照明电路的安装、调试与功能测试。具备根据住宅户型图设计并实施合理照明线路的能力。
2. 能正确区分单相电能表的直接接线与互感器接线方式,并完成规范接线操作。
3. 能结合电路图分析电能表接线错误原因并提出解决方案。

素养目标

1. 安全操作意识:严格遵守电气安全规程,养成规范操作习惯,杜绝触电、短路等安全隐患。
2. 节能环保理念(思政目标):理解照明装置高效节能的重要性,树立"绿色用电"意识,践行国家"双碳"目标的公民责任。

3. 工匠精神：在实训中培养细致严谨、精益求精的职业态度，强化质量意识和责任意识。

4. 团队协作能力：在复杂电路安装与调试中分工协作，提升沟通与解决问题的能力。

6.1 感应开关控制照明电路

6.1.1 实训所需电气元件

实训所需电气元件明细表见表 6-1。

表 6-1 实训所需电气元件明细表

序号	名称	型号	数量
1	空气开关	CDBK-4P/6 A	1
2	灯泡	220 V/40 W	1
3	螺口平灯座	4 A/250 V	1
4	声（光）控延时开关	J86SG	1
5	开关盒	86HM35	1

6.1.2 实训原理

在现实社会环境中，诸如楼道出入口、公共卫生间等公共区域，普遍采用了智能感应开关系统。此类开关独具特色，表现为日间自动休眠以节约能源，而夜幕降临时，一旦侦测到预设的有效信号（如人体移动引发的红外辐射），即触发电路，接通电源，激活照明设备。随后，在预设的延时周期后，系统能自动切断电源，恢复待机状态，有效平衡了照明需求与能源管理。

声（光）控延时开关是一种集成了振动传感器与光敏电阻技术的智能控制装置。该装置首先通过振动传感器捕捉环境中的振动信号，随后将这些信号转换为电信号，并借助电荷放大电路进行增强处理，以触发内部电路闭合，从而激活照明灯的工作状态。与此同时，内置的光敏电阻则负责感知环境光照强度，用以区分白天与黑夜，确保仅在夜间或光线不足时响应声音信号。

感应开关控制照明电路接线图如图 6-1 所示，确保所有连接准确无误后，方可接通电源。在确认环境处于暗态条件（或采用遮光措施如盒子覆盖开关）下，通过发出声响（如击掌、跺脚等）即可激活开关，使灯泡亮起。随后，经过预设的延时周期，灯泡将自动熄灭，实现节能与便捷控制的双重目的。

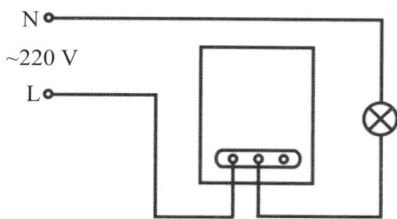

图 6-1 感应开关控制照明电路接线图

6.1.3 实训注意事项

（1）实训中所用的开关只限于纯电阻性负载（如白炽灯），且负载功率不得大于 100 W。

（2）不要随意拆卸开关，以免损坏。

6.2 住宅照明线路实训

6.2.1 实训所需电气元件

实训所需电气元件明细表见表 6-2。

表 6-2　实训所需电气元件明细表

序号	名称	型号	数量
1	熔断器	RT18-20/3A	2
2	空气开关	CDBK-4P/6 A	1
3	灯泡	220 V/25 W	1
4	螺口平灯座	4 A/250 V	1
5	单联开关	MZ86K1	1
6	双联开关	MZ86K2	1
7	日光灯		1
8	整流器		1
9	启辉器		1
10	开关盒	86HM35	3

6.2.2　照明线路的原理图

照明线路的实训原理图如图 6-2 所示，该线路为家庭常用典型线路。

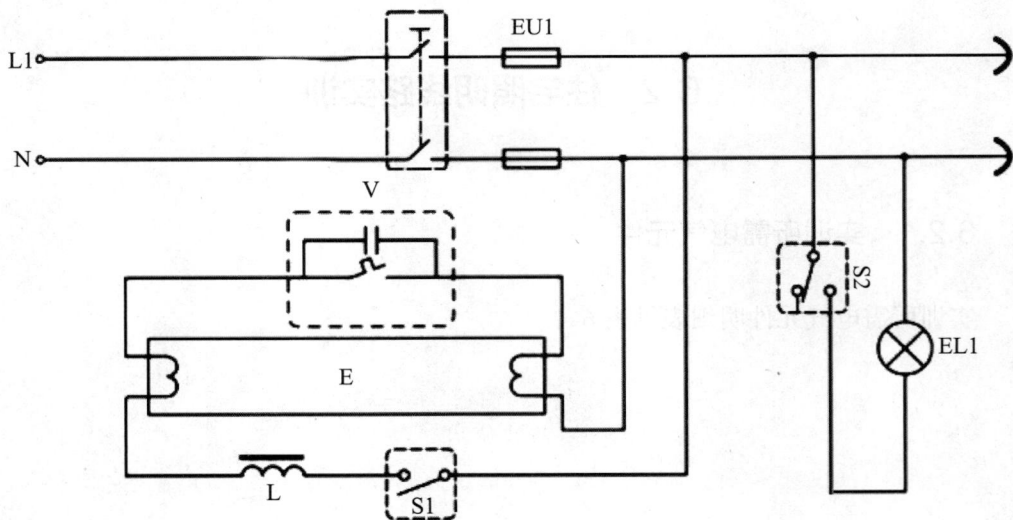

图 6-2　照明线路原理图

6.2.3　接线与调试

在选择所需电器元件时，需按照使用需求和规格挑选熔断器、二级空气开关、单联开关、双联开关、日光灯管、镇流器以及启辉器等设备。接线时，严格依据图纸指示进行接线作业，确保准确无误地将 L1、N 两根线分别连接到"三相电源输出"端口的 L1、N 接口上。

完成接线后，务必进行细致的检查，确认接线无误后，方可接通交流电源，并闭合空气开关以照明线路。在操作过程中，需密切关注各条支路的运行情况，确保其均能正常动作。

若是在操作过程中发现任何异常现象，应立即切断电源，以避免潜在的安全风险。随后，对故障进行细致的分析与排查，待故障彻底排除后，方可重新接通电源并继续操作。

6.3　电能表原理与接线

电能表，作为一种精确计量电能的仪器，在任何需要统计用电消耗量的场合均不可或缺。其功能广泛，既能准确记录交流电的能耗，亦能适用于直流电能的计量。在交流电能计量的范畴内，电能表进一步细化为有功电能与无功电能计量两种类型，以满足不同电力分析的需求。本实训要介绍的是最为普遍应用的交流有功电能计量设备——感应式电能表，该类型电能表通过感应原理实现电能的有效累积与显示。

感应式电能表的核心运作部件为一个可旋转的铝盘。在电能表独特的磁路结构设计下，当电流自电源流向负载并穿越电能表时，铝盘会受到一个持续的转矩作用，从而保持连续旋转状态。此类基于电磁感应原理工作的仪表，被统称为感应式仪表。铝盘的持续旋转，不仅标志着电能表的正常运作，还通过联动机制驱动齿轮系统，最终由计数器将铝盘的旋转次数转化为具体的电能消耗数值，即累计用电量。这一过程体现了电能表作为积算式仪表的本质特征，能够直观反映电力使用情况。

根据应用场合的不同，交流电能表被分为单相电能表与三相电能表两大类。单相电能表专为单相交流系统设计，用于准确测量单一相位电路中的电能消耗；而三相电能表则适用于更为复杂的三相交流系统，确保三相电路中各相电能的全面计量与记录。

6.3.1　电能表的规格和电气参数

（1）额定电压。

单相电能表的额定电压有 220 V 和 380 V 两种，分别用在 220 V 和 380 V 的单相电路中。

三相电能表的额定电压有 380 V，380/220 V，100 V 三种，分别用在三相三线制（或三相四线制的平衡负荷）、三相四线制的平衡或不平衡负荷以及通过电压互感器接入的高压供电系统中。

（2）额定电流。

电能表的额定电流有多个等级，如 1 A，2 A，3 A，5 A 等等。它们表明了该电能表所能长期安全流过的最大电流。有时，电能表的额定电流标有两个值，后面一个写在括号中，如 2（4）A，这说明该电能表的额定电流为 2 A，最大负荷可达 4 A。

（3）频率。

国产交流电能表都用在 50 Hz 的电网中，故其使用频率也都是 50 Hz。

（4）电能表常数。

它表示每用 1 kW·h 的电，电能表的铝盘所转动的圈数。例如，某块电能表的电能表常数为 700，说明电能表每走一个字，即每用 1 kW·h 的电，铝盘要转 700 圈。根据电能表常数，可以测算出用电设备的功率。

6.3.2　感应式电能表的基本结构和原理

感应式单相电能表的结构示意图如图 6-3 所示。它由以下几部分组成。

（1）电磁机构。

电磁机构为电能表的核心部分，由两组线圈及其各自专属的磁路系统共同构成。其中一组线圈为电流线圈，它与被测负载串联，工作状态下传导负载电流；而另一组线圈，与电源保持并联状态，为电压线圈。当电能表投入运行时，这两组线圈各自产生的磁通将汇聚并同时穿透铝盘，这一复合磁场效应促使铝盘承受一个与负载功率成正比的强大转矩，进而驱动铝盘启动旋转，铝盘的旋转速率与负载功率之间呈现出直接且明确的正比关系。

随着铝盘的持续旋转，其动力通过精密的齿轮传动机构被有效传递至计数器，实现了电能消耗量的直接且准确显示。此过程不仅体现了电能表作为电能计量工具的高度精确性，也彰显了其内部机械结构与电磁原理的巧妙融合。

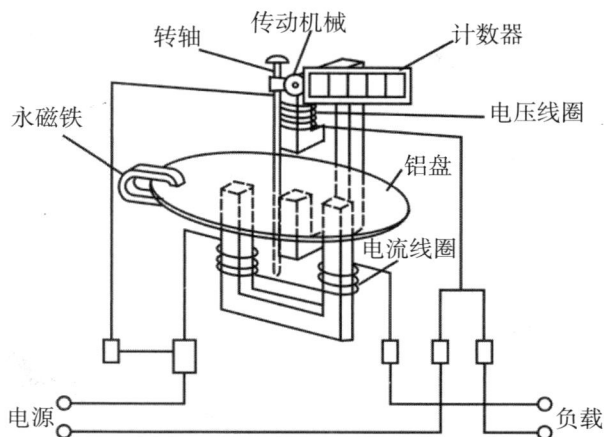

图 6-3　感应式单相电能表结构示意图

（2）计数器。

计数器是电能表的指示机构，又称积算器。用电量的多少，最终由它指示。

（3）传动机构。

传动机构是电磁机构和计数器之间的各种传动部件，由齿轮、蜗轮及蜗杆组成。铝盘的转数通过这一部分在计数器上显示出来。

（4）制动机构。

制动机构是一块可以调整的永磁铁。电能表正常工作时，铝盘受到一个转矩，此时会产生一个角加速度，若不靠永磁铁的制动转矩，铝盘会越转越快。当制动转矩与电磁转矩平衡时，铝盘保持匀速转动。

（5）其他部分。

其他部分包括各种调节校准机构、支架、轴承、接线端子等。它们是电能表的辅助部分，但也是保证电能表正常工作必不可少的组成部分。

6.3.3　电能表的倍率及计算方法

电能表通过其内置的计数器来精确展示累计的用电量。具体而言，每当计数器的个位数字增加 1，即俗称的"电能表走一个字"，便意味着消耗了 1 kW·h 的电能。若电能表采用电流互感器接入电路，且该电能表被设计为额定电流 5 A，则对于某一特定时间段的用电量计算，需将该时间段起始与终止时计数器读数之差，乘以电流互感器的倍率，从而得出实际的电能消耗量。

举例来说：若在某时间段开始时，电能表计数器的读数为某一数值，而在该时间段结束时，计数器的读数为另一数值，两者之差即为该时间段内电能表直接指示的电量变化。随后，将此差值乘以电流互感器的倍率，即可精确计算出该时间段内实际消耗的电能总量。例如：

某段时间实际用电量 =（本次电表读数 – 上次电表读数）× 互感器倍率

6.3.4 电能表的安装要求

（1）电能表的安装环境应确保清洁且干燥，远离任何可能存在的腐蚀性或可燃性气体源，避免大量灰尘积聚，并需与强磁场保持足够的安全距离。此外，其与热力管道之间的间隔应不小于 0.5 m，以防止热辐射对电能表造成影响。同时，环境温度需维持在 0 ~ 40 ℃之间，以确保电能表的正常运作。

（2）对于明装电能表，其安装高度应设定在距离地面 1.8 m 至 2.2 m 的范围内，而暗装电能表则不应低于 1.4 m。若电能表安装于立式配电盘或成套开关柜内，其高度亦不应低于 0.7 m。电能表必须牢固地固定于表板或专用支架之上，以防止震动对其造成影响。安装位置的选择应充分考虑到抄表、检查及试验的便捷性。

（3）电能表的安装需确保垂直度，其垂直度偏差应严格控制在 2° 以内，以保证计量的准确性。

（4）当电能表与电流互感器配合使用时，电能表的电流回路应选用截面积为 2.5 mm³ 的单股绝缘铜芯导线，且该导线在整个回路中不得存在接头，亦不得设置开关或保险丝等元件。所有压接螺丝均需紧固到位，导线端头应配备清晰明确的编号，以便于识别与维护。此外，互感器的二次绕组一端必须妥善接地，以确保电气安全。

6.3.5 电能表的安全要求

（1）在选择电能表时，务必确保其型号与结构能够与被测负荷的性质及供电制式相匹配，同时要求电能表的电压额定值与所接入的电源电压相吻合，电流额定值则需适应于实际负荷需求，以确保计量的准确性与设备的稳定运行。

（2）在进行电能表接线操作前，必须清晰掌握其正确的接线方法。接线过程中需保持高度的细心与谨慎，完成后应进行详尽的检查，以杜绝任何潜在的接线错误。因为接线错误轻则导致计量不准确或电表反向转动，重则可能引发电表烧毁的严重后果，甚至对人身安全构成威胁。

（3）当电能表与电流互感器配套使用时，必须严格遵守安全规范，确保电流互感器的二次侧在任何情况下均不得开路。此外，二次侧的一端应实现良好的接地保护。若电路中的电流互感器暂时处于非工作状态，应采取有效措施将二次侧短路，以防意外发生。

（4）对于额定电流达到或超过 250 A 的电能表，出于校验与维护的需要，应额外加装专用的接线端子，以确保在进行校表等操作时能够便捷、安全地进行连接与断开。

6.4　单相电能表的直接接线

单相电能表有四个接线孔，两个接进线，两个接出线。按照进出线的不同，单相电能表可分为顺入式和跳入式接线，跳入式接线方式如图 6-4 所示。

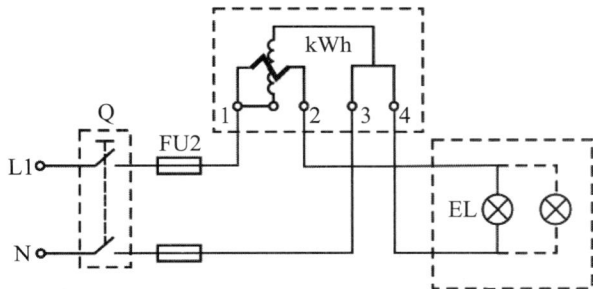

图 6-4　单相电能表直接接线图

针对某一特定电能表，其接线方式系固定且明确，通常在产品使用说明书中详细阐述，并在接线端盖背面附有接线图示，以便于用户参考。此外，亦可通过万用表之电阻测量挡位来辅助辨识电能表的接线情况。具体而言，电能表的电流线圈串联于负载电路中，其导线设计较粗，匝数相对较少，因此电阻值极低，近乎为零；而电压线圈则并联于输入电压之上，其导线纤细，匝数繁多，导致电阻值显著增大。此二者特性鲜明，易于区分。

若电能表所承担的负载电流超出其额定值，则需配置电流互感器以适配。配备电流互感器的电能表接线方式如图 6-4 所示。此时，电能表的电流线圈不再直接串联于负载电路，而是转而与电流互感器的二次侧相连接，而电流互感器的一次侧绕组则串接于负载电路中。由于此结构变化，电能表的电压线圈无法直接从邻近的电流接线端获取电压信号，故需单独引出一根导线，连接至电流互感器一次回路的进线端。需特别注意的是，务必确保电流互感器两个绕组及电能表两个同名端的接线准确无误，以免因接法不当导致电能表反转，影响计量准确性。

6.4.1　实训所需电气元件

实训所需电气元件明细表见表 6-3。

表 6-3　实训所需电气元件明细表

序号	名称	型号	数量	备注
1	单相电能表	DD862a	1	
2	二级漏电保护器	DZ47-63LEP10A2P	1	
3	熔断器	RT18-32　3P	1	
4	负载		1	灯泡

6.4.2　安装接线

在组件上选择单相电能表、二级漏电保护器、熔断器。然后按图 6-4 进行接线，分别将 L1、N 接到"三相电源输出"的 L1 和 N 上；电能表 2、4 的出线分别接到灯泡上。

6.4.3　测试与调试

检查接线无误后，可轻触控制屏上预设的启动按钮以启动系统。电源启动后，作为负载的灯泡随即点亮，观察电能表的铝圆盘，可看到其自左向右以均匀速度旋转。若察觉铝圆盘转速较为缓慢，以致观察不便，可考虑增加灯泡数量以增强负载（请注意断电后再操作）。

注：在实训中也可将二级漏电保护器换成闸刀开关。

6.5　单相电能表经电流互感器接线

6.5.1　实训所需电气元件

实训所需电气元件明细表如表 6-4 所示。

表 6-4　实训所需电气元件明细表

序号	名称	型号	数量	备注
1	单相电能表	DD862a	1	
2	电流互感器	LMK3（BH）-0.66 5/5 A 5 VA	1	
3	二级漏电保护器	DZ47-63LEP10A2P	1	
4	熔断器	RT18-32 3P	1	
5	负载		1	灯泡

6.5.2　实训原理图

实训原理图如图 6-5 所示。

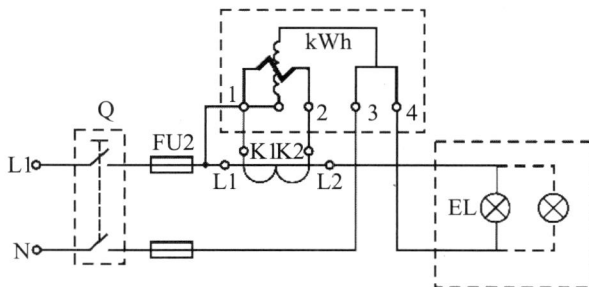

图 6-5　单相电能表经电流互感器接线图

相较于"单相电能表的直接接线方式"，本实训增加了一个电流互感器。在电路负载较小的情况下，电能表可直接接入电路进行计量；然而，在负载较大的电路环境，由于负载电流显著增大，若直接接入电能表，则存在因电流过载而损坏电能表的风险。鉴于此，本实训采用了电流互感器，其作用在于将较大的负载电流转换为较小的、适合电能表承受范围的二次侧电流，从而既保证了计量的准确性，又有效保护了电能表免受损害。

6.5.3　安装接线

在组件上选择单相电能表、二级漏电保护器、熔断器等器件，按图 6-5 进行接线，分别将 L1、N 接到"三相电源输出"的 L1 和 N 上；负载使用灯泡。

6.5.4　测试与调试

检查接线无误后，可轻按控制屏上的启动按钮进行启动。电源启动瞬间，作为负载的灯泡随即亮起，此时应仔细观察电能表内部的铝圆盘，可看到其自左向右以均匀速度旋转。本实训中电流互感器的变比设定为 5 ∶ 5，即输入输出电流相等，因此电能表转盘的旋转速度理论上应与直接接线时的速度保持一致。

若在实际观察中发现铝圆盘转速过缓，影响观测效果，可考虑通过增加灯泡数量来增强负载（请注意，在采取此措施前，务必确保电源已完全切断，以保障操作的安全性）。

思考题

1. 感应开关控制照明电路如何实现"人来灯亮，人走灯灭"？结合红外感应、声控原理说明其节能意义。

2. 单相电能表直接接线后出现反转现象，可能由哪些接线错误导致？如何修正？

3. 电能表接线操作中若故意错接以偷电，可能违反哪些法律法规？从职业伦理角度谈谈你的看法。

4. 某小区楼道照明采用声控开关，但频繁出现误触发问题。请结合安装环境（如噪音、光照干扰）提出 3 种改进措施。

第7章　电工实物布线仿真

知识目标

1. 掌握仿真软件的基本功能及操作流程。
2. 理解电工电拖与照明实训的典型电路原理及其在仿真环境中的实现方式。
3. 熟悉虚拟仿真与实际操作的区别与联系，明确仿真在实训中的辅助作用。

能力目标

1. 能独立使用仿真软件完成电拖控制电路（如电动机正反转）和照明电路（如双控开关）的虚拟搭建与调试。
2. 具备通过仿真结果分析电路故障（如短路、断路）的能力，并提出改进方案。
3. 能将仿真设计转化为实际接线方案，验证理论设计与实物操作的一致性。

素养目标

1. 数字化工具应用意识：主动利用仿真技术优化设计流程，提升实训效率与安全性。
2. 信息安全意识（思政目标）：遵守仿真软件使用规范，杜绝盗版软件滥用，保护知识产权。
3. 创新实践意识：在仿真中探索电路设计的创新方案（如节能优化、智能控制），培养技术革新思维。

4. 规范操作迁移能力：通过虚拟仿真形成标准化操作习惯（如线号标注、工具归位），为实际工作奠定基础。

5. 技术伦理（思政目标）：理解仿真技术的边界，避免过度依赖虚拟环境而忽视实践技能的本质价值。

7.1 仿真软件的功能介绍

7.1.1 元件介绍

针对实训过程中用到的元件进行介绍，主要分为刀开关、按钮、组合开关、行程开关、断路器、熔断器、电流互感器、自耦变压器、电阻器、交流接触器、热继电器、时间继电器、三相异步电动机、单相电能表。

该仿真软件是以图片展示的形式对各元件进行介绍，主要是针对元件的结构、概念、功能进行描述。通过点击"元件介绍"菜单，移动鼠标，选择相应的元件即可对该元件进行学习。图 7-1 为三相异步电动机的元件介绍界面。

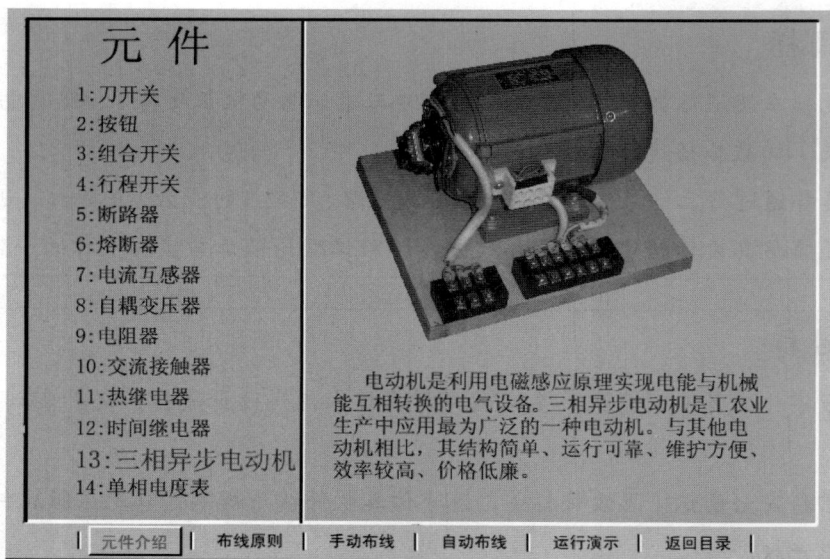

图 7-1 元件介绍界面

7.1.2　布线原则

通过点击"布线原则"选项，仿真软件页面会弹出布线原则菜单，如图 7-2 所示。布线分手动布线和自动布线两种方式。在手动布线方式下，用鼠标分别单击要连接的两个端子，即可完成布线，在手动布线过程中要严格按照提示区的原理图进行布线。通过点击"关闭"或"确定"选项即可退出该页面。

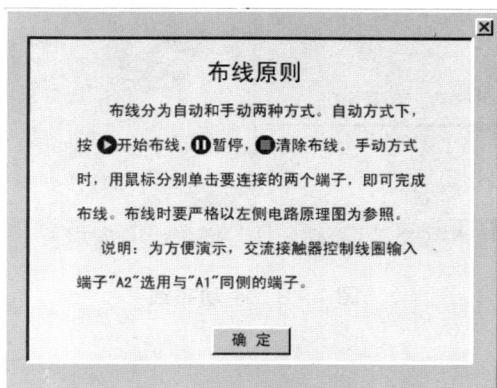

图 7-2　布线原则菜单页面

7.1.3　手动布线

在手动布线方式下，用鼠标分别点击要连接的两个端子，按照实验电路原理图进行连线，全部完成后即完成布线，操作界面如图 7-3 所示。

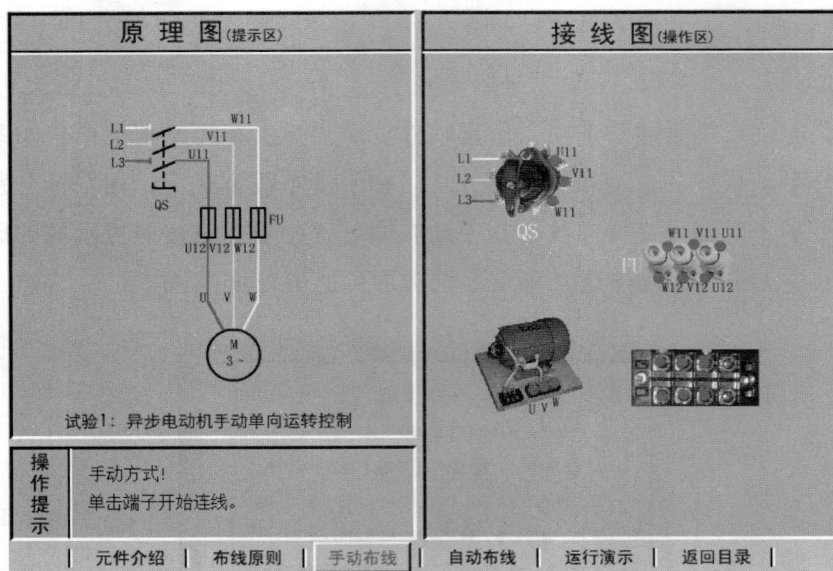

图 7- 3　手动布线

7.1.4　自动布线

点击自动布线，在自动布线方式下，按 ▶ 开始布线， ⏸ 暂停， ⏹ 清除布线，操作界面如图 7-4 所示。

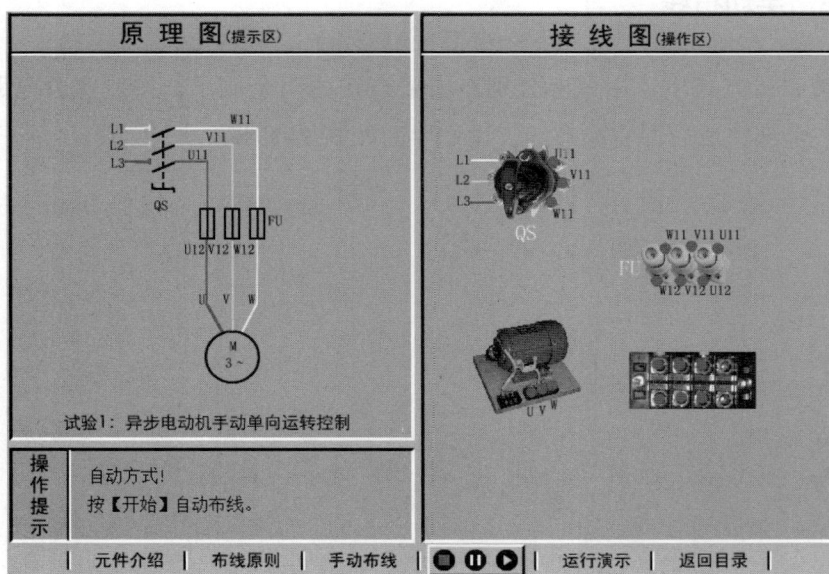

图 7- 4　自动布线

7.1.5　运行演示

以"异步电动机手动单向运转控制"为例，仿真软件会出现提示区、操作区选项菜单的仿真页面，选择并点击"运行演示"，接线操作区显示完整的接线图，如图7-5所示。

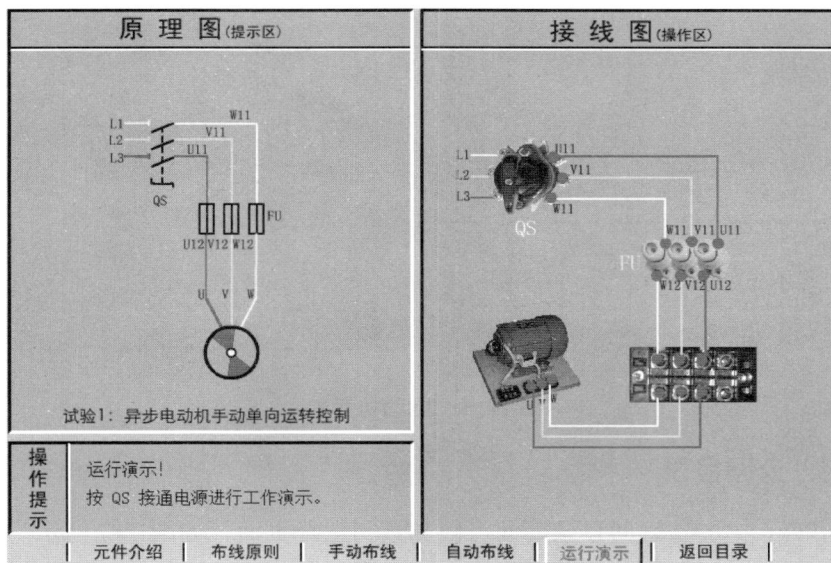

图 7- 5　运行演示

点击原理图中的空气开关 QS 或接线图中的开关 QS，电源接通，即可实现异步电动机的手动单向运转控制，操作界面如图7-6所示。

图 7- 6 电动机运转

7.1.6 返回目录

点击图 7-6 中的"返回目录"即可回到最初选择页面，如图 7-7 所示。

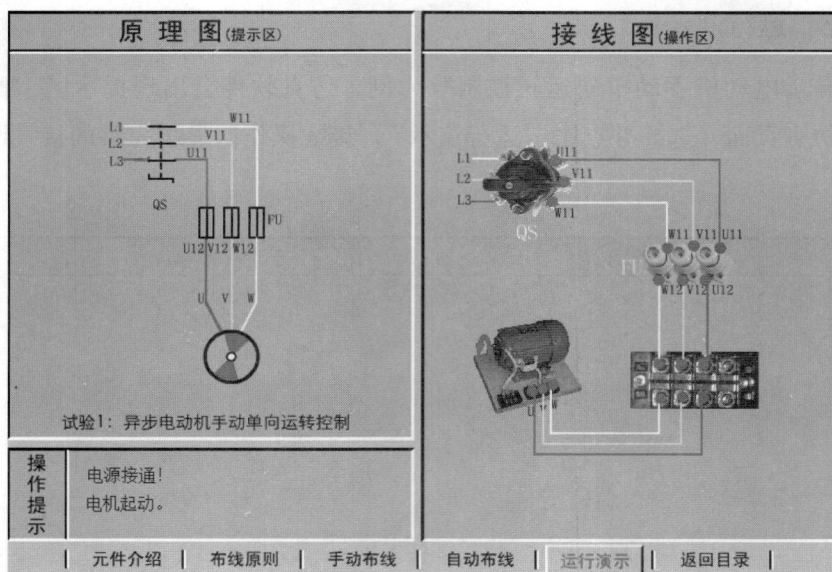

电工电拖实训部分	电工照明实训部分
试验1：异步电动机手动单向运转控制	试验1：单极开关控制电路
试验2：异步电动机点动控制	试验2：触摸开关控制电路
试验3：异步电动机自锁控制	试验3：感应开关控制电路
试验4：具有过载保护自锁控制	试验4：声控开关控制电路
试验5：异步电动机单向点动起动控制	试验5：单极开关串联控制电路
试验6：异步电动机两地控制	试验6：单极开关并联控制电路
试验7：异步电动机联锁正反转控制	试验7：单极开关混联控制电路
试验8：正反转点动、起动控制	试验8：白炽灯并联电路
试验9：双重联锁正反转控制	试验9：白炽灯混联电路
试验10：自动往返控制	试验10：日光灯控制电路
试验11：电机延时启动控制	试验11：单相电度表直接安装电路
试验12：自动顺序起动控制	试验12：单相电度表间接安装电路

图 7-7 项目选择页面

该电工布线实物仿真分为电工电拖实训部分和电工照明实训部分。

电工电拖实训部分内容有：

试验 1：异步电动机手动单向运转控制；

试验 2：异步电动机点动控制；

试验 3：异步电动机自锁控制；

试验 4：具有过载保护自锁控制；

试验 5：异步电动机单向点动启动控制；

试验 6：异步电动机两地控制；

试验 7：异步电动机联锁正反转控制；

试验 8：正反转点动、启动控制；

试验 9：双重联锁正反转控制；

试验 10：自动往返控制；

试验 11：电机延时启动控制；

试验 12：自动顺序启动控制。

电工照明实训部分内容有：

试验 1：单极开关控制电路；

试验 2：触摸开关控制电路；

试验 3：感应开关控制电路；

试验 4：声控开关控制电路；

试验 5：单极开关串联控制电路；

试验 6：单极开关并联控制电路；

试验 7：单极开关混联控制电路；

试验 8：白炽灯并联电路；

试验 9：白炽灯混联电路；

试验 10：日光灯控制电路；

试验 11：单相电能表直接安装电路；

试验 12：单相电能表间接安装电路。

7.2 电工电拖实训

7.2.1 异步电动机手动单向运转控制

点击图 7-7 项目选择界面中的异步电动机手动单向运转控制，进入到该实验界面如图 7-8 所示。

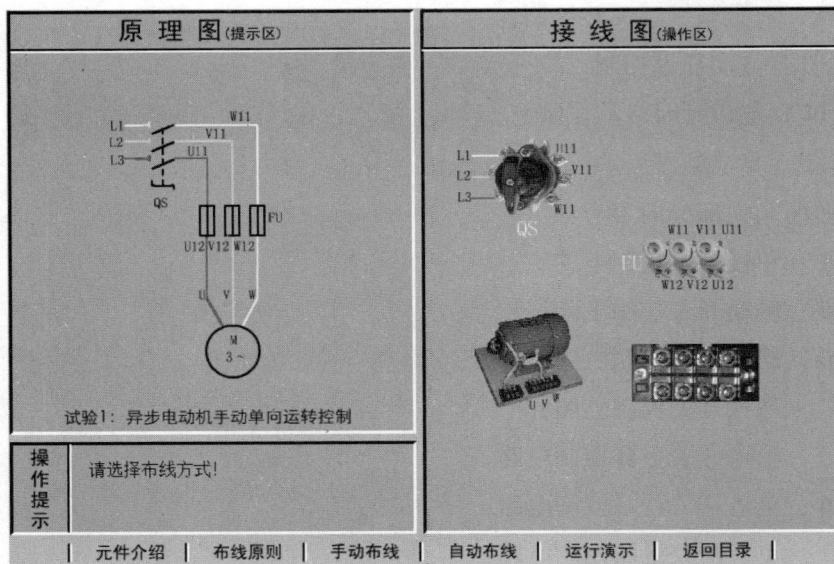

图 7- 8 异步电动机手动单向运转控制页面

该实验的实物布线仿真过程如下。

（1）观察原理图，对该控制电路所用到的元件，如组合开关、螺旋式熔断器、三相异步电动机、接线端子排进行掌握，可以通过点击页面下方的元件介绍来完成。

（2）根据原理图，对该电路的工作原理及电气控制过程进行分析。

（3）选择布线方式，根据布线原则进行手动布线或自动布线。手动布线需要用鼠标依次点击对应的接线端子，如图 7-9 所示，完成电路布线。自动布线不需要用鼠标点击接线端子，只需要点击手动布线菜单中的开始按键即可完成电路布线，自动布线过程中操作提示区会显示要布线的接线端子如图 7-10 所示。

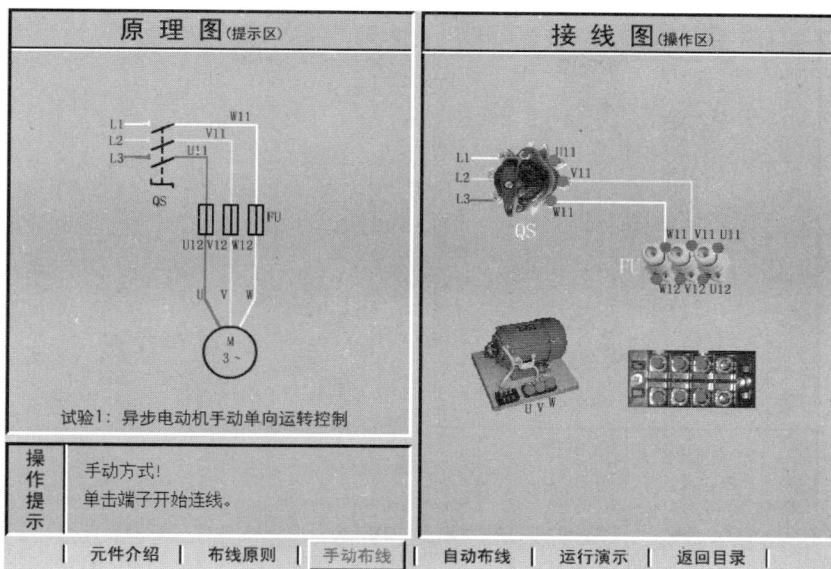

图 7-9 异步电动机手动单向运转控制手动布线过程

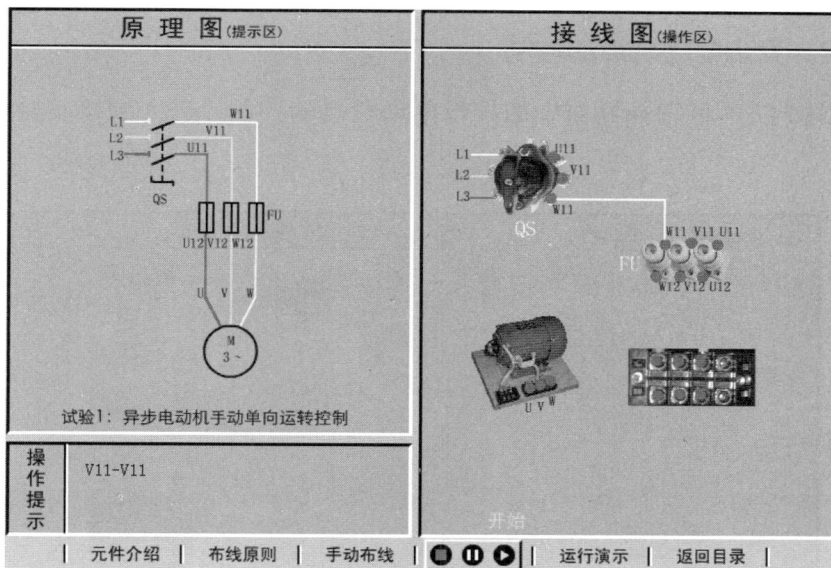

图 7-10 异步电动机手动单向运转控制自动布线过程

（4）完成布线，进入运行演示阶段，该阶段可以通过移动鼠标点击原理图或接线图中的空气开关 QS，实现异步电动机单向运转控制，操作界面如图 7-11 所示。

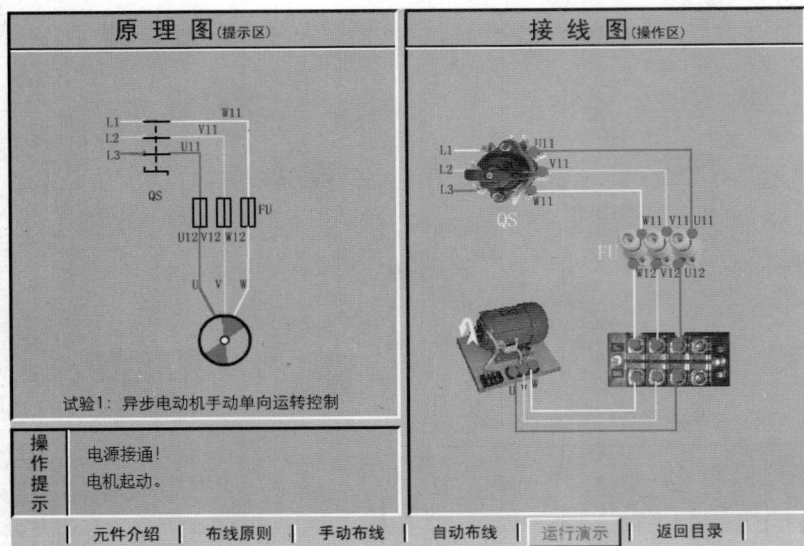

图 7-11　异步电动机手动单向运转控制的运行演示

（5）运行演示完成后，点击返回目录，即可进入图 7-7 项目选择界面。

7.2.2　异步电动机点动控制

点击图 7-7 项目选择界面中的异步电动机点动控制，进入到该实验界面如图
7-12 所示。

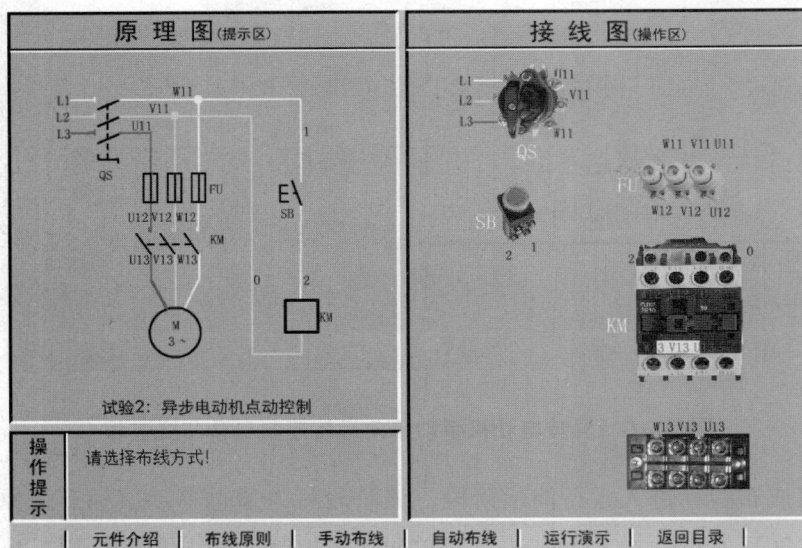

图 7-12　异步电动机点动控制页面

该实验的实物布线仿真过程如下。

（1）观察原理图，对该控制电路所用到的元件，如组合开关、按钮、螺旋式熔断器、交流接触器、三相异步电动机、接线端子排进行掌握，可以通过点击页面下方的元件介绍来完成。

（2）根据原理图，对该电路的工作原理及电气控制过程进行分析。

（3）选择布线方式，根据布线原则进行手动布线或自动布线。手动布线需要用鼠标依次点击对应的接线端子，如图 7-13 所示，完成电路布线。自动布线不需要用鼠标点击接线端子，只需要点击手动布线菜单中的开始按键即可完成电路布线，自动布线过程中操作提示区会显示要布线的接线端子如图 7-14 所示。

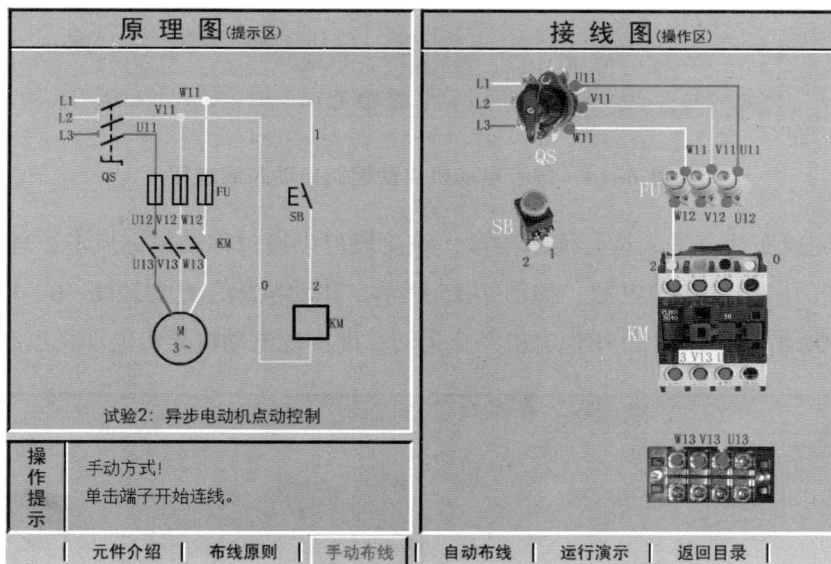

图 7-13　异步电动机点动控制手动布线过程

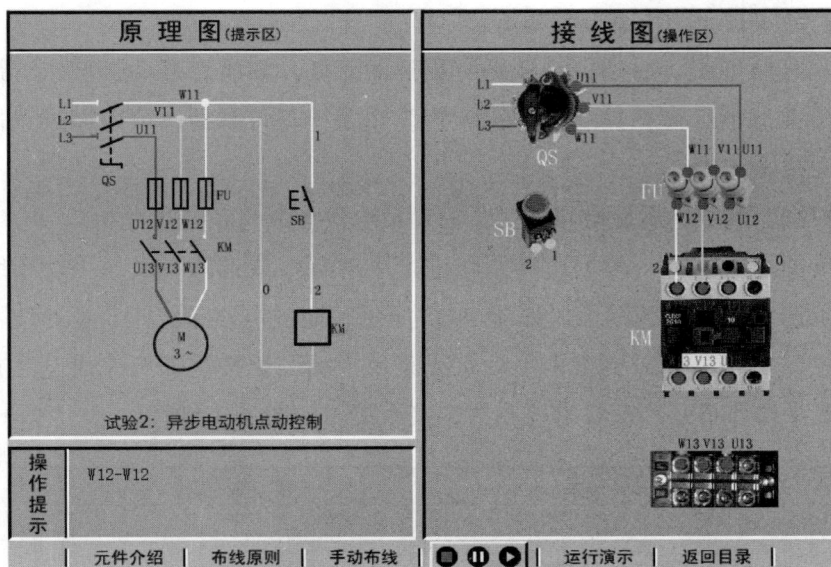

图 7-14　异步电动机点动控制自动布线过程

（4）完成布线，进入运行演示阶段，该阶段可以通过移动鼠标点击原理图或接线图中的空气开关 QS 接通电源，如图 7-15 所示，移动鼠标，点击按钮 SB，电机转动，如图 7-16 所示，松开按钮 SB，电机停止运转，即实现电动机异步电动机点动控制。

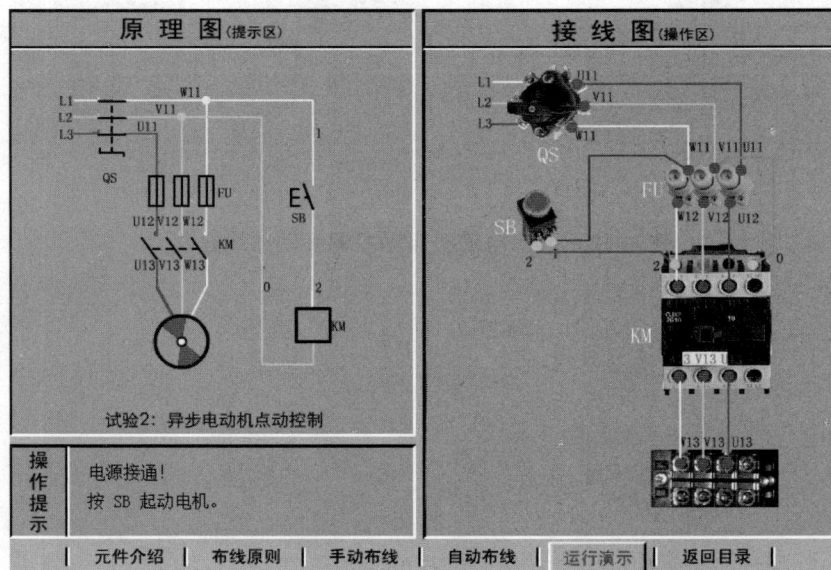

图 7-15　异步电动机点动控制的运行演示一

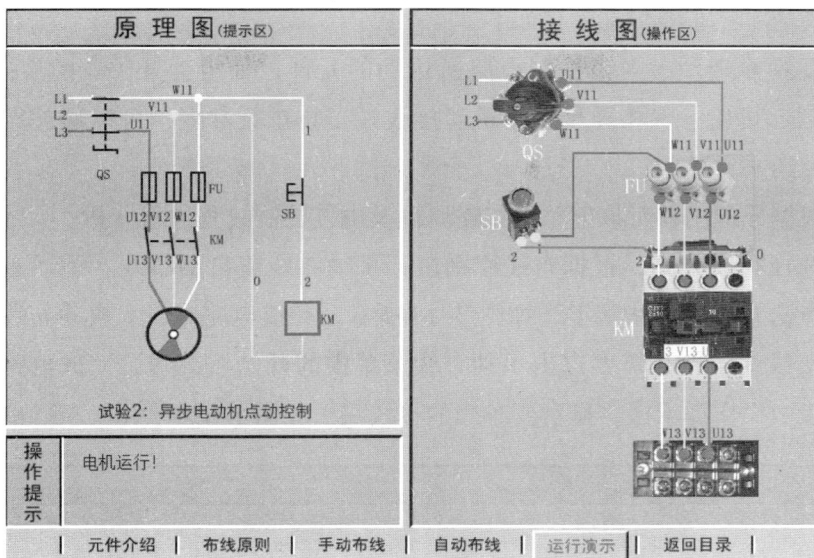

图 7-16　异步电动机点动控制的运行演示二

（5）运行演示完成后，点击返回目录，即可进入图 7-7 项目选择界面。

7.2.3　异步电动机自锁控制

点击图 7-7 项目选择界面中的异步电动机自锁控制，进入到该实验界面如图 7-17 所示。

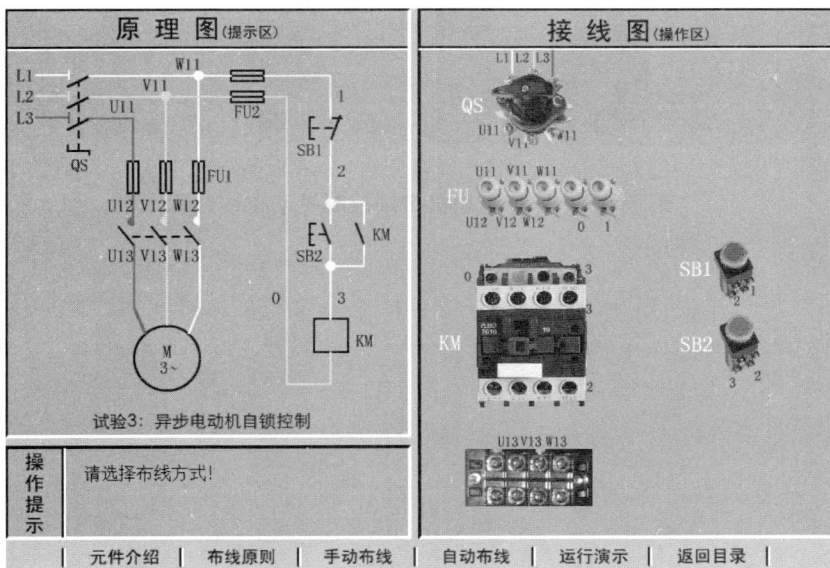

图 7-17　异步电动机自锁控制页面

该实验的实物布线仿真过程如下。

（1）观察原理图，对该控制电路所用到的元件，如组合开关、螺旋式熔断器、交流接触器、按钮、三相异步电动机、接线端子排进行掌握，可以通过点击页面下方的元件介绍来完成。

（2）根据原理图，对该电路的工作原理及电气控制过程进行分析。

（3）选择布线方式，根据布线原则进行手动布线或自动布线。手动布线需要用鼠标依次点击对应的接线端子，如图 7-18 所示，完成电路布线。自动布线不需要用鼠标点击接线端子，只需要点击手动布线菜单中的开始按键即可完成电路布线，自动布线过程中操作提示区会显示要布线的接线端子如图 7-19 所示。

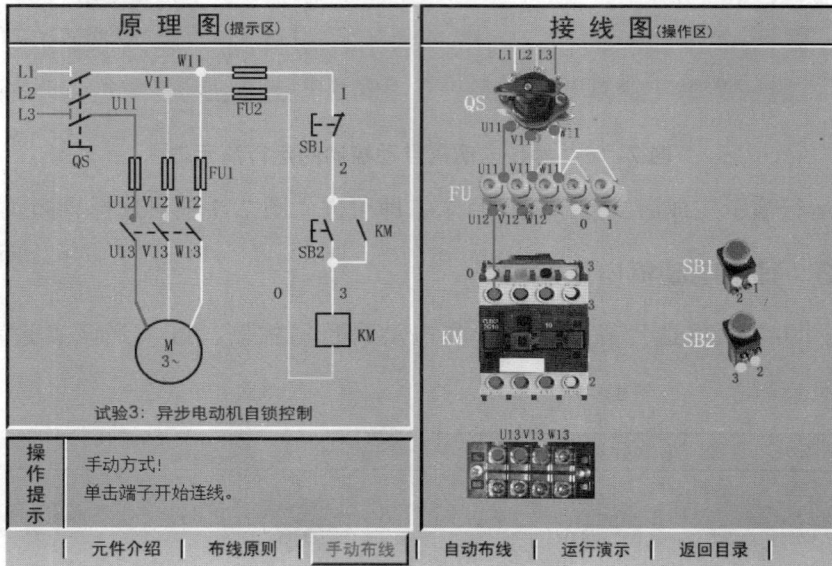

图 7-18　异步电动机自锁控制手动布线过程

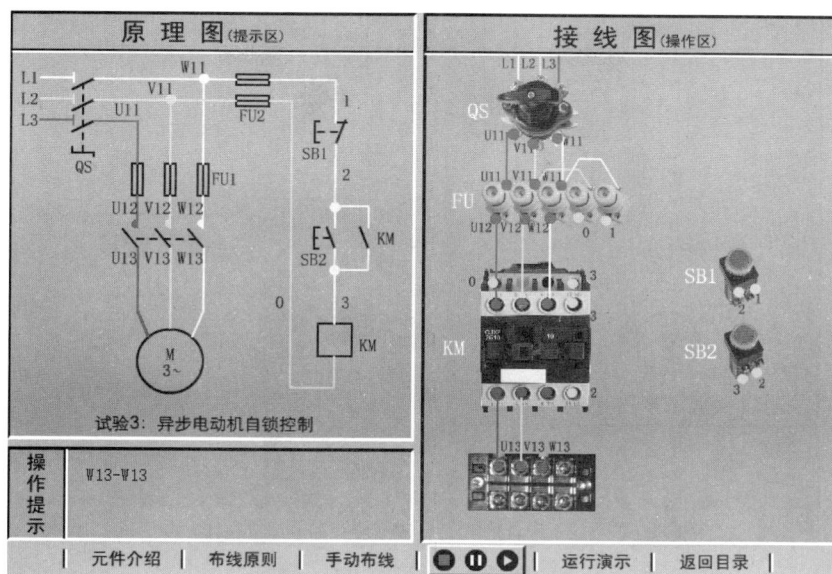

图 7-19　异步电动机自锁控制自动布线过程

（4）完成布线，进入运行演示阶段，该阶段可以通过移动鼠标点击原理图或接线图中的空气开关 QS 接通电源，如图 7-20 所示，移动鼠标，点击按钮 SB2，电机转动，如图 7-21 所示。点击按钮 SB1，电机停止运转，即实现异步电动机自锁控制。

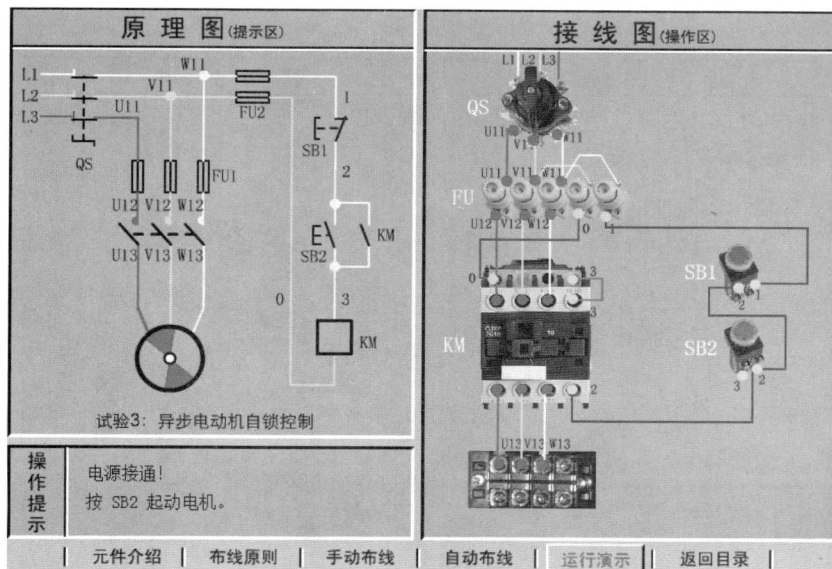

图 7-20　异步电动机自锁控制的运行演示一

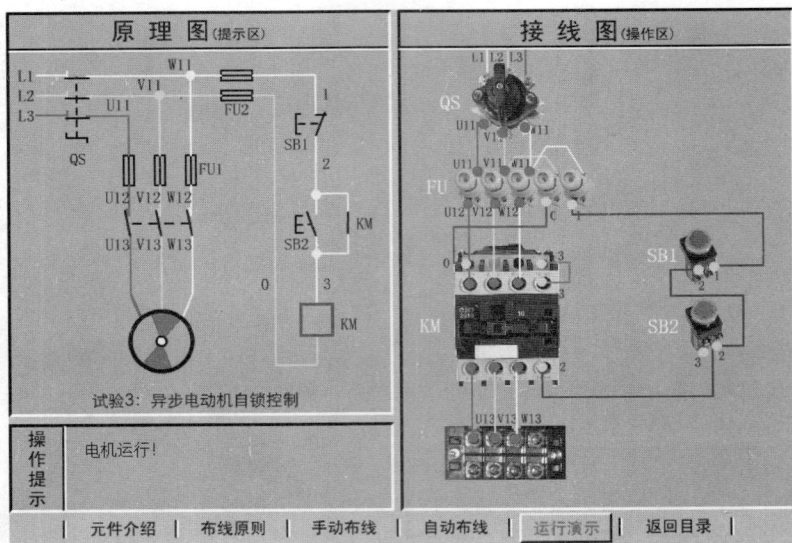

图 7-21　异步电动机自锁控制的运行演示二

（5）运行演示完成后，点击返回目录，即可进入图 7-7 项目选择界面。

7.2.4　具有过载保护自锁控制

点击图 7-7 项目选择界面中的具有过载保护自锁控制，进入到该实验界面如图 7-22 所示。

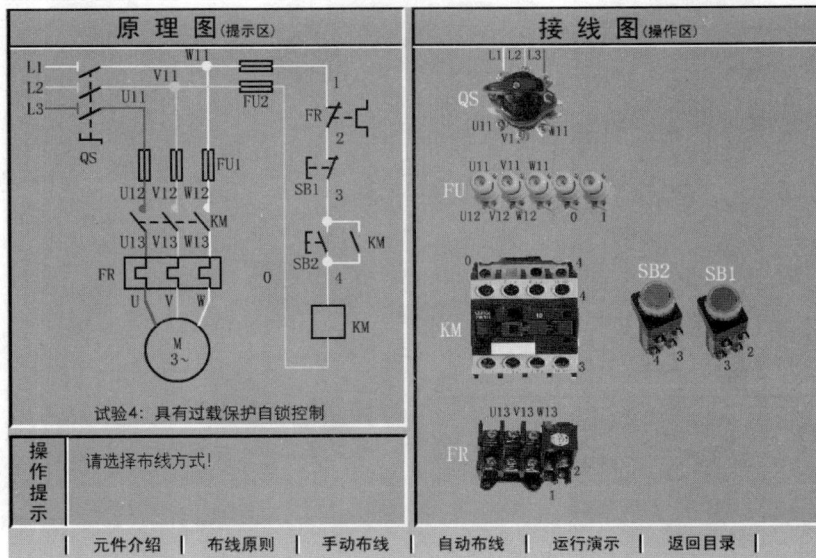

图 7-22　具有过载保护自锁控制页面

该实验的实物布线仿真过程如下。

（1）观察原理图，对该控制电路所用到的元件，如组合开关、螺旋式熔断器、交流接触器、三相异步电动机、按钮、热继电器进行掌握，可以通过点击页面下方的元件介绍来完成。

（2）根据原理图，对该电路的工作原理及电气控制过程进行分析。

（3）选择布线方式，根据布线原则进行手动布线或自动布线。手动布线需要用鼠标依次点击对应的接线端子，如图 7-23 所示，完成电路布线。自动布线不需要用鼠标点击接线端子，只需要点击手动布线菜单中的开始按键即可完成电路布线，自动布线过程中操作提示区会显示要布线的接线端子如图 7-24 所示。

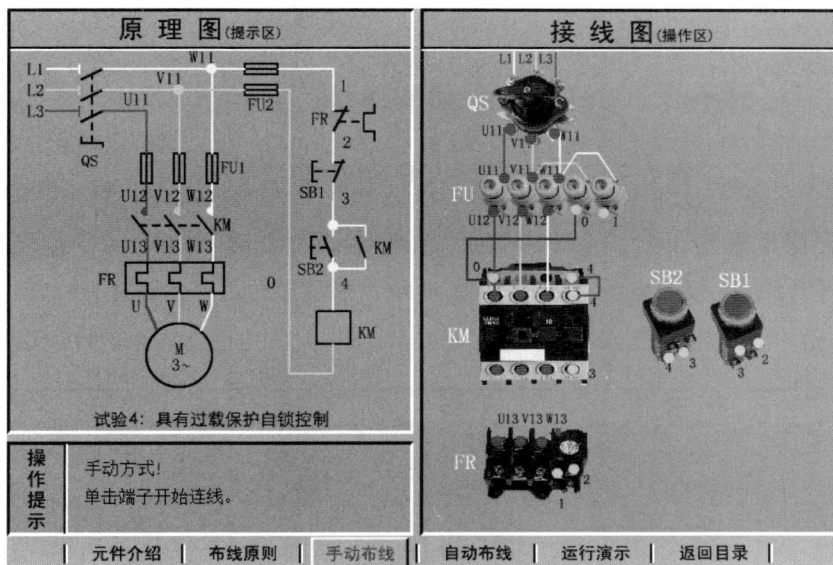

图 7-23　具有过载保护自锁控制手动布线过程

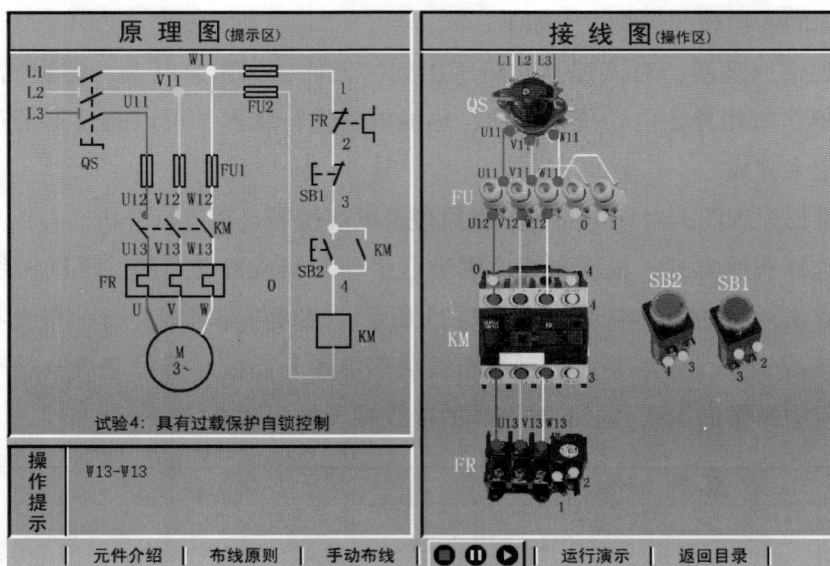

图 7-24　具有过载保护自锁控制自动布线过程

（4）完成布线，进入运行演示阶段，该阶段可以通过移动鼠标点击原理图或接线图中的空气开关 QS 接通电源，如图 7-25 所示，移动鼠标，点击按钮 SB2，电机转动，如图 7-26 所示。点击按钮 SB1，电机停止运转，即实现具有过载保护自锁控制。

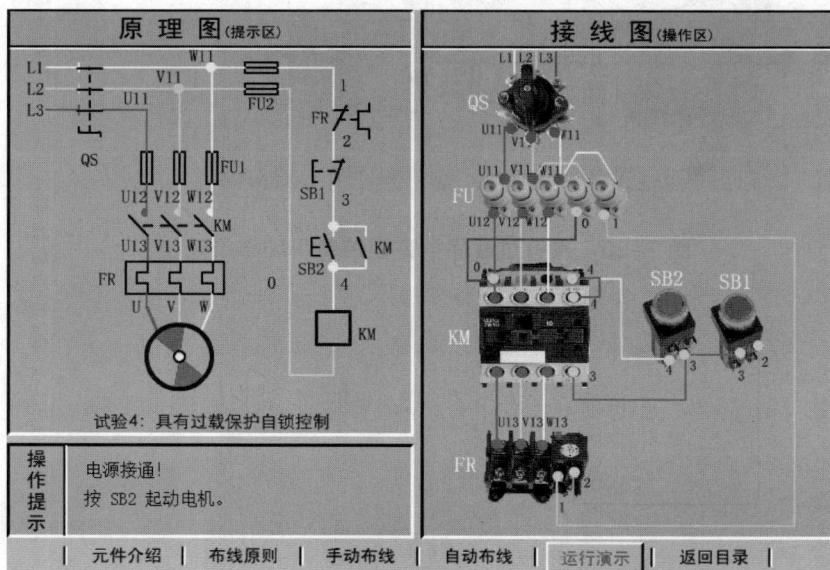

图 7-25　具有过载保护自锁控制的运行演示一

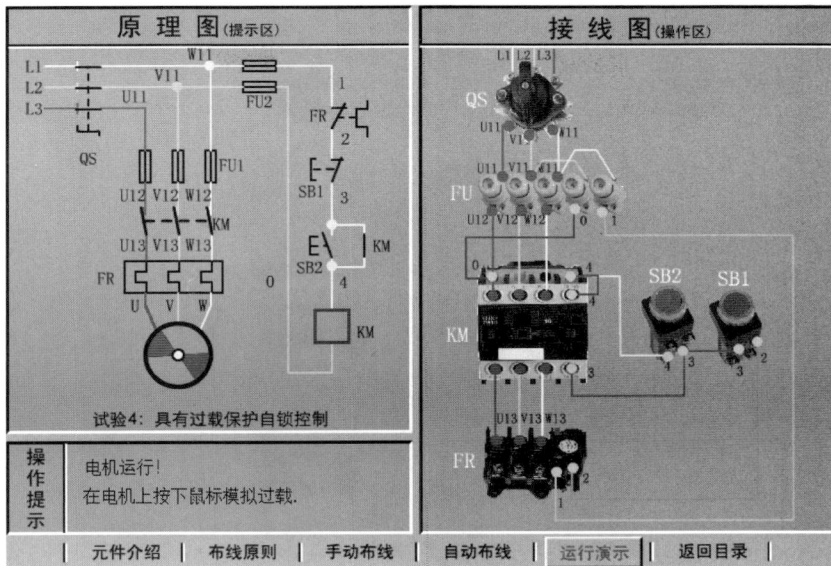

图 7-26　具有过载保护自锁控制的运行演示二

（5）运行演示完成后，点击返回目录，即可进入图 7-7 项目选择界面。

7.2.5　异步电动机单向点动启动控制

点击图 7-7 项目选择界面中的异步电动机单向点动启动控制，进入到该实验界面，如图 7-27 所示。

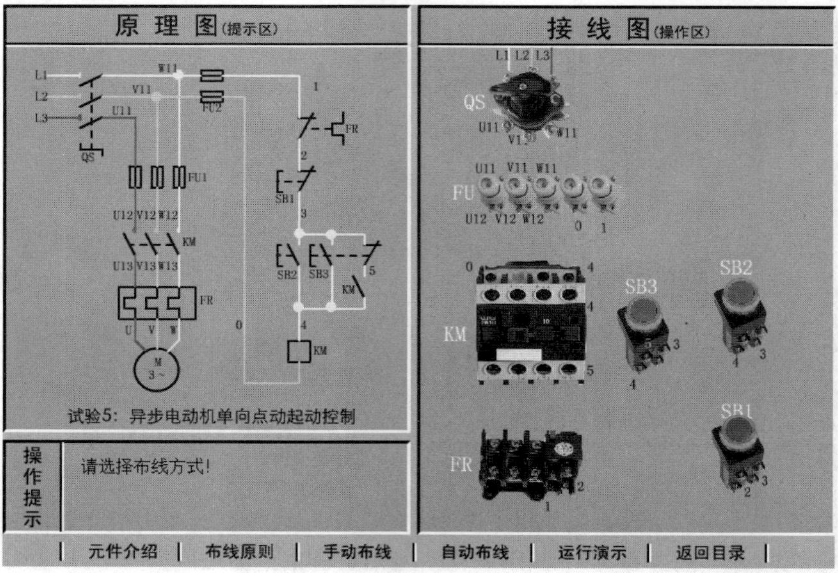

图 7-27　异步电动机单向点动启动控制

该实验的实物布线仿真过程如下。

（1）观察原理图，对该控制电路所用到的元件，如组合开关、螺旋式熔断器、交流接触器、热继电器、按钮、三相异步电动机进行掌握，可以通过点击页面下方的元件介绍来完成。

（2）根据原理图，对该电路的工作原理及电气控制过程进行分析。

（3）选择布线方式，根据布线原则进行手动布线或自动布线。手动布线需要用鼠标依次点击对应的接线端子，如图 7-28 所示。完成电路布线。自动布线不需要用鼠标点击接线端子，只需要点击手动布线菜单中的开始按键即可完成电路布线，自动布线过程中操作提示区会显示要布线的接线端子如图 7-29 所示。

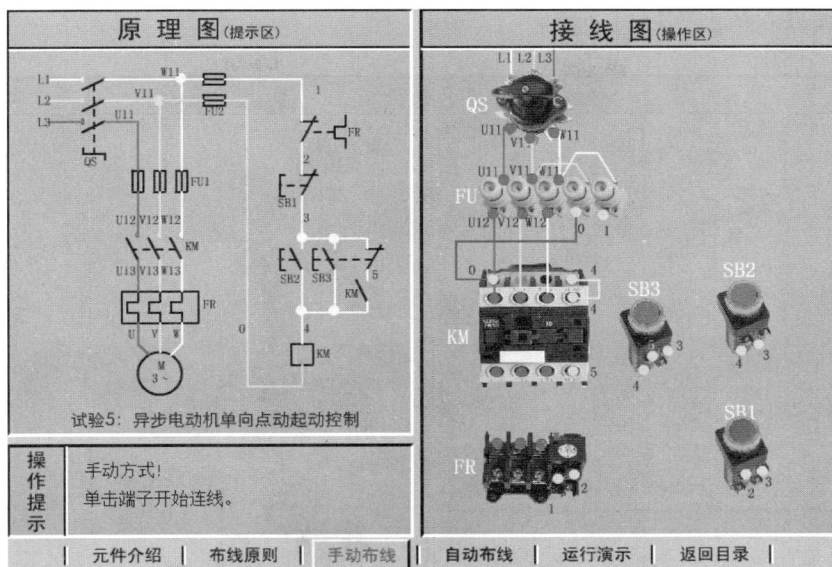

图 7-28　异步电动机单向点动启动控制手动布线过程

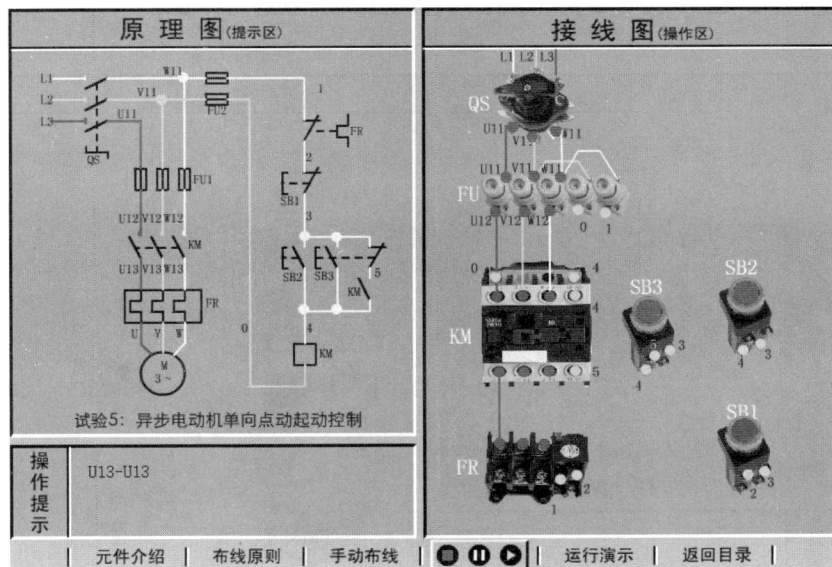

图 7-29　异步电动机单向点动起启控制自动布线过程

（4）完成布线，进入运行演示阶段，该阶段可以通过移动鼠标点击原理图或接线图中的空气开关 QS 接通电源，如图 7-30 所示，移动鼠标，点击按钮 SB2，电机转动，如图 7-31 所示。点击按钮 SB3，电机点动运转，点击按钮 SB1，电机停止运转，即实现具有单向点动启动控制。

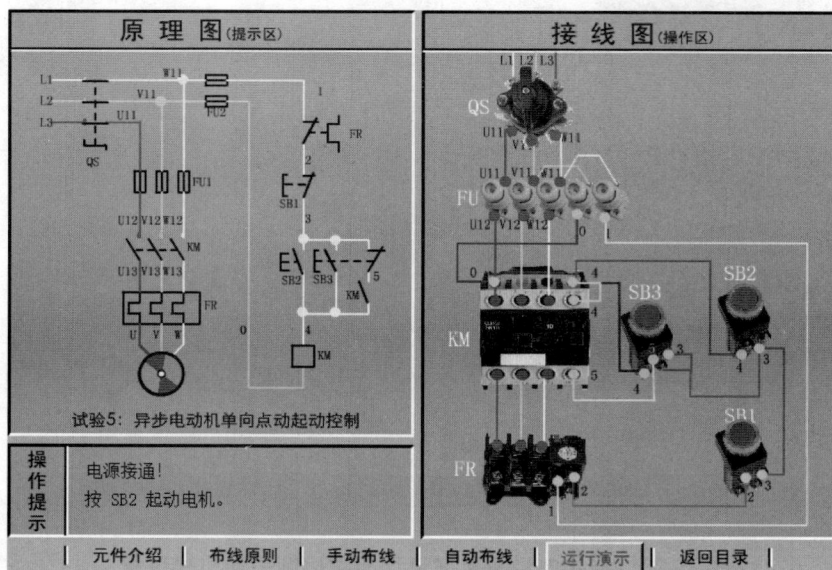

图 7-30　异步电动机单向点动启动控制的运行演示一

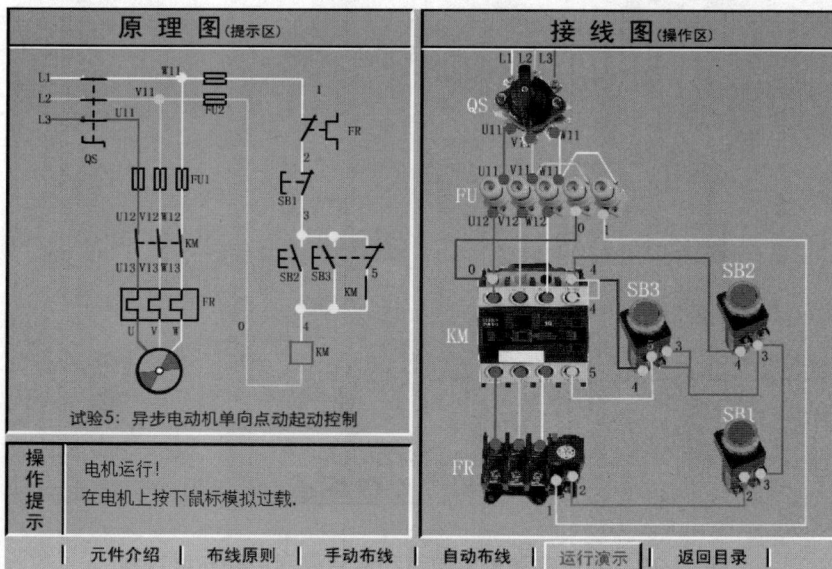

图 7-31　异步电动机单向点动启动控制的运行演示二

（5）运行演示完成后，点击返回目录，即可进入图 7-7 项目选择界面。

7.2.6　异步电动机两地控制

点击图 7-7 项目选择界面中的异步电动机两地控制，进入到该实验界面如图 7-32 所示。

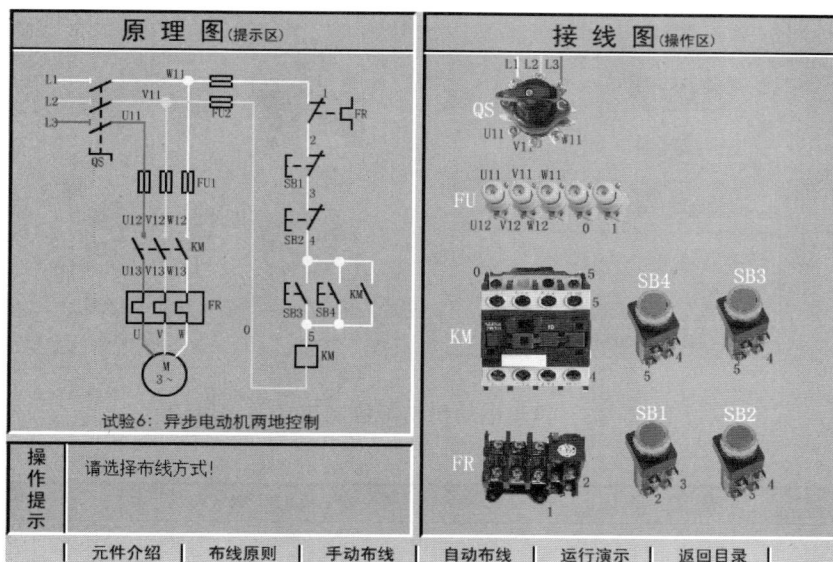

图 7-32　异步电动机两地控制

该实验的实物布线仿真过程如下。

（1）观察原理图，对该控制电路所用到的元件，如组合开关、螺旋式熔断器、交流接触器、热继电器、按钮、三相异步电动机进行掌握，可以通过点击页面下方的元件介绍来完成。

（2）根据原理图，对该电路的工作原理及电气控制过程进行分析。

（3）选择布线方式，根据布线原则进行手动布线或自动布线。手动布线需要用鼠标依次点击对应的接线端子，如图 7-33 所示，完成电路布线。自动布线不需要用鼠标点击接线端子，只需要点击手动布线菜单中的开始按键即可完成电路布线，自动布线过程中操作提示区会显示要布线的接线端子如图 7-34 所示。

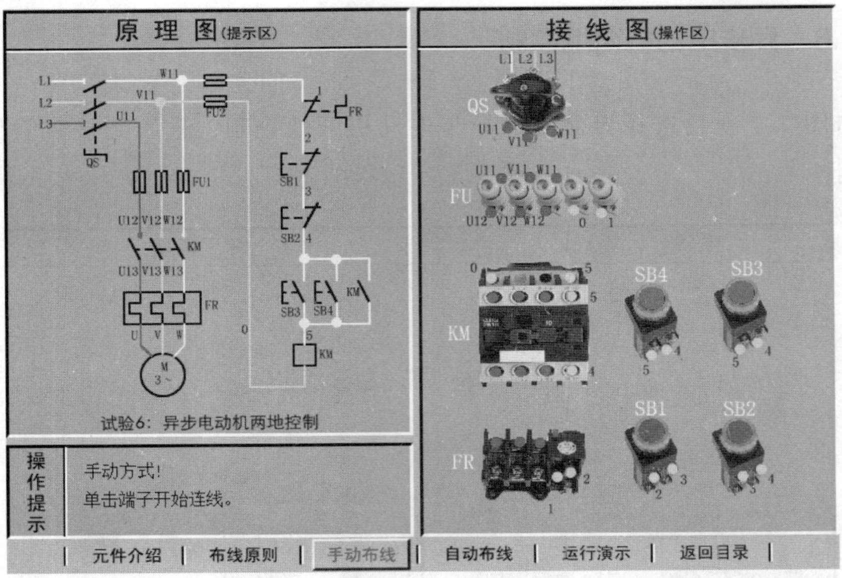

图 7-33　异步电动机两地控制手动布线过程

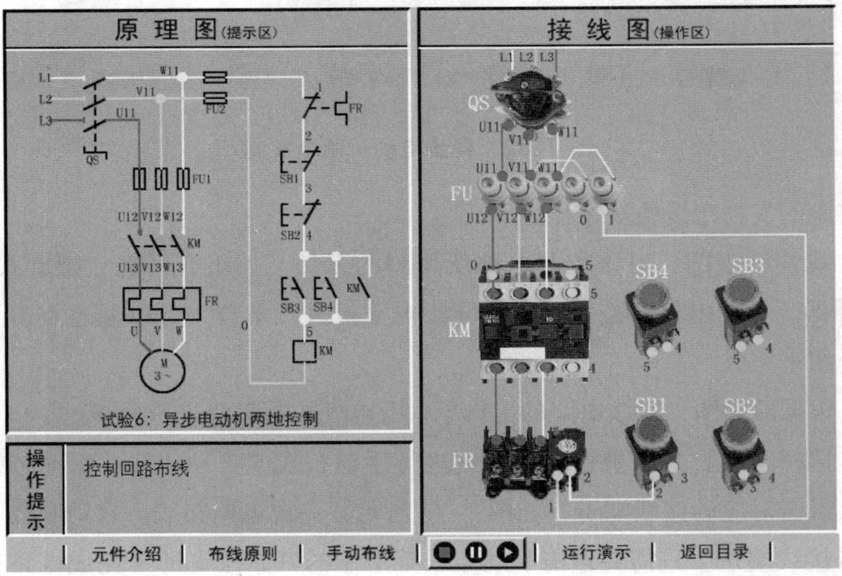

图 7-34　异步电动机两地控制自动布线过程

（4）完成布线，进入运行演示阶段，该阶段可以通过移动鼠标点击原理图或接线图中的空气开关 QS 接通电源，如图 7-35 所示。移动鼠标，点击按钮 SB3，电机转动，如图 7-36 所示，点击按钮 SB2，电机停止运转。点击按钮 SB4，电机转动，如图 7-37 所示，点击按钮 SB1，电机停止运转，即实现异步电动机两地控制。

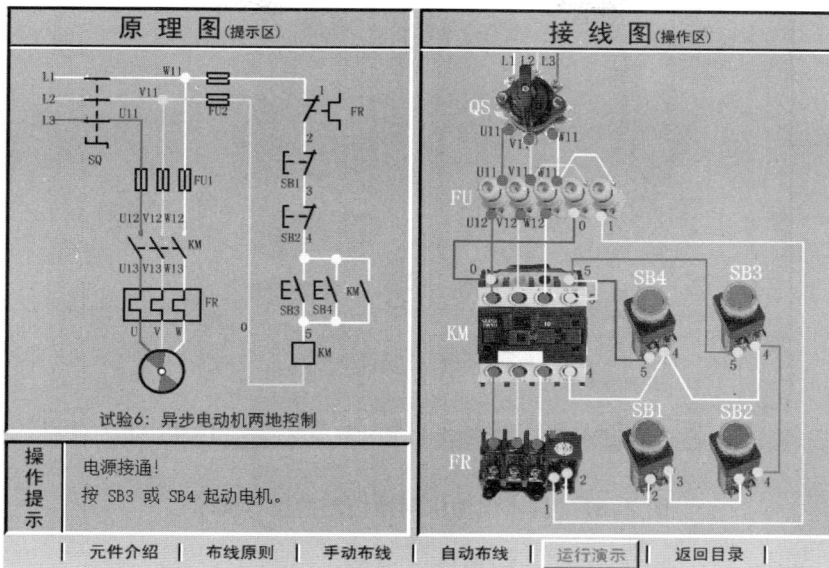

图 7-35　异步电动机两地控制的运行演示一

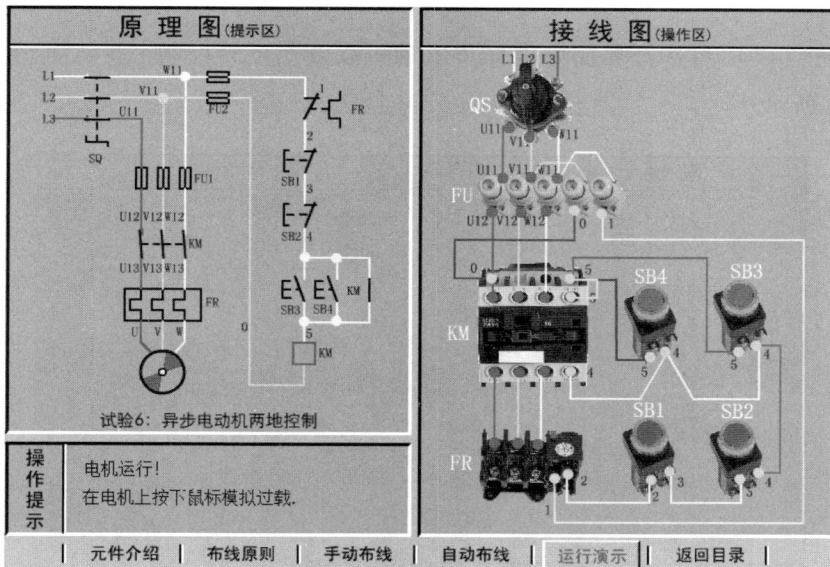

图 7-36　异步电动机两地控制的运行演示二

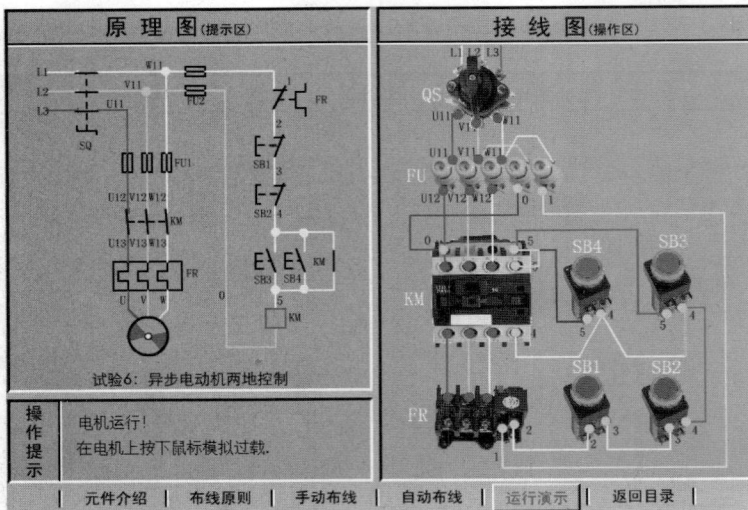

图 7-37 异步电动机两地控制的运行演示三

（5）运行演示完成后，点击返回目录，即可进入图 7-7 项目选择界面。

7.2.7 异步电动机联锁正反转控制

点击图 7-7 项目选择界面中的异步电动机联锁正反转控制，进入到该实验界面如图 7-38 所示。

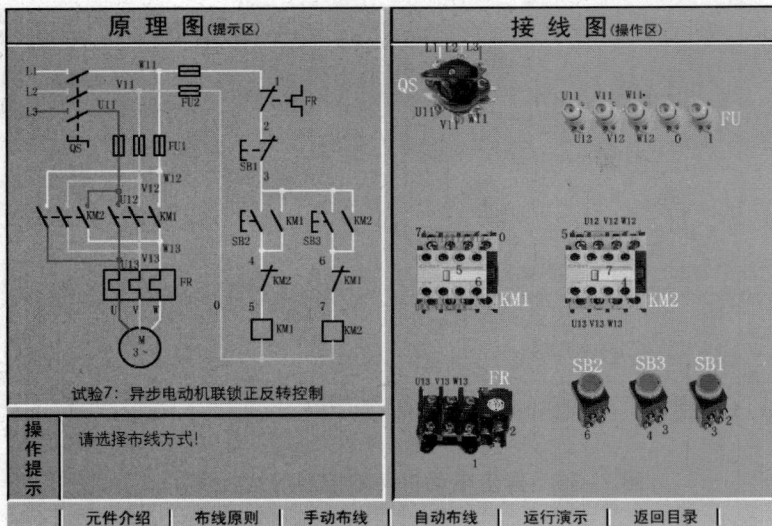

图 7-38 异步电动机联锁正反转控制

该实验的实物布线仿真过程如下。

（1）观察原理图，对该控制电路所用到的元件，如组合开关、螺旋式熔断器、交流接触器、热继电器、按钮、三相异步电动机进行掌握，可以通过点击页面下方的元件介绍来完成。

（2）根据原理图，对该电路的工作原理及电气控制过程进行分析。

（3）选择布线方式，根据布线原则进行手动布线或自动布线。手动布线需要用鼠标依次点击对应的接线端子，如图 7-39 所示，完成电路布线。自动布线不需要用鼠标点击接线端子，只需要点击手动布线菜单中的开始按键即可完成电路布线，自动布线过程中操作提示区会显示要布线的接线端子如图 7-40 所示。

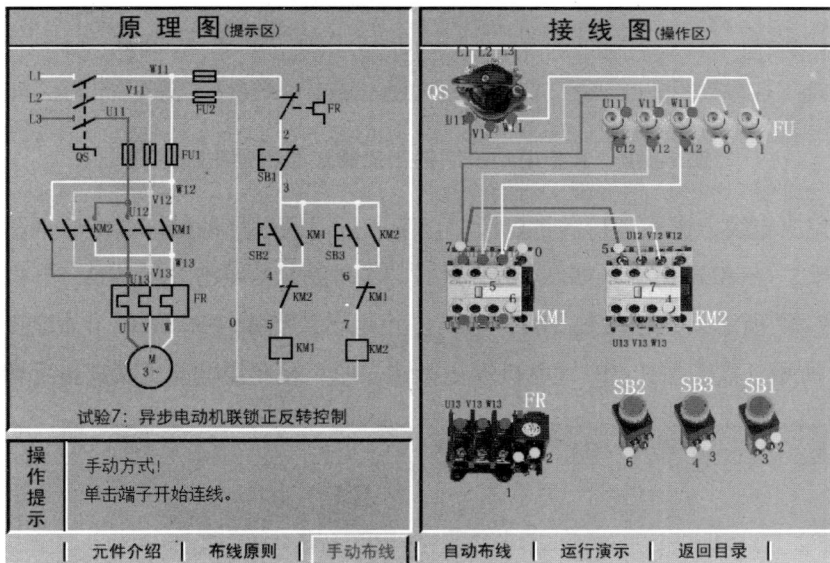

图 7-39　异步电动机联锁正反转控制手动布线过程

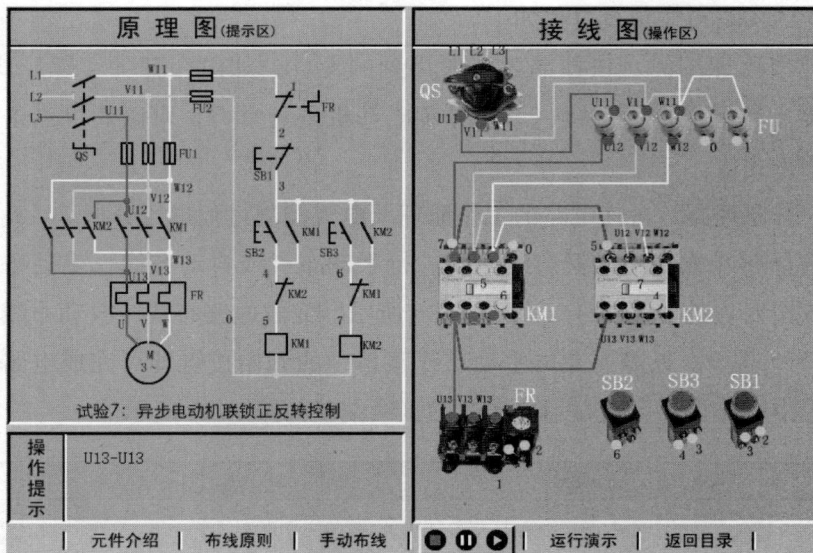

图 7-40 异步电动机联锁正反转控制自动布线过程

（4）完成布线，进入运行演示阶段，该阶段可以通过移动鼠标点击原理图或接线图中的空气开关 QS 接通电源，如图 7-41 所示。移动鼠标，点击按钮 SB2，电机顺时针转动，如图 7-42 所示，点击按钮 SB1，电机停止运转。点击按钮 SB3，电机逆时针转动，如图 7-43 所示，点击按钮 SB1，电机停止运转，即实现异步电动机联锁正反转控制。

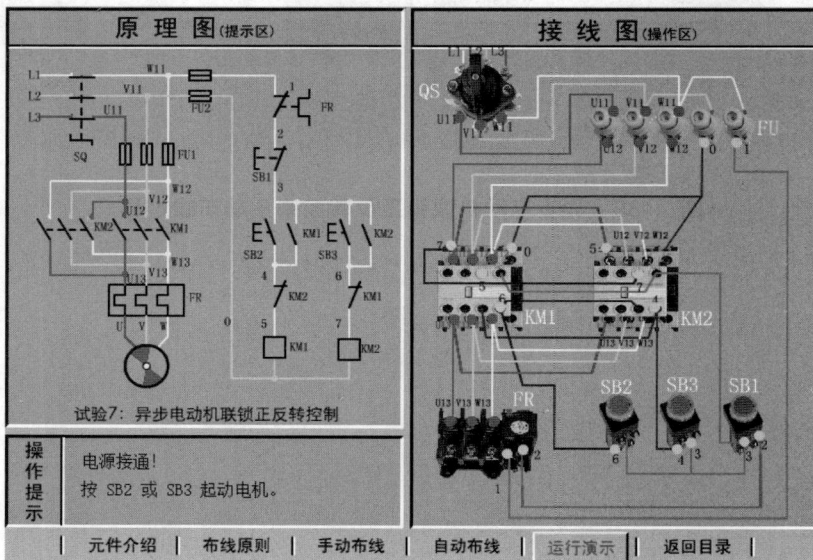

图 7-41 异步电动机联锁正反转控制的运行演示一

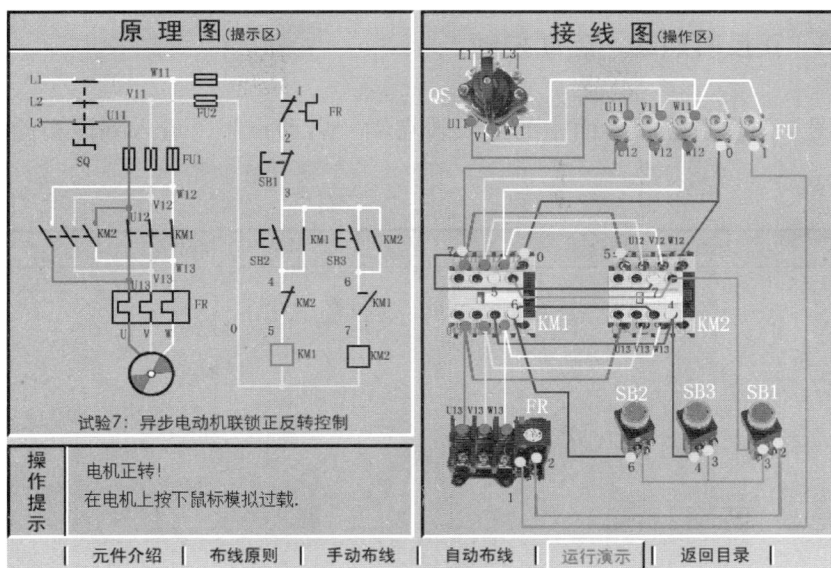

图 7-42　异步电动机联锁正反转控制的运行演示二

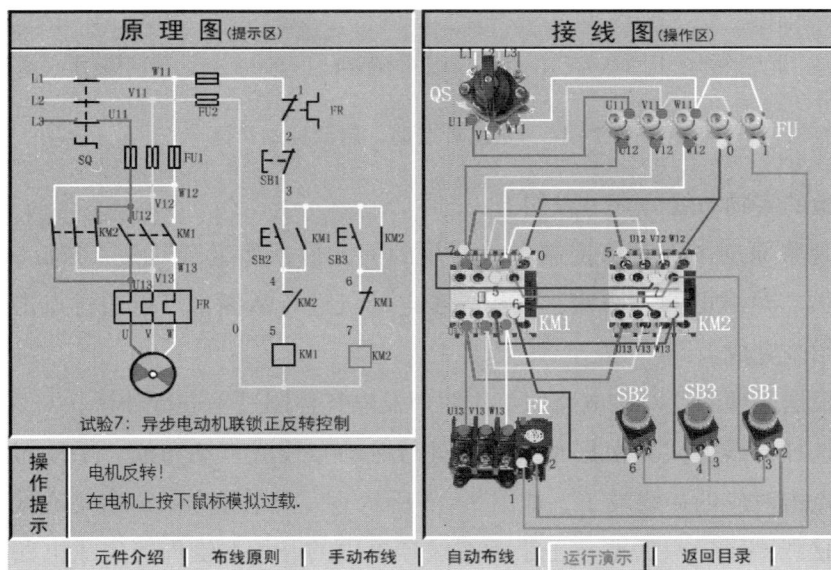

图 7-43　异步电动机联锁正反转控制的运行演示三

（5）运行演示完成后，点击返回目录，即可进入图 7-7 项目选择界面。

7.2.8 正反转点动、启动控制

点击图 7-7 项目选择界面中的正反转点动、启动控制，进入到该实验界面如图 7-44 所示。

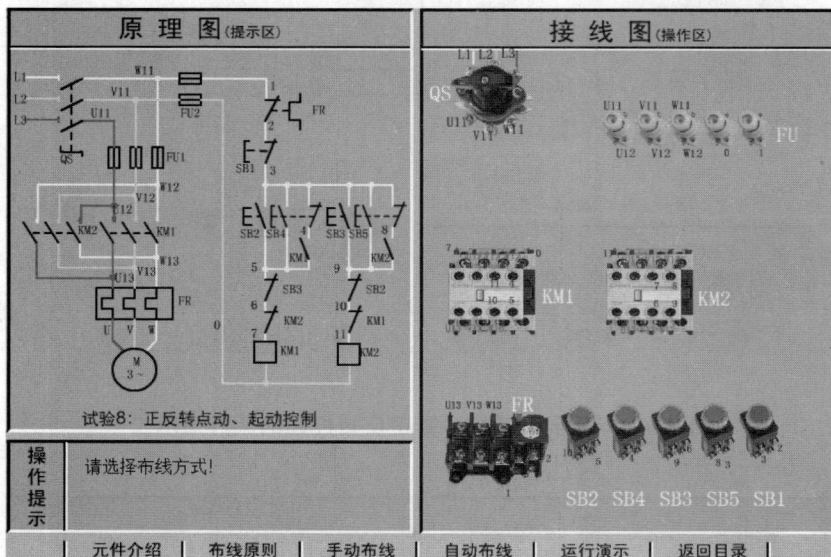

图 7-44 正反转点动、启动控制页面

该实验的实物布线仿真过程如下。

（1）观察原理图，对该控制电路所用到的元件，如组合开关、螺旋式熔断器、交流接触器、热继电器、按钮、三相异步电动机进行掌握，可以通过点击页面下方的元件介绍来完成。

（2）根据原理图，对该电路的工作原理及电气控制过程进行分析。

（3）选择布线方式，根据布线原则进行手动布线或自动布线。手动布线需要用鼠标依次点击对应的接线端子，如图 7-45 所示，完成电路布线。自动布线不需要用鼠标点击接线端子，只需要点击手动布线菜单中的开始按键即可完成电路布线，自动布线过程中操作提示区会显示要布线的接线端子如图 7-46 所示。

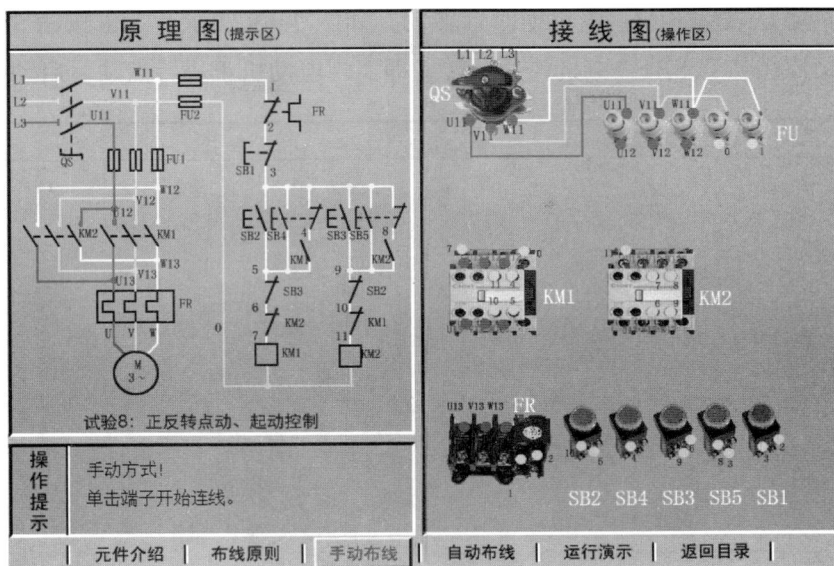

图 7-45　正反转点动、启动控制手动布线过程

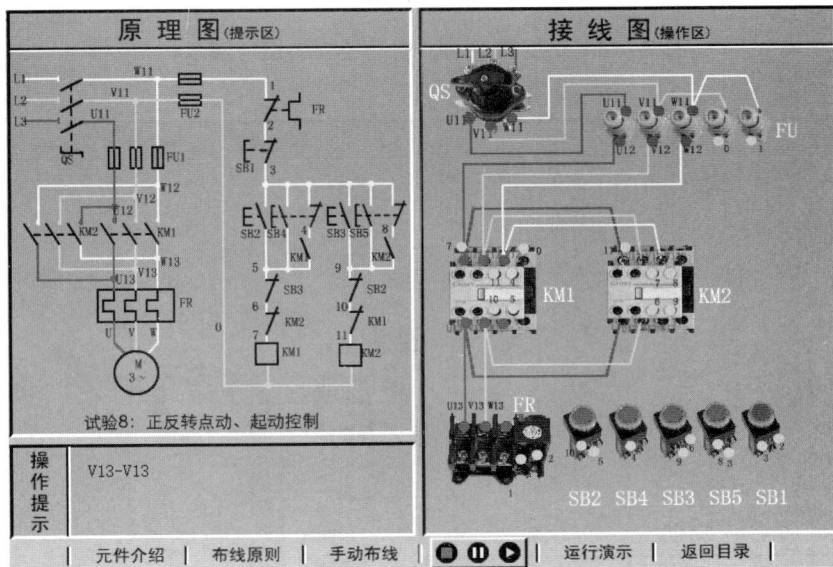

图 7-46　正反转点动、启动控制自动布线过程

（4）完成布线，进入运行演示阶段，该阶段可以通过移动鼠标点击原理图或接线图中的空气开关 QS 电源接通，如图 7-47 所示，移动鼠标，点击按钮 SB2，电机顺时针转动，如图 7-48 所示，点击按钮 SB4，电机点动运转，点击按钮 SB1，电机

停止运转。点击按钮 SB3，电机逆时针转动，如图 7-49 所示，点击按钮 SB5，电机点动运转，点击按钮 SB1，电机停止运转，即实现电动机正反转点动、启动控制。

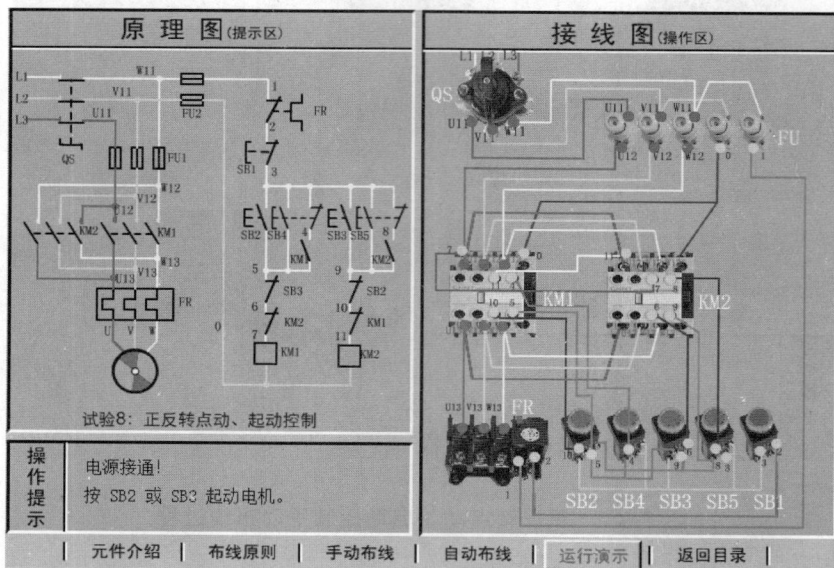

图 7-47　正反转点动、启动控制的运行演示一

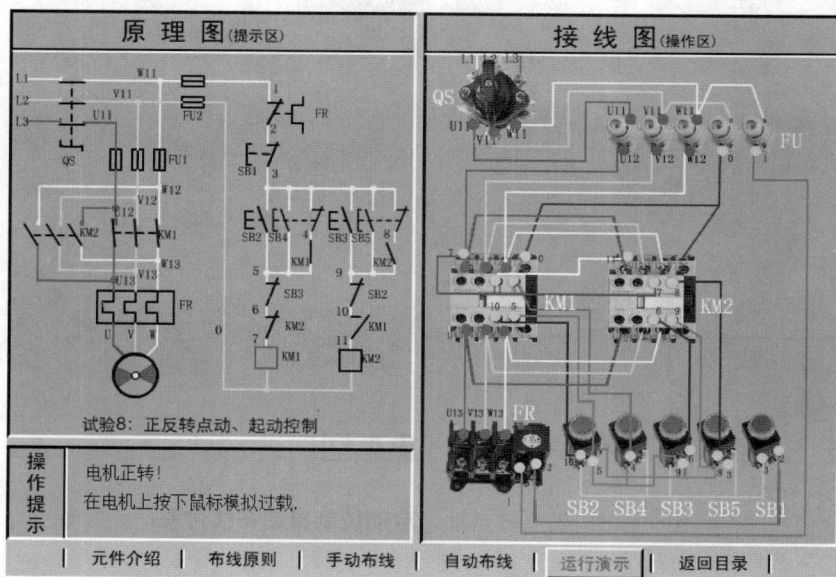

图 7-48　正反转点动、启动控制的运行演示二

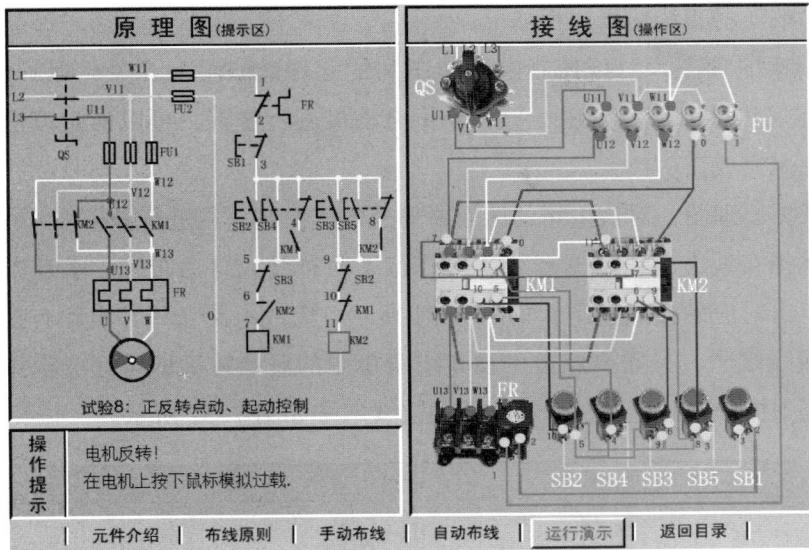

图 7-49　正反转点动、启动控制的运行演示三

（5）运行演示完成后，点击返回目录，即可进入图 7-7 项目选择界面。

7.2.9　双重联锁正反转控制

点击图 7-7 项目选择界面中的双重联锁正反转控制，进入到该实验界面如图 7-50 所示。

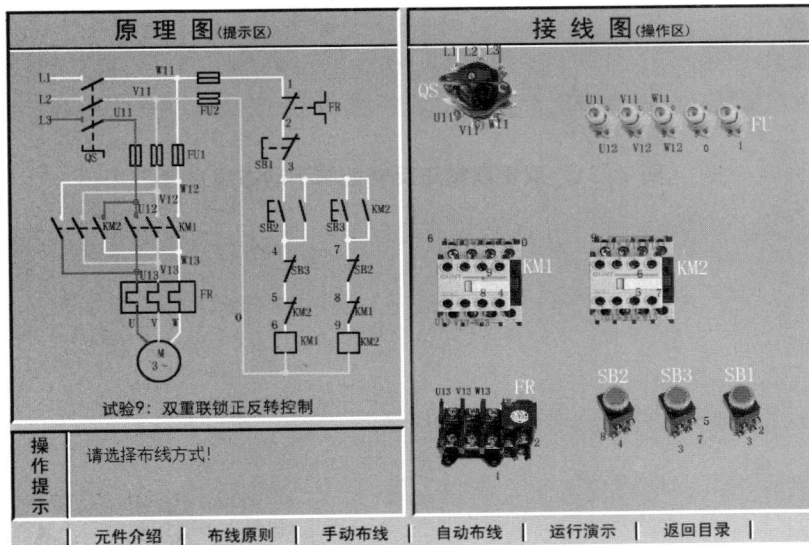

图 7-50　双重联锁正反转控制页面

该实验的实物布线仿真过程如下。

（1）观察原理图，对该控制电路所用到的元件，如组合开关、螺旋式熔断器、交流接触器、热继电器、按钮、三相异步电动机进行掌握，可以通过点击页面下方的元件介绍来完成。

（2）根据原理图，对该电路的工作原理及电气控制过程进行分析。

（3）选择布线方式，根据布线原则进行手动布线或自动布线。手动布线需要用鼠标依次点击对应的接线端子，如图 7-51 所示，完成电路布线。自动布线不需要用鼠标点击接线端子，只需要点击手动布线菜单中的开始按键即可完成电路布线，自动布线过程中操作提示区会显示要布线的接线端子如图 7-52 所示。

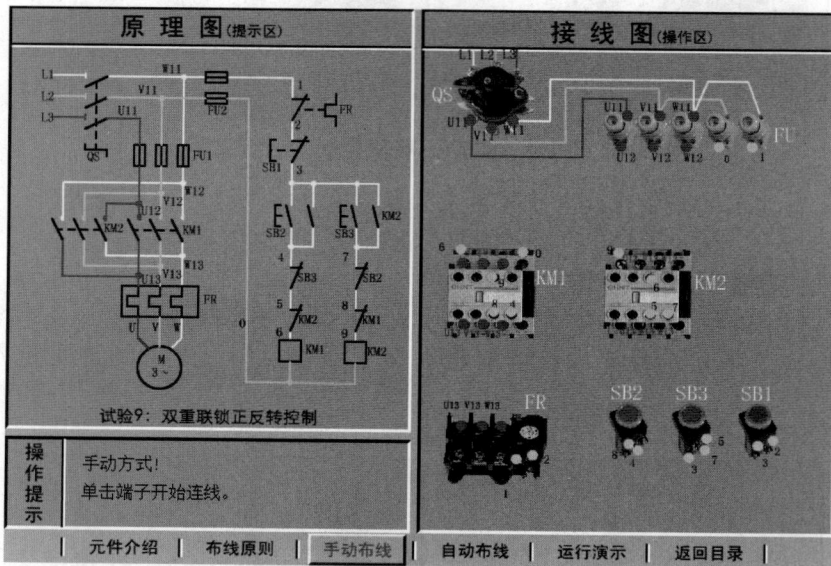

图 7-51 双重联锁正反转控制手动布线过程

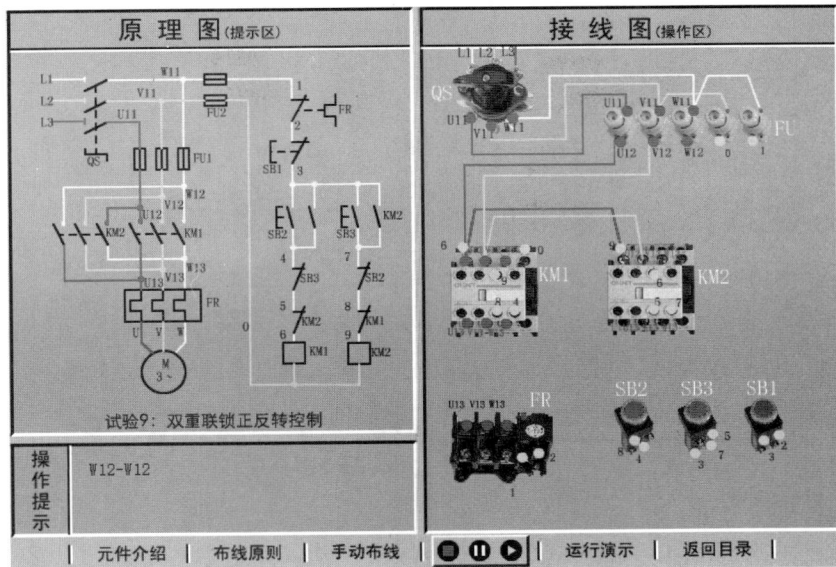

图 7-52　双重联锁正反转控制自动布线过程

（4）完成布线，进入运行演示阶段，该阶段可以通过移动鼠标点击原理图或接线图中的空气开关 QS 接通电源，如图 7-53 所示。移动鼠标，点击按钮 SB2，电机顺时针转动，如图 7-54 所示，点击按钮 SB1，电机停止运转。点击按钮 SB3，电机逆时针转动，如图 7-55 所示，点击按钮 SB1，电机停止运转，即实现双重联锁正反转控制。

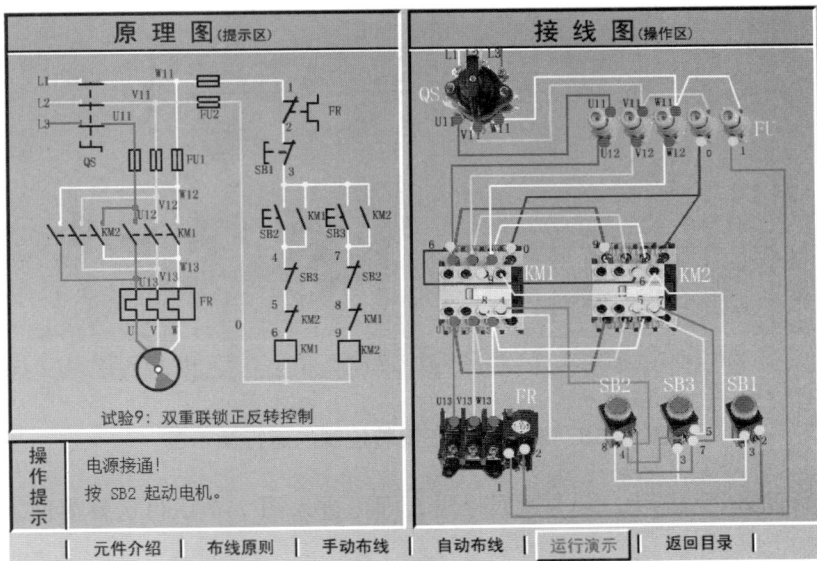

图 7-53　双重联锁正反转控制的运行演示一

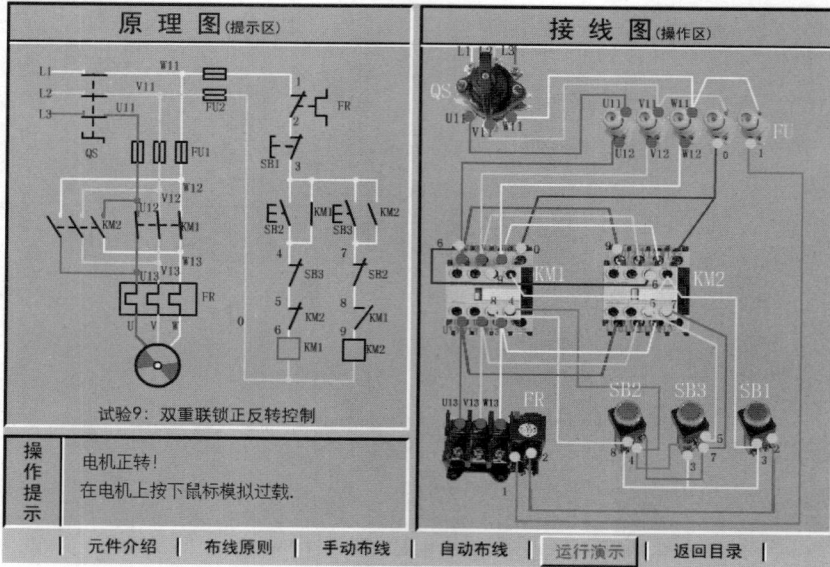

图 7-54　双重联锁正反转控制的运行演示二

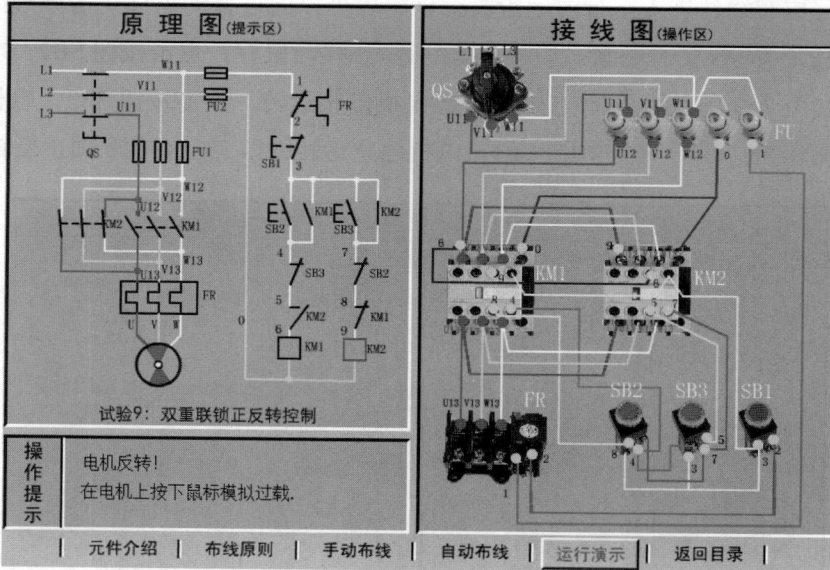

图 7-55　双重联锁正反转控制的运行演示三

（5）运行演示完成后，点击返回目录，即可进入图 7-7 项目选择界面。

7.2.10　自动往返控制

点击图 7-7 项目选择界面中的自动往返控制，进入到该实验界面如图 7-56 所示。

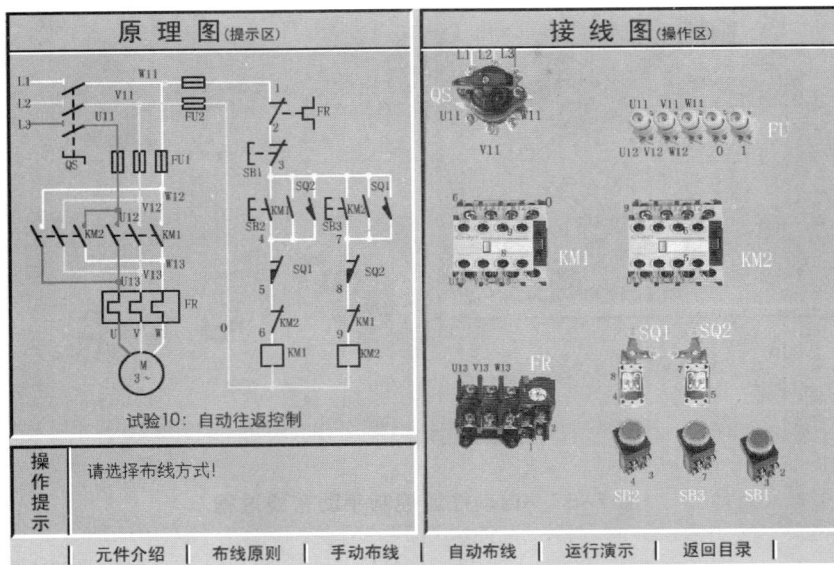

图 7-56　自动往返控制页面

该实验的实物布线仿真过程如下。

（1）观察原理图，对该控制电路所用到的元件，如组合开关、螺旋式熔断器、交流接触器、热继电器、行程开关、按钮三相异步电动机进行掌握，可以通过点击页面下方的元件介绍来完成。

（2）根据原理图，对该电路的工作原理及电气控制过程进行分析。

（3）选择布线方式，根据布线原则进行手动布线或自动布线。手动布线需要用鼠标依次点击对应的接线端子，如图 7-57 所示，完成电路布线。自动布线不需要用鼠标点击接线端子，只需要点击手动布线菜单中的开始按键即可完成电路布线，自动布线过程中操作提示区会显示要布线的接线端子如图 7-58 所示。

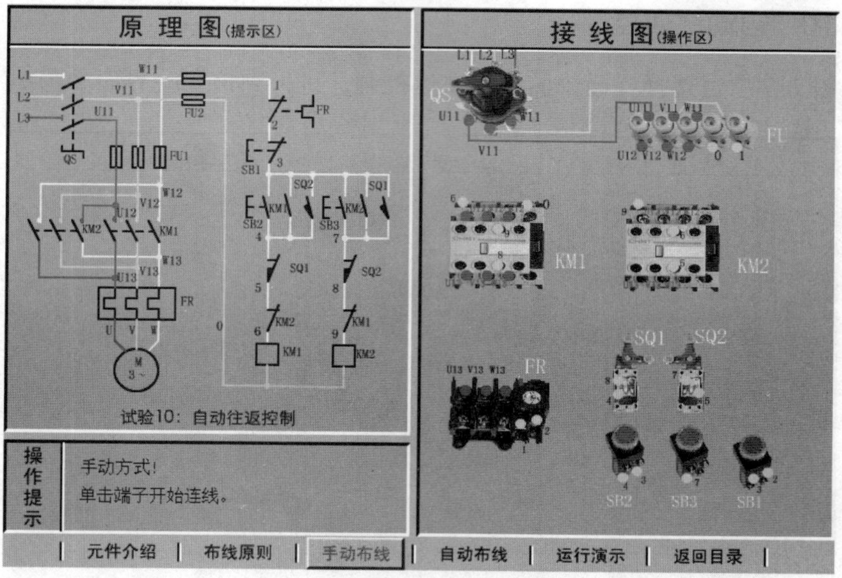

图 7-57　自动往返控制手动布线过程

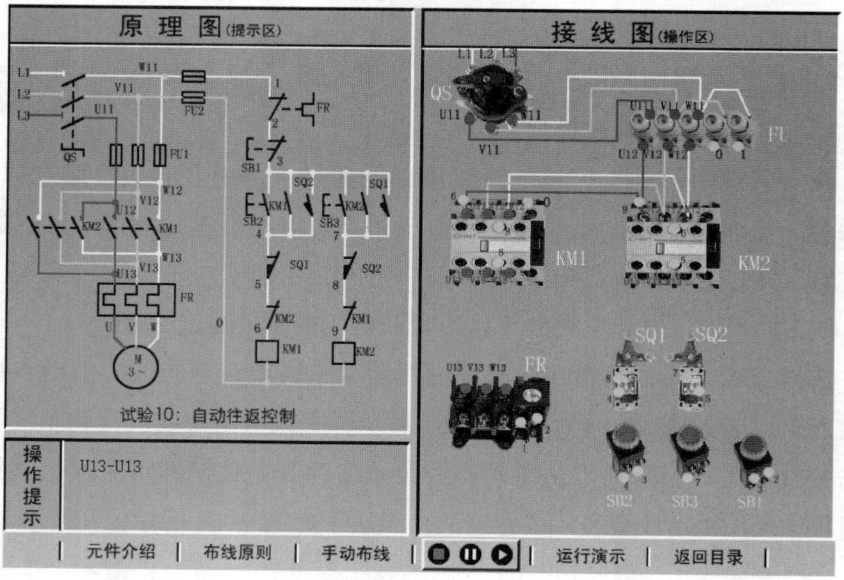

图 7-58　自动往返控制自动布线过程

（4）完成布线，进入运行演示阶段，该阶段可以通过移动鼠标点击原理图或接线图中的空气开关 QS 接通电源，如图 7-59 所示。移动鼠标，点击按钮 SB2，电机顺时针转动，工作平台右移，如图 7-60 所示，到达右侧位置后左移，循环往复，点击按钮 SB1，电机停止运转，工作平台停止移动。移动鼠标，点击按钮 SB3，电机逆时针转动，工作平台左移，如图 7-61 所示，到达左侧位置后右移，循环往复，点击按钮 SB1，电机停止运转，工作平台停止移动。即实现双重联锁正反转控制。

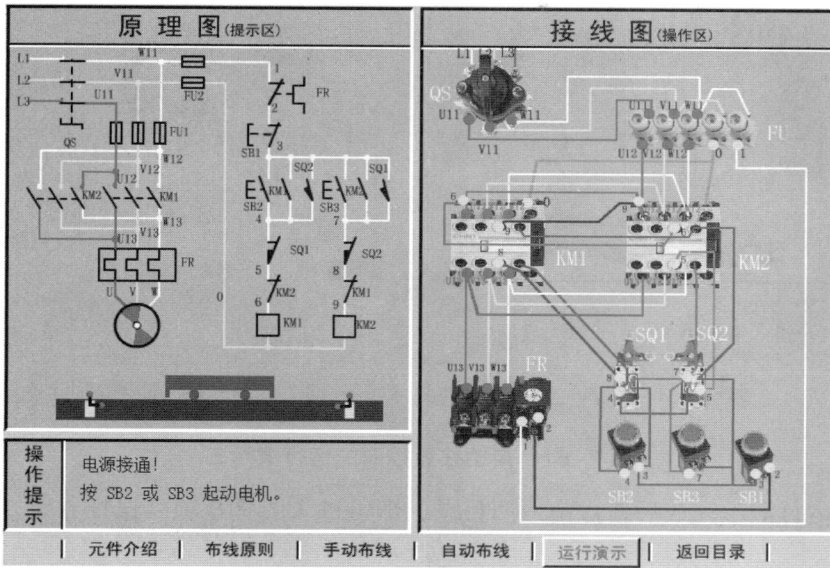

图 7-59　自动往返控制的运行演示一

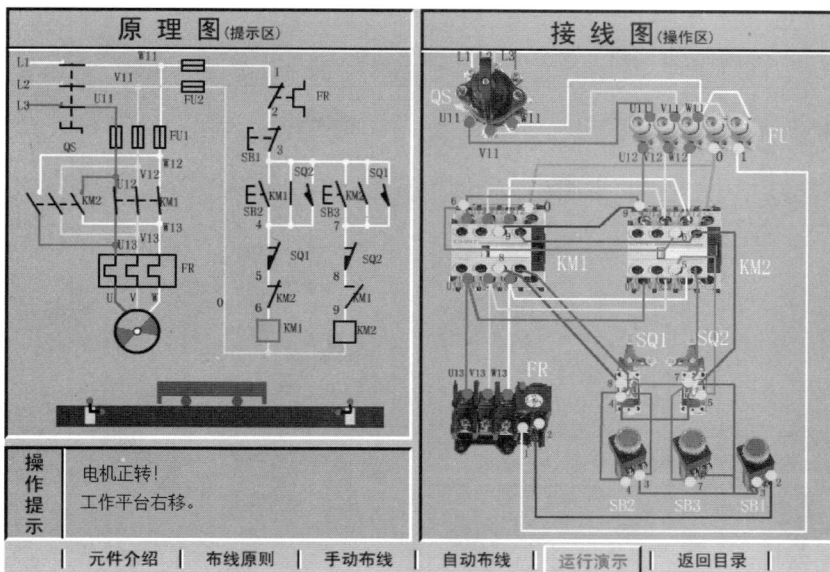

图 7-60　自动往返控制的运行演示二

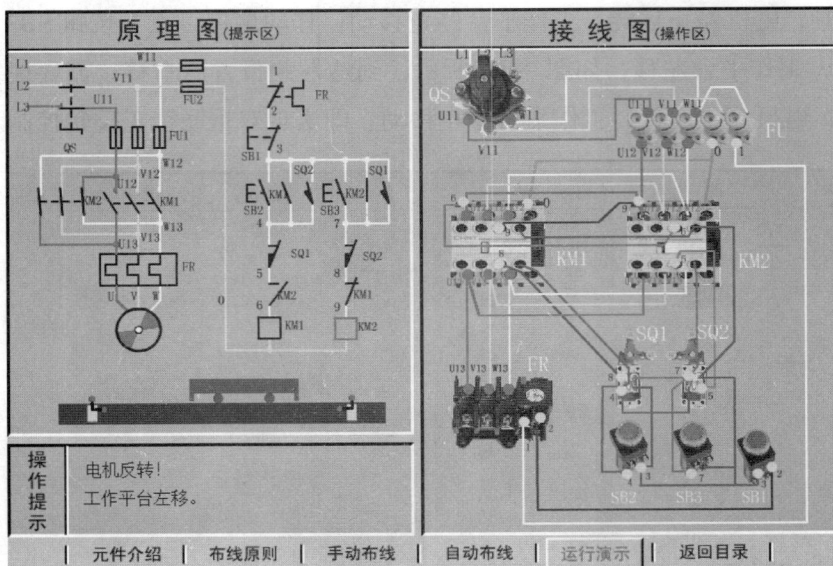

图 7-61　自动往返控制的运行演示三

（5）运行演示完成后，点击返回目录，即可进入图 7-7 项目选择界面。

7.2.11　电机延时启动控制

点击图 7-7 项目选择界面中的电机延时启动控制，进入到该实验界面如图 7-62 所示。

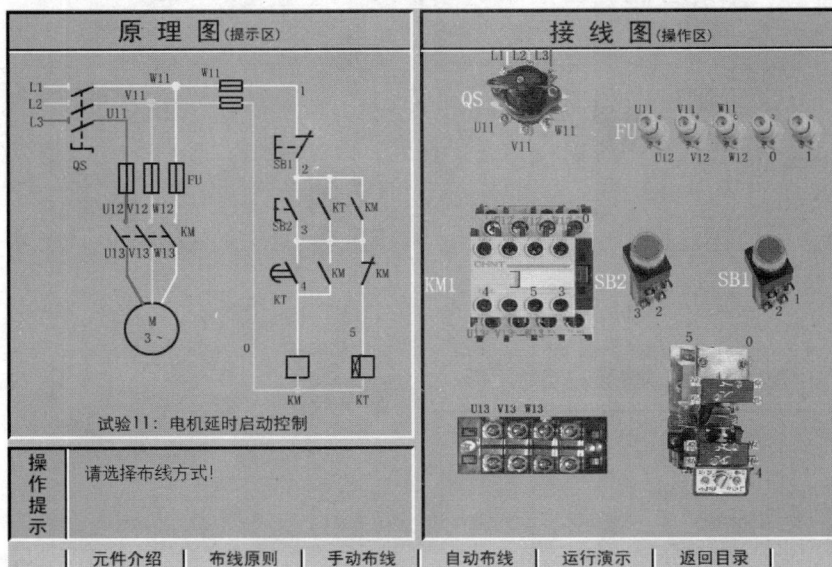

图 7-62　电机延时启动控制页面

该实验的实物布线仿真过程如下。

（1）观察原理图，对该控制电路所用到的元件，如组合开关、螺旋式熔断器、交流接触器、时间继电器、接线端子排、按钮、三相异步电动机进行掌握，可以通过点击页面下方的元件介绍来完成。

（2）根据原理图，对该电路的工作原理及电气控制过程进行分析。

（3）选择布线方式，根据布线原则进行手动布线或自动布线。手动布线需要用鼠标依次点击对应的接线端子，如图 7-63 所示，完成电路布线。自动布线不需要用鼠标点击接线端子，只需要点击手动布线菜单中的开始按键即可完成电路布线，自动布线过程中操作提示区会显示要布线的接线端子如图 7-64 所示。

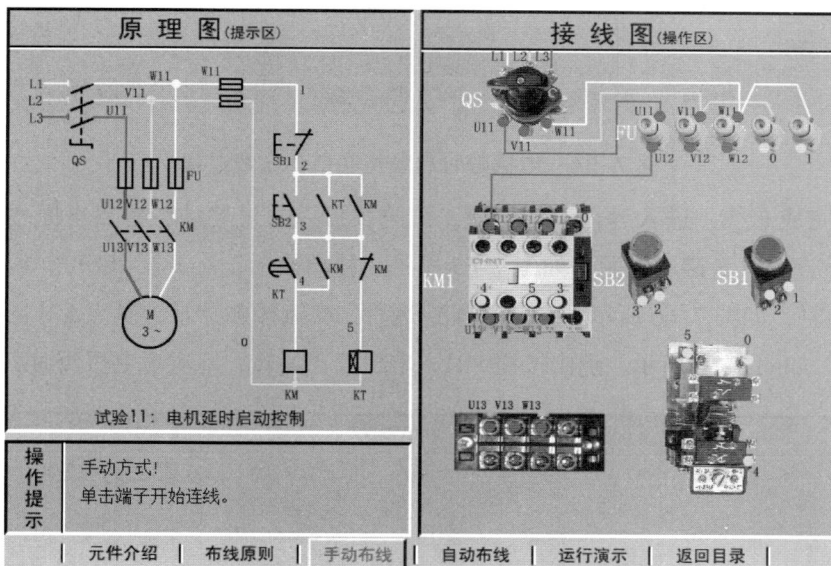

图 7-63　电机延时启动控制手动布线过程

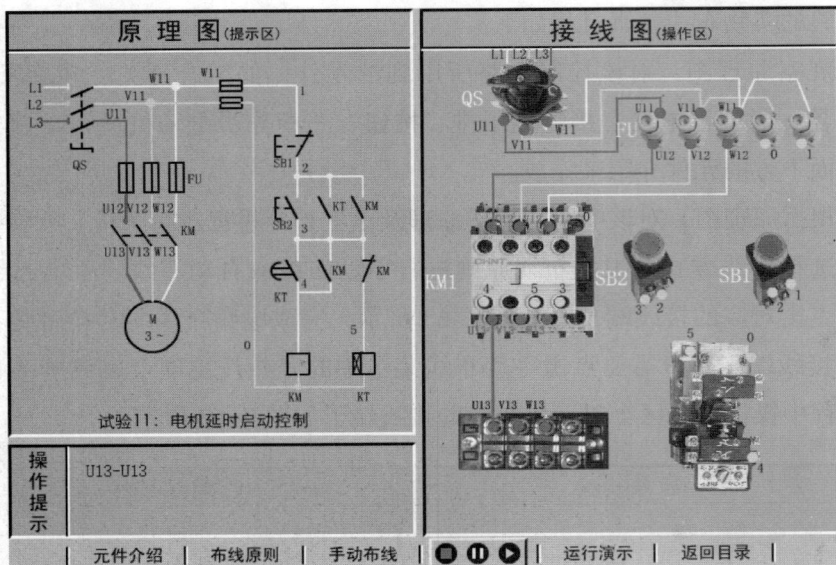

图 7-64　电机延时启动控制自动布线过程

（4）完成布线，进入运行演示阶段，该阶段可以通过移动鼠标点击原理图或接线图中的空气开关 QS 接通电源，如图 7-65 所示。移动鼠标，点击按钮 SB2，时间继电器 KT 开始计时，如图 7-66 所示。设定时间到达后，交流接触器常开触点 KM 闭合，电机开始运转，如图 7-67 所示。点击按钮 SB1，电机停止运转，即实现电机延时启动控制。

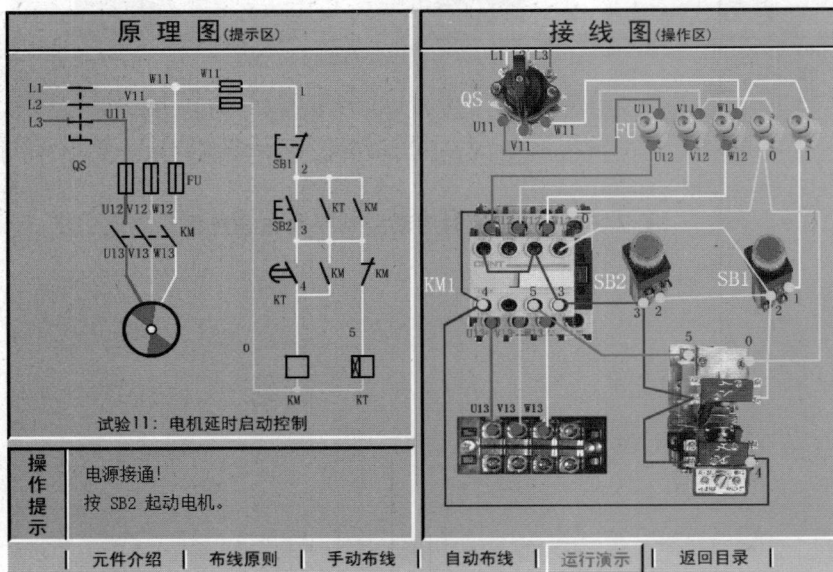

图 7-65　电机延时启动控制的运行演示一

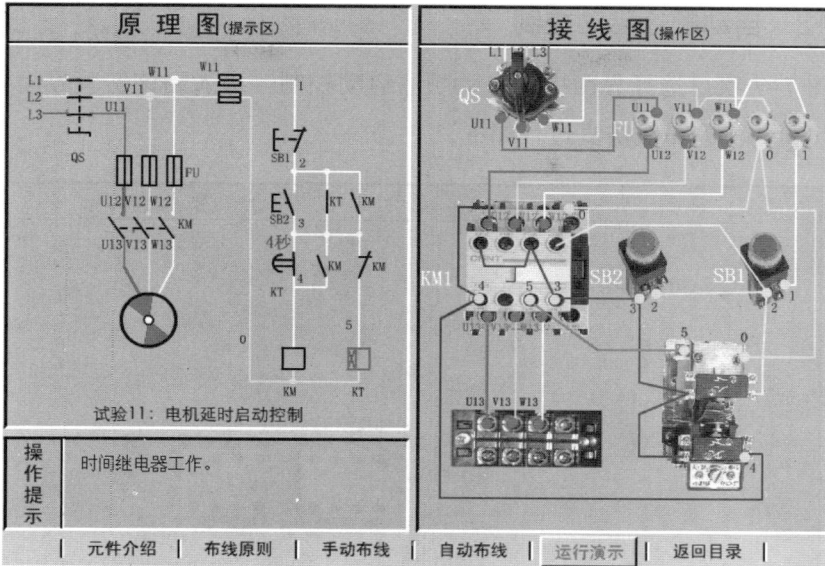

图 7-66　电机延时启动控制的运行演示二

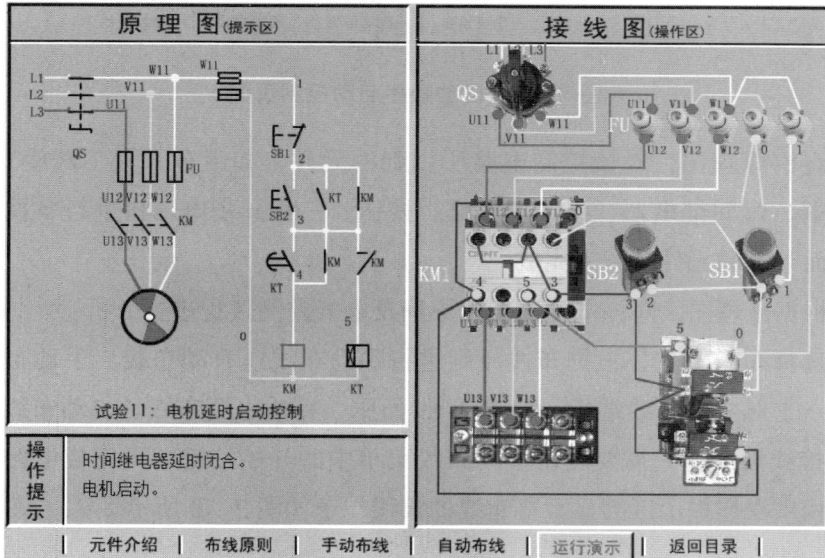

图 7-67　电机延时启动控制的运行演示三

（5）运行演示完成后，点击返回目录，即可进入图 7-7 项目选择界面。

7.2.12　自动顺序启动控制

点击图 7-7 项目选择界面中的自动顺序启动控制，进入到该实验界面如图 7-68 所示。该实验的实物布线仿真过程如下。

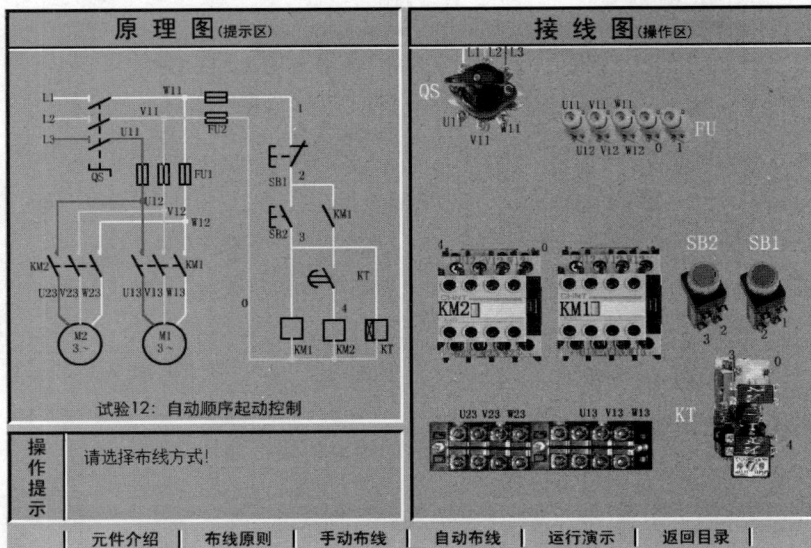

图 7-68　自动顺序启动控制页面

（1）观察原理图，对该控制电路所用到的元件，如组合开关、螺旋式熔断器、交流接触器、时间继电器、接线端子排、按钮、三相异步电动机进行掌握，可以通过点击页面下方的元件介绍来完成。

（2）根据原理图，对该电路的工作原理及电气控制过程进行分析。

（3）选择布线方式，根据布线原则进行手动布线或自动布线。手动布线需要用鼠标依次点击对应的接线端子，如图 7-69 所示，完成电路布线。自动布线不需要用鼠标点击接线端子，只需要点击手动布线菜单中的开始按键即可完成电路布线，自动布线过程中操作提示区会显示要布线的接线端子如图 7-70 所示。

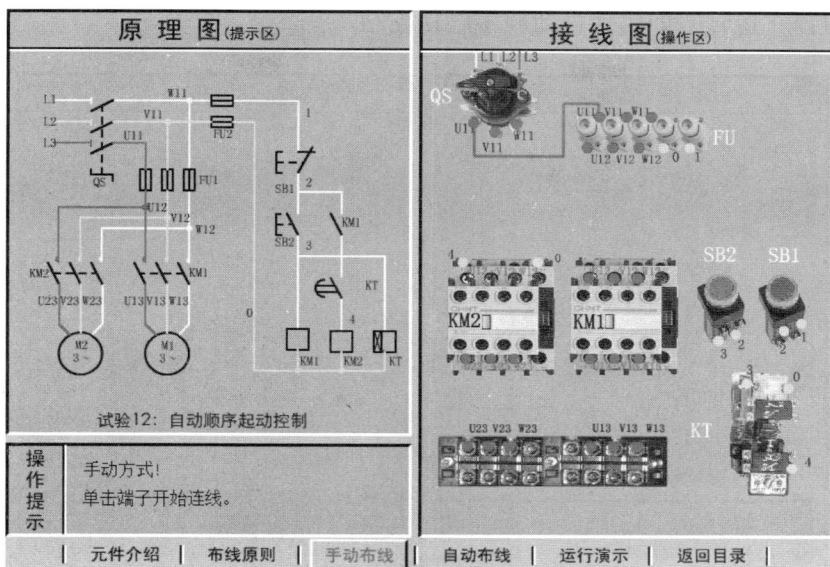

图 7-69　自动顺序启动控制手动布线过程

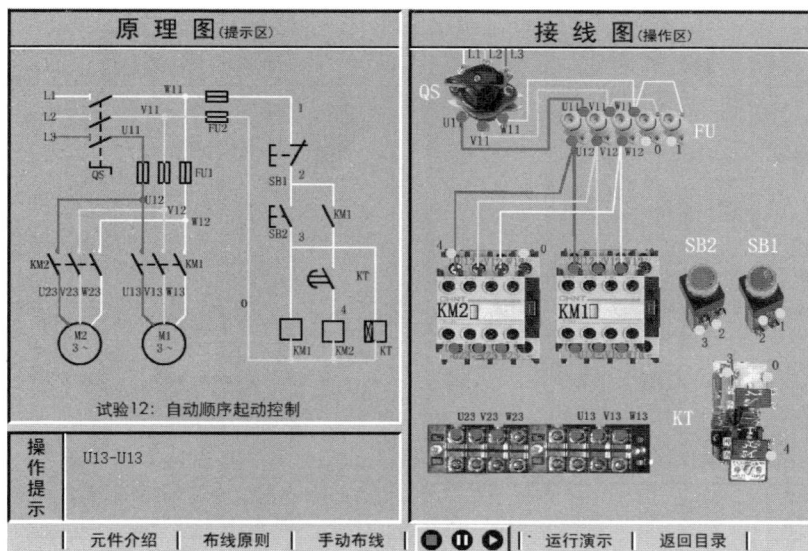

图 7-70　自动顺序启动控制自动布线过程

（4）完成布线，进入运行演示阶段，该阶段可以通过移动鼠标点击原理图或接线图中的空气开关 QS 电源接通，如图 7-71 所示。移动鼠标，点击按钮 SB2，第一台电机开始运转，同时时间继电器 KT 开始计时，如图 7-72 所示。设定时间到达后，时间继电器常开触点 KT 闭合，第二台电机开始运转，如图 7-73 所示。点击按钮

SB1，电机停止运转，即实现自动顺序启动控制。

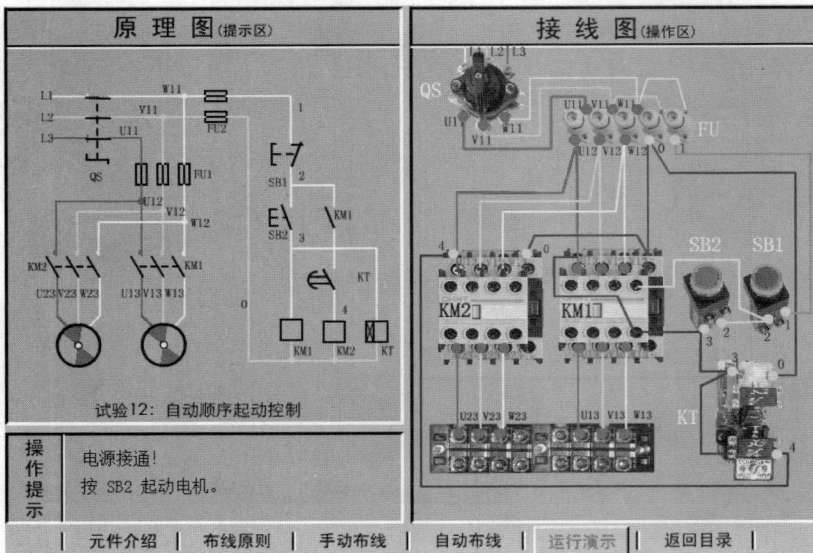

图 7-71　自动顺序启动控制的运行演示一

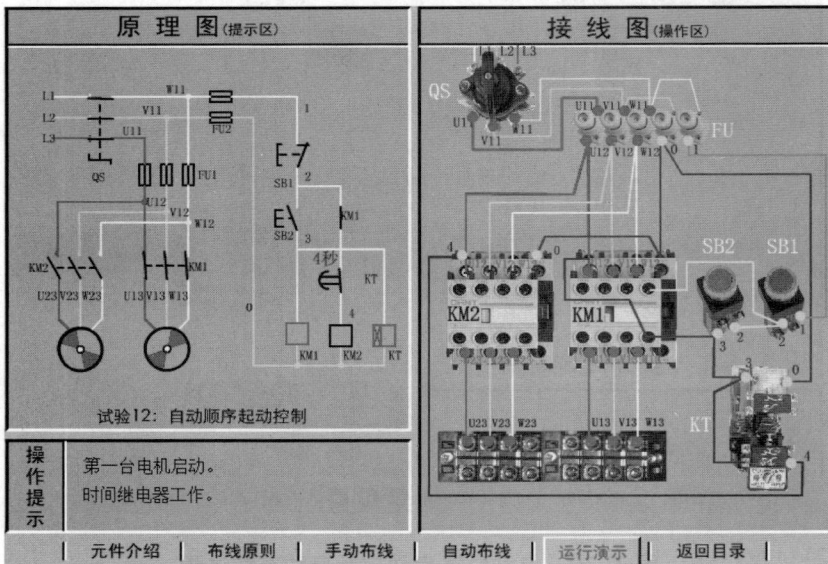

图 7-72　自动顺序启动控制的运行演示二

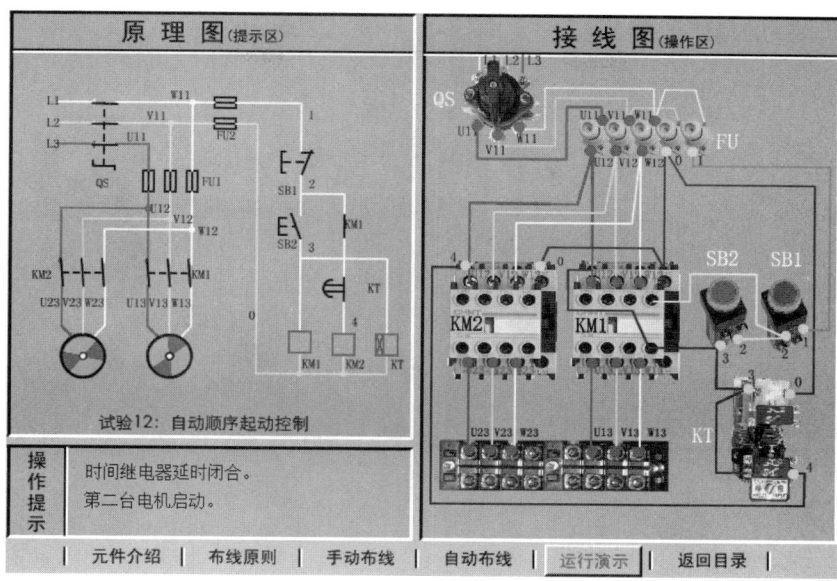

图 7-73　自动顺序启动控制的运行演示三

（5）运行演示完成后，点击返回目录，即可进入图 7-7 项目选择界面。

7.3　电工照明实训

7.3.1　单极开关控制

点击图 7-7 项目选择界面中的单极开关控制电路，进入到该实验界面如图 7-74 所示。

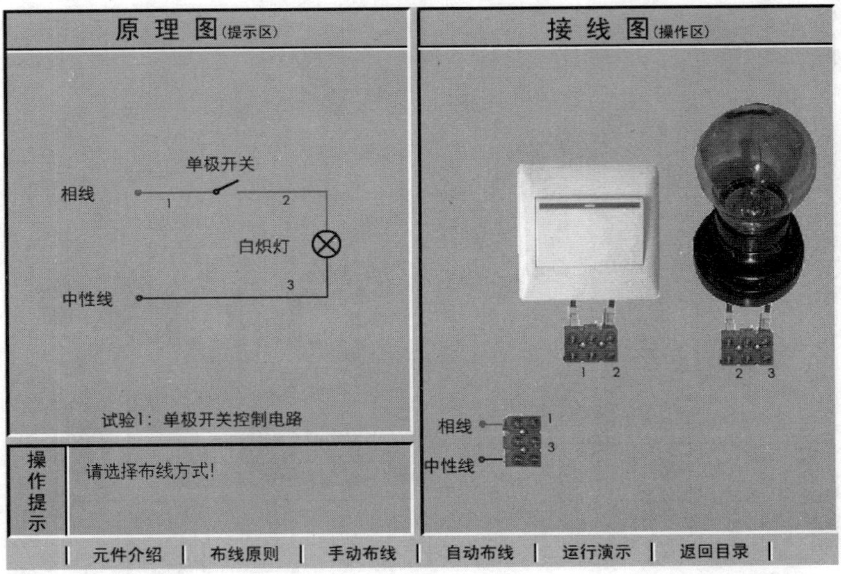

图 7-74　单极开关控制电路

该实验的实物布线仿真过程如下。

（1）观察原理图，对该控制电路所用到的元件，如单极开关、白炽灯、接线端子排进行掌握，可以通过点击页面下方的元件介绍来完成。

（2）根据原理图，对该电路的工作原理及电气控制过程进行分析。

（3）选择布线方式，根据布线原则进行手动布线或自动布线。手动布线需要用鼠标依次点击对应的接线端子，如图 7-75 所示，完成电路布线。自动布线不需要用鼠标点击接线端子，只需要点击手动布线菜单中的开始按键即可完成电路布线，自动布线过程中操作提示区会显示要布线的接线端子如图 7-76 所示。

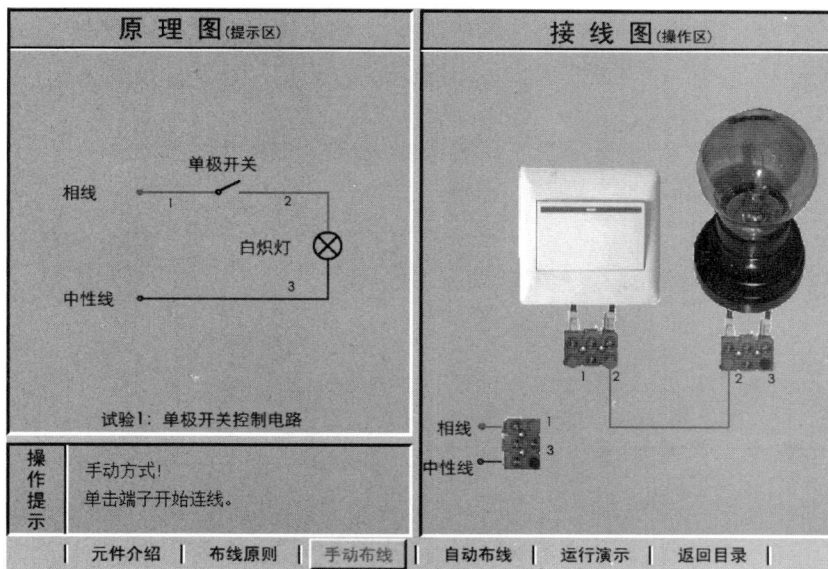

图 7-75　单极开关控制电路手动布线过程

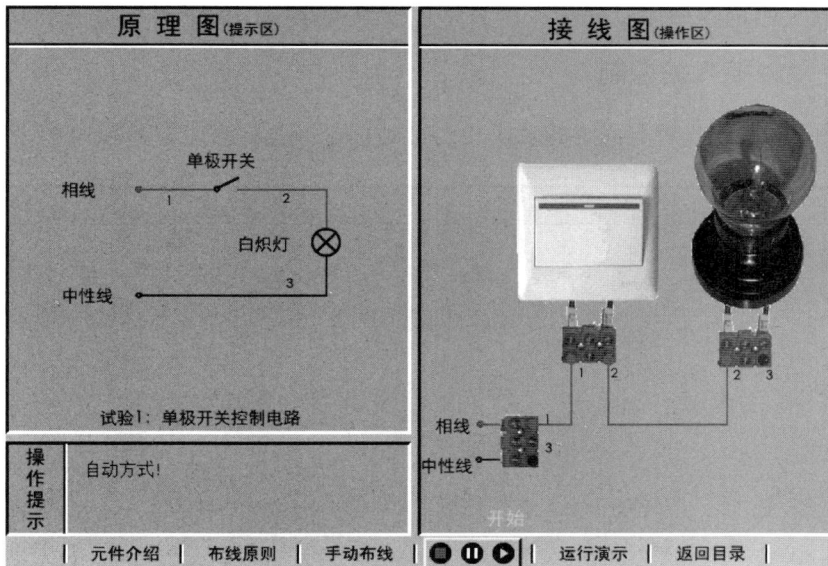

图 7-76　单极开关控制电路自动布线过程

（4）完成布线，进入运行演示阶段，该阶段可以通过移动鼠标点击原理图或接线图中的单极开关，实现白炽灯照明电路的单极开关控制，如图 7-77 所示。

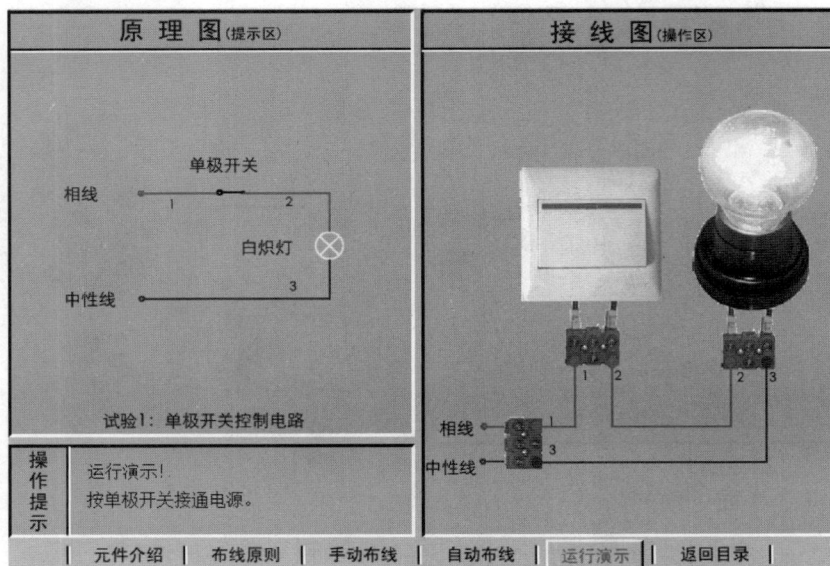

图 7-77　单极开关控制电路的运行演示

（5）运行演示完成后，点击返回目录，即可进入图 7-7 项目选择界面。

7.3.2　触摸开关控制

点击图 7-7 项目选择界面中的触摸开关控制电路，进入到该实验界面如图 7-78 所示。

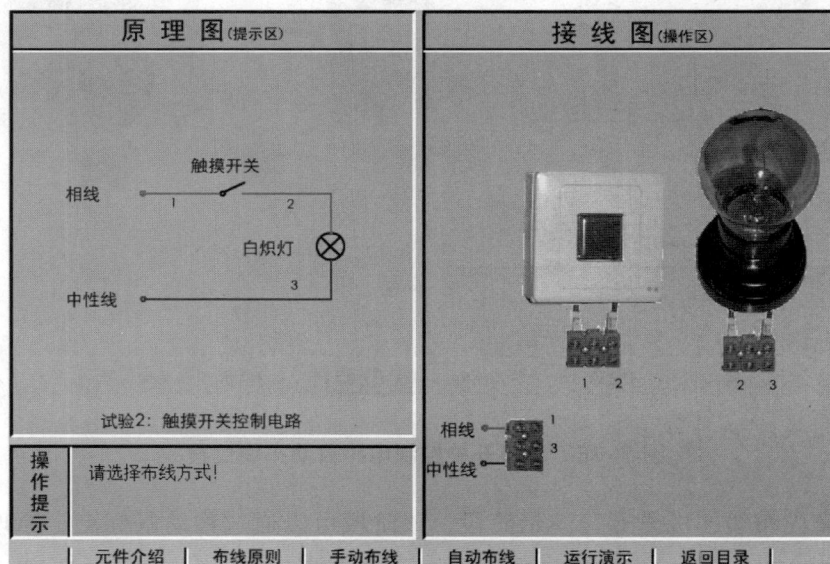

图 7-78　触摸开关控制电路

　　该实验的实物布线仿真过程如下。

　　（1）观察原理图，对该控制电路所用到的元件，如触摸开关、白炽灯、接线端子排进行掌握，可以通过点击页面下方的元件介绍来完成。

　　（2）根据原理图，对该电路的工作原理及电气控制过程进行分析。

　　（3）选择布线方式，根据布线原则进行手动布线或自动布线。手动布线需要用鼠标依次点击对应的接线端子，如图 7-79 所示，完成电路布线。自动布线不需要用鼠标点击接线端子，只需要点击手动布线菜单中的开始按键即可完成电路布线，自动布线过程中操作提示区会显示要布线的接线端子如图 7-80 所示。

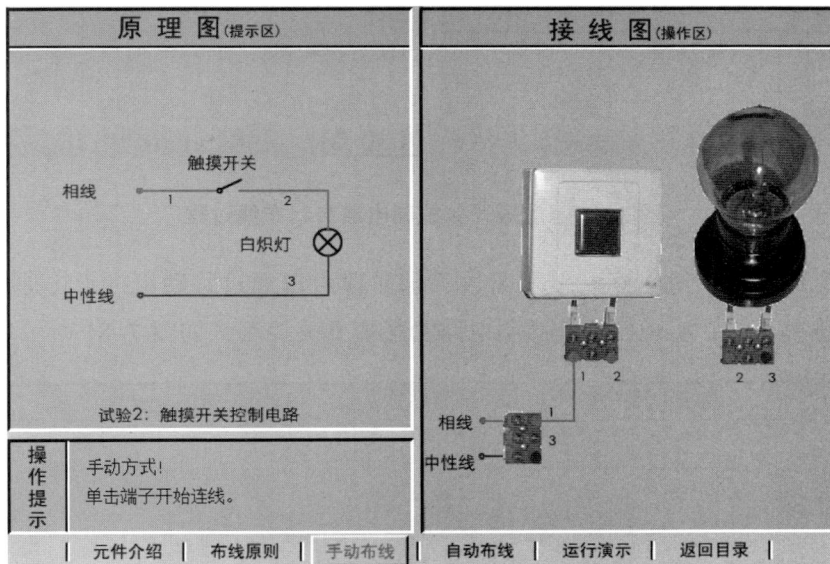

图 7-79　触摸开关控制电路手动布线过程

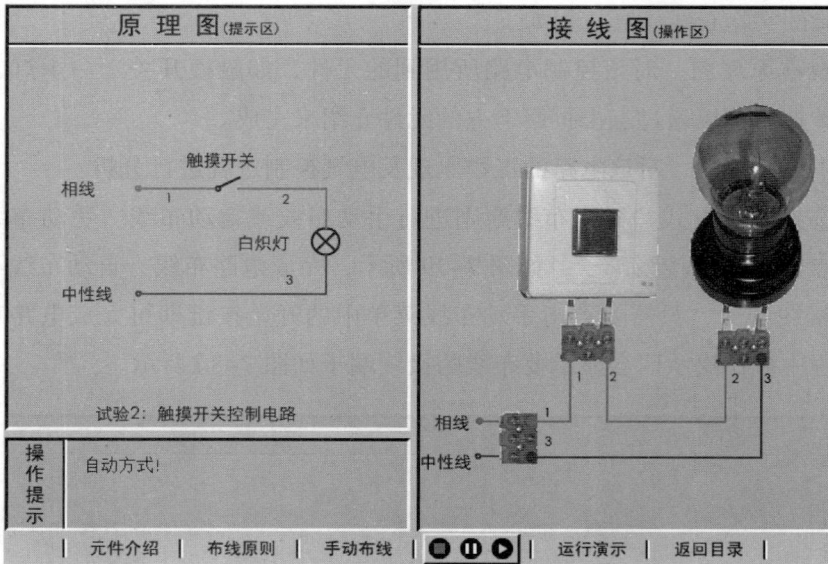

图7-80 触摸开关控制电路自动布线过程

（4）完成布线，进入运行演示阶段，该阶段可以通过移动鼠标点击原理图或接线图中的触摸开关，实现白炽灯照明电路的触摸开关控制，如图7-81所示。

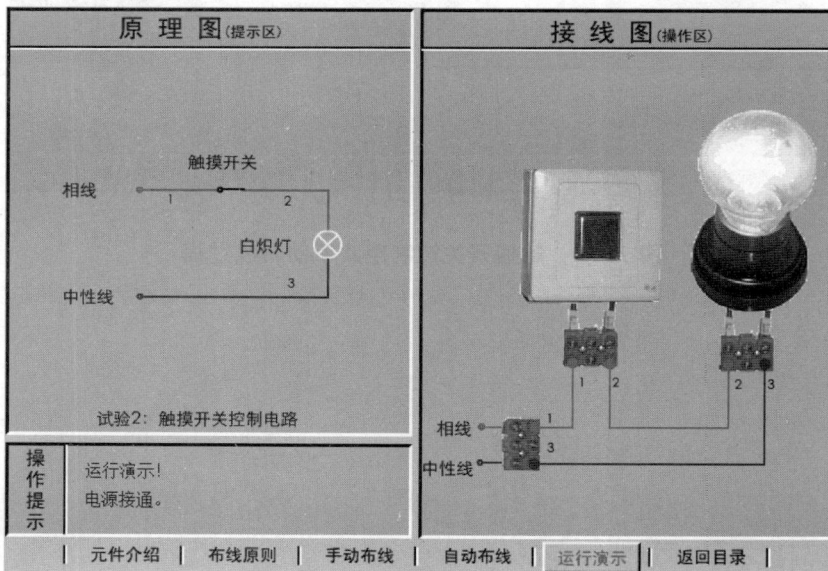

图7-81 触摸开关控制电路的运行演示

（5）运行演示完成后，点击返回目录，即可进入图7-7项目选择界面。

7.3.3 感应开关控制

点击图 7-7 项目选择界面中的感应开关控制电路,进入到该实验界面如图 7-82 所示。

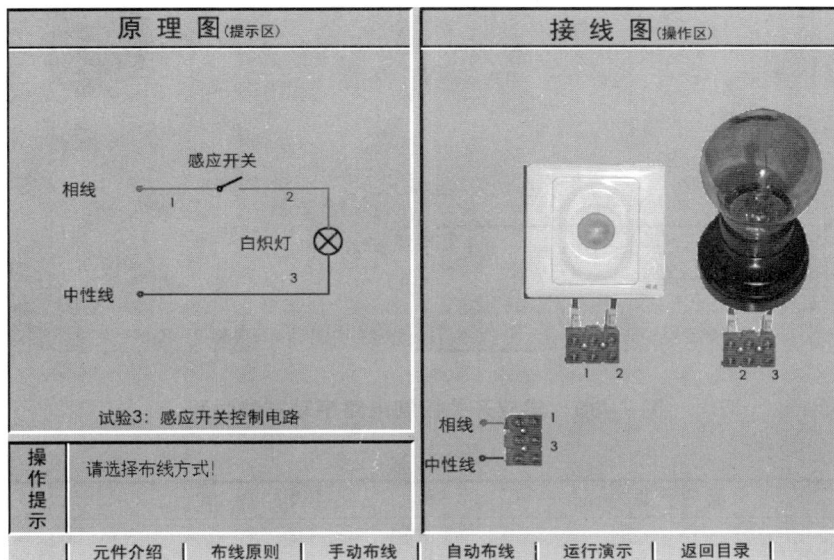

图 7-82 感应开关控制电路

该实验的实物布线仿真过程如下。

(1)观察原理图,对该控制电路所用到的元件,如感应开关、白炽灯、接线端子排进行掌握,可以通过点击页面下方的元件介绍来完成。

(2)根据原理图,对该电路的工作原理及电气控制过程进行分析。

(3)选择布线方式,根据布线原则进行手动布线或自动布线。手动布线需要用鼠标依次点击对应的接线端子,如图 7-83 所示,完成电路布线。自动布线不需要用鼠标点击接线端子,只需要点击手动布线菜单中的开始按键即可完成电路布线,自动布线过程中操作提示区会显示要布线的接线端子如图 7-84 所示。

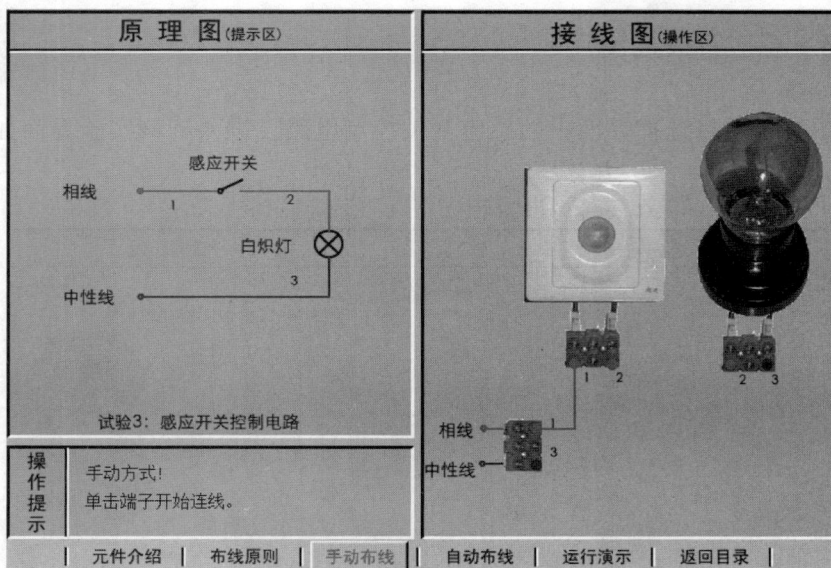

图 7-83　感应开关控制电路手动布线过程

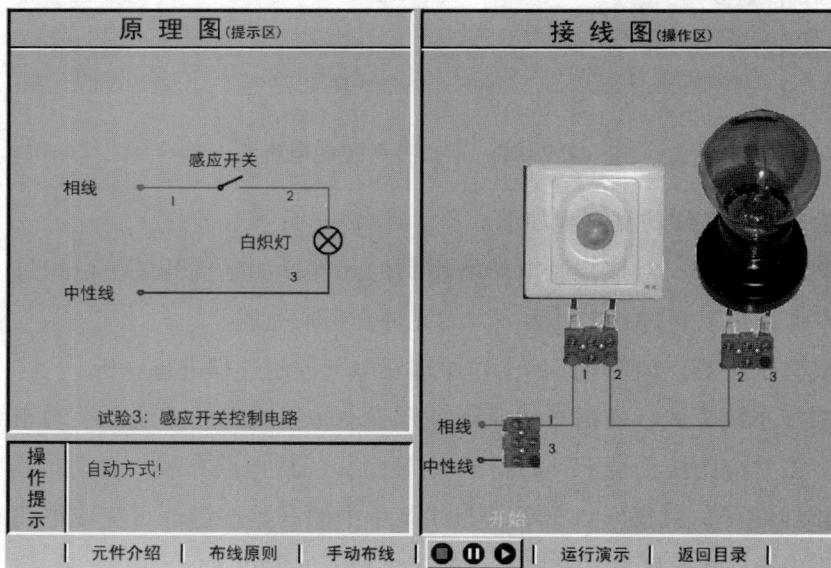

图 7-84　感应开关控制电路自动布线过程

（4）完成布线，进入运行演示阶段，该阶段可以通过移动鼠标实现白炽灯照明电路的感应开关控制，如图 7-85 所示。当鼠标在感应开关感应范围内时，白炽灯点亮，当鼠标在感应开关感应范围外时，白炽灯经 5 s 延时熄灭。

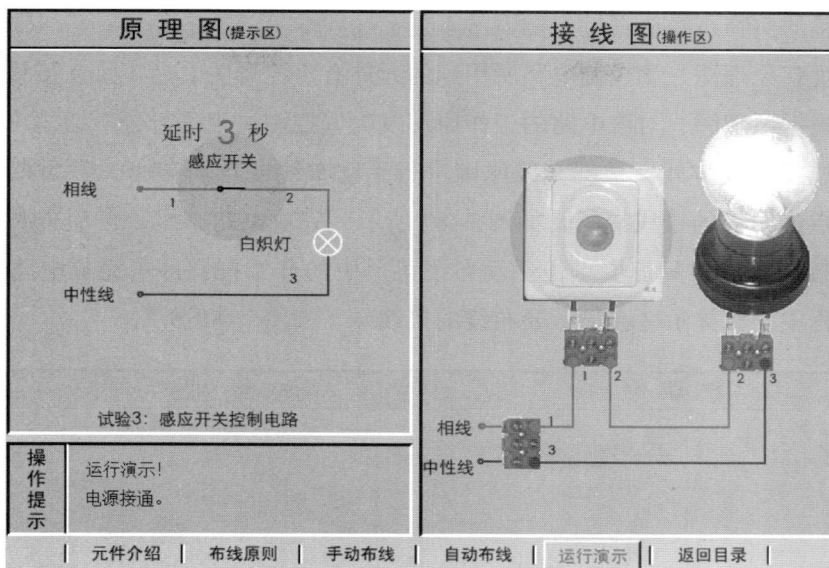

图 7-85　感应开关控制电路的运行演示

（5）运行演示完成后，点击返回目录，即可进入图 7-7 项目选择界面。

7.3.4　声控开关控制

点击图 7-7 项目选择界面中的声控开关控制电路，进入到该实验界面如图 7-86 所示。

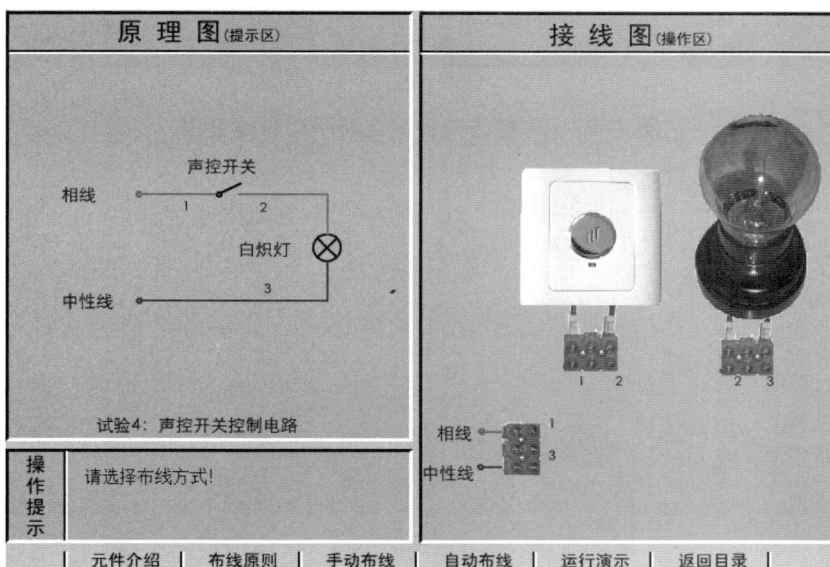

图 7-86　声控开关控制电路

该实验的实物布线仿真过程如下。

（1）观察原理图，该控制电路所用到的元件有声控开关、白炽灯、接线端子排。

（2）根据原理图，对该电路的工作原理及电气控制过程进行分析。

（3）选择布线方式，根据布线原则进行手动布线或自动布线。手动布线需要用鼠标依次点击对应的接线端子，如图 7-87 所示，完成电路布线。自动布线不需要用鼠标点击接线端子，只需要点击手动布线菜单中的开始按键即可完成电路布线，自动布线过程中操作提示区会显示要布线的接线端子如图 7-88 所示。

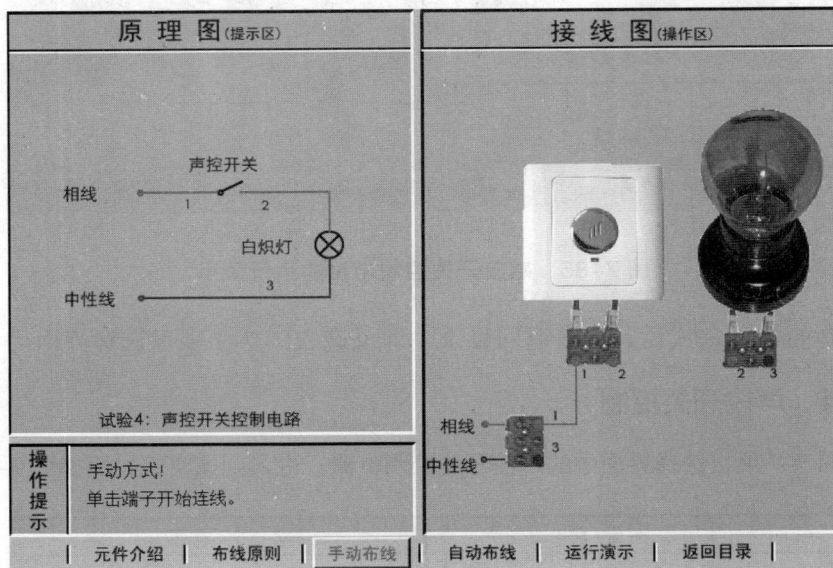

图 7-87　声控开关控制电路手动布线过程

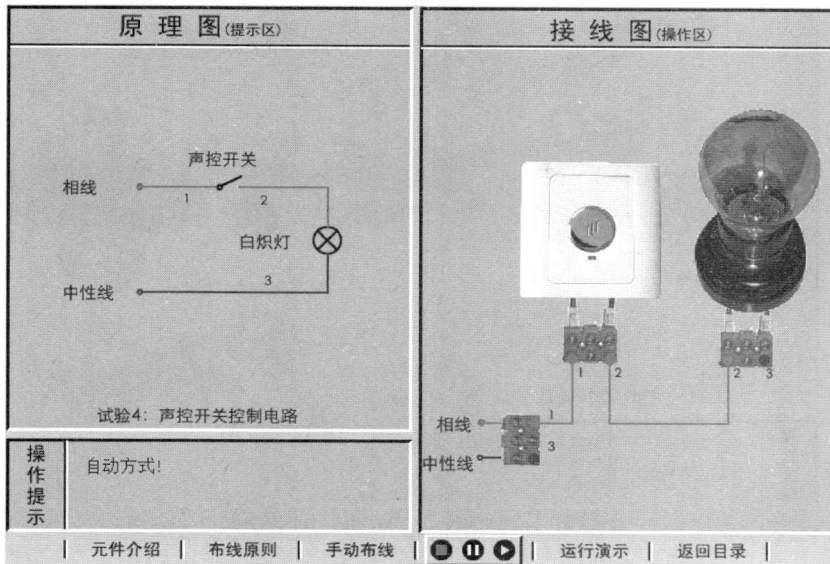

图 7-88　声控开关控制电路自动布线过程

（4）完成布线，进入运行演示阶段，该阶段可以通过鼠标点击原理图或接线图中的声控开关模拟声音实现白炽灯照明电路的声控开关控制，如图 7-89 所示。当鼠标停止点击即模拟声音消失，当超过设定时间后，白炽灯熄灭，如图 7-90 所示。

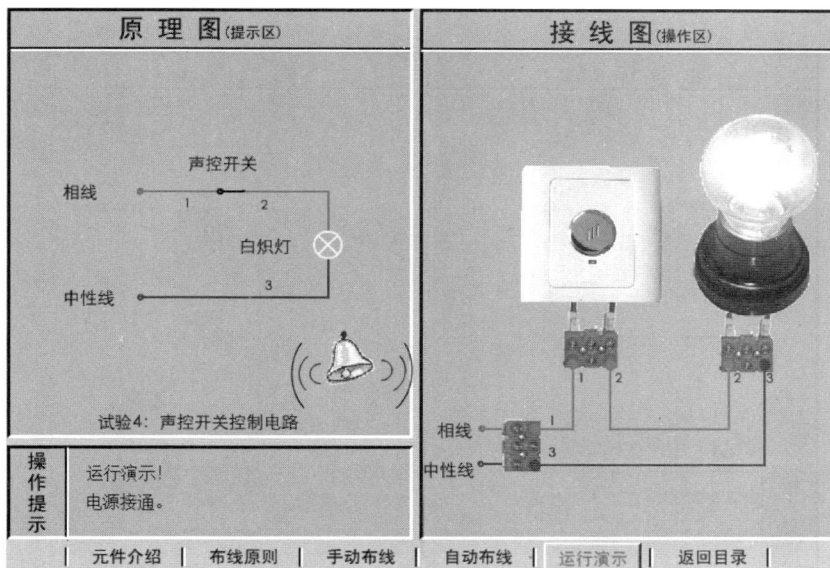

图 7-89　声控开关控制电路的运行演示一

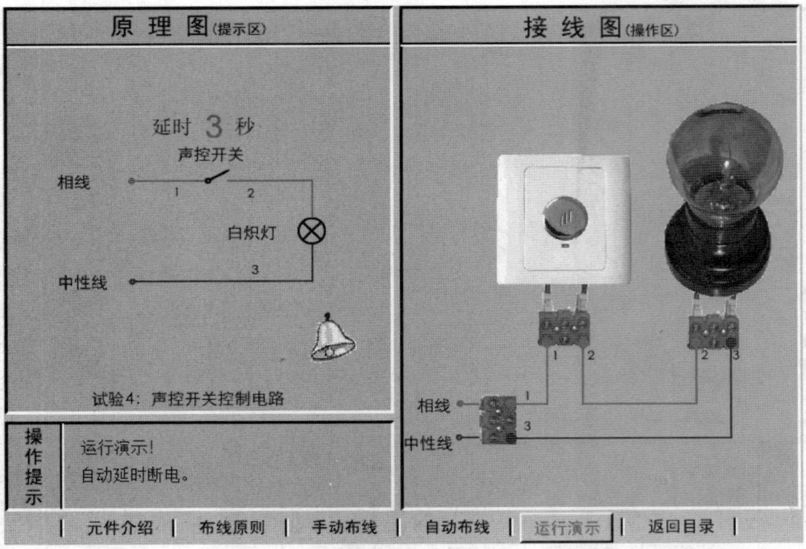

图 7-90   声控开关控制电路的运行演示二

（5）运行演示完成后，点击返回目录，即可进入图 7-7 项目选择界面。

7.3.5   单极开关串联控制

点击图 7-7 项目选择界面中的单极开关串联控制电路，进入到该实验界面如图 7-91 所示。

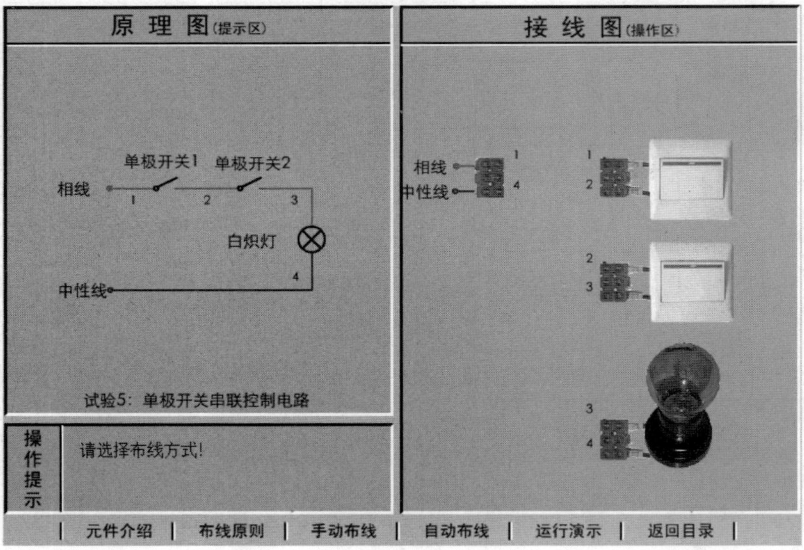

图 7-91   单极开关串联控制电路

该实验的实物布线仿真过程如下。

（1）观察原理图，该控制电路所用到的元件有单极开关、白炽灯、接线端子排。

（2）根据原理图，对该电路的工作原理及电气控制过程进行分析。

（3）选择布线方式，根据布线原则进行手动布线或自动布线。手动布线需要用鼠标依次点击对应的接线端子，如图 7-92 所示，完成电路布线。自动布线不需要用鼠标点击接线端子，只需要点击手动布线菜单中的开始按键即可完成电路布线，自动布线过程中操作提示区会显示要布线的接线端子如图 7-93 所示。

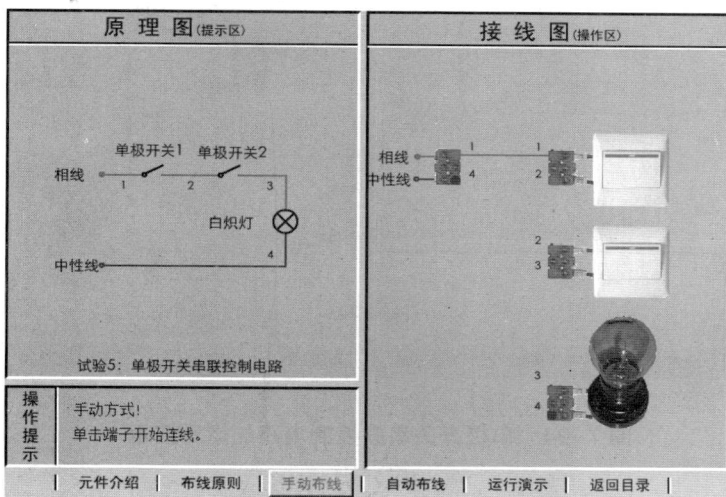

图 7-92　单极开关串联控制电路手动布线过程

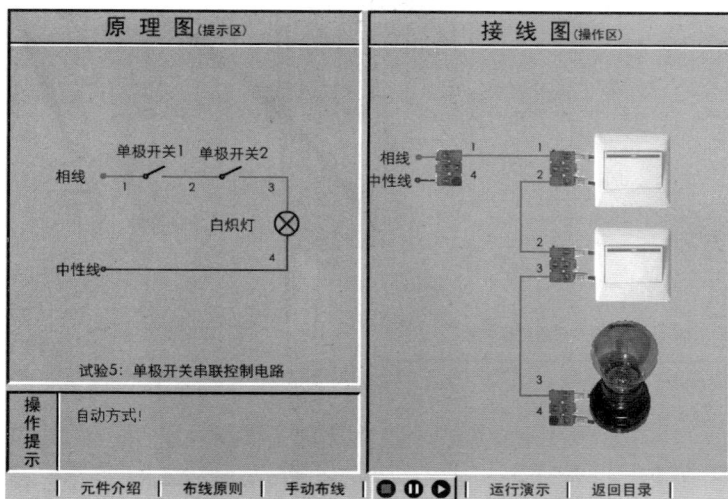

图 7-93　单极开关串联控制电路自动布线过程

（4）完成布线，进入运行演示阶段，该阶段可以通过移动鼠标点击原理图或接线图中的单极开关1，如图7-94所示，此时白炽灯不会点亮。当单极开关2也闭合的时候，白炽灯点亮，如图7-95所示，以此实现白炽灯照明电路的单极开关控制。

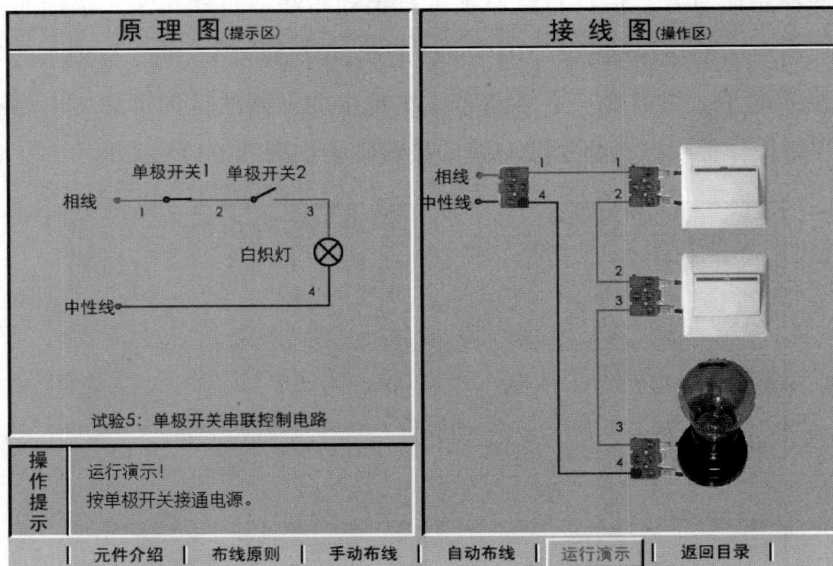

图7-94　单极开关串联控制电路的运行演示一

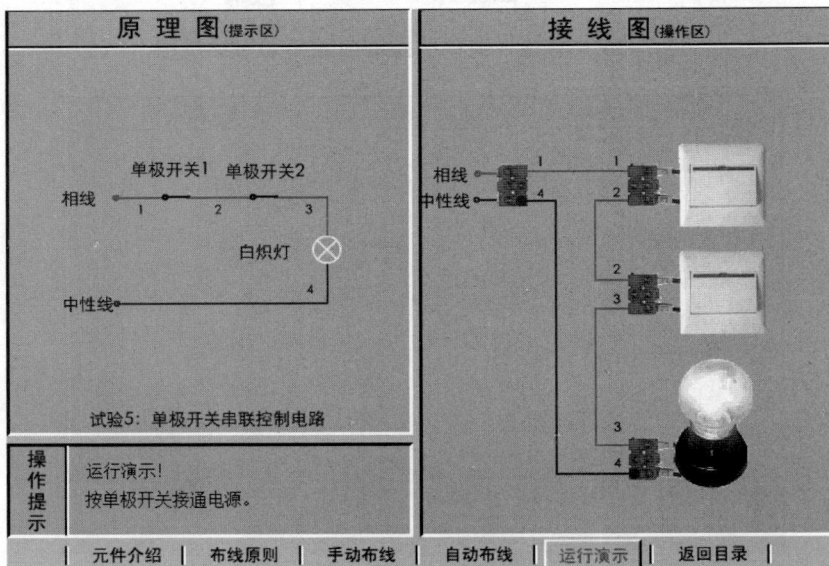

图7-95　单极开关串联控制电路的运行演示二

（5）运行演示完成后，点击返回目录，即可进入图 7-7 项目选择界面。

7.3.6　单极开关并联控制

点击图 7-7 项目选择界面中的单极开关并联控制电路，进入到该实验界面，如图 7-96 所示。

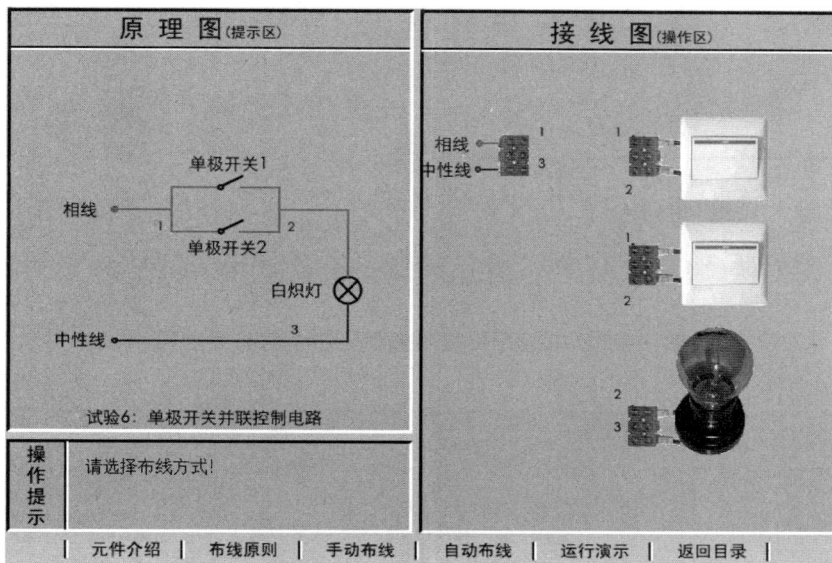

图 7-96　单极开关并联控制电路

该实验的实物布线仿真过程如下。

（1）观察原理图，该控制电路所用到的元件有单极开关、白炽灯、接线端子排。

（2）根据原理图，对该电路的工作原理及电气控制过程进行分析。

（3）选择布线方式，根据布线原则进行手动布线或自动布线。手动布线需要用鼠标依次点击对应的接线端子，如图 7-97 所示，完成电路布线。自动布线不需要用鼠标点击接线端子，只需要点击手动布线菜单中的开始按键即可完成电路布线，自动布线过程中操作提示区会显示要布线的接线端子如图 7-98 所示。

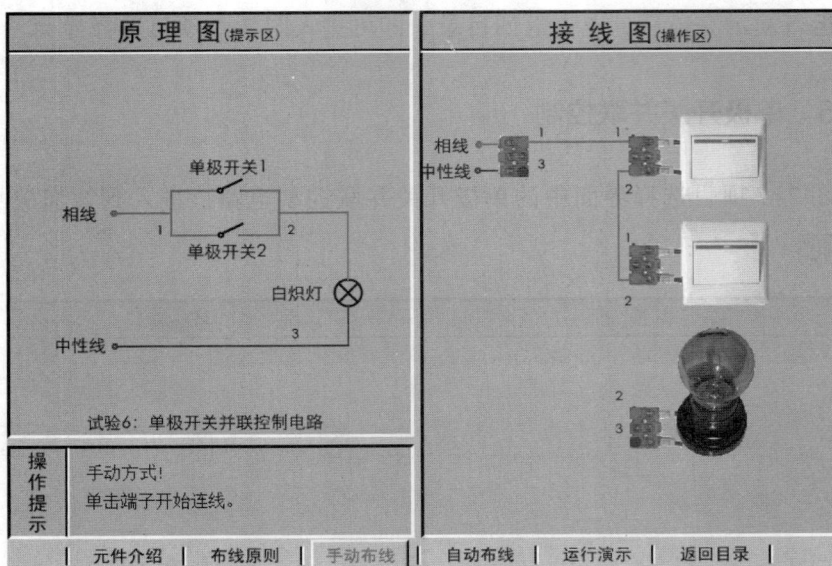

图 7-97　单极开关并联控制电路手动布线过程

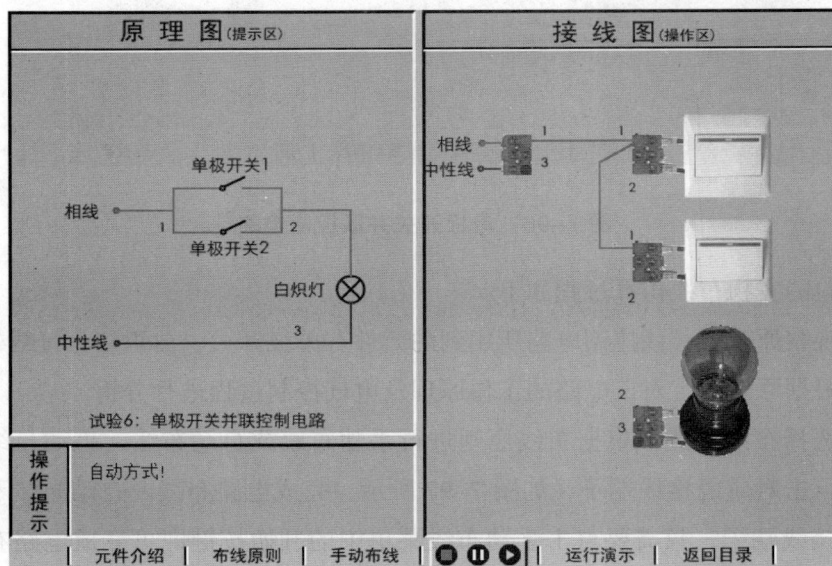

图 7-98　单极开关并联控制电路自动布线过程

（4）完成布线，进入运行演示阶段，该阶段可以通过移动鼠标点击原理图或接线图中的单极开关 1 或单极开关 2，实现白炽灯照明电路的单极开关并联控制，如图7-99 和图 7-100 所示。

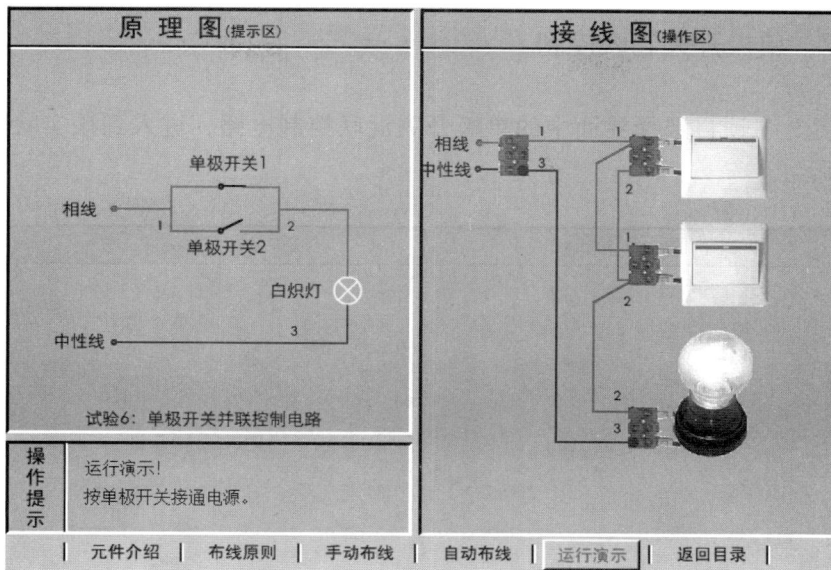

图 7-99　单极开关并联控制的运行演示一

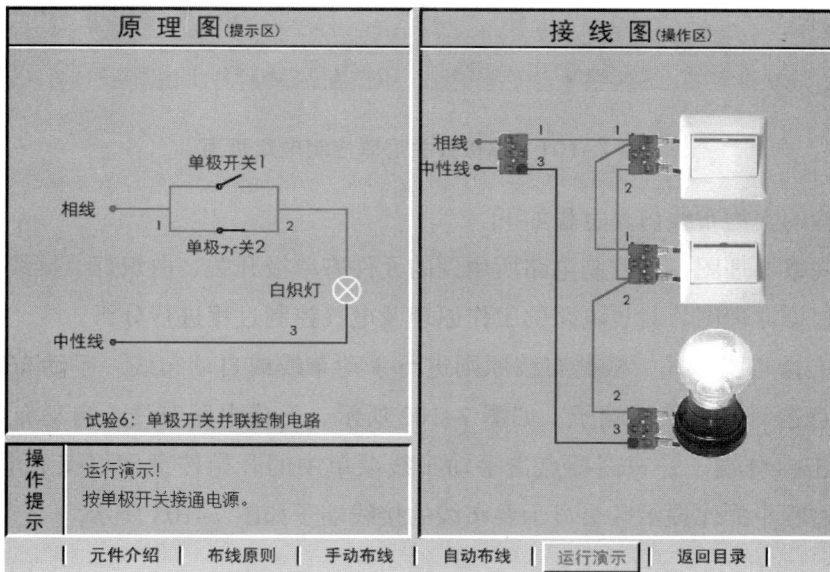

图 7-100　单极开关并联控制的运行演示二

（5）运行演示完成后，点击返回目录，即可进入图 7-7 项目选择界面。

7.3.7 单极开关混联控制

点击图 7-7 项目选择界面中的单极开关混联控制电路，进入到该实验界面，如图 7-101 所示。

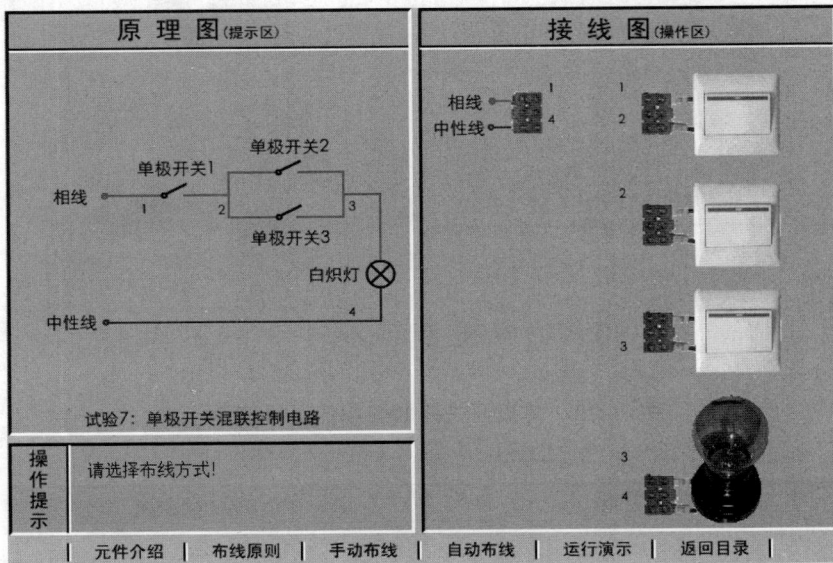

图 7-101 单极开关混联控制电路页面

该实验的实物布线仿真过程如下。

（1）观察原理图，该控制电路所用到的元件有单极开关、白炽灯、接线端子排。

（2）根据原理图，对该电路的工作原理及电气控制过程进行分析。

（3）选择布线方式，根据布线原则进行手动布线或自动布线。手动布线需要用鼠标依次点击对应的接线端子，如图 7-102 所示，完成电路布线。自动布线不需要用鼠标点击接线端子，只需要点击手动布线菜单中的开始按键即可完成电路布线，自动布线过程中操作提示区会显示要布线的接线端子如图 7-103 所示。

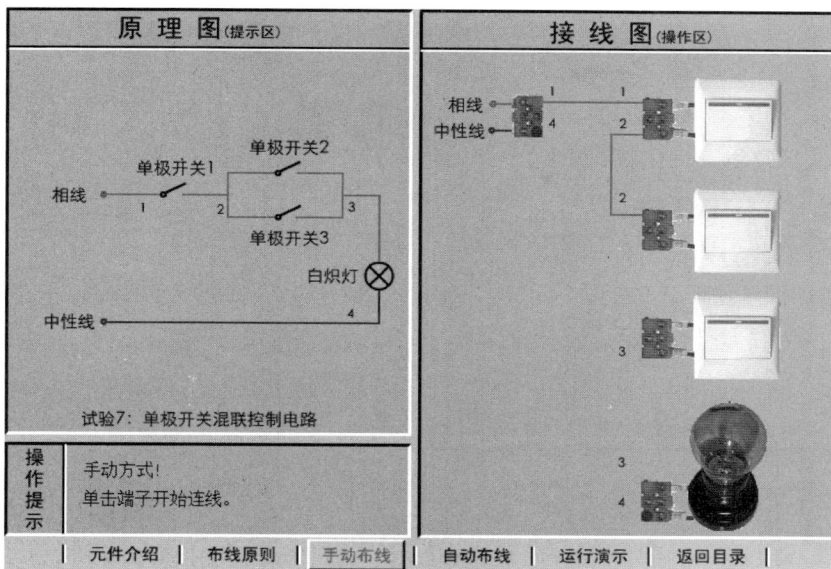

图 7-102　单极开关混联控制电路手动布线过程

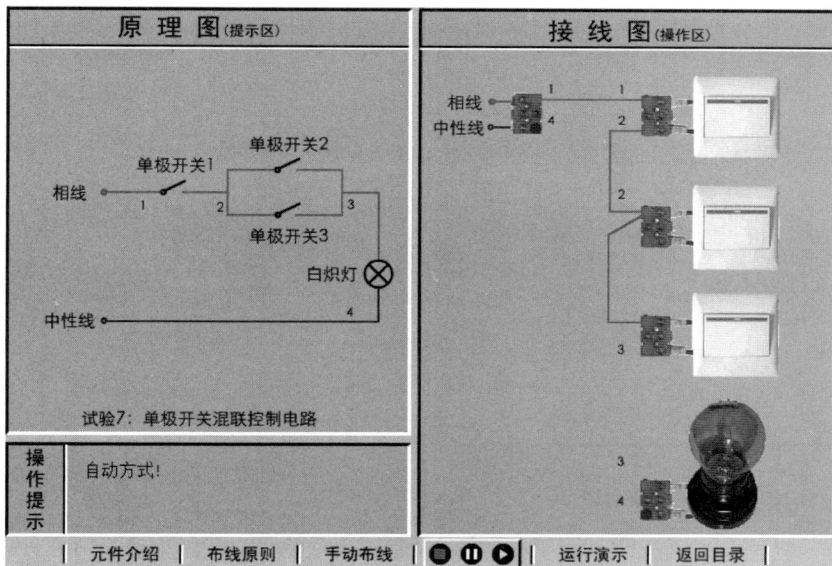

图 7-103　单极开关混联控制电路自动布线过程

（4）完成布线，进入运行演示阶段，该阶段可以通过移动鼠标点击原理图或接线图中的单极开关 1，同时还需点击单极开关 2 或单极开关 3 实现白炽灯照明电路的单极开关混联控制，如图 7-104、图 105 所示。

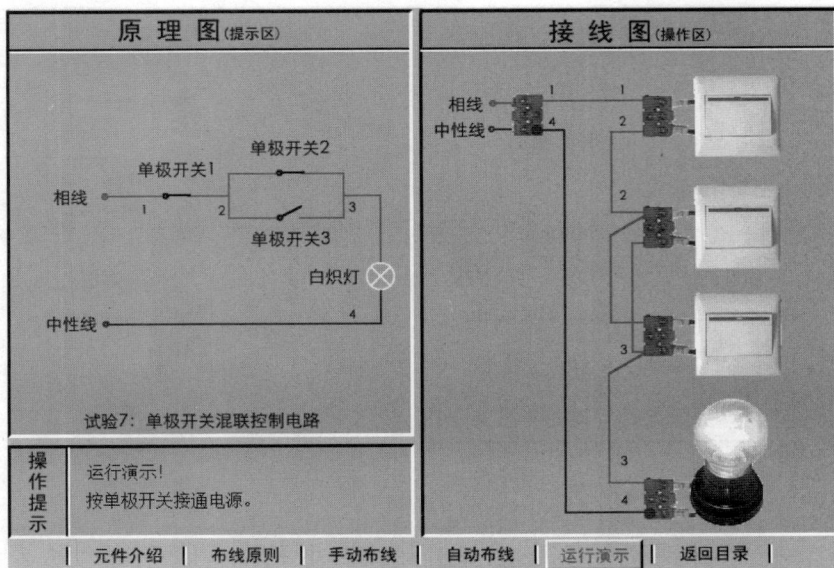

图 7-104　单极开关混联控制电路的运行演示一

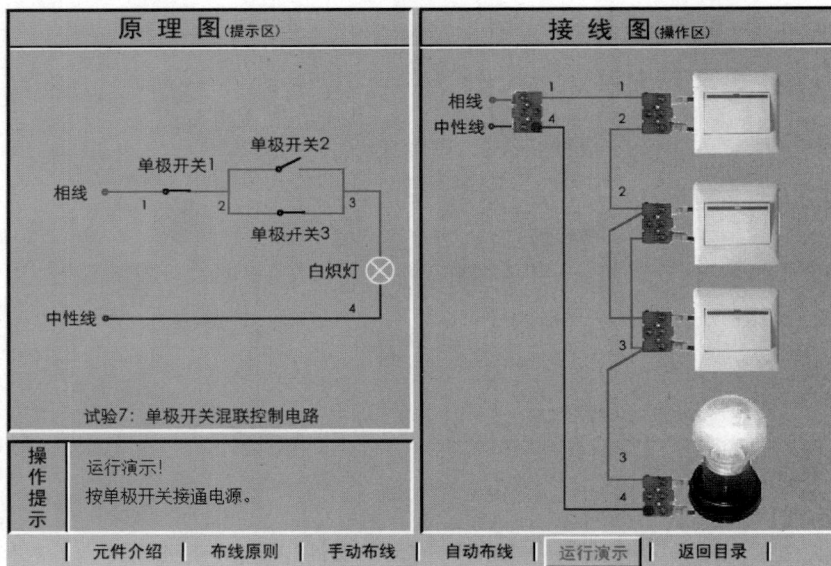

图 7-105　单极开关混联控制电路的运行演示二

（5）运行演示完成后，点击返回目录，即可进入图 7-7 项目选择界面。

7.3.8　白炽灯并联控制

点击图 7-7 项目选择界面中的白炽灯并联控制电路，进入到该实验界面，如图 7-106 所示。

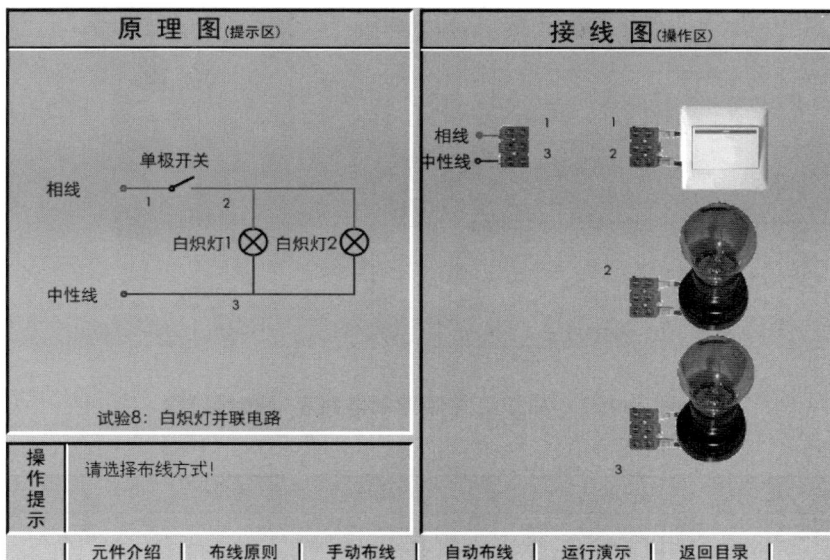

图 7-106　白炽灯并联控制电路页面

该实验的实物布线仿真过程如下。

（1）观察原理图，该控制电路所用到的元件有单极开关、白炽灯、接线端子排。

（2）根据原理图，对该电路的工作原理及电气控制过程进行分析。

（3）选择布线方式，根据布线原则进行手动布线或自动布线。手动布线需要用鼠标依次点击对应的接线端子，如图 7-107 所示，完成电路布线。自动布线不需要用鼠标点击接线端子，只需要点击手动布线菜单中的开始按键即可完成电路布线，自动布线过程中操作提示区会显示要布线的接线端子如图 7-108 所示。

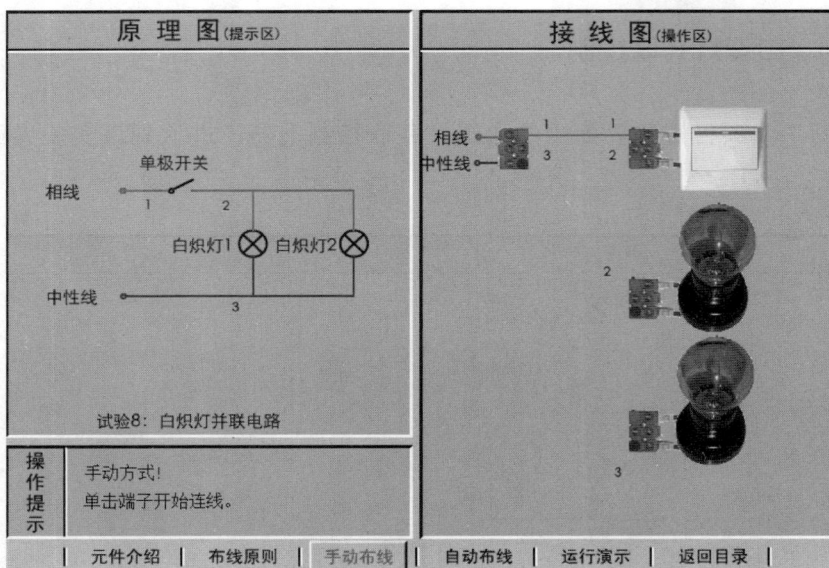

图 7-107　白炽灯并联控制电路手动布线过程

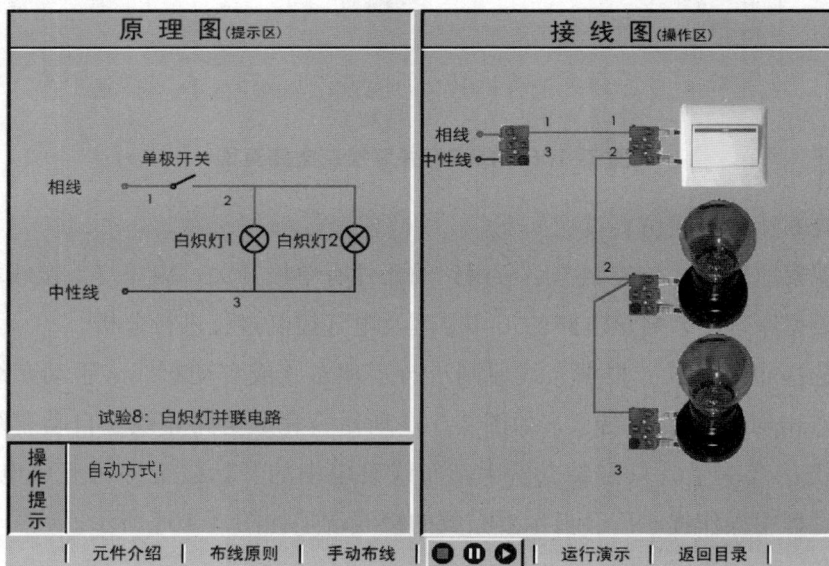

图 7-108　白炽灯并联控制电路自动布线过程

（4）完成布线，进入运行演示阶段，该阶段可以通过移动鼠标点击原理图或接线图中的单极开关，实现白炽灯照明电路的单极开关并联控制，如图 7-109 所示。

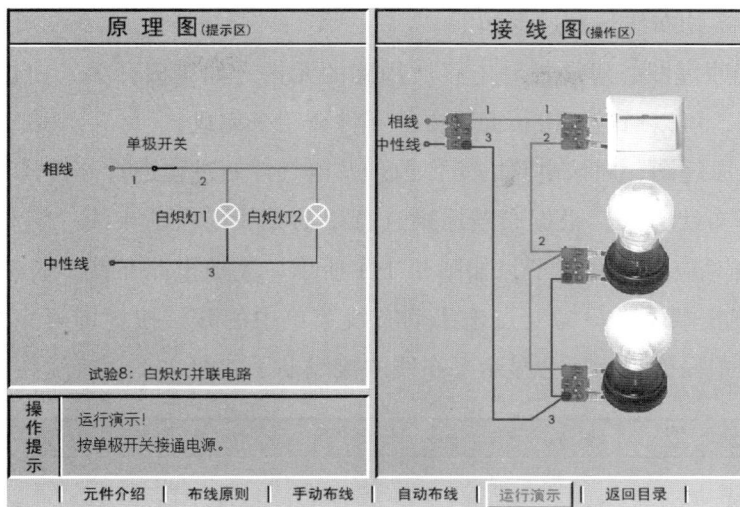

图 7-109　白炽灯并联控制电路的运行演示

（5）运行演示完成后，点击返回目录，即可进入图 7-7 项目选择界面。

7.3.9　白炽灯混联控制

点击图 7-7 项目选择界面中的白炽灯混联控制电路，进入到该实验界面，如图
7-110 所示。

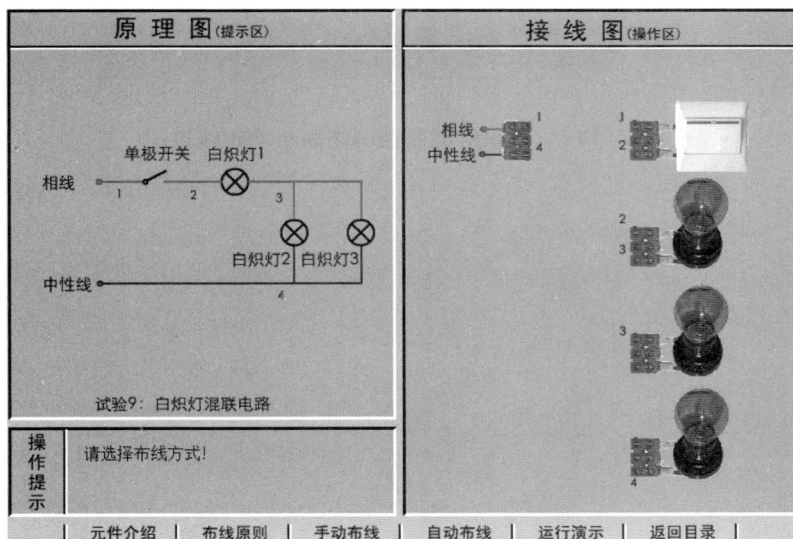

图 7-110　白炽灯混联控制电路

该实验的实物布线仿真过程如下。

（1）观察原理图，对该控制电路所用到的元件，如单极开关、白炽灯、接线端子排进行掌握，可以通过点击页面下方的元件介绍来完成。

（2）根据原理图，对该电路的工作原理及电气控制过程进行分析。

（3）选择布线方式，根据布线原则进行手动布线或自动布线。手动布线需要用鼠标依次点击对应的接线端子，如图 7–111 所示，完成电路布线。自动布线不需要用鼠标点击接线端子，只需要点击手动布线菜单中的开始按键即可完成电路布线，自动布线过程中操作提示区会显示要布线的接线端子如图 7–112 所示。

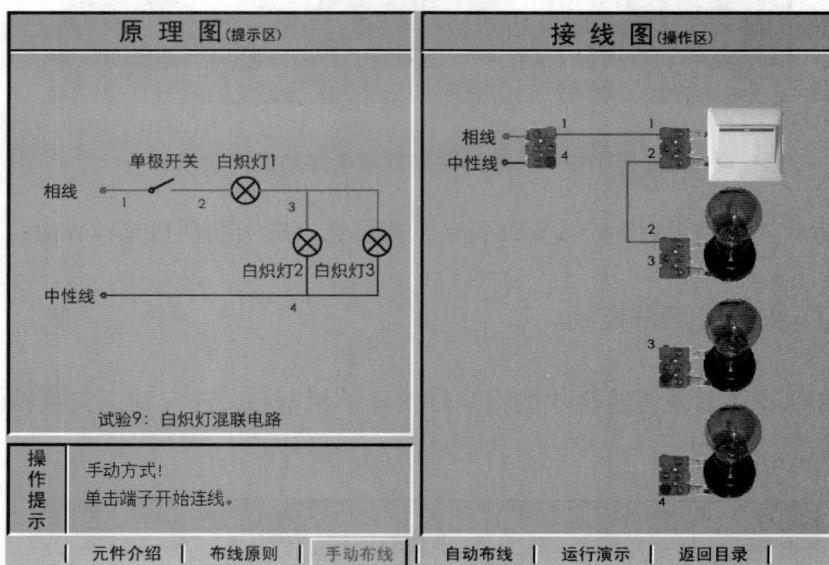

图 7–111　白炽灯混联控制电路手动布线过程

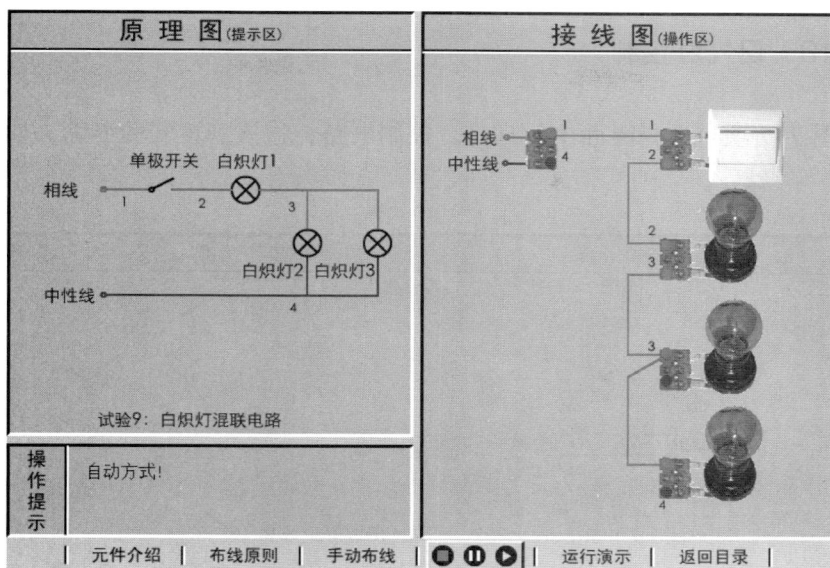

图 7-112　白炽灯混联控制电路自动布线过程

（4）完成布线，进入运行演示阶段，该阶段可以通过移动鼠标点击原理图或接线图中的单极开关，实现白炽灯照明电路的单极开关混联控制，如图 7-113 所示。

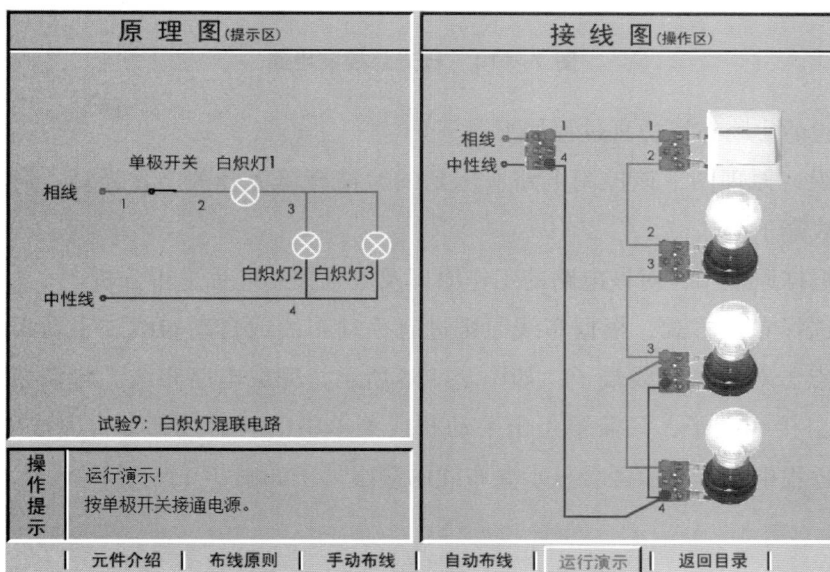

图 7-113　白炽灯混联控制电路的运行演示

（5）运行演示完成后，点击返回目录，即可进入图 7-7 项目选择界面。

7.3.10 日光灯控制

点击图 7-7 项目选择界面中的日光灯控制电路，进入到该实验界面，如图 7-114 所示。

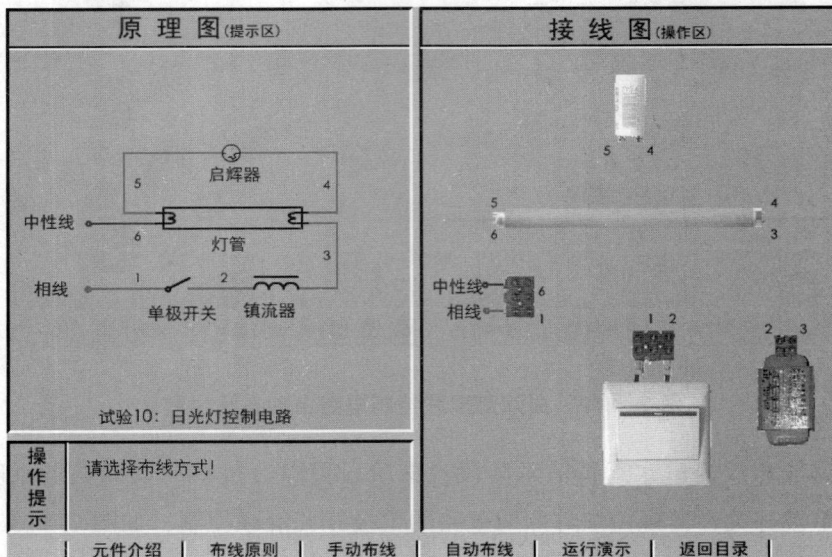

图 7-114 日光灯控制电路

该实验的实物布线仿真过程如下。

（1）观察原理图，该控制电路所用到的元件有单极开关、日光灯、启辉器、镇流器、接线端子排。

（2）根据原理图，对该电路的工作原理及电气控制过程进行分析。

（3）选择布线方式，根据布线原则进行手动布线或自动布线。手动布线需要用鼠标依次点击对应的接线端子，如图 7-115 所示，完成电路布线。自动布线不需要用鼠标点击接线端子，只需要点击手动布线菜单中的开始按键即可完成电路布线，自动布线过程中操作提示区会显示要布线的接线端子如图 7-116 所示。

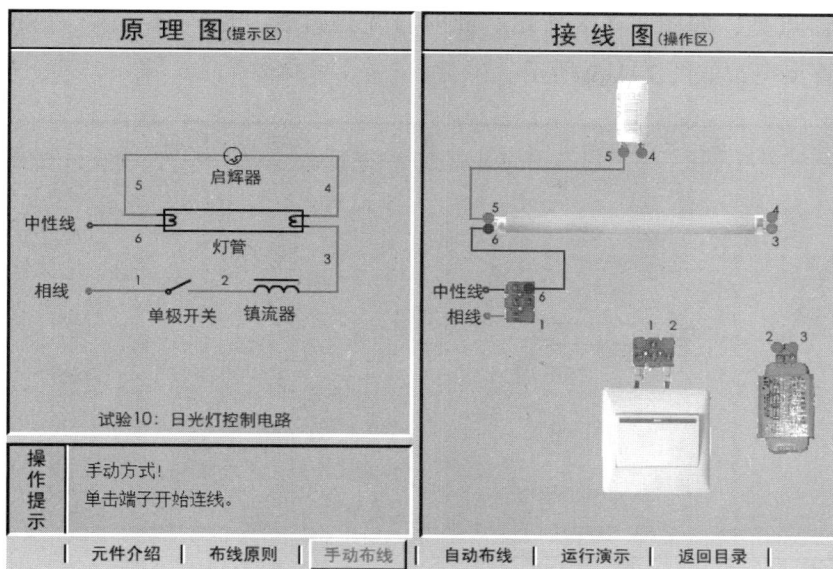

图 7-115　日光灯控制电路手动布线过程

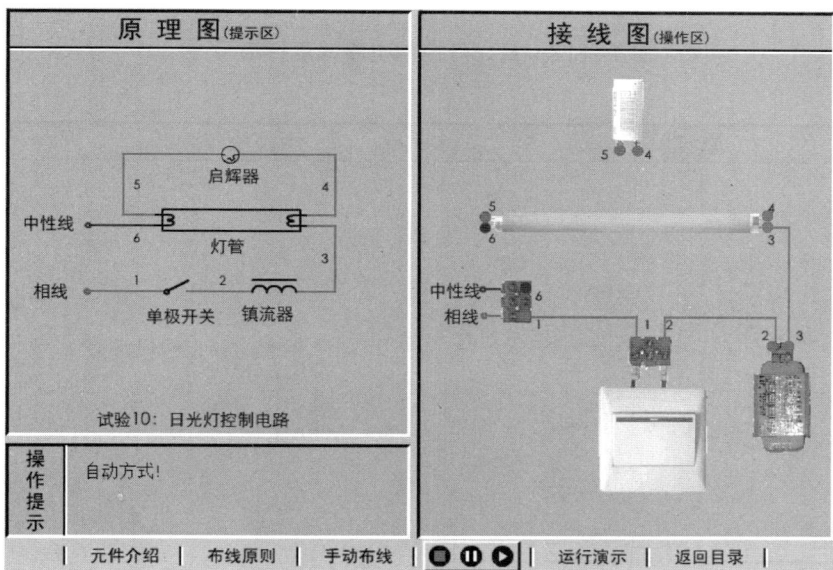

图 7-116　日光灯控制电路自动布线过程

（4）完成布线，进入运行演示阶段，该阶段可以通过移动鼠标点击原理图或接线图中的单极开关，实现日光灯照明电路的单极开关控制。单极开关闭合以后，并联在日光灯灯管两端的启辉器开始闪烁，如图 7-117 所示。当启辉器闪烁一定时间后，启辉器点亮，如图 7-118 所示。此时日光灯灯管开始闪烁，闪烁一定时间后，日光灯灯管点亮，如图 7-119 所示。

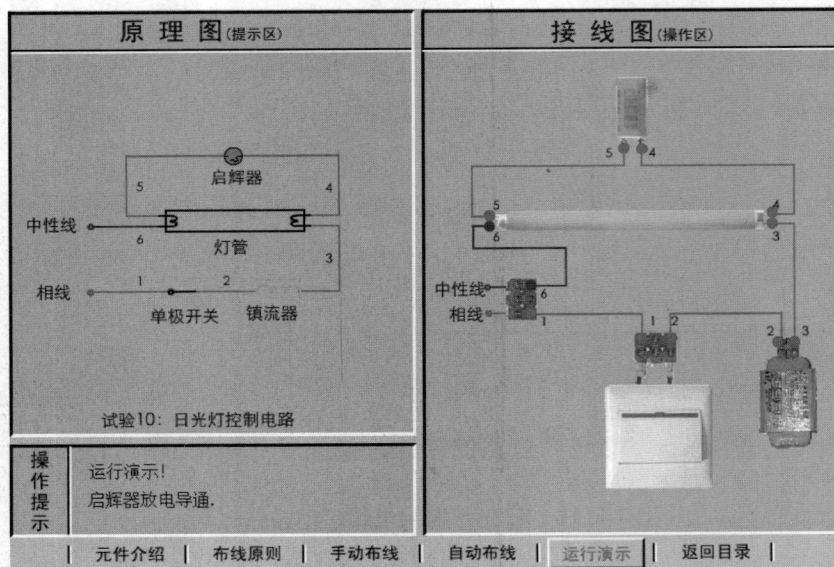

图 7-117　日光灯控制电路的运行演示一

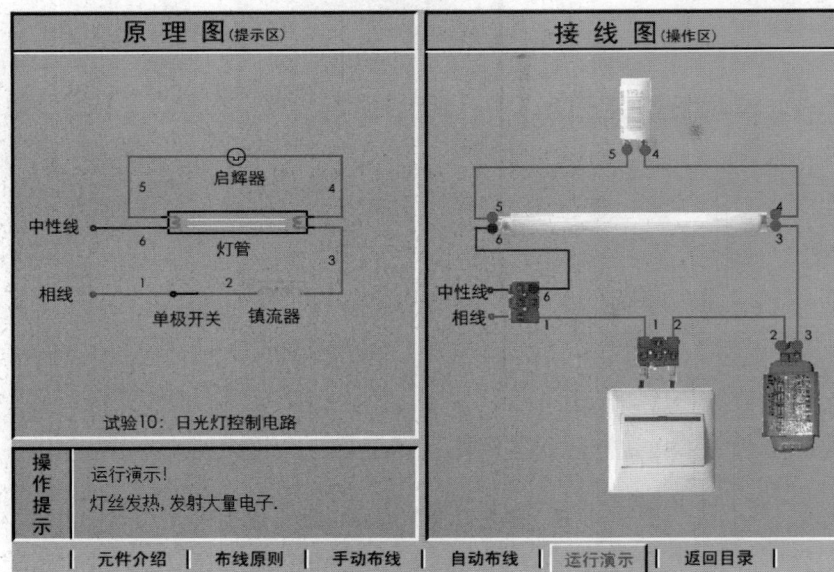

图 7-118　日光灯控制电路的运行演示二

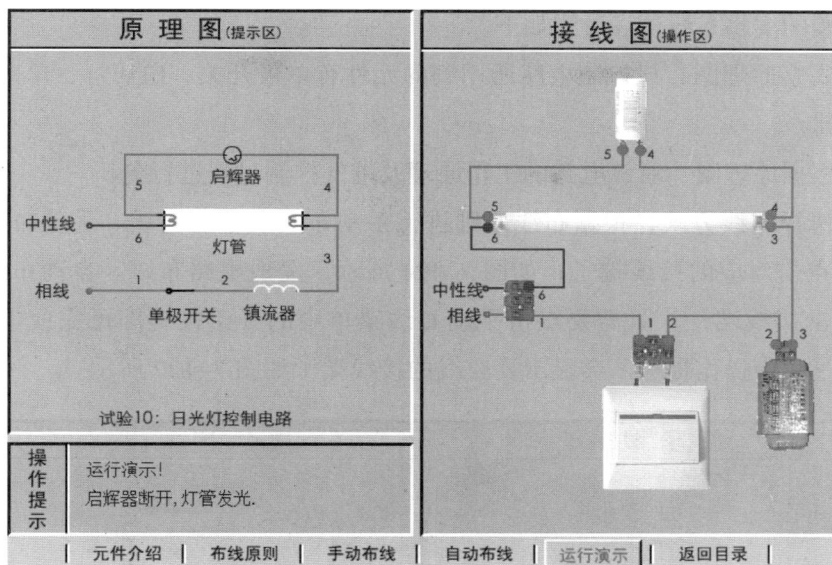

图 7-119　日光灯控制电路的运行演示三

（5）运行演示完成后，点击返回目录，即可进入图 7-7 项目选择界面。

7.3.11　单相电能表直接安装

点击图 7-7 项目选择界面中的单相电能表直接安装控制电路，进入到该实验界面，如图 7-120 所示。

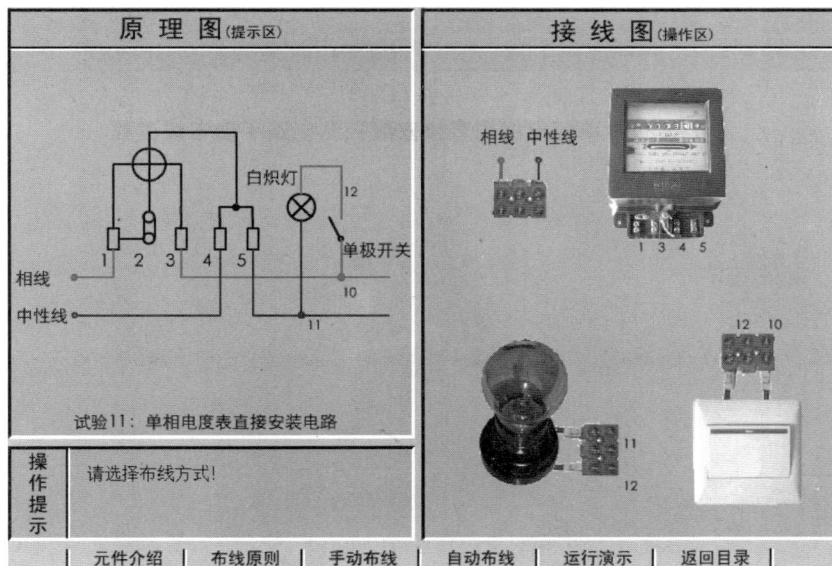

图 7-120　单相电能表直接安装控制电路

该实验的实物布线仿真过程如下。

（1）观察原理图，该控制电路所用到的元件有单极开关、白炽灯、单向电度表、接线端子排。

（2）根据原理图，对该电路的工作原理及电气控制过程进行分析。

（3）选择布线方式，根据布线原则进行手动布线或自动布线。手动布线需要用鼠标依次点击对应的接线端子，如图 7-121 所示，完成电路布线。自动布线不需要用鼠标点击接线端子，只需要点击手动布线菜单中的开始按键即可完成电路布线，自动布线过程中操作提示区会显示要布线的接线端子如图 7-122 所示。

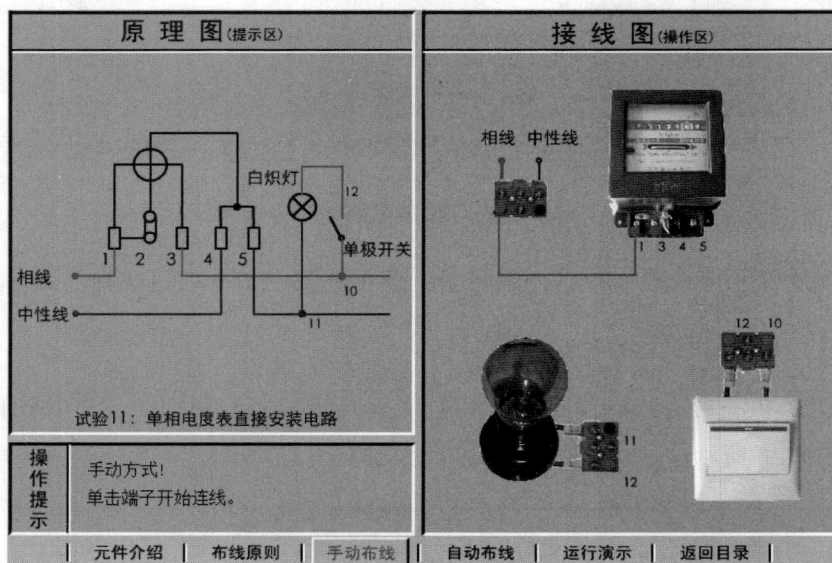

图 7-121　单相电能表直接安装控制电路手动布线过程

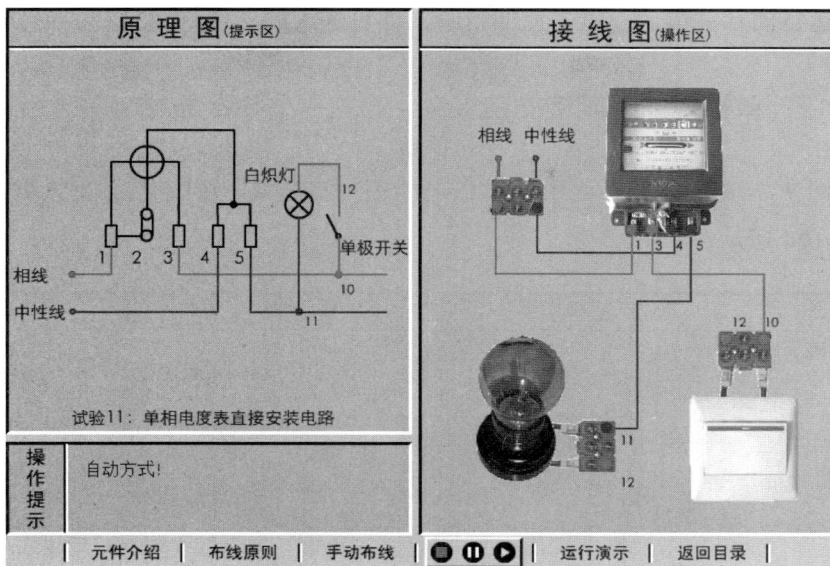

图 7-122　单相电能表直接安装控制电路自动布线过程

（4）完成布线，进入运行演示阶段，该阶段可以通过移动鼠标点击原理图或接线图中的单极开关，实现对白炽灯照明电路的单相电能表直接安装电路控制，如图7-123 所示。白炽灯照明期间，单向电能表转盘转动并能够直接测出所消耗电能。

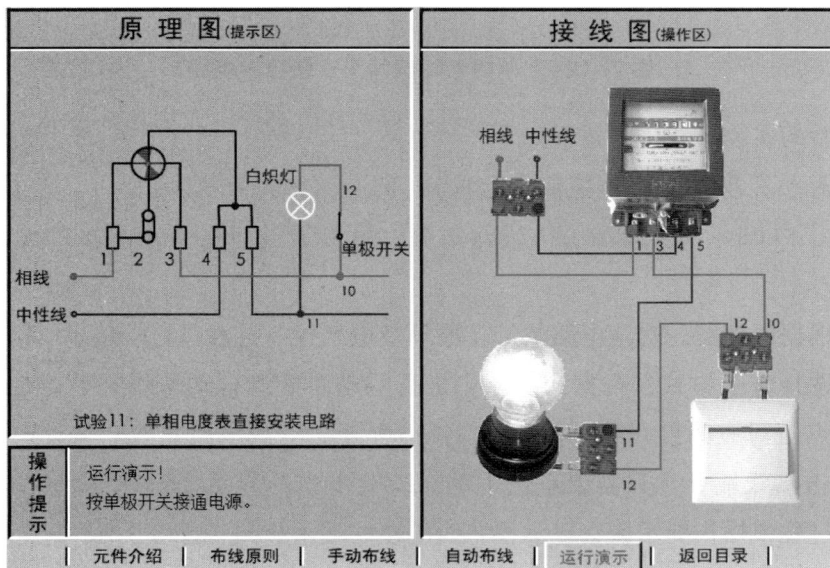

图 7-123　单相电能表直接安装控制电路的运行演示

（5）运行演示完成后，点击返回目录，即可进入图 7-7 项目选择界面。

7.3.12 单相电能表间接安装

点击图 7-7 项目选择界面中的单相电能表间接安装控制电路，进入到该实验界面如图 7-124 所示。

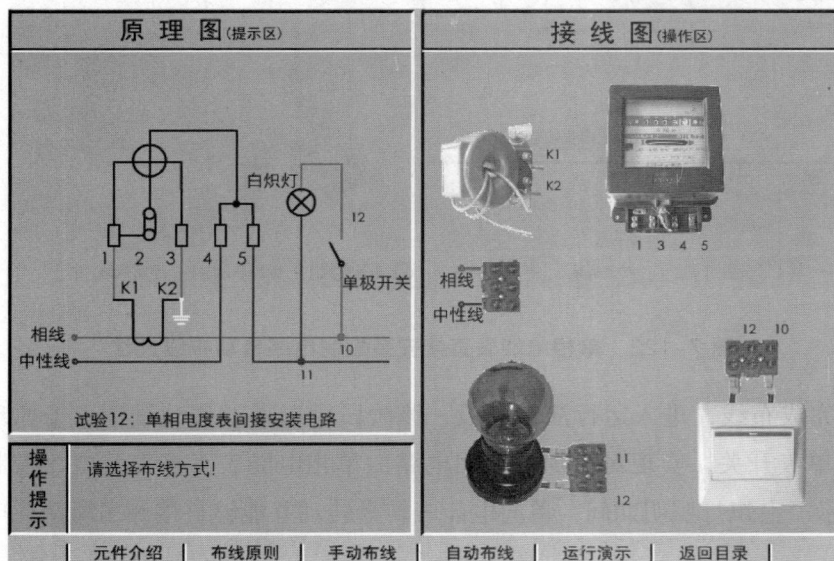

图 7-124 单相电能表间接安装控制电路

该实验的实物布线仿真过程如下。

（1）观察原理图，对该控制电路所用到的元件，如电流互感器、单相电能表、单极开关、白炽灯、接线端子排进行掌握，可以通过点击页面下方的元件介绍来完成。

（2）根据原理图，对该电路的工作原理及电气控制过程进行分析。

（3）选择布线方式，根据布线原则进行手动布线或自动布线。手动布线需要用鼠标依次点击对应的接线端子，如图 7-125 所示，完成电路布线。自动布线不需要用鼠标点击接线端子，只需要点击手动布线菜单中的开始按键即可完成电路布线，自动布线过程中操作提示区会显示要布线的接线端子如图 7-126 所示。

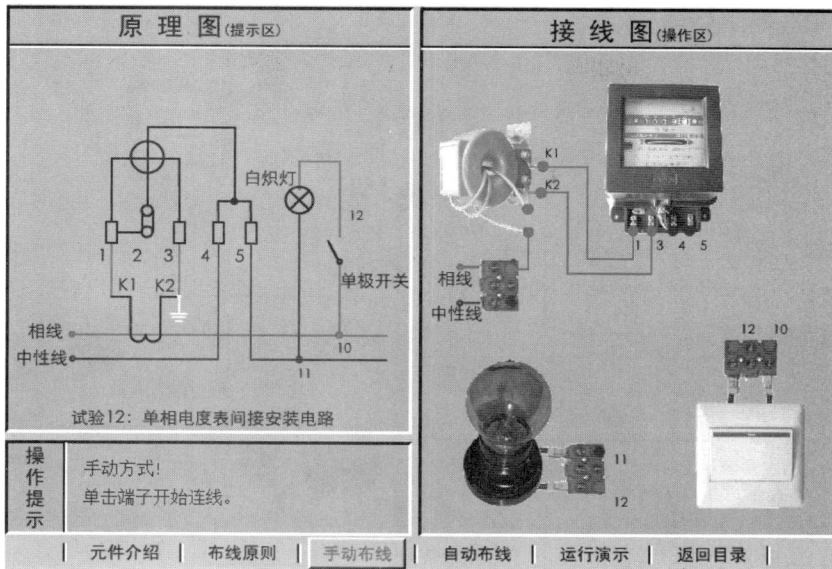

图 7-125　单相电能表间接安装控制电路手动布线过程

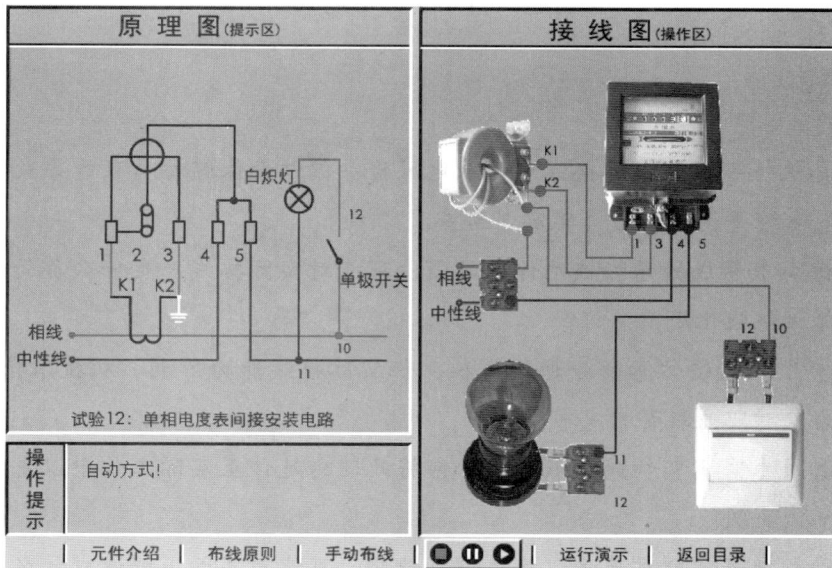

图 7-126　单相电能表间接安装控制电路自动布线过程

（4）完成布线，进入运行演示阶段，该阶段可以通过移动鼠标点击原理图或接线图中的单极开关，实现对白炽灯照明电路的单相电能表间接安装电路控制，如图7-127所示。白炽灯照明期间，单向电能表转盘转动并能够间接测出所消耗电能。

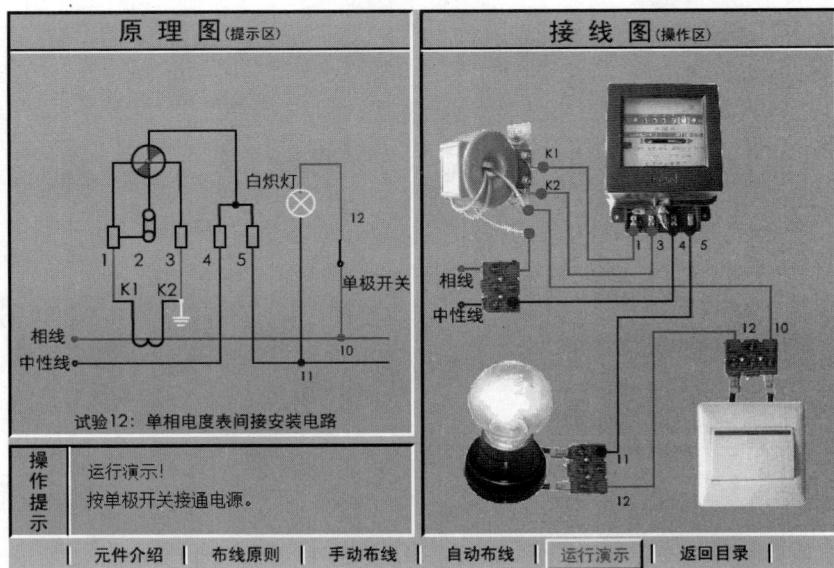

图 7-127　单相电能表间接安装控制电路的运行演示

（5）运行演示完成后，点击返回目录，即可进入图 7-7 项目选择界面。

思考题

1. 仿真软件可避免实际接线中的触电风险，但过度依赖仿真可能导致哪些实践能力缺失？如何平衡虚拟与真实实训的关系？

2. 在仿真中养成随意拖拽元件的习惯，可能对实际接线产生什么负面影响？如何通过虚拟训练强化规范意识？

3. 某学生仅通过仿真高分通过考核，但实际接线能力薄弱。从技术伦理角度，分析这种现象对职业教育的危害。

4. 仿真技术减少实物耗材浪费，如何将此理念延伸至实际工作中以支持"绿色制造"？举例说明。

5. 仿真结果若被刻意美化以掩盖设计缺陷，可能对实际工程造成什么后果？结合案例说明诚信记录的重要性。

第8章　电动机的 PLC 控制

知识目标

1. 掌握 PLC 控制器的基本结构、工作原理、内存区域的分布及 I/O 配置及对应的编程软件的使用等。

2. 理解联锁机制（按钮联锁、接触器联锁、双重联锁）在电动机 PLC 控制中的作用及实现方式。

3. 熟悉延时控制、降压启动、带限位等 PLC 控制电路的原理、接线方法及编程控制。

4. 了解变频器的功能参数设置与操作、PLC 通信方式以及对应的变频器调速控制。

能力目标

1. 能独立完成电动机点动、自锁、正反转 PLC 控制的控制电路的接线、编程、调试与故障排查。

2. 具备电动机 PLC 控制电路的设计与实施能力，能通过时间继电器实现自动切换。能分析延时控制、降压启动、带限位控制等复杂电路的逻辑关系，并验证其功能。

3. 能使用变频器及通信方式对电动机进行多段速、闭环调速等控制。

素养目标

1. 安全生产意识：严格遵守电气安全操作规程，理解误操作（如未联锁导致短路）的严重后果。

2. 职业责任感（思政目标）：树立"安全第一"的职业理念，明确电力拖动系统安全运行对工业生产和人员生命的重要性。

3. 严谨认真、科学规范的工程素养：在设计和调试过程中注重细节，确保系统的可靠性和稳定性，养成按标准图纸接线、标注清晰、工具归位的规范化作业习惯。

4. 法律与标准意识（思政目标）：遵守国家电气安全法规（如 GB/T 5226.1），强化依法依规操作的职业底线。

8.1　PLC 介绍

可编程序控制器，英文称 programmable logical controller，简称 PLC。它是一个以微处理器为核心的数字运算操作的电子系统装置，专为在工业现场应用而设计，它采用可编程序的存储器，用以在其内部存储执行逻辑运算、顺序控制、定时 / 计数和算术运算等操作指令，并通过数字式或模拟式的输入、输出接口，控制各种类型的机械或生产过程。

PLC 是微机技术与传统的继电接触控制技术相结合的产物，它克服了继电接触控制系统中的机械触点的复杂接线、可靠性低、功耗高、通用性和灵活性差的缺点，充分利用了微处理器的优点，又照顾到现场电气操作维修人员的技能与习惯，特别是 PLC 的程序编制，不需要专门的计算机编程语言知识，而是采用了一套以继电器梯形图为基础的简单指令形式，使用户程序编制形象、直观、方便易学；调试与查错也都很方便。用户在购到所需的 PLC 后，只需按说明书的提示，做少量的接线和简易的用户程序的编制工作，就可灵活方便地将 PLC 应用于生产实践。

8.1.1　可编程控制器的基本结构

可编程控制器主要由 CPU 模块、输入模块、输出模块和编程器组成，如图 8-1 所示。

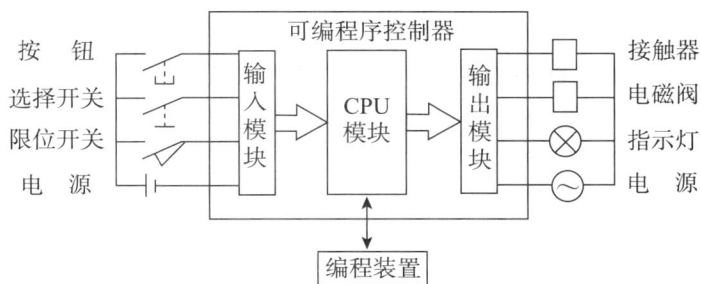

图 8-1　可编程控制器基本结构

1. CPU 模块

CPU 模块又叫中央处理单元或控制器，它主要由微处理器（CPU）和存储器组成。它用以运行用户程序、监控输入 / 输出接口状态、作出逻辑判断和进行数据处理，即读取输入变量、完成用户指令规定的各种操作，将结果送到输出端，并响应外部设备（如编程器、电脑、打印机等）的请求以及进行各种内部判断等。PLC 的内部存储器有两类，一类是系统程序存储器，主要存放系统管理和监控程序及对用户程序作编译处理的程序，系统程序已由厂家固定，用户不能更改；另一类是用户程序及数据存储器，主要存放用户编制的应用程序及各种暂存数据和中间结果。

2. I/O 模块

I/O 模块是系统的眼、耳、手、脚，是联系外部现场和 CPU 模块的桥梁。输入模块用来接收和采集输入信号。输入信号有两类：一类是从按钮、选择开关、数字拨码开关、限位开关、接近开关、光电开关、压力继电器等来的开关量输入信号；另一类是由电位器、热电偶、测速发电机、各种变送器提供的连续变化的模拟输入信号。

可编程序控制器通过输出模块控制接触器、电磁阀、电磁铁、调节阀、调速装置等执行器，可编程序控制器控制的另一类外部负载是指示灯、数字显示装置和报警装置等。

3. 电源

可编程序控制器一般使用 220 V 交流电源。可编程序控制器内部的直流稳压电源为各模块内的元件提供直流电压。

4. 编程器

编程器是 PLC 的外部编程设备，用户可通过编程器输入、检查、修改、调试程序或监视 PLC 的工作情况。也可以通过专用的编程电缆线将 PLC 与电脑连接起来，并利用编程软件进行电脑编程和监控。

5. 输入 / 输出扩展单元

I/O 扩展接口用于将扩充外部输入 / 输出端子数的扩展单元与基本单元（即主机）连接在一起。

6. 外部设备接口

此接口可将编程器、打印机、条码扫描仪、变频器等外部设备与主机相连，以完成相应的操作。

本实训装置选用的主机型号为 S7–200 系列的主机。

8.1.2　可编程控制器的工作原理

可编程控制器有两种基本的工作状态，即运行（RUN）状态与停止（STOP）状态。在运行状态，可编程序控制器通过执行反映控制要求的用户程序来实现控制功能。为了使可编程序控制器的输出及时地响应随时可能变化的输入信号，用户程序不是只执行一次，而是反复不断地重复执行，直至可编程序控制器停机或切换到 STOP 工作状态。

除了执行用户程序之外，在每次循环过程中，可编程序控制器还要完成内部处理、通信处理等工作，一次循环可分为 5 个阶段，如图 8-2 所示。

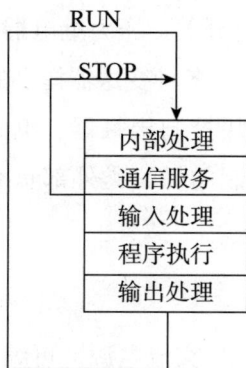

图 8-2　循环过程

在内部处理阶段，可编程序控制器检查 CPU 模块内部的硬件是否正常，将监控定时器复位，以及完成一些别的内部工作。在通信服务阶段，可编程序控制器与别的带微处理器的智能装置通信，响应编程器键入的命令，更新编程器的显示内容。在输入处理阶段，可编程序控制器把所有外部输入电路的接通 / 断开（ON/OFF）状态读入输入映像寄存器。在程序执行阶段，即使外部输入信号的状态发生了变化，输入映像寄存器的状态也不会随之而变，输入信号变化了的状态只能在下一个扫描周期的输入处理阶段被读入。在输出处理阶段，CPU 将输出映像寄存器的通 / 断状态传送到输出锁存器。

8.1.3　可编程控制器的内存区域的分布及 I/O 配置

S7-200CPU224、CPU226 部分编程元件的编号范围与功能说明如表 8-1 所示。

表 8-1　S7-200CPU 部分编程元件的编号范围与功能说明

元件名称	代表字母	编号范围	功能说明
输入寄存器	I	I0.0 ~ I1.5 共 14 点	接受外部输入设备的信号
输出寄存器	Q	Q0.0 ~ Q1.1 共 10 点	输出程序执行结果并驱动外部设备
位存储器	M	M0.0 ~ M31.7	在程序内部使用，不能提供外部输出
定时器	256（T0 ~ T255）	T0, T64	保持型通电延时 1 ms
		T1 ~ T4, T65 ~ T68	保持型通电延时 10 ms
		T5 ~ T31, T69 ~ T95	保持型通电延时 100 ms
		T32, T96	ON/OFF 延时，1 ms
		T33 ~ T36, T97 ~ T100	ON/OFF 延时，10 ms
		T37 ~ T63, T101 ~ T255	ON/OFF 延时，100 ms
计数器	C	C0 ~ C255	加法计数器，触点在程序内部使用
高速计数器	HC	HC0 ~ HC5	用来累计比 CPU 扫描速率更快的事件
顺序控制继电器	S	S0.0 ~ S31.7	提供控制程序的逻辑分段
变量存储器	V	VB0.0 ~ VB5119.7	数据处理用的数值存储元件
局部存储器	L	LB0.0 ~ LB63.7	使用临时的寄存器，作为暂时存储器

续　表

元件名称	代表字母	编号范围	功能说明
特殊存储器	SM	SM0.0 ~ SM549.7	CPU 与用户之间交换信息
特殊存储器	SM（只读）	SM0.0 ~ SM29.7	接受外部信号
累加寄存器	AC	AC0 ~ AC3	用来存放计算的中间值

8.1.4　可编程控制器的编程语言概述

　　现代的可编程控制器一般备有多种编程语言，供用户使用。IEC1131–3——可编程序控制器编程语言的国际标准详细地说明了可编程控制器编程语言：顺序功能图、梯形图、功能块图、指令表、结构文本。其中梯形图是使用得最多的可编程控制器图形编程语言。梯形图与继电器控制系统的电路图很相似，具有直观易懂的优点，很容易被工厂熟悉继电器控制的电气人员掌握，特别适用于开关量逻辑控制。主要特点如下：

　　（1）可编程控制器梯形图中的某些编程元件沿用了继电器这一名称，如输入继电器、输出继电器、内部辅助继电器等，但是它们不是真实的物理继电器（即硬件继电器），而是在软件中使用的编程元件。每一编程元件与可编程序控制器存储器中元件映像寄存器的一个存储单元相对应。

　　（2）梯形图两侧的垂直公共线称为公共母线（BUS bar）。在分析梯形图的逻辑关系时，为了借用继电器电路的分析方法，可以想象左右两侧母线之间有一个左正右负的直流电源电压，当图中的触点接通时，有一个假想的"概念电流"或"能流"（power flow）从左到右流动，这一方向与执行用户程序时的逻辑运算的顺序是一致的。

　　（3）根据梯形图中各触点的状态和逻辑关系，求出与图中各线圈对应的编程元件的状态，称为梯形图的逻辑解算。逻辑解算是按梯形图中从上到下、从左到右的顺序进行的。

　　（4）梯形图中的线圈和其他输出指令应放在最右边。

　　（5）梯形图中各编程元件的常开触点和常闭触点均可以无限多次地使用。

8.1.5　可编程控制器的编程步骤

（1）确定被控系统必须完成的动作及完成这些动作的顺序。

（2）分配输入输出设备，即确定哪些外围设备是送信号到 PLC，哪些外围设备是接收来自 PLC 信号的，并将 PLC 的输入、输出口与之对应进行分配。

（3）设计 PLC 程序画出梯形图。梯形图体现了按照正确的顺序所要求的全部功能及其相互关系。

（4）实现用计算机对 PLC 的梯形图直接编程。

（5）对程序进行调试（模拟和现场）。

（6）保存已完成的程序。

显然，在建立一个 PLC 控制系统时，必须首先把系统需要的输入、输出数量确定下来，然后按需要确定各种控制动作的顺序和各个控制装置彼此之间的相互关系。确定控制上的相互关系之后，就可进行编程的第二步——分配输入输出设备，在分配了 PLC 的输入输出点、内部辅助继电器、定时器、计数器之后，就可以设计 PLC 程序画出梯形图。在画梯形图时要注意每个从左边母线开始的逻辑行必须终止于一个继电器线圈或定时器、计数器，与实际的电路图不一样。梯形图画好后，使用编程软件直接把梯形图输入计算机并下载到 PLC 进行模拟调试，修改、下载，直至符合控制要求。这便是程序设计的整个过程。

8.2　PLC 基本指令

S7-200 的 SIMATIC 基本指令简表如表 8-2 所示。

表 8-2　S7-200 基本指令简表

指令	注释	含义
LD	N	装载（开始的常开触点）
LDN	N	取反后装载（开始的常闭触点）
A	N	与（串联的常开触点）
AN	N	取反后与（串联的常闭触点）

续 表

指令	注释	含义
O	N	或（并联的常开触点）
ON	N	取反后或（并联的常闭触点）
NOT		栈顶值取反
EU		上升沿检测
ED		下降沿检测
二	N	赋值
S	S_BIT, N	置位一个区域
R	S_BIT, N	复位一个区域
SHRB	DATA, S_BIT, N	移位寄存器
SRB	OUT, N	字节右移 N 位
SLB	OUT, N	字节左移 N 位
RRB	OUT, N	字节循环右移 N 位
RLB	OUT, N	字节循环左移 N 位
TON	Txxx, TP	通电延时定时器
TOF	Txxx, TP	断电延时定时器
CTU	Cxxx, PV	加计数器
CTD	Cxxx, PV	减计数器
END		程序的条件结束
STOP		切换到 STOP 模式
WDR		看门狗复位 300 ms
JMP	N	跳到指定的标号
CALL	N（N1, N2…）	调用子程序，可以有 16 个可选参数
CRET		从子程序条件返回
FOR/NEXT	INDX, INIT, FINAL	For/Next 循环
ALD		电路块串联
OLD		电路块并联
NETR	TABLE, PORT	网络读
NETW	TABLE, PORT	网络写
SLCR	N	顺控继电器段的启动
SLCT	N	顺控继电器段的转换
SLCE		顺控继电器段的结束

8.3　STEP7-Micro/WIN 软件的使用

8.3.1　STEP7-Micro/WIN 软件的使用方法

STEP7-Micro/WIN 编程软件为用户开发、编辑和控制自己的应用程序提供了良好的编程环境。为了能快捷高效地开发应用程序，STEP7-MicroWIN 软件提供了三种程序编辑器。STEP7-Micro/WIN 软件提供了在线帮助系统，以便获取所需要的信息。

本实训装置使用的编程软件是 STEP7-Micro/WIN V4.0 版本，在做实训前，首先将该软件根据软件安装的提示安装到计算机上，然后用编程线将计算机和实训装置连接到一起。

1.系统需求

STEP7-MicroWIN 既可以在 PC 机上运行，也可以在 Siemens 公司的编程器上运行。PC 机或编程器的最小配置如下：Windows 95，Windows 98，Windows 2000，Windows Me 或者 Windows NT4.0 以上。

2.软件的使用

（1）打开 STEP7-Micro/WIN V4.0，在 中选择 PC/PPI 协议，如图 8-3 所示。

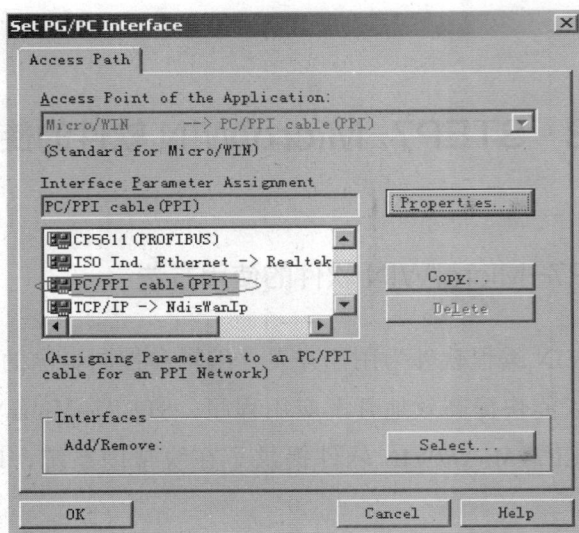

图 8-3　选择 PC/PPI 协议

（2）点击 Properties... 更改通信端口和通信速率，如图 8-4 所示。

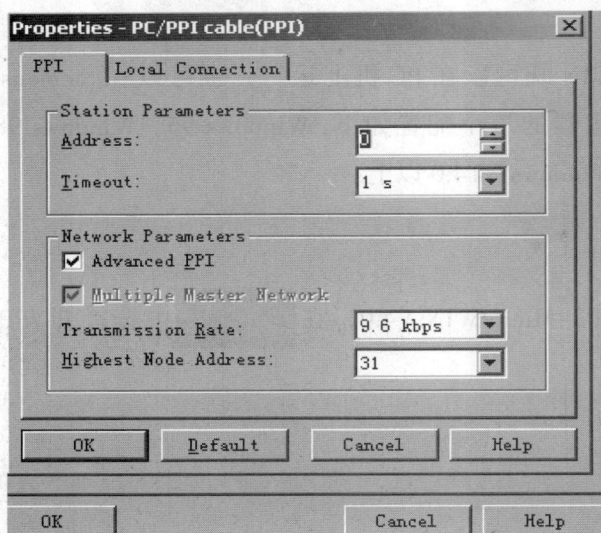

图 8-4　设置通信端口和通信速率

（3）在"通讯"菜单里双击刷新，STEP7-Micro/WIN V4.0 开始搜索 PPI 网络中的 S7-200CPU，如图 8-5 所示。

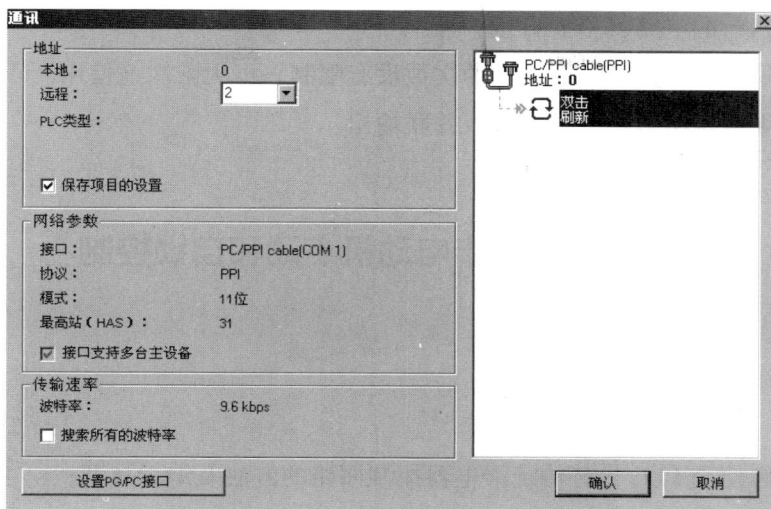

图 8-5　搜索 S7-200CPU

搜索完成后会出现网络中所有 PLC 的列表，选择要操作的 PLC 即可对所选 PLC 进行操作了。

（4）编辑梯形图。

（5）点击 将程序下载到 PLC 中，点击 可以对程序运行状态进行监控，点击 可以将 PLC 置于运行的状态。

8.3.2　编程规则

（1）外部输入／输出继电器、内部继电器、定时器、计数器等器件的接点可多次重复使用，无须用复杂的程序结构来减少接点的使用次数。

（2）梯形图每一行都是从左母线开始，线圈接在右边。接点不能放在线圈的右边，在继电器控制的原理图中，热继电器的接点可以加在线圈的右边，而 PLC 的梯形图是不允许的。

（3）线圈不能直接与左母线相连。如果需要，可以通过一个没有使用的内部继电器的常闭接点或者特殊内部继电器的常开接点来连接。

（4）同一编号的线圈在一个程序中使用两次被称为双线圈输出。双线圈输出容易引起误操作，应尽量避免线圈重复使用。

（5）梯形图程序必须符合顺序执行的原则，即从左到右，从上到下地执行，如不符合顺序执行的电路就不能直接编程。

（6）在梯形图中串联接点使用的次数没有限制，可无限次地使用。

（7）两个或两个以上的线圈可以并联输出。

8.4　三相异步电动机点动和自锁控制

8.4.1　实训目的

（1）了解使用 PLC 代替传统继电器控制回路的方法及编程技巧；

（2）理解并掌握三相异步电动机的点动和自锁控制方式及其实现方法。

8.4.2　实训内容及说明

在传统的强电控制系统中，使用了大量的接触器、中间继电器、时间继电器等分立元器件。由于使用的元器件数量和品种多，使得系统接线复杂，给系统调试以及修改接线带来困难。因其潜在故障点多，故降低了整个系统的安全可靠性。

采用 PLC 对强电系统进行控制，就可以取代传统的继电接触控制系统，还可构成复杂的过程控制网络。在需要大量中间继电器以及时间继电器和计数继电器的场合，PLC 无须增加硬件设备，利用微处理器及存储器的功能，就可以很容易地完成这些逻辑组合和运算，大大降低了控制成本。因此用 PLC 作为强电系统的控制器件是一种行之有效的解决方案。

本实训中，PLC 对电机的控制方式分以下两种。

1.点动控制

每按动启动按钮 SB1 一次，电动机作星形连接运转一次。

2.自锁控制

按启动按钮 SB1，电动机作星形连接启动，只有按下停止按钮 SB2 时电机才停止运转。

8.4.3 实训接线图

实训接线图如图 8-6 所示。

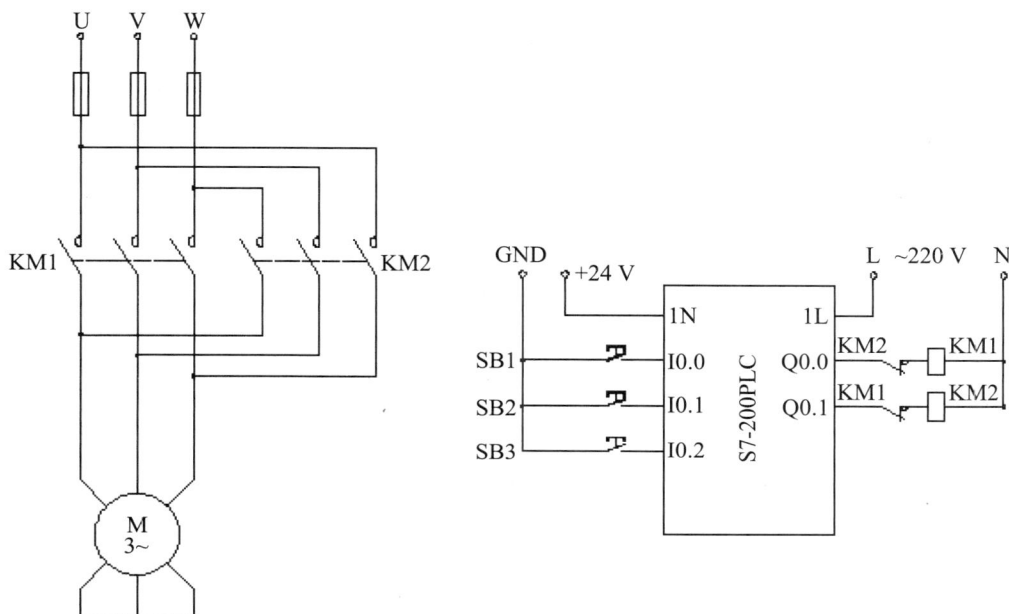

图 8-6 三相异步电动机自锁控制接线图

8.5 三相异步电动机联锁正反转控制

8.5.1 实训目的

（1）了解用 PLC 控制代替传统接线控制的方法；
（2）编制程序控制电机的联锁正反转。

8.5.2 实训说明

三相异步电动机的旋转方向取决于三相电源接入定子绕组的相序，故只要改变三相电源与定子绕组连接的相序即可改变电动机旋转方向。

控制要求：按启动按钮 SB1，电动机作星形连接启动，电机正转；按启动按钮 SB2，电动机作星形连接启动，电机反转；在电机正转时，反转按钮 SB2 被屏蔽，在电机反转时，反转按钮 SB1 被屏蔽；如需正反转切换，应首先按下停止按钮 SB3，使电机处于停止工作状态，方可对其做旋转方向切换。

8.5.3 实训接线图

实训接线图如图 8-7 所示。

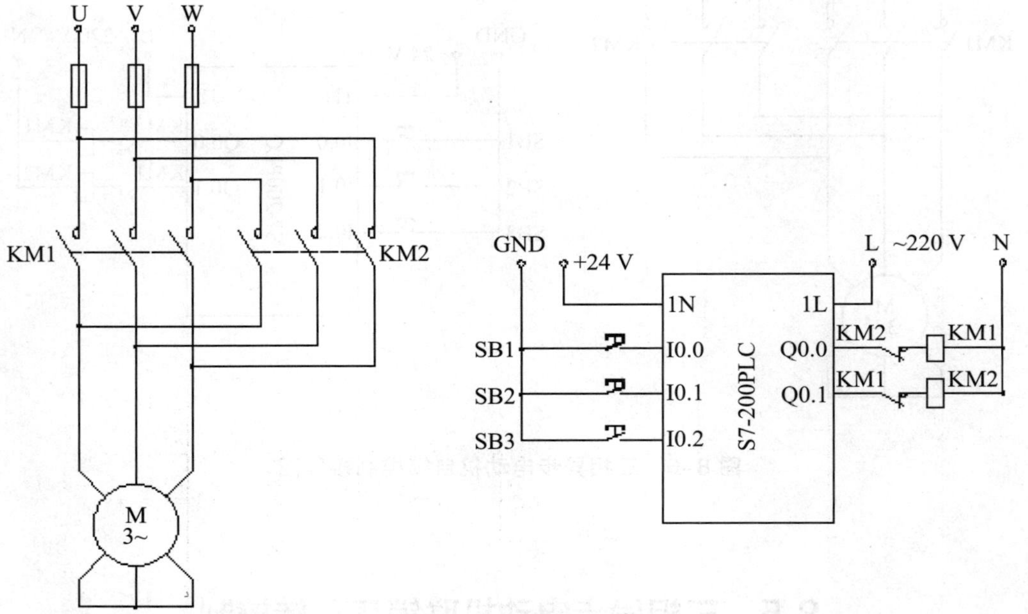

图 8-7 三相异步电动机联锁正反转控制接线图

8.6 三相鼠笼式异步电动机带延时正反转控制

8.6.1 实训目的

（1）了解用 PLC 控制代替传统接线控制的方法；

（2）编制程序通过延时来控制电机的正反转。

8.6.2　实训说明

按启动按钮 SB1，电动机作星形连接启动，电机正转，延时 10 s 后，电机反转；按启动按钮 SB2，电动机作星形连接启动，电机反转，延时 10 s 后，电机正转；电机正转期间，反转启动按钮无效，电机反转期间，正转启动按钮无效；按停止按钮 SB3，电机停止运转。

8.6.3　实训接线图

实训接线图如图 8-8 所示。

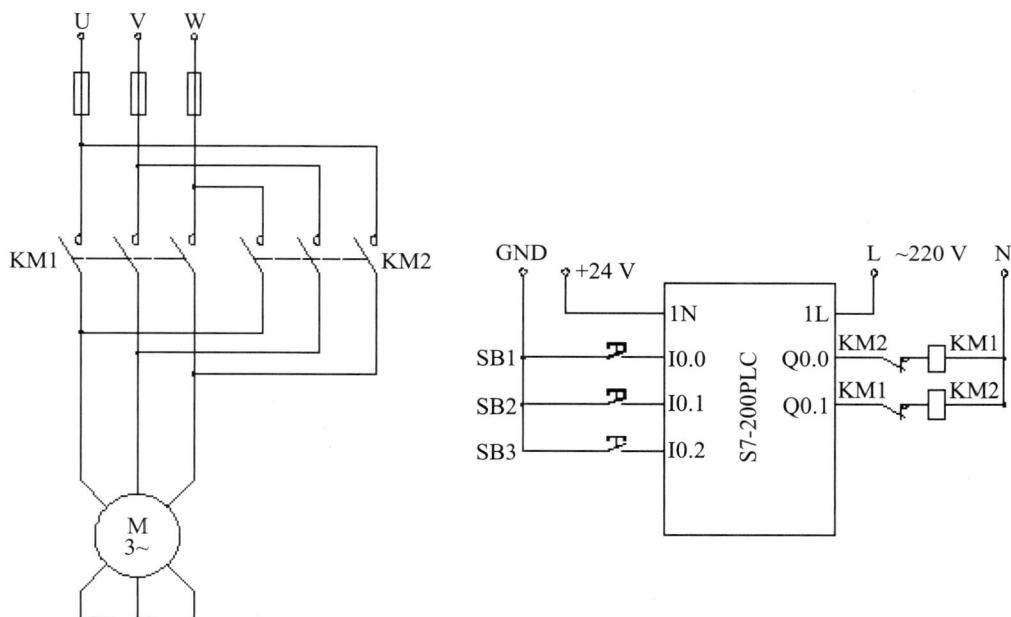

图 8-8　三相异步电动机带延时正反转控制接线图

8.7 三相鼠笼式异步星／三角换接启动控制

8.7.1 实训目的

（1）了解用 PLC 控制代替传统接线控制的方法；

（2）编制程序控制电机的降压启动。

8.7.2 实训说明

控制要求：按启动按钮 SB1，电动机作星形连接启动；6 s 后电机转为三角形方式运行；按下停止按钮 SB3，电机停止运行。

8.7.3 实训接线图

实训接线图如图 8-9 所示。

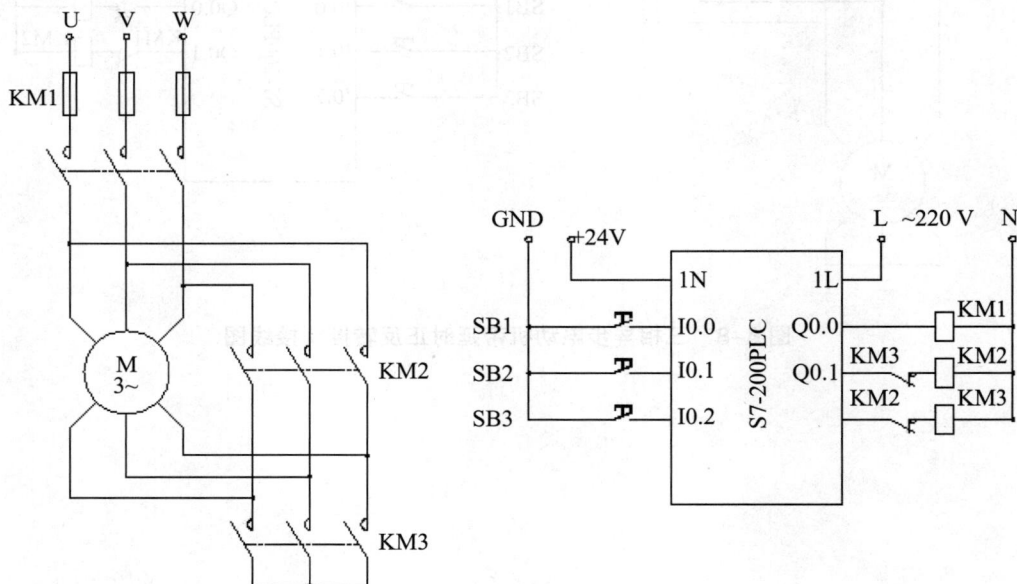

图 8-9 三相异步电动机星／三角换接启动控制接线图

8.8　三相异步电动机带限位自动往返运动控制

8.8.1　实训目的

通过实训理解和掌握三相异步电动机带限位自动往返控制的原理。

8.8.2　原理说明

图 8-10 为三相异步电动机带限位自动往返控制图。

当工作台的挡块停在限位开关 SQ1 和 SQ2 之间的任意位置时，可以按下按钮 SB1，2 使工作台向左方向运动。当工作台到达左终点时挡块压下终点限位开关 SQ2，SQ2 的常闭触点断开正转控制回路，电动机停止正转，同时 SQ2 的常开触点闭合，使反转接触器 KM2 得电动作，工作台右退。当工作台退回原位时，挡块又压下 SQ1，其常闭触头断开反转控制电路，常开触点闭合，使接触器 KM1 得电，电动机带动工作台左进，实现了自动往返运动。

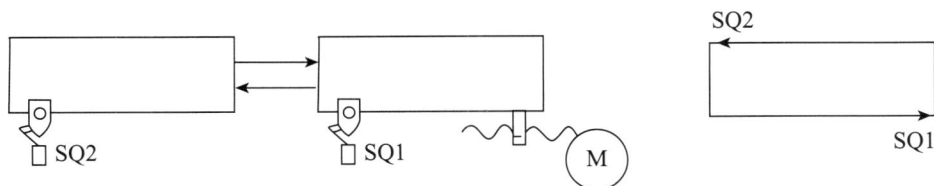

图 8-10　三相异步电动机带限位自动往返控制

8.8.3　实训接线图

实训接线图如图 8-11 所示。

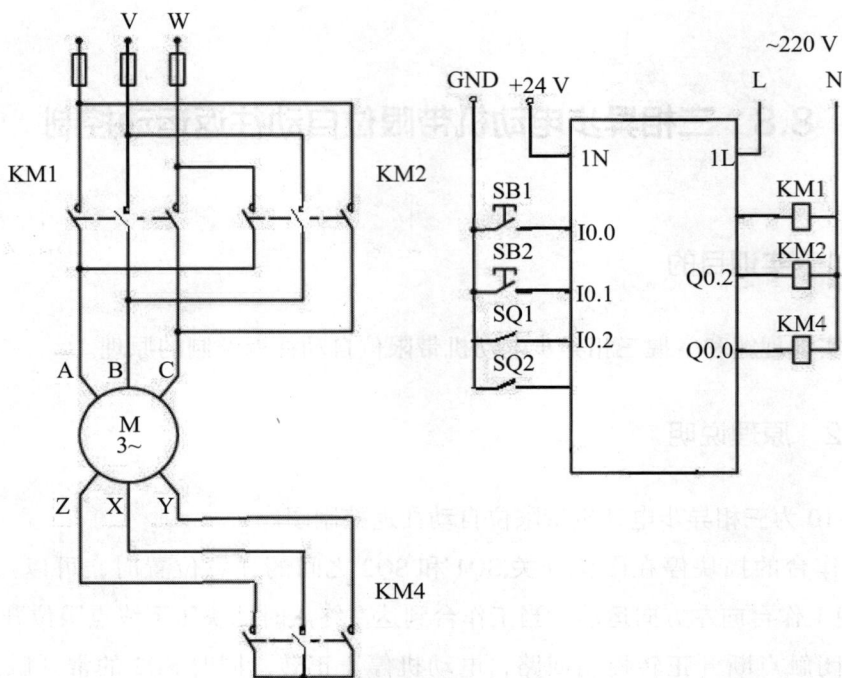

图 8-11 三相异步电动机带限位自动往返控制接线图

8.8.4 实训内容

鼠笼式电动机按△形接法接线，实训线路电源接三相电压输出 U，V，W。

按实训接线图接线，经指导教师检查后，方可进行通电操作。

（1）开启控制屏电源总开关。

（2）按下 SB1，使电动机正转，运转约半分钟。

（3）用手按 SQ2，模拟工作台左进到达终点，挡块压下限位开关，观察电动机应停止正向运转，并变为反向运转。

（4）反转约半分钟，用手按 SQ1，模拟工作台后退到达原位，挡块压下限位开关，观察电动机应停止反转并变为正转。

（5）按下按钮 SB2，电机停止转动。

（6）重复上述步骤，应能正常工作。

8.9　变频器功能参数设置与操作

8.9.1　实训目的

（1）了解变频器基本操作面板（BOP）的功能。

（2）掌握用操作面板（BOP）改变变频器参数的步骤。

（3）掌握用基本操作面板（BOP）快速调试变频器的方法。

8.9.2　基本操作面板的认知与操作

BOP 操作面板如图 8-12 所示。

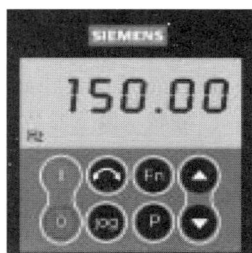

图 8-12　BOP 操作面板

8.9.3　基本操作面板（BOP）功能说明

操作面板功能及说明见表 8-3。

表 8-3　操作面板功能及说明

显示 / 按钮	功能	功能说明
r0000	状态显示	LCD 显示变频器当前的设定值

续　表

显示 / 按钮	功能	功能说明
（I）	启动变频器	按此键启动变频器。缺省值运行时此键是被封锁的。 为了使此键的操作有效，应设定 P0700=1
（0）	停止变频器	OFF1：按此键，变频器将按选定的斜坡下降速率减速停车。缺省值运行时此键被封锁。 为了允许此键操作，应设定 P0700=1。 OFF2：按此键两次（或一次，但时间较长）电动机将在惯性作用下自由停车。此功能总是"使能"的。
（旋转）	改变电动机的转动方向	按此键可以改变电动机的转动方向。电动机的反向用负号（－）表示或用闪烁的小数点表示。缺省值运行时此键是被封锁的，为了使此键的操作有效，应设定 P0700=1
（jog）	电动机点动	在变频器无输出的情况下按此键，将使电机启动，并按预设定的点动频率运行。释放此键时，变频器停车。如果电动机正在运行，按此键将不起作用。
（Fn）	功能	此键用于浏览辅助信息。 变频器运行过程中，在显示任何一个参数时按下此键并保持不动 2 s，将显示以下参数值（在变频器运行中，从任何一个参数开始）： 1. 直流回路电压（用 d 表示，单位：V）； 2. 输出电流（A）； 3. 输出频率（Hz）； 4. 输出电压（用 o 表示，单位：V）； 5. 由 P0005 选定的数值（如果 P0005 选择显示上述参数中的任何一个（3，4 或 5），这里将不再显示）。 连续多次按下此键，将轮流显示以上参数。 跳转功能：在显示任何一个参数（rXXXX 或 PXXXX）时短时间按下此键，将立即跳转到 r0000，如果需要的话，您可以接着修改其他的参数。跳转到 r0000 后，按此键将返回原来的显示点。 故障确认：在出现故障或报警的情况下，按下此键可以对故障或报警进行确认
（P）	访问参数	按此键即可访问参数
（▲）	增加数值	按此键即可增加面板上显示的参数数值

续　表

显示 / 按钮	功能	功能说明
（减少数值按钮）	减少数值	按此键即可减少面板上显示的参数数值

8.9.4　用基本操作面板更改参数的数值

1. 改变参数 P0004

P0004 参数修改如表 8-4 所示。

表 8-4　P0004 参数修改

	操作步骤	显示的结果
1	按 P 访问参数	r0000
2	按 ▲ 直到显示出 P0004	P0004
3	按 P 进入参数数值访问级	0
4	按 ▲ 或 ▼ 达到所需要的数值	3
5	按 P 确认并存储参数的数值	P0004
6	按 ▼ 直到显示出 r000	r0000
7	按 P 返回标准的变频器显示（有用户定义）	

2. 改变下标参数 P0719

P0719 参数修改见表 8-5。

表 8-5　P0719 参数修改

	操作步骤	显示的结果
1	按 P 访问参数	r0000

续　表

操作步骤	显示的结果
2　按 ⬆ 直到显示出 P0719	P0719
3　按 Ⓟ 进入参数数值访问级	in000
4　按 Ⓟ 显示当前的设定值	0
5　按 ⬆ 或 ⬇ 选择运行所需要的最大频率	3
6　按 Ⓟ 确认并存储 P0719 的设定值	P0719
7　按 ⬇ 直到显示出 r000	r0000
8　按 Ⓟ 返回标准的变频器显示（有用户定义）	

说明：修改参数的数值时，BOP 有时会显示：　P----　表明变频器正忙于处理优先级更高的任务。

3.改变参数数值的一个数

为了快速修改参数的数值，可以一个个地单独修改显示出的每个数字，操作步骤如下：

（1）按 Fn（功能键），最右边的一个数字闪烁。

（2）按 ⬆ 或 ⬇，修改这位数字的数值。

（3）再按 Fn（功能键），相邻的下一个数字闪烁。

（4）执行 2 至 4 步，直到显示出所要求的数值

（5）按 Ⓟ，退出参数数值的访问级。

4.变频器快速调试

P0010 的参数过滤功能和 P0003 选择用户访问级别的功能在调试时是十分重要的。由此可以选定一组允许进行快速调试的参数。电动机的设定参数和斜坡函数的设定参数都包括在内。在快速调试的各个步骤都完成以后，应选定 P3900，如果它置为 1，将执行必要的电动机计算，并使其他所有的参数（P0010=1 不包括在内）恢复为缺省设置值。只有在快速调试方式下才进行这一操作。

5.快速调试的流程

快速调试流程如图 8-13 所示。

P0010 开始快速调试
0   准备运行
1   快速调试
30   工厂的缺省设置值
说明
在电动机投入运行之前，P0010 必须回到 '0'。
但是，如果调试结束后选定 P3900=1，那么，
P0010 回零的操作是自动进行的。

P0100 选择工作地区是欧洲/北美
0   功率单位为 kW：f的缺省值为 50 Hz
1   功率单位为 kW：f的缺省值为 60 Hz
2   功率单位为 kW：f的缺省值为 60 Hz
说明
P0100 的设定值0和1应该用DIP开关来更改使
其设定的值固定不变

P0304 电动机的额定电压 1）
10 ~ 2 000 V
根据铭牌键入的电动机额定电压（V）

P0305 电动机的额定电流1）
0 ~ 2倍变频器额定电流（A）
根据铭牌键入的电动机额定电流（A）

P307 电动机的额定功率1）
0kW-2000kW
根据铭牌键入的电动机额定功率（kW）
如果 P0100-1，功率单位应是kW

P0310 电动机的额定频率1）
12 ~ 650 Hz
根据铭牌键入的电动机额定频率（Hz）

P0311 电动机的额定速度1)
0 ~ 40 000 r/min
根据铭牌键入的电动机额定速度（r/min）

P0700 选择命令源2）
接通/断开/反转（on/off/reverse）
0   工厂设置值
1   基本操作面板（BOP）
2   输入端子/数字输入

P1000 选择频率设定值2）
0   无频率设定值
1   用 BOP 控制频率的升降
1   模拟设定值

P1080 电动机最小频率
本参数设置电动机的最小频率（0 ~ 650 Hz）；
达到这一频率时电动机的运行速度将与频率的
设定值无关。这里设置的值对电动机的正转和
反转都是适用的

P1080 电动机最大频率
本参数设置电动机的最大频率（0 ~ 650 Hz）；
达到这一频率时电动机的运行速度将与频率的
设定值无关。这里设置的值对电动机的正转和
反转都是适用的

P1120 斜坡上升时间
0 ~ 650 s
电动机从静止停车加速到最大电动机频率所
需的时间

P1121 斜坡下降时间
0 ~ 650 s
电动机从其最大频率减速到静止停车所需
的时间

P3900 结速快速调试
0   结速快速调试，不进行电动机计算或复位为
工厂缺省设置值
1   结束快速调试，进行电动机计算和复位为工
厂缺省设置值(推荐的方式)
2   结束快速调试，进行电动机计算和 I心 复位
3   结束快速调试，进行电动机计算，但不进行
I/O 复位

图 8-13   快速调试流程

8.9.5　变频器复位为工厂的缺省设定值

为了把变频器的全部参数复位为工厂的缺省设定值，应该按照下面的数值设定参数：

（1）设定 P0010=30。

（2）设定 P0970=1。

完成复位过程至少要 3 min。

8.9.6　实训总结

（1）总结变频器操作面板（BOP）的功能。

（2）总结变频器操作面板（BOP）的使用方法。

（3）总结利用操作面板（BOP）改变变频器参数的步骤。

（4）总结利用操作面板（BOP）快速调试的方法。

8.10　多段速度选择变频器调速

8.10.1　实训目的

（1）了解变频器外部控制端子的功能；

（2）掌握外部运行模式下变频器的操作方法。

8.10.2　控制要求

（1）正确设置变频器输出的额定频率、额定电压、额定电流、额定功率、额定转速。

（2）通过外部端子控制电机多段速度运行，开关 K1，K2，K3 按不同的方式组合，可选择 7 种不同的输出频率。

（3）运用操作面板改变电机启动的点动运行频率和加减速时间。

8.10.3　参数功能表及接线图

1. 参数功能表

变频器参数及功能见表 8-6。

表 8-6　变频器参数及功能

序号	变频器参数	出厂值	设定值	功能说明
1	P0304	230	380	电动机的额定电压（ 380 V ）
2	P0305	3.25	0.35	电动机的额定电流（ 0.35 A ）
3	P0307	0.37	0.06	电动机的额定功率（ 60 W ）
4	P0310	50.00	50.00	电动机的额定频率（ 50 Hz ）
5	P0311	0	1 430	电动机的额定转速（ 1 430 r/min ）
6	P1000	2	3	固定频率设定
7	P1080	0	0	电动机的最小频率（ 0 Hz ）
8	P1082	50	50.00	电动机的最大频率（ 50 Hz ）
9	P1120	10	10	斜坡上升时间（ 10 s ）
10	P1121	10	10	斜坡下降时间（ 10 s ）
11	P0700	2	2	选择命令源（ 由端子排输入 ）
12	P0701	1	17	固定频率设值（二进制编码选择 +ON 命令）
13	P0702	12	17	固定频率设值（二进制编码选择 +ON 命令）
14	P0703	9	17	固定频率设值（二进制编码选择 +ON 命令）
15	P1001	0.00	5.00	固定频率 1
16	P1002	5.00	10.00	固定频率 2
17	P1003	10.00	20.00	固定频率 3
18	P1004	15.00	25.00	固定频率 4
19	P1005	20.00	30.00	固定频率 5
20	P1006	25.00	40.00	固定频率 6
21	P1007	30.00	50.00	固定频率 7

注：（1）设置参数前先将变频器参数复位为工厂的缺省设定值；

（2）设定 P0003=2，允许访问扩展参数；

（3）设定电机参数时先设定 P0010=1（快速调试），电机参数设置完成设定 P0010=0（准备）。

2. 变频器外部接线图

变频器外部接线图如图 8-14 所示。

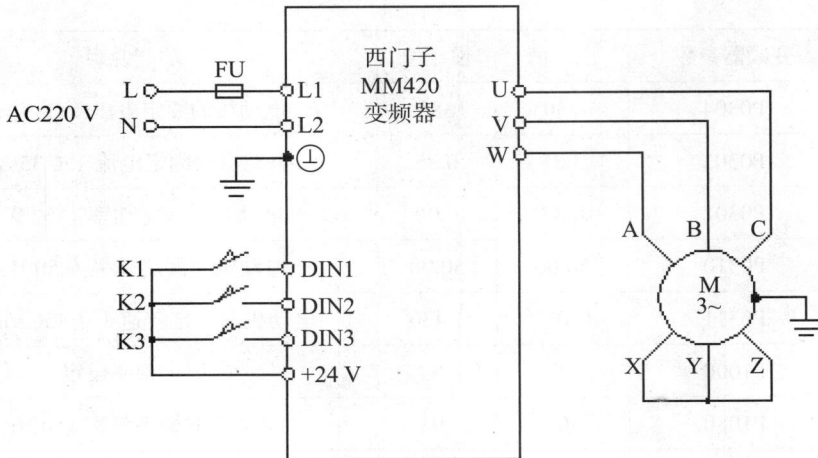

图 8-14　变频器外部接线图

8.10.4　操作步骤

（1）检查实训设备中器材是否齐全。

（2）按照变频器外部接线图完成变频器的接线，认真检查，确保正确无误。

（3）打开电源开关，按照参数功能表正确设置变频器参数。

（4）切换开关 K1，K2，K3 的通断，观察并记录变频器的输出频率。各个固定频率的数值根据表 8-7 选择。

表 8-7　固定频率选择

K1	K2	K3	输出频率
OFF	OFF	OFF	OFF
ON	OFF	OFF	固定频率 1
OFF	ON	OFF	固定频率 2

K1	K2	K3	输出频率
ON	ON	OFF	固定频率 3
OFF	OFF	ON	固定频率 4
ON	OFF	ON	固定频率 5
OFF	ON	ON	固定频率 6
ON	ON	ON	固定频率 7

8.10.5　实训总结

（1）总结使用变频器外部端子控制电机点动运行的操作方法。

（2）总结变频器外部端子的不同功能及使用方法。

8.11　基于 PLC 控制方式的多段速调速实训

8.11.1　实训目的

（1）了解变频器外部控制端子的功能；

（2）掌握外部运行模式下变频器的操作方法；

（3）熟悉 PLC 的编程。

8.11.2　控制要求

（1）正确设置变频器输出的额定频率、额定电压、额定电流、额定功率、额定转速。

（2）通过 PLC 控制变频器外部端子。打开开关 K1 变频器每过一段时间自动变换一种输出频率，关闭开关 K1 电机停止；开关 K2，K3，K4 按不同的方式组合，可选择 7 种不同的输出频率。

（3）运用操作面板改变电机启动的点动运行频率和加减速时间。

8.11.3　参数功能表及接线图

1.参数功能表

变频器参数及功能见 表 8-6。

2.变频器外部接线图

变频器外部接线图如图 8-15 所示。

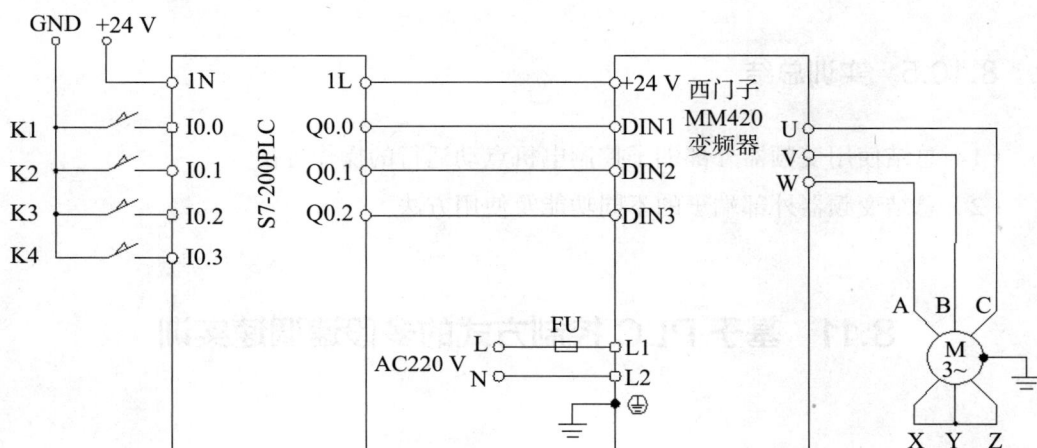

图 8-15　多段速调速变频器外部接线图

8.11.4　操作步骤

（1）检查实训设备中器材是否齐全。

（2）按照变频器外部接线图完成变频器的接线，认真检查，确保正确无误。

（3）打开电源开关，按照参数功能表正确设置变频器参数。

（4）打开示例程序或用户自己编写的控制程序，进行编译，有错误时根据提示信息修改，直至无误，用 PC/PPI 通信编程电缆连接计算机串口与 PLC 通信口，打开 PLC 主机电源开关，下载程序至 PLC 中，下载完毕后将 PLC 的"RUN/STOP"开关拨至"RUN"状态。

（5）打开开关 K1，观察并记录电机的运转情况。

（6）关闭开关 K1，切换开关 K2，K3，K4 的通断，观察并记录电机的运转情况。

8.11.5　实训总结

（1）总结使用变频器外部端子控制电机点动运行的操作方法。

（2）记录变频器与电机控制线路的接线方法及注意事项。

8.12　基于 PLC 通信方式的多段速调速实训

8.12.1　实训目的

（1）了解掌握变频器通信参数的功能与设置方法；

（2）了解掌握用 PLC 以通信方式控制三相异步电机多段速运行的方法。

8.12.2　控制要求

使电机在预期的时间段内按预设时间以不同组合的转速运行。

8.12.3　实训接线图

实训接线图如图 8-16 所示。

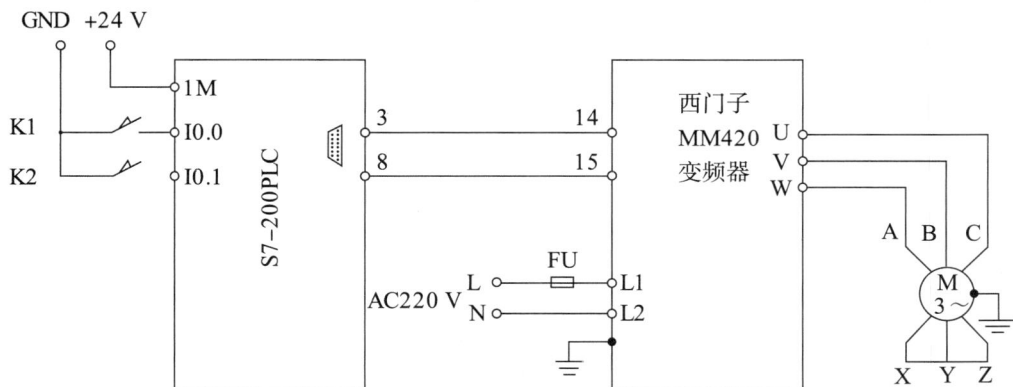

图 8-16　基于 PLC 通信方式的多段速调速接线图

8.12.4 电机频率曲线

电机频率曲线如图 8-17 所示。

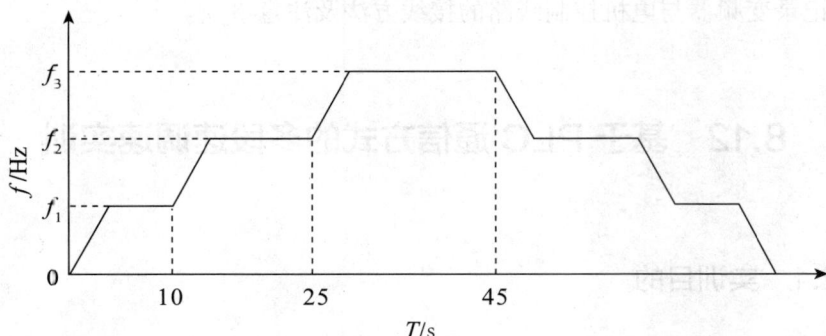

图 8-17 电机频率曲线

8.12.5 实训步骤

（1）正确完成接线，根据样例程序编制梯形图并下载本实验程序到 PLC 中，下载完毕后切换到"RUN"位置。

在程序中，使用到了 USS 指令，该指令专用于 PLC 与 MM 系列变频器之间通信，具体的设置方法参阅 S7-200 系统手册中 USS 章节内容。

（2）参数不仅要对变频器 P0700 和 P1000 进行修改，修改为 5，还要对其站点号和波特率进行修改，其中 P2011 为 18，P2010 为 6。另外，在程序段中，也要将波特率和站点号设置的与变频器设置相一致，在主程序 MAIN 的 USS-INIT 网络段中，Baud 设置一定要和所要激活的变频器所设置的波特率一致，都为 9600。还有 Active 参数为所要激活的变频器的站点号，可以是单台也可以是多台，但不超过 32 台范围，其中设置值可参看系统手册中 USS 通信章节。样例程序中所设变频器站为 18 号，波特率为 9600。

站点号具体计算如表 8-8 所示。

表 8-8 站点号计算结果

D31	D30	D29	D28	…	D19	D18	D17	D16	…	D3	D2	D1	D0
0	0	0	0	…	0	1	0	0	…	0	0	0	0

其中 D0 ～ D31 代表有 32 台变频器，变频器站点号不能相同，如果激活哪台变频器就使该位为 1，现在激活 18 号变频器，即为表 8-9，其中，D18=1。

若同时有 32 台变频器须激活，则 Altive 为 16 # FFFFFFFF，此外还有一条指令用到站点号，USS-CTRL 中的 Drive 驱动站号不同于 USS-INIT 中的 Active 激活号，Active 激活号指定哪几台变频器需要激活，而 Drive 驱动站号是指先激活后的哪台电机驱动，因此程序中可以有多个 USS-CTRC 指令。

（3）打开开关 K1，启动变频器，打开开关 K2 观察电机在不同的时间段内转速的变化状态。

（4）尝试修改参考程序，使变频器以不同的频率组合分时段运行；关闭开关 K1，停止电机。

8.13　基于 PLC 通信方式的开环变频调速实训

8.13.1　实训目的

（1）掌握 USS 通信指令的使用及编程；
（2）掌握变频器 USS 通信系统的接线、调试、操作。

8.13.2　控制要求

（1）总体控制要求：PLC 根据输入端的控制信号，经过程序运算后由通信端口控制变频器运行。
（2）打开启动开关，变频器开始运行。
（3）打开加速开关，变频器加速运行。
（4）打开减速开关，变频器减速运行。
（5）打开反转开关，变频器反转运行。
（6）打开停止开关，变频器停止运行。
（7）打开急停开关，变频器紧急停止。
（8）打开全速开关，变频器全速运行。
（9）打开归零开关，变频器频率归零。

8.13.3　功能指令使用及程序流程图

程序流程图如图 8-18、图 8-19 所示。

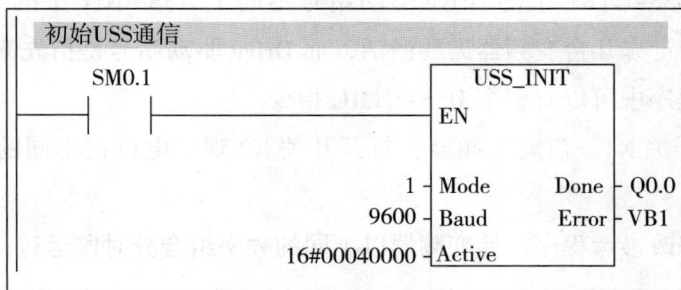

图 8-18　USS 初始化

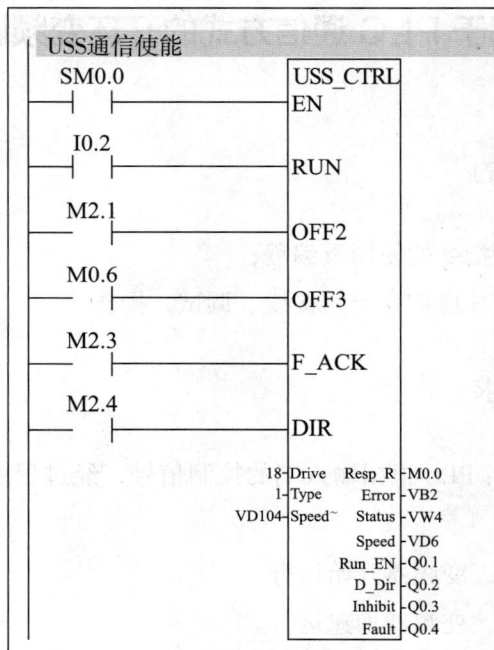

图 8-19　USS 通信使能

（1）USS_INIT 指令：被用于启用和初始化或禁止 MicroMaster 驱动器通信。在使用任何其他 USS 协议指令之前，必须先执行 USS_INIT 指令，才能继续执行下一条指令。

①EN：输入打开时，在每次扫描时执行该指令。仅限为通信状态的每次改动执

行一次 USS_INIT 指令。使用边缘检测指令，以脉冲方式打开 EN 输入。欲改动初始化参数，执行一条新 USS_INIT 指令。

② Mode（模式）：输入值 1 时将端口 0 分配给 USS 协议，并启用该协议；输入值 0 时将端口 0 分配给 PPI，并禁止 USS 协议。

③ Baud（波特率）：将波特率设为 1 200，2 400，4 800，9 600，19 200，38 400，57 600 或 115 200。

④ Active（激活）表示激活的驱动器。

站点号具体计算如表 8-9 所示。

表 8-9　站点号计算

D31	D30	D29	D28	…	D19	D18	D17	D16	…	D3	D2	D1	D0
0	0	0	0	…	0	1	0	0	…	0	0	0	0

其中 D0 ～ D31 代表有 32 台变频器，四台为一组，共分成八组。如果要激活某台变频器就使该位为 1，现在激活 18 号变频器，即为表 8-10 所示，构成 16 进位数得出 Active 即为 0004000。

若同时有 32 台变频器须激活，则 Altive 为 16 # FFFFFFFF，此外还有一条指令用到站点号，USS-CTRL 中的 Drive 驱动站号不同于 USS-INIT 中的 Active 激活号，Active 激活号指定哪几台变频器需要激活，而 Drive 驱动站号是指先激活后的哪台电机驱动，因此程序中可以有多个 USS-CTRC 指令。

（2）USS_CTRL 指令：被用于已在 USS_INIT 指令中 Active（激活）的驱动器。且仅限为一台驱动器。

① EN(使能)：打开此端口，才能启用 USS_CTRL 指令。且该指令应当始终启用。

② RUN（运行）：表示驱动器是打开（1）还是关闭（0）。当 RUN（运行）位打开时，驱动器收到一条命令，按指定的速度和方向开始运行。为了使驱动器运行，必须符合以下条件：Drive（驱动器）在 USS_INIT 中必须被选为 Active（激活）。OFF2 和 OFF3 必须被设为 0。Fault（故障）和 Inhibit（禁止）必须为 0。当 RUN（运行）关闭时，会向驱动器发出一条命令，将速度降低，直至电机停止。

③ OFF2：被用于允许驱动器滑行至停止。

④ OFF3：被用于命令驱动器迅速停止。

⑤ F_ACK：用于确认驱动器中的故障。当从 0 转为 1 时，驱动器清除故障。

⑥ DIR：表示驱动器应当移动的方向正转 / 反转。

⑦ Drive（驱动器）：指定运行的驱动器号，必须已经在 USS_INIT 中被选为 Active（激活）。

⑧ Type（类型）：选择驱动器类型，3 系列或更早的为 0，4 系列为 1。

⑨ Speed_SP（速度设定值）：作为全速百分比的驱动器速度。Speed_SP 的负值会使驱动器反向旋转。范围：−200.0% 至 200.0%

⑩ Resp_R(收到应答)：确认从驱动器收到应答。对所有的激活驱动器进行轮询，查找最新驱动器状态信息。每次从驱动器收到应答时，Resp_R 位均会打开，进行一次扫描，所有数值均被更新。

⑪ Error（错误）：包含对驱动器最新通信请求结果的错误字节。

⑫ Status（状态）：驱动器返回的状态字原始数值。

⑬ Speed（速度）：按全速百分比显示驱动器当前速度。范围：−200.0% 至 200.0%。

⑭ Run_EN（运行启用）：表示驱动器是运行（1）还是停止（0）。

⑮ D_Dir：表示驱动器的旋转方向。

⑯ lnhibit（禁止）：表示驱动器上的禁止位状态（0 为不禁止，1 为禁止）。欲清除禁止位，"故障"位必须关闭，RUN（运行）、OFF2 和 OFF3 输入也必须关闭。

⑰ Fault（故障）：表示故障位状态（0 为无故障，1 为故障）。

8.13.4　端口分配及接线图

1.端口分配及功能表

端口分配及功能表如表 8–10 所示。

表 8–10　端口分配及功能表

序号	PLC 地址（PLC 端子）	电气符号（面板端子）	功能说明
1	I0.0	启动开关	变频器开始运行
2	I0.1	停止开关	变频器停止运行
3	I0.2	急停开关	变频器紧急停止
4	I0.3	复位开关	变频器错误复位

序号	PLC 地址（PLC 端子）	电气符号（面板端子）	功能说明
5	I0.4	反转开关	变频器反转运行
6	I0.5	减速开关	变频器减速运行
7	I0.6	加速开关	变频器加速运行
8	I0.7	全速开关	变频器全速运行
9	I1.0	归零开关	变频器频率归零
10	主机 1M、面板 V+ 接电源 +24 V		电源正端

2. PLC 外部接线图

PLC 外部接线图如图 8-20 所示。

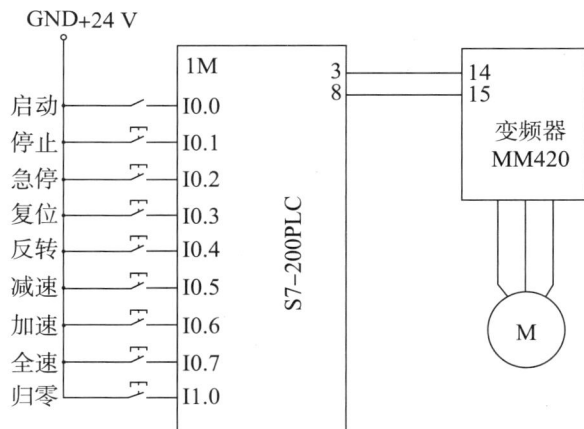

图 8-20　PLC 外部接线图

8.13.5　操作步骤

（1）检查实训设备中的器材及调试程序。

（2）按照 I/O 端口分配表或接线图完成 PLC 与实训模块之间的接线，认真检查，确保正确无误。

（3）打开示例程序或用户自己编写的控制程序，进行编译，有错误时根据提示信息修改，直至无误，用 PC/PPI 通信编程电缆连接计算机串口与 PLC 通信口，打开

PLC 主机电源开关，下载程序至 PLC 中，下载完毕后将通信编程电缆从 PLC 通信口上取下，再将 USS 通信电缆连接变频器通信口与 PLC 通信口。最后将 PLC 的"RUN/STOP"开关拨至"RUN"状态。

（4）设置变频器参数。

（5）打开启动开关，变频器启动，开始运行。

（6）变频器在运行时，按动加速开关，变频器提高运行频率。

（7）变频器在运行时，按动减速开关，变频器降低运行频率。

（8）变频器在运行时，按动反转开关，变频器先停止运行，再反方向运行。

（9）变频器在运行时，按全速开关，变频器在最高频率点运行。

（10）变频器在运行时，按停止开关，变频器惯性停止。

（11）变频器在运行时，按急停开关，变频器紧急停止。

（12）变频器在运行时，按归零开关，变频器频率归零。

（13）变频器在出现错误时，按复位开关，清除错误信号，变频器重新运行。

8.13.6　实训总结

（1）总结 USS 通信指令的使用方法。

（2）总结记录 PLC 与外部设备的接线过程及注意事项。

8.14　基于外部电位器方式的变频器外部电压调速实训

8.14.1　实训目的

（1）了解变频器外部控制端子的功能；

（2）掌握外部运行模式下变频器的操作方法。

8.14.2　控制要求

（1）正确设置变频器输出的额定频率、额定电压、额定电流、额定功率、额定转速。

（2）通过外部端子控制电机启动 / 停止。

（3）通过调节电位器改变输入电压来控制变频器的频率。

8.14.3　参数功能表及接线图

1.参数功能表

参数功能表见表 8-11。

表 8-11　参数功能表

序号	变频器参数	出厂值	设定值	功能说明
1	P0304	230	380	电动机的额定电压（380 V）
2	P0305	3.25	0.35	电动机的额定电流（0.35 A）
3	P0307	0.37	0.06	电动机的额定功率（60 W）
4	P0310	50.00	50.00	电动机的额定频率（50 Hz）
5	P0311	0	1 430	电动机的额定转速（1 430 r/min）
6	P1000	2	2	模拟输入
7	P0700	2	2	选择命令源（由端子排输入）
8	P0701	1	1	ON/OFF（接通正转 / 停车命令 1）

注：（1）设置参数前先将变频器参数复位为工厂的缺省设定值；

（2）设定 P0003=2，允许访问扩展参数；

（3）设定电机参数时先设定 P0010=1（快速调试），电机参数设置完成设定 P0010=0（准备）。

2.变频器外部接线图

变频器外部接线图如图 8-21 所示。

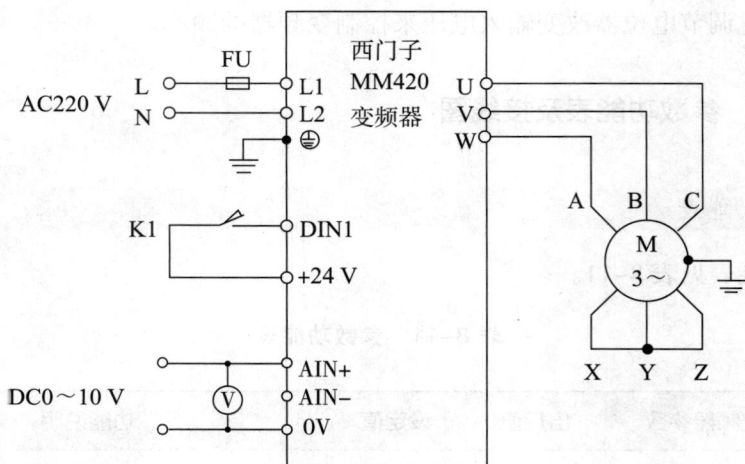

图 8-21 变频器外部接线图

8.14.4 操作步骤

（1）检查实训设备中器材是否齐全。

（2）按照变频器外部接线图完成变频器的接线，认真检查，确保正确无误。

（3）打开电源开关，按照参数功能表正确设置变频器参数。

（4）打开开关"K1"，启动变频器。

（5）调节输入电压，观察并记录电机的运转情况。

（6）关闭开关"K1"，停止变频器。

8.14.5 实训总结

（1）总结使用变频器外部端子控制电机点动运行的操作方法。

（2）总结通过模拟量控制电机运行频率的方法。

8.15　基于 PLC 模拟量方式的闭环调速实训

8.15.1　实训目的

（1）掌握数据转换指令的使用及编程；

（2）掌握模拟量控制变频器进行闭环调速的接线、调试、操作。

8.15.2　控制要求

（1）总体控制要求：PLC 根据模拟量输入端的给定值和过程变量值，控制信号及模拟量输入端的给定值信号和过程变量值信号，经过程序运算后由模拟量输出端输出值到变频器。

（2）电机运行速度超出设定值时开始减速。

（3）电机运行速度低于设定值时开始加速。

8.15.3　功能指令使用及程序流程图

1. 数据转换指令使用

数据转换指令如图 8-22 所示。

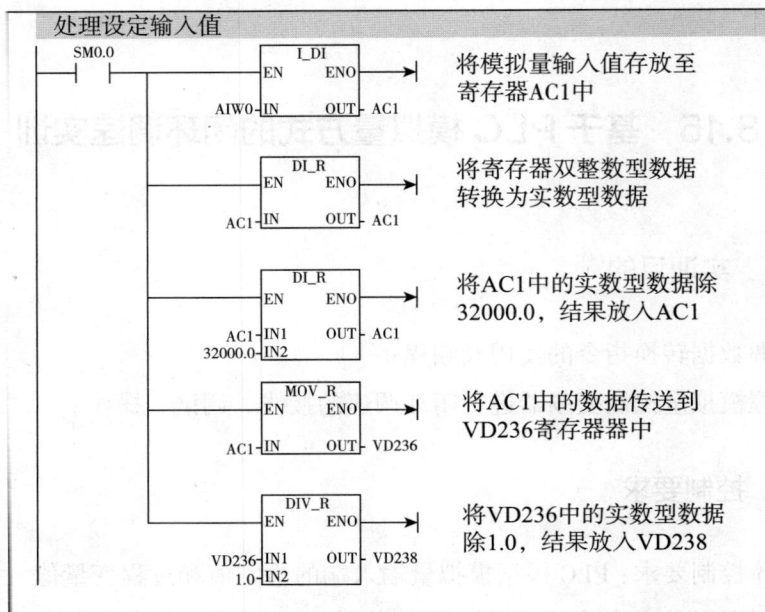

图 8-22　数据转换指令

2.程序流程图

程序流程如图 8-23 所示。

图 8-23　程序流程

8.15.4　端口分配及接线图

1.端口分配及功能表

PLC 端口分配如表 8-12 所示。

表 8-12 PLC 端口分配

序号	PLC 地址（PLC 端子）	电气符号（面板端子）	功能说明
1	I0.0	启动开关	程序开始运行
2	Q0.0		运行信号
3	B−		给定值输入负端
4	B+		给定值输入正端
5	A−		过程值输入负端
6	A+		过程值输入正端
7	V0		输出值
8	主机 1M 接电源 +24 V		电源正端
	模拟量模块 M0 接电源 GND		电源负端

2. PLC 外部接线图

PLC 外部接线如图 8-24 所示。

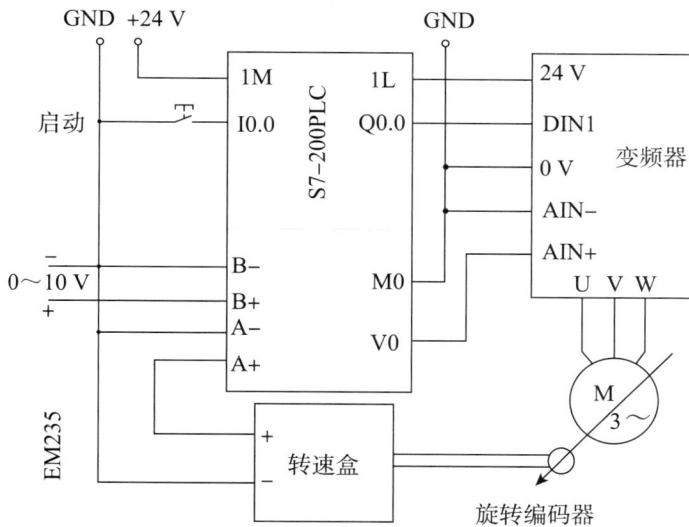

图 8-24 PLC、变频器外部接线图

8.15.5 参数功能表

参数表如表 8-13 所示。

表 8-13 变频器参数表

序号	变频器参数	出厂值	设定值	功能说明
1	P0700	1	2	命令源选择
2	P1000	2	2	频率设定值选择

8.15.6 操作步骤

（1）检查实训设备中器材及调试程序。

（2）按照 I/O 端口分配表或接线图完成 PLC 与实训模块之间的接线，认真检查，确保正确无误。

（3）打开示例程序或用户自己编写的控制程序，进行编译，有错误时根据提示信息修改，直至无误，用 PC/PPI 通信编程电缆连接计算机串口与 PLC 通信口，打开 PLC 主机电源开关，下载程序至 PLC 中，下载完毕后将 PLC 的"RUN/STOP"开关拨至"RUN"状态。

（4）根据参数功能表设置变频器参数。

（5）打开启动开关，变频器启动运行，带动电机运转。

（6）电机运转速度稳定在设定值。

8.15.7 实训总结

（1）总结转换指令的使用方法。

（2）总结记录 PLC 与外部设备的接线过程及注意事项。

8.16　基于 PLC 通信方式的变频器闭环定位控制实训

8.16.1　实训目的

（1）掌握高速计数器指令的使用及编程；

（2）掌握速度闭环定位控制系统的接线、调试、操作。

8.16.2　控制要求

（1）PLC 根据输入端的控制信号及脉冲信号，经过程序运算后由通信端口控制变频器运行设定的行程。

（2）电机运行到减速值后开始减速。

（3）电机运行到设定值后停止运行并锁定。

8.16.3　功能指令使用及程序流程图

1.高速计数器指令使用

LD	SM0.1	
MOVB	16#F8，SMB137	使能计数器
MOVD	+0，SMD138	装置初始值为 0
MOVD	VD0，SMD142	设定预置值为 VD0
HDEF	3，0	配置计数器为 3 号，模式为 0
ENI		
HSC	3	

2.程序流程图

程序流程图如图 8-25 所示。

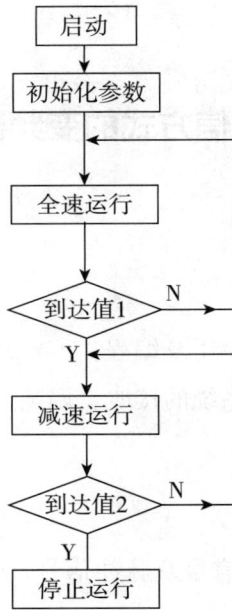

图 8-25 变频器闭环定位控制程序流程图

8.16.4 端口分配及接线图

1.端口分配及功能表

端口分配及功能表见表 8-14。

表 8-14 端口分配及功能表

序号	PLC 地址（PLC 端子）	电气符号（面板端子）	功能说明
1	I0.1	脉冲输入	
2	I0.2	启动开关	程序开始运行
3	主机 1M、面板 V+ 接电源 +24 V		电源正端
4	转速盒 M		电源负端

2.PLC 外部接线图

PLC 外部接线图如图 8-26 所示。

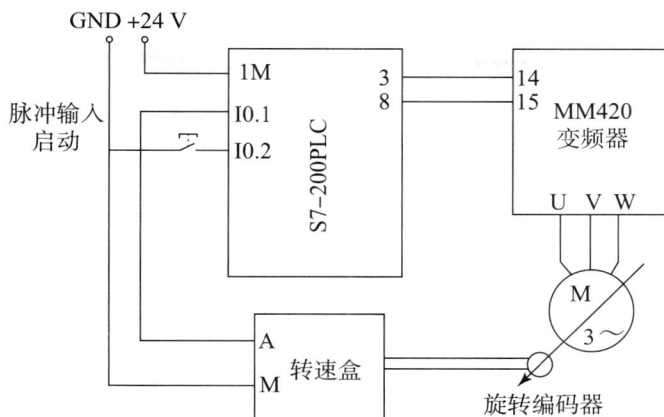

图 8-26　变频器闭环定位控制 PLC 外部接线

8.16.5　参数功能表

变频器闭环定位控制参数表如表 8-15 所示。

表 8-15　变频器闭环定位控制参数表

序号	变频器参数	出厂值	设定值	功能说明
1	P0700	1	5	命令源选择
2	P1000	2	5	频率设定值选择（通过 COM 链路的 USS）
3	P1135	5.0	0	停止时间
4	P1232	100	150	直流制动电流
5	P1233	0	1	直流制动电流持续时间

8.16.6　操作步骤

（1）检查实训设备中器材及调试程序。

（2）按照 I/O 端口分配表或接线图完成 PLC 与实训模块之间的接线，认真检查，确保正确无误。

（3）打开示例程序或用户自己编写的控制程序，进行编译，有错误时根据提示信息修改，直至无误，用 PC/PPI 通信编程电缆连接计算机串口与 PLC 通信口，打开 PLC 主机电源开关，下载程序至 PLC 中，下载完毕后将通信编程电缆从 PLC 通信口上取下，再将 USS 通信电缆连接变频器通信口与 PLC 通信口。最后将 PLC 的 "RUN/STOP" 开关拨至 "RUN" 状态。

（4）根据参数表设置变频器参数。

（5）打开启动开关，变频器启动开始运行，带动电机运转。

（6）电机在运转过程中带动旋转编码器，经过转速盒的处理后输出脉冲信号到 PLC 的高速计数器输入端。

（7）当计数值达到减速值时，PLC 控制变频器降低输出频率，电机减速运行。

（8）当计数值达到设定值时，PLC 控制变频器输出短暂直流电压加到电机上，电机停止运行并锁定当前位置，完成定位控制。

8.16.7 实训总结

（1）总结高速计数器指令的使用方法。

（2）总结记录 PLC 与外部设备的接线过程及注意事项。

思考题

1. 在电动机的正反转控制中，使用 PLC 控制相较于传统继电器控制，有哪些优势和可能面临的挑战？

2. 若一台三相异步电动机在运行时出现转速异常下降，利用 PLC 控制系统，你将如何进行故障诊断和排查？

3. 结合梯形图编程，阐述如何实现电动机的星三角降压启动控制，并说明各阶段的逻辑关系。

4. 在一个有多台电动机顺序启动、逆序停止的 PLC 控制系统中，如何优化程序以减少资源占用和提高系统响应速度？

5. 当电动机运行过程中突然停电，来电后须自动恢复运行，利用 PLC 应如何设计控制程序？

6. 假设要将一台旧设备的电动机控制系统升级为 PLC 控制，在硬件选型和软件编程方面需要考虑哪些关键因素？

7. 利用 PLC 实现电动机的调速控制，比较不同调速方法（如变频调速、变极调速等）在编程实现上的差异。

8.在 PLC 控制的电动机系统中，如何设计有效的过载保护和短路保护措施，并在程序中体现？

9.对于一个需要根据外部传感器信号实时控制电动机启停和转速的应用场景，如何设计 PLC 的输入输出接口和控制程序？

10.在电动机 PLC 控制中，如何利用通信技术实现远程监控和控制？可能会遇到哪些技术难题及解决方法？

第9章 电工基础电路故障排查

知识目标

1. 掌握电动机控制电路的故障排查流程与方法。

2. 熟悉照明电路常见故障，掌握照明电路的故障排查流程与方法。

3. 熟悉常规电路故障分类、排查流程、排查策略、常见故障诊断与处理、一般故障检修及其关键点等。

能力目标

1. 能对电动机基本控制电路进行线路调试与故障排查。

2. 具备电动机控制电路的故障排查能力，能通过照明电路（白炽灯、荧光灯、高压汞灯等）的故障现象及漏电情况对故障电路的故障进行故障排查与检修。

3. 能够对电动机单相运行产生的成因进行分析及检修维护。

素养目标

1. 严谨认真、科学规范的工作态度和工程素养：在电路设计、安装和调试过程中注重细节，严格遵守电气安全操作规程，确保电路系统的可靠性和稳定性。

2. 增强专业的认可度：激发学生的学习动力和求知欲，为今后从事相关工作奠定良好的职业素养基础。

3. 培养节能环保意识（思政目标）：在照明电路设计和电动机选型中，充分考虑能源利用效率，选择节能型灯具和高效电动机，降低能源消耗。

9.1　电动机基本控制线路的故障排除

在对电动机基础控制电路进行故障检修时，遵循一套系统化、逻辑清晰的步骤至关重要。以下是故障排查的一般流程与方法。

（1）故障现象观测与初步判定。采用安全可控的试验策略，即在确保不扩大故障影响范围且不损害电气与机械设备的前提下，对电路实施通电测试。通过细致观察电气设备与元件的响应情况，评估其运行状态是否正常，并核对各控制环节的执行顺序是否符合设计预期，从而初步界定故障可能涉及的区域或回路。

（2）逻辑分析精确定位故障区间。运用逻辑分析法深入剖析。此法依据电气控制线路的内在逻辑、控制流程的顺序性以及各组件间的相互作用，结合已观察到的故障表现，进行细致入微的分析推理。这一过程旨在快速而精准地缩小故障搜索范围，直至锁定具体故障点。此法尤其适用于处理复杂线路中的故障，强调以准确性为基础，追求排查效率的最大化。

（3）测量法精确识别故障点。借助专业的电工检测工具与仪表，诸如测电笔、万用表、钳形电流表、绝缘电阻测试仪等，对疑似故障区域实施带电或断电条件下的精确测量，这一步骤是确诊故障点的关键环节。通过电压分阶测量与电阻分阶测量等多种技术手段，能够高效且准确地定位故障源，为后续修复工作提供坚实依据。接下来阐述电压分阶测量法和电阻分阶测量法的具体操作。

9.1.1　电压分阶测量法

在进行电压检测时，首要步骤是将万用表的选择旋钮调至交流电压 500 V 量程，随后按图 9-1 所示方法进行测量。操作过程中，需断开主电路回路，同时确保控制电路电源接通。若启动按钮 SB1 被按下后，接触器 KM 未能正常吸合，则表明控制电路存在故障隐患。

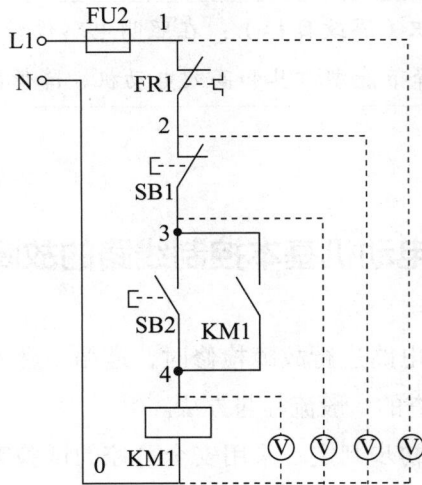

图 9-1　电压分阶测量法

为精准定位故障，需双人协作。一人负责初步测量 0 点与 1 点间的电压值，若显示为 380 V，则确认控制电路的供电电压处于正常状态。随后，另一人持续按压 SB1，而前者则将黑表笔固定在 0 点，红表笔则逐一触碰 2，3，4 点，依次测量并记录 0-2，0-3，0-4 各段间的电压值。通过分析这些测量结果，即可精准锁定故障位置，具体方法如表 9-1 所示。此方法犹如逐级攀登台阶般逐一检测电压，因此得名电压逐级测量法。

表 9-1　电压分阶测量法查找故障点

故障现象	测量状态	0-2	0-3	0-4	故障点
按下 SB1 时，KM 不吸合	按下 SB1 不放	0	0	0	FR 常闭触头接触不良
		380 V	0	0	SB2 常开触头接触不良
		380 V	380 V	0	SB1 接触不良
		380 V	380 V	380 V	KM 线圈断路

9.1.2　电阻分阶测量法

在进行检测与测量的过程中，首要步骤是将万用表调至恰当的电阻量程挡位，随后遵循图 9-2 所示流程执行测量操作。在进行测量时，操作人员需要确保主电路已断开，而控制电路则保持通电状态；若此时按下启动按钮 SB1，接触器 KM 未能如期吸合，则提示控制电路存在故障。

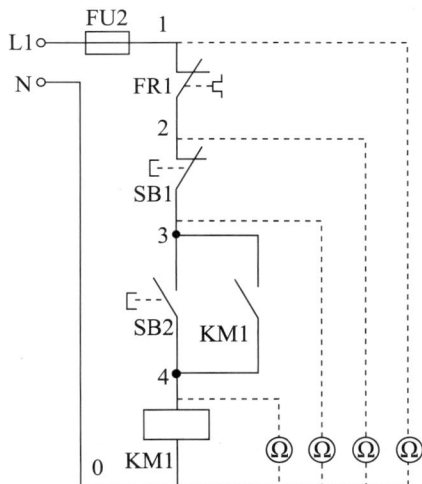

图 9-2　电阻分阶测量法

进行故障排查时，首要操作是断开控制电路的电源供应（与电压分级测量法相区别），随后采取双人协作模式：一人持续按压 SB1，另一人则使用万用表逐一测量并记录 0-1，0-2，0-3 及 0-4 各段间的电阻值。依据这些测量数据，可准确识别并定位故障点，具体请参考表 9-2。

表 9-2　电阻分阶测量法查找故障点

故障现象	测量状态	0-1	0-2	0-3	0-4	故障点
按下 SB1 时，KM 不吸合	按下 SB1 不放	∞	R	R	R	FR 常闭触头接触不良
		∞	∞	R	R	SB2 常闭触头接触不良
		∞	∞	∞	R	SB1 接触不良
		∞	∞	∞	∞	KM 线圈断路

针对不同故障点，需采取恰当的维修措施以消除故障。完成维修后，操作人员需要进行通电空载测试或局部空载验证，确保设备在无负载状态下运行正常。一旦校验通过，设备即可通电并投入正常运行。

值得注意的是，电动机控制线路的故障表现多样，即便是相同的故障现象，其发生位置也可能各异。因此，在应用上述检修流程与方法时，应避免机械套用，而应依据具体故障情况灵活调整，以确保快速、准确地识别故障点、查明原因，并及时采取有效措施予以排除。

9.1.3　注意事项

在实际维修作业中，应着重关注以下几点：
（1）故障分析与排除的思路与方法必须科学合理。
（2）严禁随意改动线路布局，且在非断电状态下严禁直接接触电气元件。
（3）正确使用测量仪表，以防误导诊断结果。
（4）若需带电作业，必须设立现场监护人并确保作业环境的安全用电条件。

9.2　照明电路的故障排除

在对照明电路进行故障排查时，一个系统化的流程是从引入电源线起始，依次经过电能表、总开关、导线，直至分路出线，逐一排查潜在问题。这一流程确保了故障检测的全面性和逻辑性，符合学术研究与工程实践的严谨标准。

9.2.1　照明电路的常见故障

照明电路常见的故障主要有断路、短路和漏电三种，这些故障直接影响了电路的正常运行。

1. 断路

在照明电路中，无论是相线还是零线，均有可能发生断路。断路状态下，负载设备将丧失功能。特别地，在三相四线制供电系统中，若零线发生断裂，将直接导致三相电压分配不均，具体表现为负载较重的一相电压降低，而负载较轻的一相电压升高。例如，若负载为白炽灯，则可能观察到部分灯光暗淡，而另一部分异常明亮，同时，断路侧的零线将出现对地电压。

此类故障多由熔丝熔断、接线端松动、线路断裂、开关未闭合或铝质接头氧化腐蚀等因素引发。

面对单灯不亮而其余正常的情况，首要检查灯泡灯丝是否损坏；若灯丝完好，则需进一步检查开关与灯座接触是否良好，以及是否存在断线问题。利用验电工具检测灯座两极电性，若两极均无电，指示相线断路；若两极均带电（带灯泡测试时），则表明中性线（零线）断路；若仅一极带电，则可能是灯丝未有效连接。对于日光灯，还需特别检查启辉器的工作状态。若多盏灯同时不亮，则需优先检查总保险丝是否熔断或总开关是否处于闭合状态，同时可沿用上述方法及验电工具进行故障定位。

2. 短路

短路故障显著特征为熔断器熔丝迅速熔断，短路点伴随明显的烧焦痕迹与绝缘材料的碳化现象，极端情况下可能引发导线绝缘层全面烧毁乃至火灾。

其成因涵盖有①电器设备接线不牢固，导致接头意外接触；②灯座或开关渗水，或螺口灯头结构松动、顶芯偏移触及螺口，内部电路因此短路；③导线绝缘层因磨损或老化而失效，零线与相线间发生直接接触。面对短路导致的打火或熔丝熔断，首要任务是查明短路根源，定位故障点，随后替换保险丝并恢复供电。

3. 过载

过载是指实际电流超出线路导线所能承受的额定电流范围。其直接表现包括保护熔丝熔断及过载部分设备温度急剧上升。若保护装置未能及时响应，可能引发重大电气事故。过载的主要原因有：导线截面积选择不当，与实际用电需求不匹配；盲目增加用电负荷；以及电源电压偏低时，如风扇、洗衣机、电冰箱等设备为维持正常输出功率，会尝试增加电流以补偿电压不足，从而诱发过载。

4. 漏电

漏电不仅导致能源的不正当消耗，更潜藏着严重的人身触电风险。其主要成因包括相线绝缘层破损接地，以及用电设备内部绝缘失效导致外壳带电。为解决漏电问题，普遍采用漏电保护器作为防护手段。一旦漏电电流超出预设阈值，漏电保护器将自动切断电路。若漏电保护器触发动作，须立即排查漏电接地点，实施必要的绝缘修复措施后，方可重新接通电源。在照明线路中，穿墙部位、邻近墙壁及天花板等区域是漏电接地点的高发区，应作为重点检查对象。

（1）检测漏电状况：在待检测建筑的主电路上安装一电流测量仪表，随后开启所有照明控制开关，并移除所有灯泡进行细致观测。若电流表示数发生波动，则确认存在漏电现象。波动幅度受电流计精度及实际漏电强度共同影响，显著波动指示着较大的漏电问题，确认后，可进一步执行后续检测步骤。

（2）鉴别漏电类型：区分漏电是源自火线与零线间的短路，还是相线与接地系统间的泄漏，抑或两者并存。利用电流测量仪表，尝试切断零线并监测电流变化：若读数保持，则指向相线与地的漏电；若读数归零，则为相线与零线间的漏电；若读数减小但未归零，则表明同时存在上述两种漏电情况。

（3）界定漏电区域：通过移除分路保险丝或断开对应开关，观察电流表示数变化。若指示无变化，则漏电发生在总线上；若指示归零，则漏电局限于某一分路；若指示减小但不归零，则表明漏电同时存在于总线与分路之中。

（4）精确定位漏电点：基于前述方法锁定漏电的分路或线路段后，逐一断开该段内灯具的供电开关。当某一开关断开导致电流表示数归零或显著减小时，若归零，则确认该分支线路为漏电源；若减小，则表明除该分支外，尚有其他漏电点存在。若所有灯具开关均被断开后，电流表示数仍保持不变，则表明漏电发生在该干线段上。

9.2.2 照明电路的故障诊断与排除

1. 零线断线引发的照明线路问题

当零线发生断裂时，会导致电压分配不均，进而可能损坏连接在高电压相位的家用电器。同时，在断线负荷侧的零线端口处，会出现对地电压的异常情况。为有效预防此类故障及保护家用电器，建议选用与相线等截面的导线作为零线，并确保其连接稳固可靠。此外，在入户点及线路末端增设重复接地措施，即便零线意外断裂，三相电源也能通过重复接地与大地构成回路，从而避免潜在的安全事故。

针对零线断裂的故障排查，首要任务是检查零线上是否违规接入了刀开关、熔断器等部件，若有，须立即拆除并恢复零线的直接且可靠的连接状态。同时，细致检查零线的各个连接点，确认是否存在断裂、松动、接触不良等现象，以及是否因外部因素（如强风等）导致的机械性断线。

2. 照明线路短路故障

短路故障的典型特征包括熔断器熔体熔断，短路点伴有明显烧痕、绝缘层碳化，严重时甚至会导致导线绝缘层烧毁，引发火灾风险。短路故障的主要成因可归纳如下：

（1）安装不规范，如多股导线未妥善捻紧、未进行涮锡处理，压接不紧密存在毛刺。

（2）相线与零线间压接不牢或间距过近，在外力作用下易相互接触，造成相线对零线或相间短路。

（3）恶劣天气条件，如大风损坏绝缘支撑物，导线间相互碰撞摩擦损伤绝缘层；雨天时，电气设备防水措施失效，雨水侵入导致短路。

（4）电气设备运行环境恶劣，存在大量导电尘埃，若防尘措施不足或失效，尘埃积聚于设备内部引发短路。

（5）人为因素，如建筑施工中不当移动导线、开关箱、配电盘等，或施工过程中误触架空线、挖掘作业中损伤地下电缆等。

针对短路故障的排查，通常采用分支路、分段检查与重点区域排查相结合的方式，并借助试灯法等工具进行精确检测。

3. 照明线路短路故障的常见诱因分析

（1）过载运行导致熔断器熔断，是短路故障的常见原因之一。

（2）开关触点因松动或接触不良，易引发短路现象。

（3）导线连接处若压接不牢固，接触电阻增大，将产生局部过热，加速连接处氧化，尤其是铜铝导线直接相接而缺乏过渡接头时，接头处会迅速腐蚀，最终导致短路。

（4）此外，恶劣的自然环境条件和人为操作失误也是不可忽视的短路诱因。

在排查短路故障时，可综合运用试电笔、万用表等工具，采取分段排查与重点部位检测相结合的方式。对于长距离线路，可采用对分法高效定位短路点。

4. 照明线路漏电故障

照明线路漏电主要源于相线与零线间绝缘层的受潮、污染导致的绝缘性能下降，进而引发相线与零线间的漏电；同时，绝缘层受外力损伤也可能造成相线与地之间的漏电；此外，线路长期运行后，导线绝缘层的老化也是漏电的重要原因。针对漏电故障的检查，可采用以下方法：

（1）利用绝缘电阻表测量绝缘电阻值，或在总开关处接入电流表，断开负载后通电，观察电流表指针是否摆动，以判断是否存在漏电。指针偏转幅度大，则漏电严重。确认漏电后，需进一步深入检查。

（2）在执行切断零线的操作时，若观察到电流表读数保持恒定或绝缘电阻值无显著变化，这通常表明漏电现象存在于相线与大地之间；相反，若电流表读数归零或绝缘电阻值恢复正常，则指示漏电发生在相线与零线之间；若电流表读数有所下降但仍未归零，或绝缘电阻值有所提升却仍未达标，则意味着漏电可能同时存在于相线与零线以及相线与大地之间。

（3）为了进一步定位漏电区域，可尝试移除分路熔断器或关闭分路开关。若此时电流表读数或绝缘电阻值保持不变，则表明漏电可能源自总线路；若读数归零或电阻值恢复正常，则漏电可能仅限于该分路；若读数减小但未完全归零，或电阻值虽有提升但仍不满足要求，则可能意味着总线路与分线路均存在漏电情况，从而明确了漏电的大致范围。

（4）依据前述步骤锁定的漏电分路或线段，接下来需逐一断开该线路上各灯具的开关。每当断开一处开关时，若电流表读数归零或绝缘电阻值恢复正常，即可确认该分支线路存在漏电；若读数仅略有减小或电阻值有所上升，则表明除该支线外，还有其他漏电点；若在所有灯具开关均断开后，电流表读数或绝缘电阻值仍无显著变化，则表明漏电源头位于该干线之上。通过上述逐步排查，可将故障范围精确至较短的线段，进而对该段线路的接头、接线盒、电线穿墙处等关键部位进行细致检查，以识别并处理绝缘损坏问题。

5. 照明电路绝缘性能下降引发的故障分析

随着电气照明线路使用年限的增长，绝缘材料逐渐老化，绝缘子可能遭受损坏，加之导线绝缘层可能因受潮或物理磨损而失效，这些因素共同导致线路的绝缘电阻显著降低。为确保电气系统的稳定运行，定期检测线路的绝缘电阻显得尤为重要，一旦发现异常应及时采取修复措施。绝缘电阻的测量流程如下：

（1）对于线路绝缘电阻的评估，首要步骤是切断所有用电设备并确保电源已完全断开。随后，利用绝缘电阻测试仪对线路间绝缘电阻值进行测量，其结果需符合既定的安全标准。若测试结果未达标，则需进一步深入检查以定位问题根源。

（2）进行线对地的绝缘电阻测量时，同样需先切断电源并断开线路上的所有用电设备。接下来，将绝缘电阻测试仪的一个接线端连接至待测导线，而另一个接线端则连接至诸如自来水管、电气设备金属外壳或建筑物金属外壳等与大地保持良好接触的金属体上，随后执行测量操作。

6. 熔断器熔体熔断导致的故障

（1）熔体局部熔断现象常见于熔体材质较软，易于在安装过程中受到损伤，或熔体本身存在粗细不均的情况。在此类情况下，较细的部分因电阻较大，更易在过载时首先熔断。为解决此问题，应更换与原熔体规格相匹配的全新熔体。

（2）熔体爆熔，即整条熔体均被熔断，通常是由线路上的短路故障所致。面对此类情况，首要任务是查明并消除短路原因，随后更换新的熔体以恢复电路的正常运行。

（3）熔体压接螺丝松动也可能导致短路故障的发生。因此，在更换熔体时，务必检查并紧固压接螺丝，以防止类似问题的再次发生。

7. 熔断器与刀开关过热导致的故障

（1）螺钉孔处用以密封的火漆发生熔融，留下明显的流淌痕迹，此迹象直接指向了过热问题的存在。

（2）纯铜部件表面因高温作用生成了黑色的氧化铜层，且材质因热应力而软化，同时压接螺钉因过热而焊固，难以进行正常的松动操作，这进一步证实了过热故障的存在。

（3）导线与刀开关、熔断器及接线端之间的压接存在不牢固现象，导致接触不良。此外，导线表面因长时间使用而发生氧化，也加剧了接触不良的问题。尤为值得注意的是，当铝导线直接压接在铜接线端上时，由于两者间的电化学腐蚀作用，铝导线会遭受侵蚀，接触电阻随之增大，进而引发过热现象。若此问题未得到及时处理，过热现象将不断加剧，最终可能导致短路故障的发生。

9.2.3　照明设备的常见故障及排除

1. 开关的常见故障现象、成因及排除

开关常见故障及排除方法见表 9-3。

表 9-3　开关常见故障及排除方法

故障现象	产生原因	排除方法
开关操作无效，电路不通	接线螺丝松脱，导线与开关导体不能接触	打开开关，紧固接线螺丝
	内部有杂物，使开关触片不能接触	打开开关，清除杂物
	机械卡死，拨不动	给机械部位加润滑油，机械部分损坏严重时，应更换开关

续 表

故障现象	产生原因	排除方法
接触不良	压线螺丝松脱	打开开关盖,压紧螺丝
	开关触头上有污物	断电后,清除污物
	拉线开关触头磨损、打滑或烧毛	断电后修理或更换开关
开关烧毁	负载短路	处理短路点,并恢复供电
	长期过载	减轻负载或更换容量大一级的开关
漏电现象	开关防护盖损坏或开关内部接线头外露	重新配全开关盖,并接好开关的电源连接线
	受潮或受雨淋	断电后进行烘干处理,并加装防雨措施

2. 插座的常见故障及排除

插座常见故障及排除方法见表 9-4。

表 9-4　插座常见故障及排除方法

故障现象	产生原因	排除方法
插头插上后不通电或接触不良	接线螺丝松动,导致导线与开关导体接触不良	拆解开关,紧固接线螺丝以确保良好接触
	插头根部电源线在绝缘皮内部折断,造成时通时断	剪断插头端部一段导线,重新连接
	插座口过松或插座触片位置偏移,使插头接触不上	断电后,将插座触片收拢一些,使其与插头接触良好
	插座引线与插座压线导线螺丝松开,引起接触不良	重新连接插座电源线,并旋紧螺丝

故障现象	产生原因	排除方法
插座烧坏	插座长期过载	减轻负载或更换容量大的插座
	插座连接线处接触不良	紧固螺丝，使导线与触片连接好并清除生锈物
	插座局部漏电引起短路	更换插座
插座短路	导线接头有毛刺，在插座内松脱引起短路	重新连接导线与插座，在接线时要注意将接线毛刺清除
	插座的两插口相距过近，插头插入后碰连引起短路	断电后，打开插座修理
	插头内部接线螺丝脱落引起短路	重新把紧固螺丝旋进螺母位置，固定紧
	插头负载端短路，插头插入后引起弧光短路	消除负载短路故障后，断电更换同型号的插座

3. 日光灯的常见故障及排除

日光灯常见故障及排除方法见表 9-5。

表 9-5　日光灯常见故障及排除方法

故障现象	产生原因	排除方法
日光灯不能发光	停电或保险丝烧断导致无电源	找出断电原因，检修好故障后恢复送电
	灯管漏气或灯丝断	用万用表检查或观察荧光粉是否变色，如确认灯管坏，可换新灯管
	电源过低	不必修理
	新装日光灯接线错误	检查线路，重新接线
	电子镇流器整流桥开路	更换整流桥

续　表

故障现象	产生原因	排除方法
日光灯灯光抖动或两端发红	接线错误或灯座灯脚松动	检查线路或修理灯座
	电子镇流器谐振电容器容量不足或开路	更换谐振电容器
	灯管老化，灯丝上的电子发射将尽，放电作用降低	更换灯管
	电源电压过低或线路电压降过大	升高电压或加粗导线
	气温过低	用热毛巾对灯管加热
灯光闪烁或管内有螺旋滚动光带	电子镇流器的大功率晶体管开焊接触不良或整流桥接触不良	重新焊接
	新灯管暂时现象	使用一段时间，会自行消失
	灯管质量差	更换灯管
灯管两端发黑	灯管老化	更换灯管
	电源电压过高	调整电源电压至额定电压
	灯管内水银凝结	灯管工作后即能蒸发或将灯管旋转 180°
灯管光度降低或色彩转差	灯管老化	更换灯管
	灯管上积垢太多	清除灯管积垢
	气温过低或灯管处于冷风直吹位置	采取遮风措施
	电源电压过低或线路电压降得太大	调整电压或加粗导线
灯管寿命短或发光后立即熄灭烧毁	开关次数过多	减少不必要的开关次数
	新装灯管接线错误将灯管烧坏	检修线路，改正接线
	电源电压过高	调整电源电压
	受剧烈振动，使灯丝振断	调整安装位置或更换灯管
断电后灯管仍发微光	荧光粉余晖特性	过一会将自行消失
	开关接到了零线上	将开关改接至相线上
灯管不亮，灯丝发红	高频振荡电路不正常	检查高频振荡电路，重点检查谐振电容器

4. 白炽灯常见故障及排除方法

白炽灯常见故障及排除方法见表 9-6。

表 9-6 白炽灯常见故障及排除方法

故障现象	产生原因	排除方法
灯泡不亮	灯泡钨丝烧断	更换灯泡
	灯座或开关触点接触不良	把接触不良的触点修复，无法修复时，应更换完好的触点
	停电或电路开路	修复线路
	电源熔断器熔丝烧断	检查熔丝烧断的原因并更换新熔丝
灯泡强烈发光后瞬时烧毁	灯丝局部短路（俗称搭丝）	更换灯泡
	灯泡额定电压低于电源电压	换用额定电压与电源电压一致的灯泡
灯光忽亮忽暗，或忽亮忽熄	灯座或开关触点（或接线）松动，或因表面存在氧化层（铝质导线、触点易出现）	修复松动的触头或接线，去除氧化层后重新接线，或去除触点的氧化层
	电源电压波动（通常附近有大容量负载经常启动引起）	更换配电所变压器，增加容量
	熔断器熔丝接头接触不良	重新安装，或加固压紧螺钉
	导线连接处松散	重新连接导线
开关合上后熔断器熔丝烧断	灯座或挂线盒连接处两线头短路	重新接线头
	螺口灯座内中心铜片与螺旋铜圈相碰、短路	检查灯座并扳准中心铜片
	熔丝太细	正确选配熔丝规格
	线路短路	修复线路
	用电器发生短路	检查用电器并修复

续 表

故障现象	产生原因	排除方法
灯光暗淡	灯泡内钨丝挥发后积聚在玻璃壳内表面，透光度降低，同时由于钨丝挥发后变细，电阻增大，电流减小，光通量减小	正常现象
	灯座、开关或导线对地严重漏电	更换完好的灯座、开关或导线
	灯座、开关接触不良，或导线连接处接触电阻增加	修复、接触不良的触点，重新连接接头
	线路导线太长太细，线路压降太大	缩短线路长度，或更换较大截面的导线
	电源电压过低	调整电源电压

5. 漏电保护器的常见故障分析

漏电保护器的常见故障有拒动作和误动作。拒动作是指线路或设备已发生预期的触电或漏电时漏电保护装置拒绝动作；误动作是指线路或设备未发生触电或漏电时漏电保护装置的动作。漏电保护器的常见故障分析见表 9-7。

表 9-7　漏电保护器常见故障及产生原因

故障现象	产生原因
拒动作	漏电动作电流选择不当。选用的保护器动作电流过大或整定过大，而实际产生的漏电值没有达到规定值，使保护器拒动作
	接线错误。在漏电保护器后，如果把保护线（即 PE 线）与中性线（N 线）接在一起，发生漏电时，漏电保护器将拒动作
	产品质量低劣，零序电流互感器二次电路断路、脱扣元件故障
	线路绝缘阻抗降低时，部分电流会改变路径，沿漏电保护器后方的绝缘阻抗流经保护器返回电源，而不沿配电网工作接地或漏电保护器前方的绝缘阻抗。

故障现象	产生原因
误动作	接线错误，误把保护线（PE 线）与中性线（N 线）接反
	在照明和动力合用的三相四线制电路中，错误地选用三极漏电保护器，负载的中性线直接接在漏电保护器的电源侧
	漏电保护器后方有中性线与其他回路的中性线连接或接地，或后方有相线与其他回路的同相相线连接，接通负载时会造成漏电保护器误动作
	漏电保护器附近有大功率电器，当其开合时产生电磁干扰，或附近装有磁性元件或较大的导磁体，在互感器铁芯中产生附加磁通量而导致误动作
	当同一回路的各相不同步合闸时，先合闸的一相可能产生足够大的泄漏电流
	漏电保护器质量低劣，元件质量不高或装配质量不好，降低了漏电保护器的可靠性和稳定性，导致误动作
	环境温度、相对湿度、机械振动等超过漏电保护器设计条件

6. 熔断器的常见故障及排除方法

熔断器的常见故障及排除方法见表 9-8。

表 9-8　熔断器常见故障及排除方法

故障现象	产生原因	排除方法
通电瞬间熔体熔断	熔体安装时受机械损伤严重	更换熔丝
	负载侧短路或接地	排除负载故障
	熔丝电流等级选择太小	更换熔丝
熔丝未断但电路不通	熔丝两端或两端导线接触不良	重新连接
	熔断器的端帽未拧紧	拧紧端帽

7. 单相电能表的常见故障分析

单相电能表的常见故障分析及排除方法见表 9-9。

表 9-9　单相电能表常见故障及排除方法

故障现象	产生原因	排除方法
电能表不转或反转	电能表的电压线圈端子的小连接片未接通电源	打开电能表接线盒，查看电压线圈的小钩子是否与进线火线连接，未连接时要重新接好
	电能表安装倾斜	重新校正电能表的安装位置
	电能表的进出线相互接错引起倒转	电能表应按接线盒背面的线路图正确接线

9.2.4　照明电路的故障分析与解决方案

1. 高压汞灯故障识别与排除

（1）灯不发光。

①电源电压偏低：针对此问题，需提升电源电压，或考虑引入升压变压器以增强电压供给。

②开关接线不稳：检查开关接线桩，若发现线头松动，应立即重新连接并牢固固定，确保电路通畅。

③镇流器选型不当：选用不符合规范的镇流器会阻碍灯的正常启动，需替换为符合要求的镇流器。

④安装或灯泡问题：检查安装是否规范，灯泡是否损坏。若存在问题，应重新按照正确方式安装或更换新的灯泡。

（2）灯光微弱或不亮。

①汞蒸气压力不足：在确认电源与灯泡无故障后，通常通电约 5 min，灯泡应能逐渐发出正常光线。此现象可能由汞蒸气压力不足引起。

②电源电压低：与上述处理相同，需调整或增强电源电压。

③镇流器问题：镇流器选择不当或接线错误均可导致此问题，需更换合适的镇流器并检查接线是否正确。

④灯泡老化：长时间使用的灯泡可能因老化而性能下降，需更换新灯泡以恢复

照明效果。

（3）高压汞灯开始发光正常，随后灯光变暗。

①电源电压异常升高：检查电源负荷，若电压过高，需适当降低负荷以保护灯具。

②镇流器绝缘下降：若镇流器沥青流出，表明绝缘性能降低，需及时更换镇流器以防止进一步损坏。

③振动影响：振动可能导致灯泡损坏或接触松动，需采取措施消除振动源，或选用具有抗震性能的灯具。

④电流过大：过大的电流会缩短灯泡寿命，需调整电源电压至正常范围，或选用能承受更高电压的镇流器，并更换已受损的灯泡。

⑤连接松动：检查灯泡连接线头是否牢固，如有松动应重新接好，确保电流稳定传输。

（4）高压汞灯熄灭后重启长时间无反应。当高压汞灯在熄灭后，即使立即接通开关也长时间不亮时，可能源于灯罩尺寸限制导致散热不佳或通风受阻，解决方案包括更换为更大尺寸的灯罩，或调整为使用小功率镇流器及灯泡以减轻热负荷。此外，若电源电压出现下降，会延长再启动时间，因此需提高电源电压，或选用与当前电源电压相匹配的镇流器。最后，若灯泡已损坏，则应及时更换新灯泡。

（5）高压汞灯瞬间点亮后突然熄灭。若高压汞灯在点亮后迅速熄灭，首先需检查电源电压是否低于额定值，若是，则需提升电源电压至标准水平，或安装升压变压器以稳定电压。其次，灯座、镇流器及开关的接线松动也可能导致此问题，需仔细检查并重新紧固所有接线。再次，线路断线亦需排查，通过检查线路并修复断点来解决问题。最后，确认灯泡是否损坏，如有必要则进行更换。

（6）高压汞灯亮度不稳定，呈现忽亮忽灭现象。高压汞灯亮度不稳定，时明时暗，可能是由于电源电压波动接近启辉电压的临界值所致，此时应检测并稳定电源电压，或考虑采用稳压型镇流器以减少波动。同时，灯座接触不良也是常见原因，需进行修复或更换灯座。若灯泡螺口松动，同样需更换新灯泡以确保稳定连接。连接线头的松动也应立即处理，重新接好以确保电流传输无碍。此外，镇流器故障亦不容忽视，需及时更换以恢复灯具正常工作。

（7）高压汞灯出现闪烁现象。对于高压汞灯闪烁的问题，首先应检查接线是否准确无误，如有错误则需立即更正。其次，若电源电压下降，需调整至适宜范围，或借助升压变压器维持稳定电压。再次，镇流器规格不匹配也可能导致闪烁，需更换符合要求的镇流器。最后，灯泡的损坏同样会影响灯具稳定性，应及时更换以确保整体照明效果。

2.氙灯故障识别与排除

（1）管形氙灯不能触发，火花放电器不正常。若遭遇管型氙灯无法触发的状况，并伴随火花放电器工作不正常，首先应检查脉冲变压器，确认其胶木筒是否受损击穿，如有，则需更换脉冲变压器。然后，若高压输出端的绝缘子出现击穿，则需替换绝缘子，并调整铜排的位置以确保安全距离。此外，还需确保脉冲变压器与铁箱之间保持至少 40 mm 的间距，以防止再次击穿。

（2）管型氙灯启动障碍，火花放电器不放电。当管型氙灯无法触发且火花放电器不放电时，需从电源变压器入手排查。若其二次绕组发生开路或严重短路，均应及时更换电源变压器。对于高频扼流圈开路的情况，可临时采取短路措施以应急使用，但随后应尽快更换新件。同时，还需检查火花间隙的状态，确保其接触良好且间隙适中，必要时进行调整。

（3）管形氙灯启动困难，火花放电器放电很小。针对管型氙灯无法有效触发，且火花放电器放电量小的问题，首先要检查电源变压器的二次绕组是否短路，如有，则立即更换。其次，检查储能电容的状态，确认其是否丧失容量或内部开路，若是，则需更换新电容。最后，检查整个电路的连接情况，确保无断路现象，对于已断开的线路应及时接通，以保证电流顺畅。

（4）管形氙灯触发正常，灯管不亮或一端有蓝光。若观察到管形氙灯已正常触发而灯管未亮起或仅一端发出蓝光，首要考虑的是灯管可能存在的漏气问题，此时需更换新灯管以确保其正常运作。此外，还需检查高压输出线是否对地发生了严重短路，一旦发现，应立即定位短路位置并采取相应的排除措施。

（5）管形氙灯触发无误，但电弧未能成功导通。在确认管形氙灯触发机制正常后，若电弧未能成功导通，首先应检查电源电压是否低于标准值，若是，则需提升电源电压至适宜水平。若问题依旧存在，需进一步检查升压变压器，确认其是否有输出，若无输出，则需深入查明原因并予以解决。若查明为短路所致，则需更换升压变压器。同时，还需检查交流接触器的通路状态，确保其能正常工作，如有故障，亦需及时排除。

（6）管形氙灯灯管电弧持续闪烁，未能即时稳定引燃。针对管形氙灯灯管电弧频繁闪烁且无法迅速稳定引燃的情况，首先应检查线路连接是否稳固，是否存在接触不良的现象，如有，则需进行细致的排查并予以修正。此外，还需考虑灯管本身的质量问题，若怀疑灯管质量不佳，应及时更换以确保设备正常运行。

3.其他故障诊断与排除

（1）碘钨灯灯管使用寿命很短。当碘钨灯灯管出现不亮现象时，首先应检查灯管内部钨丝是否因过载而熔断，若确认，则需更换全新的灯管。此外，还需排查电路系统中是否存在断路故障，对线路进行全面检查，并及时修复发现的故障点。同时，灯脚密封处的稳固性也不容忽视，若发现松动，应及时调换以确保电气连接的可靠性。

碘钨灯灯管使用寿命过短的问题，往往与灯管自身的质量密切相关。若灯管质量不达标，建议更换更高品质的灯管以延长使用寿命。此外，安装方式的正确性也是影响灯管寿命的关键因素之一，特别是要确保灯管在安装时保持水平位置，且更换新灯管时其倾斜度应控制在小于 4° 的范围内，以避免因安装不当导致的早期损坏。

（2）高压汞灯不能启辉。首先应检测电源电压是否低于额定值，若是，则需调整电源电压至正常范围。若电源电压正常，则需进一步检查灯泡内部是否存在构件损坏的情况，如有必要，应更换新的灯泡。同时，整流器的选配也需特别注意，不当的整流器可能导致启辉失败，此时应调换为与灯具相匹配的整流器。此外，还需检查开关接线是否松动或接触不良，若发现问题，应及时进行修复以确保电气连接的稳定性。

（3）高压汞灯只亮灯心。当高压汞灯仅灯心部分发光时，首要考虑的是玻璃外壳的完整性。若外壳出现破碎，需立即更换全新灯泡以防止进一步损坏。此外，玻璃外壳的真空度维持亦至关重要，若因真空度不足或存在漏气现象，同样需更换新灯泡以确保灯光均匀分布。

（4）高压汞灯灯亮后突然熄灭。

动力线路、照明线路混用，负荷较重的动力设备启动时，会造成电源电压的降低。应进行线路改造，动力线路、照明线路分路供电。线路中发生断路故障，检测断线处并进行故障排除。灯泡损坏，调换新灯泡。

首先，应审视电路布局，避免动力线路与照明线路混用，因为当负荷较重的动力设备启动时，可能会拉低电源电压，从而影响照明稳定性。为解决此问题，建议进行线路改造，实现动力与照明线路的分路供电，以确保电压稳定。

其次，需检查线路中是否存在断路故障，这类故障会直接导致电流中断，使灯泡熄灭。因此，需细致检测线路，定位断线处并迅速排除故障。

最后，若上述检查均正常，则需考虑灯泡本身是否损坏。灯泡作为发光元件，其性能直接影响照明效果，一旦损坏，应及时更换新灯泡以恢复照明功能。

（5）高压汞灯通电后灯泡不亮。当高压汞灯在通电状态下不发光时，首要排查灯泡是否损坏，必要时应替换为新灯泡。此外，镇流器作为关键组件，其故障同样会导致此现象，需及时更换新镇流器。值得注意的是，若灯泡刚熄灭便立即通电，可能导致启动不良，建议等待 10 ～ 15 min 后再行通电。

（6）高压汞灯灯泡不亮。灯泡外壳漏气或放电管内的钠元素泄漏是另一常见原因，需更换全新灯泡解决。同时，镇流器损坏亦不容忽视，需及时调换。此外，灯座接触不良亦会导致此问题，更换新灯座可解决。对于热继电器，若其动触头接触不良或开路，则需细致修整触头，并明确开路原因后恢复其闭合状态。

（7）高压钠灯灯泡启动性能差。针对高压钠灯启动性能不佳的情况，首先应检查放电管内的钠气是否变质，或灯管电极的发射性能是否下降，必要时需更换新灯泡。同时，确保镇流器规格与灯具匹配，如不符则需调换至规格相符的镇流器。

（8）导线对地放电。当发现导线对地放电时，应立即采取行动，更换受损的玻璃管，并彻底擦拭玻璃支持物表面的积尘，以确保电气安全。

（9）霓虹灯变压器瓷套管故障。霓虹灯变压器瓷套管若出现破损、裂纹，并伴有闪络放电或相间、相对地短路现象，应立即评估裂纹严重程度。若裂纹严重，为防止故障进一步扩大引发事故，应及时更换整个变压器。

（10）霓虹灯管漏气及烧毁故障。面对霓虹灯管漏气并导致烧毁的情况，最直接且有效的解决方法是更换全新的霓虹灯管，以确保照明系统的正常运行。

9.3 电路故障通用排查方案

在电气系统的实际运行中，故障的发生往往复杂多变，这对于部分维护与检修人员而言构成了一定挑战，他们在排除故障的过程中可能会经历多次尝试与调整，甚至面临重大损失的风险。因此，对于专业的电气维护与检修技术人员而言，当面对电气故障时，能够迅速而准确地诊断故障原因，并采取恰当有效的措施进行排除，对于提升工作效率、减少经济损失以及保障生产安全具有至关重要的意义。

9.3.1　电气故障的分类

基于电气设备的组成特性及故障排查的需求，我们可以将常见的电气故障大致划分为以下三类，以便于系统性地进行分析与处理。

（1）电源类故障：涉及电源供应的各类问题，包括但不限于电源缺失、电压异常（如偏差）、频率不符、极性错误连接、相线与中性线错接、单相电源缺失、相序错误调整以及交流电与直流电的混用等。

（2）电路类故障：主要涉及电路结构的完整性与功能性异常，包括线路中断、短路现象、不恰当的短接操作、接地故障以及接线错误等。

（3）设备与元件类故障：聚焦于设备或元件本身的功能失效或性能下降，如因过热导致的烧毁、无法启动运行、电气绝缘击穿，以及性能退化等。

在电气故障排查过程中，核心在于根据故障表现深入剖析其根源，这一过程深深植根于电工学基础理论之上，要求对电气设备的构造、工作原理及性能特性有透彻的掌握，并能紧密结合实际故障情境。面对电气故障，其成因往往纷繁复杂，关键在于从众多潜在原因中精准识别出主导因素，并据此采取有效的故障排除措施。

以三相笼型异步电动机为例，当其出现无法启动的故障时，直观现象虽为电机不工作，但故障源头可能并不局限于电机本身，而是涉及电源、电路、设备或元件等多个层面。这表明，同一故障现象背后可能隐藏着多样化的故障原因。为确定具体成因，需进行深入且细致的分析，逐一排查各个潜在环节。

具体而言，若电动机为首次启用，则应全面审视电源、电路连接、电机状态及负载情况；若电机在维修后首次启动失败，则应将检查重点聚焦于电机自身的修复质量；若电机在运行过程中突然停止工作，则应优先考虑电源稳定性及控制元件的功能性。通过上述步骤的系统分析，最终可精准锁定导致电动机无法启动的确切原因。

9.3.2　电气故障排查的一般流程

电气故障的排查工作虽无固定模式或统一标准，但通常遵循一套行之有效的步骤，这些步骤因个体差异而略有不同，却蕴含着一定的规律性。一般而言，故障排查流程可概括为：症状诊断、设备检查、故障点定位、故障消除及性能验证。

1. 症状诊断

症状诊断阶段旨在全面搜集并分析可能与故障相关的初始状态信息。在此阶段，需迅速捕捉并详细分析故障发生前的所有线索，以防信息受到后续操作的干扰。这些原始信息主要源自以下几个途径。

（1）详尽询问操作人员：通过细致沟通，了解设备的使用情况、变化历程、损坏或功能失效前后的具体状况。同时，也应探索过去是否出现过类似故障、其原因及已采取的应对措施。值得注意的是，操作人员可能因多种原因未能详尽陈述所有细节，因此，维修人员需具备敏锐的分析洞察力与足够的耐心，以最大限度地获取真实可靠的原始资料。

（2）观察与初步评估：通过视觉、听觉、嗅觉及触觉等多感官手段，细致检查设备是否存在如裂痕、异响、异常气味、过热等异常现象。全面的设备观察往往能为故障排查提供宝贵线索。初步评估涵盖了对控制装置（如操作台指示灯状态、显示器报警提示）的审查，操作开关位置、控制机构、调节装置及联锁信号系统的检查，以确保所有组件均处于预期状态。

（3）安全确认后的通电测试：在确保无安全隐患的前提下，进行通电试运行。此环节通常要求操作人员遵循标准操作流程启动设备。若故障未波及整个电气控制系统，导致全面瘫痪，可尝试通过试运转方式启动设备，以协助维修人员全面理解故障发生时的初始状态。部分电气故障可直接通过感官判断，如观察异常温升、振动、嗅闻异味、聆听异常声响等，从而初步定位故障部位。此阶段的核心在于收集详尽的故障原始信息，为后续分析提供坚实基础，但应避免基于片面或不确定信息过早下结论。

2. 设备检查

基于症状诊断所得初步推测与疑问，对设备进行细致入微的检查，特别是聚焦于那些疑似故障高发区域。此阶段应秉持谨慎原则，尽量避免不必要的设备拆解，以防因操作不慎引入新的故障源。同时，对于控制装置的调整应保持审慎态度，因在故障未解决前盲目调整参数往往会掩盖故障迹象，且随着故障发展，原有症状可能重现甚至加剧，造成更为复杂的故障情境。因此，必须规避盲目操作，防止因不当处理而使故障复杂化，从而避免混淆故障症状，延长故障排除时间。

3. 故障点定位

依据故障的具体表现，结合设备的工作原理与控制特性进行深入分析与判断，逐步缩小故障范围。需明确故障是属于电气性还是机械性，位于直流回路还是交流回路，是主电路问题还是控制或辅助电路故障，是电源异常还是参数设置不当所致，是人为因素还是随机发生的等。通过这一系列逻辑分析，逐步逼近并最终确定故障点。若缺乏全面的诊断资料，维护人员需凭借专业知识，将设备或控制系统合理划分为若干子系统，逐一检查各子系统的输入输出状态，直至锁定故障所在子系统。随后，再对该子系统内部进行深入排查，直至找到具体的故障点。在确保设备安全的前提下，可采用试探性方法，如强制激活特定继电器等以辅助确认故障位置。

4. 故障消除

对于电气维护技术人员而言，消除故障的过程通常相较于故障查找要显得直接且较为简单。然而，在实际操作中，单一方法往往难以奏效，通常需要多种技术手段的综合运用以达到最佳效果。

(1) 在消除故障的过程中，首要之务是深思熟虑，再付诸行动。合理的分析能够显著提升工作效率，避免不必要的弯路。具体而言，应遵循一系列科学原则，包括从外部到内部、从机械到电气、从静态到动态、从公用组件到专用部件、从简单问题入手再逐步解决复杂问题，以及优先处理普遍现象再考虑特殊情况。值得注意的是，应避免盲目操作，如未经分析便直接测量或拆解，而应培养起良好的分析判断习惯，确保每次测量都有明确的目的性和针对性，即每次测量结果都能为故障排查提供有价值的线索。

此外，当发现故障组件（如电路板上的晶体管损坏）时，仅仅更换故障部件并不足以彻底解决问题。更为关键的是，要深入探究导致该部件损坏的根本原因，并据此采取相应的补救和预防措施，以防止同类故障的再次发生。

(2) 在故障排查与检测的过程中，通常遵循设备动作的逻辑顺序来安排分析与检测步骤。具体而言，这一流程起始于电源系统的检查，随后逐步延伸至线路与负载的评估；在回路层面，则优先审视公共回路，随后深入各分支回路；在主控系统方面，先关注主电路的状态，再细致检查掌控电路；此外，从易于检测的部分（诸如各控制柜）着手，逐步过渡到复杂且不易直接检测的部分（例如特定设备的控制元件）。

特别地，在电气保护线路的排查中，若发现热继电器已动作，不仅需执行热继电器触点的复位操作，更需深入探究导致过载的根源所在。同样地，对于熔体熔断的情况，更换新熔体仅是初步措施，关键在于查明熔断原因并采取相应处理措施。在此过程中，还需向相关人员明确注意事项，以确保问题得到全面且有效地解决。

5.性能验证

在完成故障排除任务后，维护与检修团队需在恢复供电之前，实施一系列验证，旨在确定故障已被彻底消除。随后，由专业操作人员执行试运行流程，以确凿无误地确认设备已恢复至正常作业状态。在此过程中，务必向相关人员清晰阐述操作注意事项，确保安全无虞。尤为关键的是，在修复工作收尾阶段进行复查时，应力求恢复电气控制系统与设备的原始状态，并彻底清理作业现场，维持设备的整洁与良好卫生状况。此外，维护与检修过程中所使用的所有工具、线缆等物品，必须严格检查，确保无一遗漏于被检修设备的电气柜内，从而有效预防短路或触电等潜在安全风险的发生。

9.3.3 电气故障排查策略

在电气维护与修理领域，故障的精准排查是一项至关重要的任务。为了彻底消除故障，维护人员不仅需要深入了解故障产生的根源，更需具备扎实的专业理论知识，以便从理论上剖析并解决问题。掌握有效的故障排查方法，是每位维护人员必备的技能。

1.电阻检测法

电阻检测法作为一种广泛应用的诊断手段，其核心在于利用万用表的电阻测量功能，对电机、电路线路、接触点等部件进行阻值检测，以验证其是否符合设计标准或是否存在开路、短路现象。此外，还可借助兆欧表来评估相与相、相与地之间的绝缘性能。实施检测时，务必精确选择量程，并校验仪表的准确性，常规操作建议从低量程开始尝试，同时确保被测电路处于非带电状态，以防触电风险。

2.电压检测法

电压检测法则侧重于利用万用表的电压测量挡位，对电路中的电压值进行精确测量。这一方法广泛应用于电源、负载电压的监测，以及开路电压的判定，以评估电路的工作状态是否正常。在测量过程中，应仔细选择电压表的挡位，确保量程适宜，特别是在面对未知交流电压或开路电压时，建议优先选用电压表的最高量程挡，以防止因量程选择不当而损坏仪表。同时，在直流电压测量中，还需特别注意电压的正负极性，以确保测量结果的准确性。

3. 电流检测法

电流检测法主要用于评估线路中电流的流动状态是否符合预设标准，进而作为判断故障起因的一种手段。针对弱电系统，通常将电流表或万用表置于电流测量挡位，串联接入电路进行监测；而对于强电回路，则常利用钳形电流表进行非接触式测量，以确保操作安全。

4. 仪器诊断法

运用多样化的精密仪器仪表，如示波器等，来捕捉并分析电路中的波形特征及参数变化，从而深入剖析故障根源。此法尤其适用于弱电系统的故障排查，能够提供详尽的数据支持。

5. 基础检测法

此法结合了人类感官的敏锐性（如通过嗅觉识别烧焦气味，视觉观察打火放电现象）与基础检测工具（如万用表）的使用，是一种直观且高效的故障初步定位手段。在电气设备的日常维护与修理中，该方法因其实用性和便捷性而被广泛采用，往往作为排查工作的首选。

6. 替换测试法

当某一元器件或电路板被初步判定为潜在故障源，但缺乏直接证据且备有可替换件时，可采用替换测试法。即将疑似故障部件替换为已知良好的部件，通过观察系统或设备状态是否恢复正常，来验证故障点的准确位置。

7. 直接检查法

基于事先对故障原因的深入理解或长期积累的经验，当能够直接定位到疑似故障点时，可跳过冗长的排查流程，直接对怀疑区域进行检查。此方法高效快捷，要求操作者具备丰富的实践经验和准确的判断力。

8. 逐步排除法

当短路故障显现时，可采取逐步剥离部分线路的策略，以缩小故障范围并精确锁定故障点。

9.参数调整法

在某些情况下，即便线路中的元器件未损坏且接触良好，也可能因物理参数设置不当或长期运行受外界影响导致系统参数偏离或无法自动校正，进而影响系统正常运行。此时，需依据设备的实际状况，适时调整相关参数以恢复系统性能。

10.原理分析法

此法基于系统的架构原理图，通过追踪与故障相关的信号流向，进行逻辑分析和判定，从而精准定位故障点并揭示其成因。此方法的有效运用要求维护人员深入掌握整个系统及各单元电路的工作原理。

11.综合比较分析法

该方法依据系统的工作原理、控制环节的执行顺序及其内在的逻辑关系，结合具体的故障表现，进行综合的比较、分析与判断，旨在减少不必要的测量与检查步骤，迅速缩小故障范围。

上述列举的几种常用方法，既可独立应用于电气故障排查，也可根据实际情况灵活组合使用，以快速高效地解决各类电气故障问题。

总的来说，电气故障的表现形式纷繁复杂，同一类型故障可能展现出多样化，而不同类别的故障却可能产生相似的现象，这种同一性与多样性的交织为故障排查工作增添了复杂性与挑战性。故障现象查找需着重捕捉故障现象中的核心与典型特征，并详尽了解故障发生的时间脉络、空间位置及环境条件等背景信息。电气故障的解决往往离不开深厚的专业理论知识作为支撑，这一点相较于其他工种的维修工作显得尤为突出。缺乏理论指导，许多维修工作将难以推进，甚至无法有效开展。因此，电气维护与修理人员需具备扎实的专业理论基础，这不仅是对其职业素养的基本要求，也是提升工作效率与解决问题能力的关键。

为了在实际工作中更加高效地应对电气故障，维护与修理人员应持续深化对专业理论知识的学习，并不断提升自身的操作技能水平。这样，在电气故障发生时，便能迅速而准确地定位故障根源，并采取有效措施予以排除，从而确保电气设备能够持续、稳定、安全地运行。

9.3.4　常见故障诊断与处理

1. 电压断路器故障

在电力系统中，电压断路器若遭遇触头过热现象，常伴随配电控制柜散发出异味，经细致排查，发现原因在于动触头未能充分嵌入静触头之中，致使触点间压力不足，进而削弱了开关的承载能力，触发了过热反应。针对此状况，需对操作机构进行微调，确保动触头与静触头完全契合。

此外，断路器在通电瞬间若发生闪弧与爆响，往往源于负载长期超负荷运行，导致触头松动，接触不良。处理此类故障时，安全意识至关重要，需严防电弧对人员及设备构成潜在威胁。完成负载与触头的检修工作后，应先进行空载通电测试，确认一切正常后，再逐步加载至额定负载，以全面评估设备运行状况。同时，强调对用电设备的日常维护，预防不必要的风险与损害。

2. 接触器的故障

接触器作为电力控制的关键元件，其触点状态直接影响电动机的运行质量。当触点出现断相现象，即某相触点接触不良或接线端子螺丝松动时，电动机虽能维持转动，但会伴随异常的嗡嗡声，此时应立即停机检查并修复。

另一常见故障为触点熔焊，表现为按下"停止"按钮后，电动机仍持续运转并可能伴有嗡嗡声。此故障多因二相或三相触点在承受过大电流时发生熔焊所致。处理此类故障，需立即切断电源，检查负载情况，并更换受损的接触器。

至于通电时衔铁不吸合的问题，若确认通电过程中无振动与噪声，则可能是线圈断路导致，而非衔铁运动受阻。解决方案为拆下线圈，依据原始参数重新绕制，并经过浸漆烘干处理，以恢复其正常功能。

3. 热继电器故障分析及处理

在热继电器运行过程中，若遭遇热功当量元件熔断的故障，可能表现为电动机启动失败或启动时伴随嗡嗡声。此状况通常指示热继电器内部的熔断丝已因高频率动作或负载侧过载而烧断。为解决此问题，需更换适配的热继电器，并在替换后仔细调整其整定值，以确保稳定运行。

另外，热继电器可能出现"误"动作现象，这往往源于整定值设置不当，如偏小导致非过载状态下即触发保护；或是电动机启动阶段耗时过长，使热继电器在预热过程中提前动作；再者，操作频率过高也会对热元件造成频繁冲击，诱发误动作。针对此类情况，应重新校准整定值或更换适宜规格的热继电器，以消除误动作现象。

此外，热继电器还可能出现"不"动作的情况，这多因电流整定值设定偏大，使得即便在长时间过载状态下也未能触发保护。对此，需根据负载的实际工作电流精确调整整定电流值，确保热继电器能在需要时及时响应。

鉴于热继电器长期使用后可能出现性能衰退，建议定期进行动作可靠性的校验。当热继电器因过载而脱扣时，应等待双金属片充分冷却后再进行复位操作，且在按下复位按钮时应控制力度，避免用力过猛损坏内部操作机构。

9.3.5 电压电器的一般故障检修及其关键要点

电压电器，尤其是那些涉及触点动作的部件，其核心构成通常涵盖触点系统、电磁系统及灭弧装置三大板块，这些也是检修工作的核心关注点。

1.触点故障检修

触点故障类型多样，主要包括过热与熔焊两大类。过热现象往往源于触点压力不足、表面氧化、不洁或设计容量不足；而熔焊则多由触点闭合时产生的大电弧及触点剧烈振动引发。

触点表面状态检查：首先检查触点表面是否氧化或有污垢积累，对于污染触点，应使用汽油等溶剂进行彻底清洗。银触点上的氧化层因其良好的导电性且能自然还原为金属银，故通常无须特别处理。而铜触点若存在氧化层，则需使用油光锉或小刀轻轻去除，以恢复其导电性能。其次，观察触点表面有无灼伤烧毛。铜触点烧毛可用油光锉或小刀整修毛。整修触点表面不必过分光滑，不允许用砂布来整修，以免残留砂粒在触点闭合时嵌在触点上造成接触不良。但银触点烧毛可不必整修。若触点发生熔焊，应直接更换新触点。若熔焊由容量不足引起，更换时应选择规格更高一级的电器。

触点紧固与压力调整：首先确认触点安装是否牢固，松动触点需及时紧固，以防振动加剧触点磨损。接下来检查触点是否存在机械损伤导致弹簧变形，进而影响触点压力。必要时，需调整弹簧压力，确保触点接触紧密。触点压力的经验测量方法包括初压力和终压力的测试，通过纸条压缩法评估，具体操作为在触点间放置一定宽度的薄纸条，根据纸条被压缩的难易程度判断压力是否适中。对于大容量电器，纸条拉出时的撕裂感可作为压力合适的参考标志。

综上所述，触点检修需细致入微，从表面清洁到压力调整，每一步都需严格遵循规范，以确保电压电器的高效稳定运行。在多次实践中，上述检修方法已证明其有效性与可靠性，对于无法通过调整恢复的触点或弹簧，应及时更换以避免潜在故障。

2.电磁系统的故障检修

电磁系统的故障常源于动铁芯与静铁芯端面接触不良、铁芯位置不正、短路环损坏以及供电电压不足等因素，这些问题可能导致衔铁产生异常噪声，甚至引发线圈过热乃至烧毁。

（1）针对衔铁噪声过大的问题，在检修时，首要步骤是拆解线圈，仔细检查动、静铁芯接触面的平整度与清洁度。若接触面不平整，需进行锉削或磨光处理；若存在油污，则需使用汽油彻底清洗。此外，还需校正动铁芯的位置，确保其无歪斜或松动现象，并加固固定。同时，应检查短路环的完整性，如有断裂，需按原规格用铜板重新制作或更换，亦可将粗铜丝打造成方截面形状进行替代安装。

（2）电磁线圈在断电后未能即时释放衔铁，此故障可能由运动部件受阻、铁芯气隙不当（过大或过小）、剩磁过强、弹簧疲劳导致弹力不足或铁芯接触面油污过多等因素引起。解决此问题的方法包括拆解后调整铁芯中柱端面与底端面的气隙至 $0.02 \sim 0.03$ mm 范围内，或替换疲劳的弹簧。

（3）线圈故障主要表现为因电流过大导致的过热及烧毁。这类故障往往与线圈绝缘层受损、电源电压偏低、动静铁芯接触不良等因素有关，使得线圈中电流异常增大，进而引发过热与损坏。若线圈因短路而烧毁，修复时需重新绕制，可依据烧毁线圈的测量数据或设备铭牌、手册中的规格来确定导线线径与匝数。绕制完成后，需将线圈置于 $105 \sim 110$ ℃的烘箱中烘烤 3 h，随后在 $60 \sim 70$ ℃下浸渍 1010 沥青漆或其他适宜的绝缘漆，再于 $110 \sim 120$ ℃的烘箱中烘干至常温，方可重新使用。若线圈短路部分有限且靠近线圈端部，而其他部分完好，应立即切断电源以防进一步损坏，并依据具体情况判断是否需要更换整个线圈或仅修复短路部分。此外，线圈通电后若无振动与噪声，应检查引出线连接是否牢固，使用万用表检测线圈是否断线或烧毁；若通电后出现振动与噪声，则需检查活动部件是否卡滞，动静铁芯间是否有异物，以及电源电压是否达标，针对不同情况采取相应措施及时处理。

3. 灭弧装置的检修

在进行灭弧装置的维护检修时，首要步骤是拆解并检查灭弧罩的状态。具体而言，需细致观察灭弧栅片的完好程度，并彻底清除其表面积累的烟渍与金属微粒，同时确认外壳无破损迹象，保持其完整性。

若发现灭弧罩存在裂痕或破损情况，应立即着手替换新件，以确保设备的安全运行。值得注意的是，对于原设计配备有灭弧罩的电气设备，严禁在缺失此关键组件的状态下使用，以防电流无控制地跃迁，造成短路风险，进而危及整个电气系统的稳定性。

此外，鉴于低压电器种类繁多，上述提及的针对特定类型电器故障的诊断与修复方法，虽仅覆盖了几种具有代表性和高频使用的情形，但其核心思路与技术要领具有广泛的适用性。通过举一反三，这些经验同样能够为其他类型低压电器的检修工作提供有价值的参考，体现出电气故障处理中的共通性原则。

9.3.6 电动机单相运行产生的成因及检修

1. 熔断器熔断分析

（1）故障熔断产生的根源在于电动机主电路发生单相接地故障或相间短路，直接导致熔断器触发熔断机制。

为确保电动机稳定运行，需精选适应操作环境的电动机型号，并配以恰当安装的低压电器及线路系统。同时，实施定期巡检制度，强化日常维护与保养流程，旨在及时识别并消除潜在风险点。

（2）非故障性熔断产生的根源在于熔体容量设定不当，具体表现为容量设定偏小，难以承受电动机启动时的瞬时大电流冲击，进而引发熔断。

对于非故障性熔断的规避，应避免陷入误区，即不应单纯追求熔体容量最小化以图规避启动电流影响，而应明确熔断器的主要职责在于防范电动机的单相接地与相间短路，而非承担过负荷保护之责。因此，在熔体容量选择上，应兼顾启动需求与保护效能，确保两者间的合理平衡。

2. 熔体容量的选择与注意事项

在选定熔体额定电流时，普遍遵循的公式为：额定电流 = K × 电动机额定电流。此公式中，K 值的选择依据熔断器的耐热能力而异。

（1）对于具有较高耐热容量的熔断器（如填料式），K 值可设定在 1.5 至 2.5 的范围内。

（2）反之，对于耐热容量相对较低的熔断器，K 值则应调整至 4 至 6 之间。

此外，电动机所承载的负荷类型亦直接影响 K 值的选择。例如，若电动机直接驱动风机等重载设备，为确保安全，K 值宜选偏大；若电动机负荷较轻，则 K 值可适当调小，具体取值需依据电动机的实际负荷状况灵活决定。

值得注意的是，熔断器的熔体与熔座之间的接触质量至关重要。接触不良会导致接触点过热，进而可能引发非故障性的熔体熔断。因此，在安装与维护过程中，务必确保熔体与熔座紧密接触，无松动现象。

在安装电动机时，还应采取一系列科学合理的接线与维护措施。

（1）为避免铜、铝材质直接连接产生的电化学腐蚀问题，推荐使用铜铝过渡接头；若条件有限，可在铜接头表面镀锡后再进行连接。

（2）对于大容量的插入式熔断器，建议在接线处增设薄铜片（厚度约为 0.2 mm），以增强接触效果与电流传输稳定性。

（3）定期检查并调整熔体与熔座之间的接触压力，确保其处于良好接触状态。

（4）在接线操作中，应格外小心以避免损伤熔丝，并确保紧固力度适中。同时，建议在接线处加装弹簧垫圈，以进一步提升连接的稳固性与安全性。

3. 主回路常见故障及其预防措施

（1）接触器触头接触不良问题。该现象产生的原因在于接触器选型不匹配，触头灭弧能力不足，导致动静触头粘连，以及三相触头动作不一致，进而引发缺相运行。

预防措施：应选用适配性强的接触器，确保其性能满足实际需求。

（2）恶劣环境对接触器的影响。在潮湿、振动、腐蚀性气体充斥及散热不佳的环境中，触头易受损、接线易氧化，从而引发接触不良和缺相运行。

预防措施：需选用符合环境要求的电气元件，并采取有效的防护措施，同时积极改善工作环境，定期更换受损元器件。

（3）接触器触头磨损导致的故障。缺乏定期检查导致接触器触头磨损严重，表面不平整，接触压力不足，是造成缺相运行的另一原因。

预防措施：应依据实际情况，制订并执行合理的检查维护计划，确保维护工作细致到位。

（4）热继电器选型不当引发的故障。热继电器选型错误，易导致双金属片过热烧断，进而造成缺相运行。

预防措施：需精确选择热继电器型号，并采取措施避免设备超负荷运行。

（5）安装不当引起的导线问题。安装过程中的疏忽可能导致导线断裂或受外力损伤，进而造成断相。

预防措施：在导线与电缆的安装过程中，应严格遵守施工规范，确保施工精细且符合安全标准。

（6）电器元件质量问题，部分电器元件质量不达标，容量不足，易引发触点损坏、粘连等异常现象。

预防措施：应选用质量可靠的电器元件，并在安装前进行严格的检查与测试。

（7）电动机自身质量问题，电动机线圈绕组焊接不良、脱焊，或引线与线圈接触不良，均会对其正常运行造成影响。

预防措施：在选购电动机时，应注重其质量，选择品质优良、工艺精湛的产品。

9.3.7　单相运行的检修维护措施

鉴于电动机接线方式的差异性，在施加不同负载时，单相运行所引发的电流变化有差异，进而决定了所需采取的保护措施需相应调整。具体而言，对于采用 Y 形接线的电动机，一旦进入单相运行状态，其电机相电流将等同于线电流，且此电流值直接由电动机所承载的负载所影响。而对于采用 △ 形接线的电动机，内部断线时，此时相电流与线电流均随负载增加而按比例增大。在额定负载条件下，两相相电流会跃升至原值的 1.5 倍，一相线电流同样增至 1.5 倍，而其余两相线电流则变为原值的 $\frac{\sqrt{3}}{2}$。若断线发生在电动机外部，则会导致两相绕组串联后，再与第三组绕组并联接入两相电压间，此时线电流为绕组并联支路电流之和，亦随负载增加而增长。在额定负载下，线电流可增大至 3/2 倍，串联的两相绕组电流保持恒定，而另一相电流则变为原值的 $\frac{1}{2}$。

值得注意的是，在轻载条件下，线电流的增长趋势由轻载电流逐步逼近额定电流，而接有两相绕组的电流则维持轻载水平不变，第三相电流则大约增至原值的 1.2 倍。

综上所述，三角形接线电动机在遭遇单相运行时，其线电流与相电流的变化不仅受制于断线位置，还深受负载状况的影响。因此，电动机单相运行的根源可归结为以下几类因素。

（1）外部环境恶劣或特定因素导致的电源一相断线。

（2）保险装置的非正常熔断现象。

（3）启动装置及其配套导线、触头因烧伤、损坏、松动或接触不良，以及选型不当等问题，进而引发电源一相中断。

（4）电动机定子绕组内部发生一相断路故障。

（5）新购置电动机自身存在的固有故障。

（6）启动设备本身的故障或缺陷。

为有效规避电动机单相运行带来的经济损失，须在安装阶段严谨细致，并在后续的运行维护中严格遵守相关标准与规范。

思考题

1. 电动机接通电源后不启动，且无任何声响，从控制电路角度分析，可能存在哪些故障点，如何逐步排查？

2. 若电动机能启动，但运行过程中频繁跳闸，控制电路中的哪些元件或线路问题可能导致这种现象，怎样进行故障诊断？

3. 当电动机控制电路中的接触器频繁吸合与释放，是什么原因造成的？应如何通过检测和分析来解决问题？

4. 假设电动机控制电路中热继电器频繁动作，除了电动机过载外，控制电路本身可能有哪些故障因素，如何进行判断和修复？

5. 当电动机控制电路出现短路故障，如何利用万用表等工具快速准确地定位短路点，有哪些检测技巧和注意事项？

6. 在一个复杂的多台电动机顺序控制电路中，其中一台电动机无法按顺序启动，控制电路中可能存在哪些问题？怎样进行系统性排查？

7. 电动机控制电路中的时间继电器在设定时间到达后，未能正常切换电路，可能是哪些控制电路故障导致的？如何解决？

8. 若照明灯具频繁闪烁，电压不稳、线路接触不良、灯具自身问题等都可能是原因，如何通过检测和分析来确定具体故障？又该如何解决？

9. 照明开关能正常控制灯具亮灭，但开关在闭合或断开时会产生电火花，这是什么原因造成的？应如何排查和处理？

10.当照明电路出现漏电故障，如何利用漏电保护器和其他工具快速准确地定位漏电点，有哪些检测技巧和注意事项？

11.在一个新装修的房间里，照明电路安装完成后，灯具亮度不均匀，电路设计和施工过程中可能存在哪些问题？怎样进行系统性排查？

第 10 章　基于 Multisim 的电工电路仿真

学习目标

知识目标

1. 深入理解 Multisim 软件的基本功能、操作界面和各类工具的使用方法，能够熟练运用该软件进行电工电路的搭建、编辑和仿真设置。

2. 掌握各种电工电路的基本原理和特性，如直流电路、交流电路、电机控制电路、照明电路等，能够在 Multisim 中准确构建相应的电路模型。

3. 熟悉 Multisim 软件中各类电气元件（如电阻、电容、电感、晶体管、集成电路等）的参数设置和特性，能够根据电路设计需求合理选择和配置元件。

4. 学会使用 Multisim 软件的测量工具（如万用表、示波器、逻辑分析仪等）对电路中的各种物理量（如电压、电流、功率、频率等）进行准确测量和分析。

能力目标

1. 通过实际操作 Multisim 软件进行电工电路的仿真实验，提高学生的动手能力和实践操作技能，能够独立完成复杂电路的搭建、调试和仿真分析。

2. 培养学生在仿真过程中发现问题、解决问题的能力，能够根据仿真结果分析电路中存在的问题，并通过调整电路参数或元件布局等方式进行优化和改进。

3. 引导学生将 Multisim 仿真结果与实际电路实验结果进行对比分析，加深对电工电路原理的理解和掌握，提高学生的理论联系实际能力。

素养目标

1. 严谨认真、科学规范的工作态度和工程素养：在 Multisim 仿真过程中，注重细节，严格遵守操作规程，确保仿真结果的准确性和可靠性。

2. 增强团队合作意识和沟通能力：鼓励学生在小组项目中共同完成电路设计和仿真任务，通过团队协作提高工作效率和质量。

3. 培养节能环保意识（思政目标）：在电路设计和仿真中，充分考虑电路的实用性、经济性和环保性，培养学生的工程思维和可持续发展观念。

10.1 基尔霍夫定律的验证

10.1.1 基尔霍夫定律

基尔霍夫定律是电路的基本定律。测量某电路的各支路电流及每个元件两端的电压，应能分别满足基尔霍夫电流定律（KCL）和电压定律（KVL）。即对电路中的任一个节点，应有 $\sum I = 0$；对任何一个闭合回路，应有 $\sum U = 0$。

运用上述定律时必须注意各支路或闭合回路中电流的正方向，此方向可预先任意设定。

10.1.2 电路仿真与分析

基尔霍夫实验所用电路如图 10-1 所示，实验前先任意设定三条支路和三个闭合回路的电流正方向。图 10-1 中的 I_1，I_2，I_3 的方向已设定，三个闭合回路的电流正方向可设为 $ADEFA$、$BADCB$ 和 $FBCEF$，其中，$U_1 = 6 \text{ V}$，$U_2 = 12 \text{ V}$。

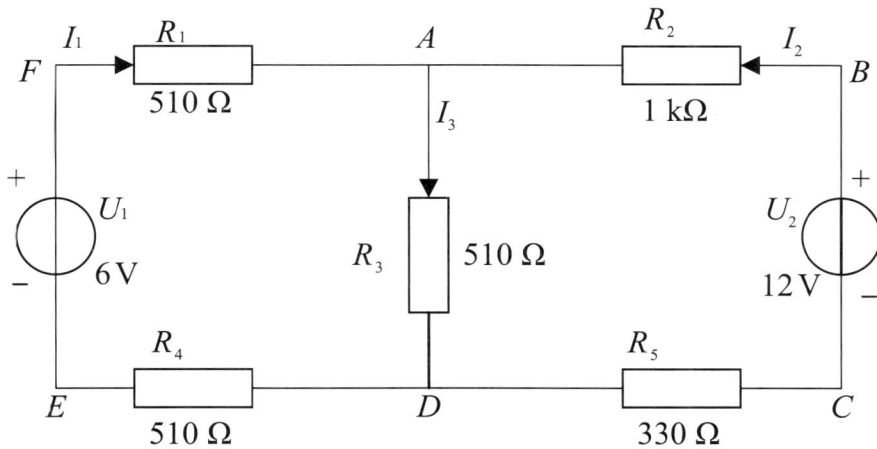

图 10-1　基尔霍夫实验电路

为验证基尔霍夫定律，对图 10-1 电路进行 Multisim 电路仿真，如图 10-2 所示。为测量电路中的电压和电流，分别在电路中接入电压表和电流表，其中，U 为直流电压表，A 为直流电流表。

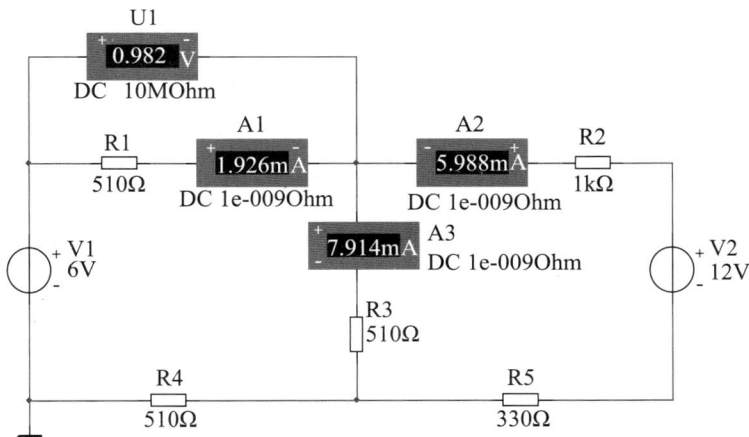

图 10-2　基尔霍夫实验仿真电路

从仿真结果知 I_1=1.926 mA，I_2=5.988 mA，I_3=7.914 mA。可得出 $I_1+I_2=I_3$，满足基尔霍夫 KCL 定律。

为验证基尔霍夫 KVL 定律，用直流电压表 U1 分别对 FA，AB，AD，CD，DE 间的电压进行测量。测量的结果为 U_{FA}=0.982 V，U_{AB}=−5.988 V，U_{AD}=4.036 V，U_{CD}=

-1.976 V，$U_{DE}=0.982$ V，$U_{FE}=6$ V，$U_{BC}=12$ V。

选取任意两个闭合回路，通过计算满足基尔霍夫 KVL 定律。

10.2　电压源与电流源的等效变换

10.2.1　电压源与电流源的等效变换理论

（1）一个直流稳压电源在一定的电流范围内，具有很小的内阻。故在实际应用中，常将它视为一个理想的电压源，即其输出电压不随负载电流而变。其外特性曲线，即其伏安特性曲线 $U=f(I)$ 是一条平行于 I 轴的直线。在实际应用中，恒流源在一定的电压范围内可视为一个理想的电流源。

（2）一个实际的电压源（或电流源），其端电压（或输出电流）不可能不随负载而变，因它具有一定的内阻值。故在实验中，用一个小阻值的电阻（或大电阻）与稳压源（或恒流源）相串联（或并联）来模拟一个实际的电压源（或电流源）。

（3）一个实际的电源，就其外部特性而言，既可以看成是一个电压源，又可以看成是一个电流源。若视为电压源，则可用一个理想的电压源 U_s 与一个电阻 R_0 相串联的组合来表示；若视为电流源，则可用一个理想电流源 I_s 与一电导g_0相并联的组合来表示。如果这两种电源能向同样大小的负载提供同样大小的电流和端电压，则称这两个电源是等效的，即具有相同的外特性。

一个电压源与一个电流源等效变换的条件为：$I_s=U_s/R_0$，　$g_0=1/R_0$，如图 10-3 所示。

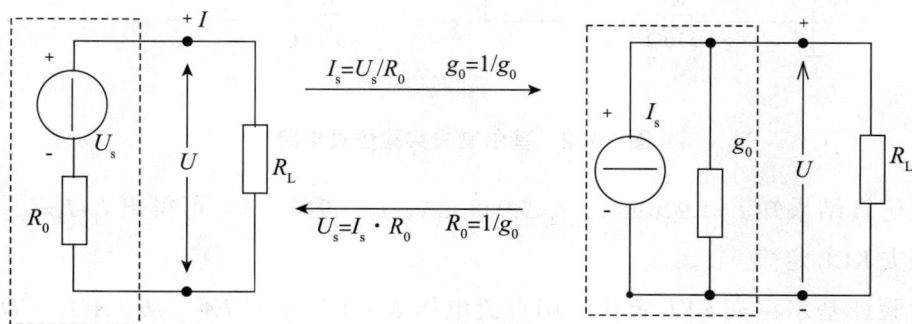

图 10-3　电压源与电流源的等效变换

10.2.2　电路仿真与分析

（1）直流稳压电源与实际电压源的外特性测量。

图 10-4（a）为直流稳压电源外特性测量实验接线，其中 U_s 为 + 12 V 直流稳压电源，图 10-4（b）为实际电压源外特性测量实验接线，虚线框可模拟为一个实际的电压源。

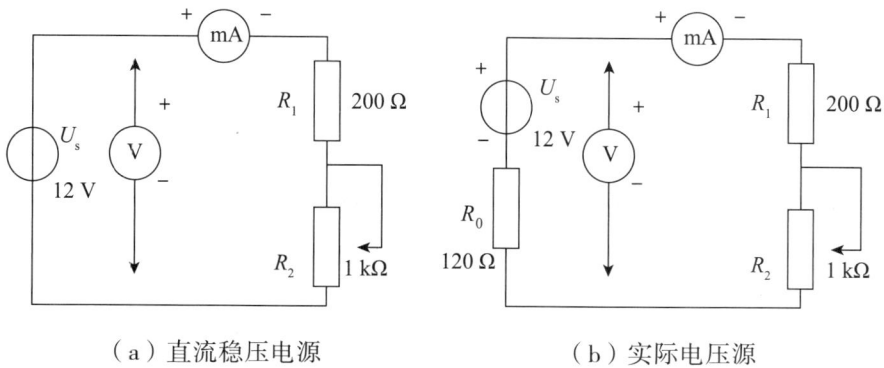

（a）直流稳压电源　　　　　（b）实际电压源

图 10-4　电压源的外特性测量电路

图 10-5（a）和图 10-5（b）分别为直流稳压电源和实际电压源对应的 Multisim 仿真电路。

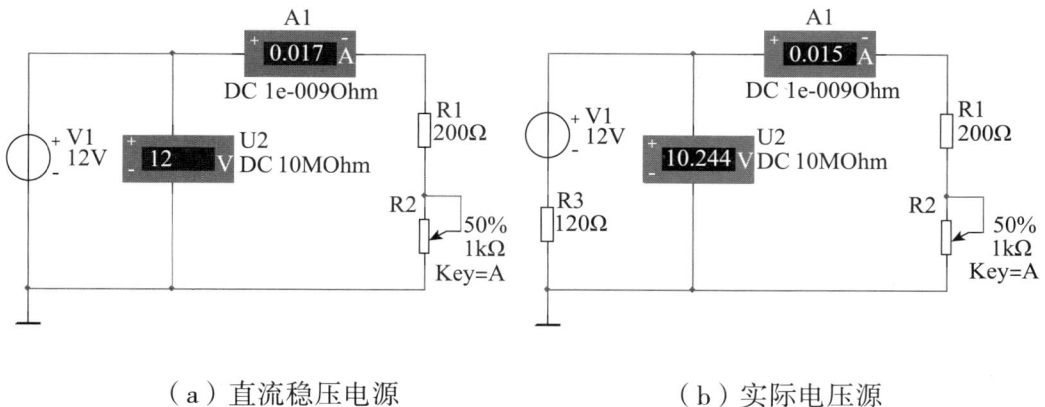

（a）直流稳压电源　　　　　（b）实际电压源

图 10-5　电压源的外特性测量仿真电路

调节图 10-5（a）直流稳压电源中的电阻 R_2，令其阻值由大至小变化，分别记录电压表和电流表的读数，读数结果如表 10-1 所示。

表 10-1　直流稳压电源的外特性数据

实验数据	R/Ω						
	1 000	800	600	400	200	100	0
U/V	12	12	12	12	12	12	12
I/mA	9.999	12	15	20	30	40	60

　　由表 10-1 知直流稳压电源的输出在任何负载下保持恒值不变，其外特性不受外接电阻影响。

　　调节图 10-5（b）实际电压源中的电阻 R_2，令其阻值由大至小变化，分别记录电压表和电流表的读数，读数结果如表 10-2 所示。

表 10-2　实际电压源的外特性数据

实验数据	R/Ω						
	1 000	800	600	400	200	100	0
U/V	10.909	11	13	17	9.231	8.571	7.5
I/mA	9.09	10.714	10.435	10	23	29	37

　　由表 10-2 知实际电压源的外特性受外接电阻影响，随着外接电阻的减小，电压源两端的电压呈下降变化趋势。

　　（2）电流源的外特性测量。

　　图 10-6 为电流源外特性测量实验接线，其中 I_s 为直流恒流源，调节其输出为 10 mA。

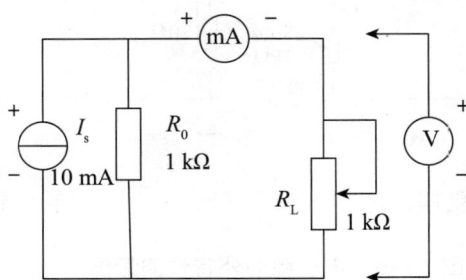

图 10-6　电流源的外特性测量电路

　　图 10-7 为电流源的外特性测量仿真电路，令 R_0 分别为 1 kΩ 和 ∞（即接入和断

开），调节电位器 R_L（从 0 至 470 Ω），测出这两种情况下的电压表和电流表的读数分别如表 10-3 和表 10-4 所示。

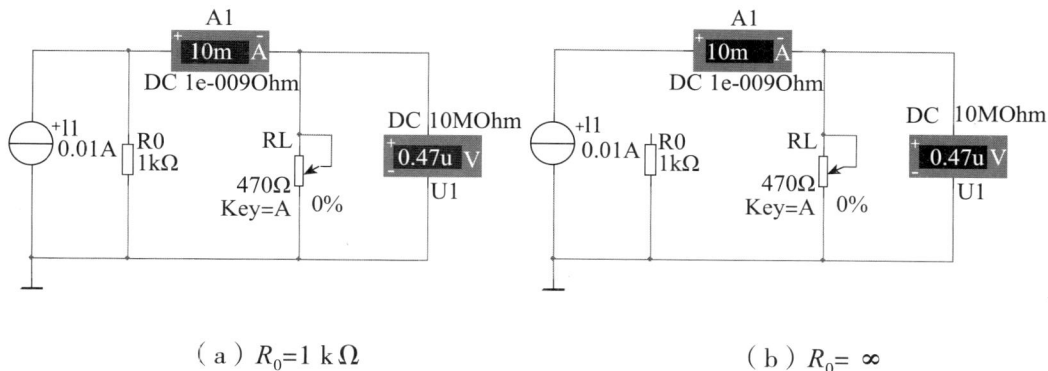

（a）R_0=1 kΩ   （b）R_0= ∞

图 10-7   电流源的外特性测量电路

表 10-3 R_0=1 kΩ 时电流源的外特性数据

实验数据	R_L/Ω						
	0	47	94	188	282	376	470
U/V	4.7e-7	0.449	0.859	1.582	2.2	2.732	3.197
I/mA	10	9.551	9.141	8.417	7.8	7.268	6.803

由表 10-3 知 R_0=1 kΩ 时，电流源的外特性受外接电阻影响，随着外接电阻的增加，电流源两端的电流呈下降变化趋势。

表 10-4 R_0= ∞ 时电流源的外特性数据

实验数据	R_L/Ω						
	0	47	94	188	282	376	470
U/V	4.7e-7	0.47	0.94	1.88	2.82	3.76	4.7
I/mA	10	10	10	10	10	10	10

由表 10-4 知 R_0= ∞ 时，电流源的输出在任何负载下保持恒值不变，其外特性不受外接电阻影响。

（3）电源等效变换条件的验证。

图 10-8 为电压源与电流源的等效变换实验电路，其中 U_s 为直流电压源，调节其输出为 12 V。

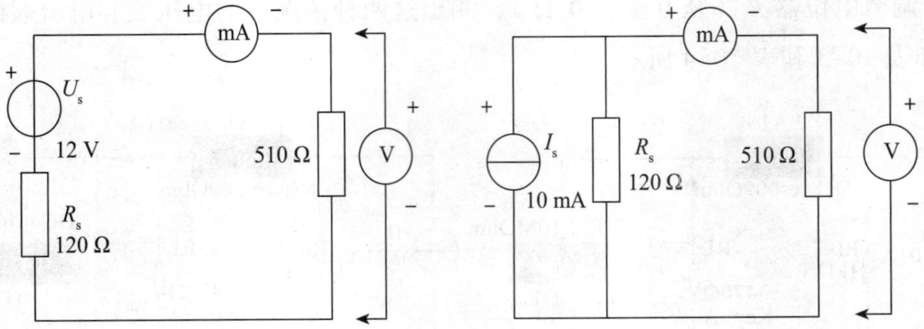

（a）$R_0=1\ k\Omega$　　　　　　　　　　（b）$R_0=\infty$

图 10-8　电压源与电流源的等效变换实验电路

图 10-9 为电压源与电流源的等效变换实验仿真电路，记录线路中两表的读数，其中 A1 为 0.019 A，U1 为 9.714 V。

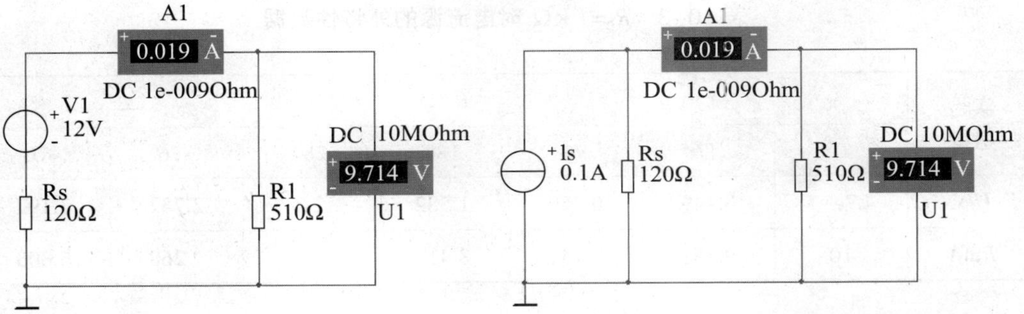

（a）电压源仿真电路　　　　　　　　　　（b）电流源仿真电路

图 10-9　电压源与电流源的等效变换实验仿真电路

然后利用图 10-9（a）中的元件和仪表，按图 10-9（b）接线。调节恒流源的输出电流 I_s，使图 10-9（b）两表的读数与图 10-9（a）的读数相等，记录电流源 I_s 之值，验证等效变换条件的正确性。

通过仿真可知 $I_s=0.1\ A$ 时，图 10-9（b）电路中两表的读数与图 10-9（a）电路中两表的读数一致，经过推导，满足电压源与电流源的等效变换条件。

10.3　受控源 VCVS，VCCS，CCVS，CCCS 的实验研究

10.3.1　受控源 VCVS，VCCS，CCVS，CCCS 定理

（1）电源有独立电源（如电池、发电机等）与非独立电源（或称为受控源）之分。

受控源与独立源的不同点是：独立源的电势 E_s 或电激流 I_s 是某一固定的数值或是时间的某一函数，它不随电路其余部分的状态而变。而受控源的电势或电激流则是随电路中另一支路的电压或电流而变的一种电源。

受控源又与无源元件不同，无源元件两端的电压和它自身的电流有一定的函数关系，而受控源的输出电压或电流则和另一支路（或元件）的电流或电压有某种函数关系。

（2）独立源与无源元件是二端器件，受控源则是四端器件，或称为双口元件。它有一对输入端（U_1，I_1）和一对输出端（U_2，I_2）。输入端可以控制输出端电压或电流的大小。施加于输入端的控制量可以是电压或电流，因而有两种受控电压源（即电压控制电压源 VCVS 和电流控制电压源 CCVS）和两种受控电流源（即电压控制电流源 VCCS 和电流控制电流源 CCCS）。它们的示意图，如图 10-10 所示。

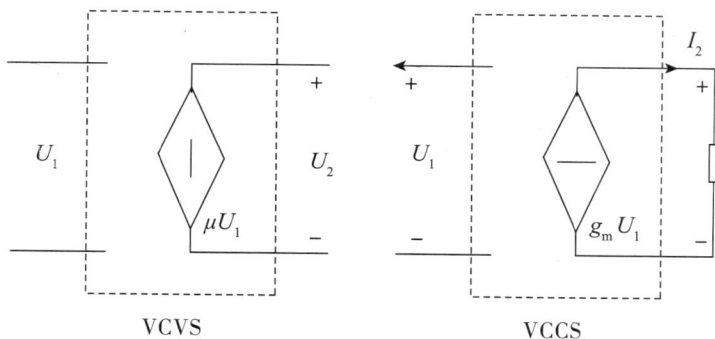

图 10-10　受控电源

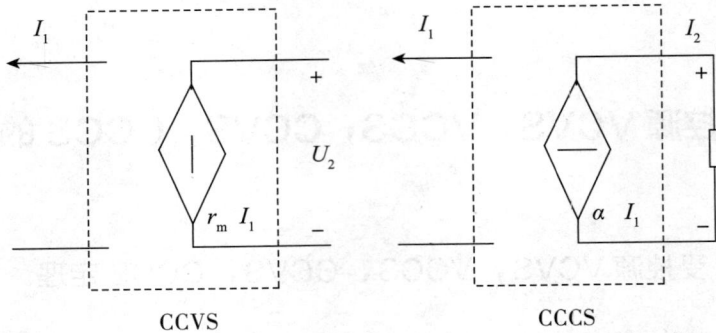

图 10-10 受控电源（续）

（3）当受控源的输出电压（或电流）与控制支路的电压（或电流）成正比变化时，则称该受控源是线性的。

理想受控源的控制支路中只有一个独立变量（电压或电流），另一个独立变量等于零，即从输入口看，理想受控源或者是短路（即输入电阻 $R_1 = 0$，因而 $U_1 = 0$）或者是开路（即输入电导 $G_1 = 0$，因而输入电流 $I_1 = 0$）；从输出口看，理想受控源或者是一个理想电压源或者是一个理想电流源。

（4）受控源的控制端与受控端的关系式称为转移函数。四种受控源的转移函数参量的定义如下：

①压控电压源（VCVS）：$U_2 = f(U_1)$，$\mu = U_2 / U_1$，μ 称为转移电压比或电压增益。

②压控电流源（VCCS）：$I_2 = f(U_1)$，$g_m = I_2 / U_1$，g_m 称为转移电导。

③流控电压源（CCVS）：$U_2 = f(I_1)$，$r_m = U_2 / I_1$，r_m 称为转移电阻。

④流控电流源（CCCS）：$I_2 = f(I_1)$，$\alpha = I_2 / I_1$，α 称为转移电流比或电流增益。

10.3.2 电路仿真与分析

（1）受控源 VCVS 的转移特性及负载特性测量。

图 10-11 为受控源 VCVS 的实验电路，其对应的实验仿真电路如图 10-12 所示。

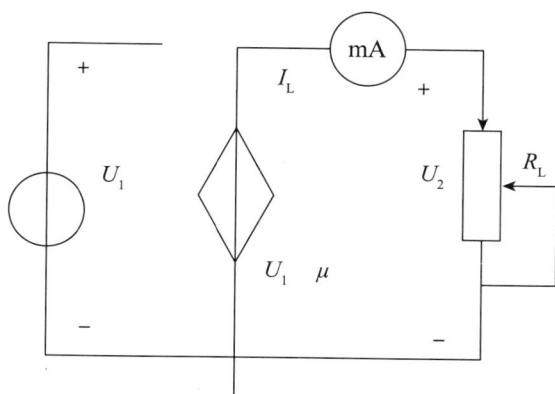

图 10-11　VCVS 实验电路

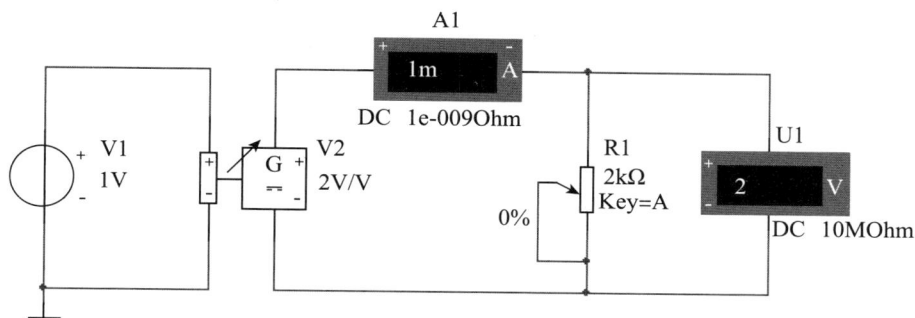

图 10-12　VCVS 实验仿真电路

不接电流表，固定 $R_{\mathrm{L}} = 2\,\mathrm{k}\Omega$，调节稳压电源输出电压 U_1，测量 U_1 及相应的 U_2 值，记入表 10-5。绘出电压转移特性曲线 $U_2 = f(U_1)$，并在其线性部分求出转移电压比 μ。

表 10-5　VCVS 电压转移特性数据

实验数据	U_1/V								μ
	0	1	2	3	5	7	8	9	
U_2/V	0	2	4	6	10	14	16	18	2

接入电流表，保持 $U_1 = 2\,\mathrm{V}$，调节 R_1 可变电阻箱的阻值，测量 U_2 及 I_1，记入表 10-6，给出负载特性曲线 $U_2 = f(I_{\mathrm{L}})$。

表 10-6　VCVS 负载特性数据

实验数据	R_1/Ω							
	50	70	100	200	300	400	500	∞
U_2/V	2	2	2	2	2	2	2	2
I_L/mA	40	29	13	10	6.67	5	4	2.2e-7

（2）受控源 VCCS 的转移特性及负载特性测量。

图 10-13 为受控源 VCCS 的实验电路，其对应的实验仿真电路如图 10-14 所示。

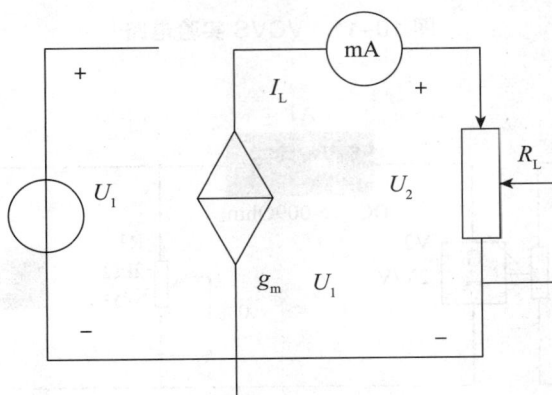

图 10-13　VCCS 实验电路

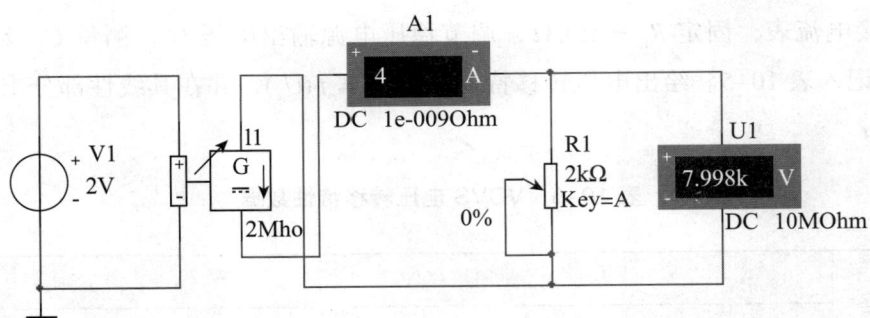

图 10-14　VCCS 实验仿真电路

固定 $R_L = 2\,\text{k}\Omega$，调节稳压电源的输出电压 U_1，测出相应的 I_L 值，绘制 $I_L = f(U_1)$ 曲线，并由其线性部分求出转移电导 g_m，如表 10-7 所示。

表 10-7　VCCS 电压转移特性数据

实验数据	U_1/V								g_m
	0.1	0.5	1.0	2.0	3.0	3.5	3.7	4.0	
I_L/mA	0.2	1	2	4	6	7	7.4	8	2

保持 $U_1 = 2\,\text{V}$，令 R_L 从大到小变化，按表 10-8 所列的 R 值测出相应的 I_L 及 U_2，绘制 $I_L = f(U_2)$ 曲线。

表 10-8　VCCS 负载特性数据

实验数据	R_L/kΩ									
	5	4	2	1	0.5	0.4	0.3	0.2	0.1	0
I_L/mA	4	4	4	4	4	4	4	4	4	4
U_2/kV	20	16	8	4	2	1.6	1.2	0.8	0.4	2.4×10^{-7}

（3）受控源 CCVS 的转移特性及负载特性测量。

图 10-15 为受控源 CCVS 的实验电路，其对应的实验仿真电路如图 10-16 所示。

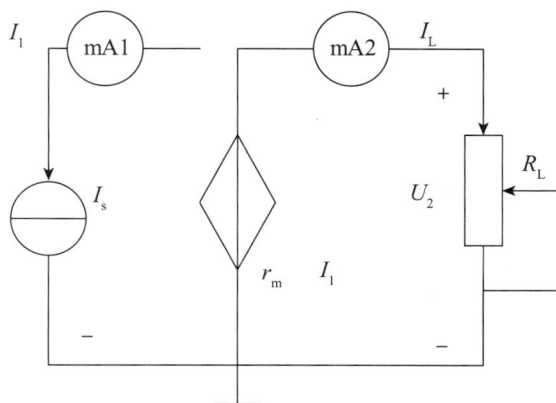

图 10-15　CCVS 实验电路

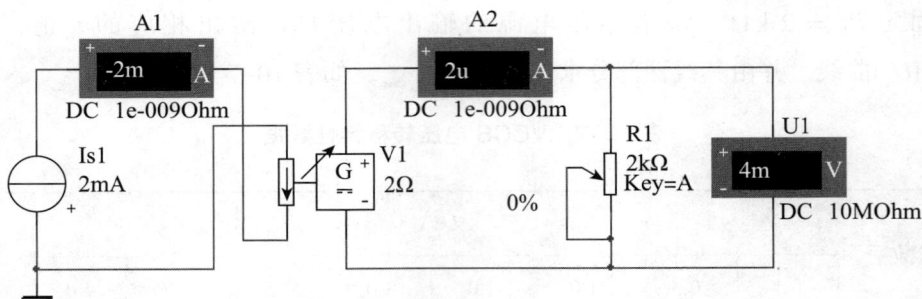

图 10-16 CCVS 实验仿真电路

固定 $R_L = 2\,\mathrm{k\Omega}$，调节恒流源的输出电流 I_s，按表 10-9 所列 I_1 值，测出 U_2，绘制 $U_2 = f(I_1)$ 曲线，并由其线性部分求出转移电阻 r_m。

表 10-9 CCVS 电流转移特性数据

实验数据	I_1/mA								r_m
	0.1	1.0	3.0	5.0	7.0	8.0	9.0	9.5	
U_2/mV	0.2	2	6	10	14	16	18	19	2

保持 $I_s = 2\,\mathrm{mA}$，按表 10-10 所列 R_L 值进行实验，测出 U_2 及 I_L，绘制负载特性曲线 $U_2 = f(I_L)$。

表 10-10 CCVS 负载特性数据

实验数据	R_L/kΩ						
	0.5	1	2	4	6	8	10
U_2/mV	4	4	4	4	4	4	4
I_L/μA	8	4	2	1	0.67	0.5	0.4

（4）受控源 CCCS 的转移特性及负载特性测量。

图 10-17 为受控源 CCCS 的实验电路，其对应的实验仿真电路如图 10-18 所示。

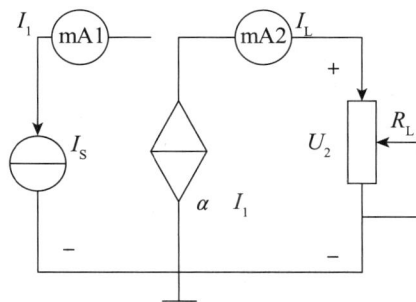

图 10-17　CCCS 实验电路

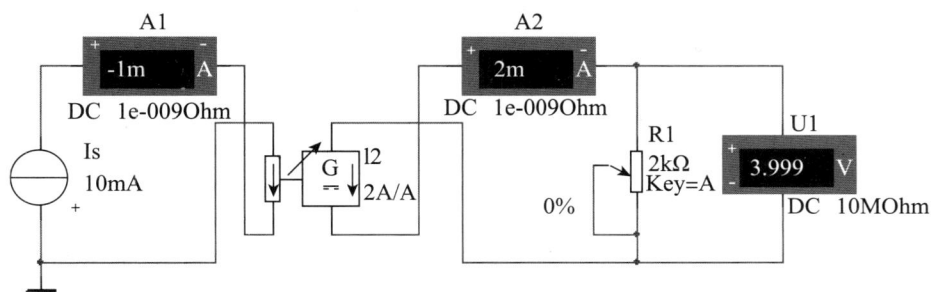

图 10-18　CCCS 实验仿真电路

按表 10-11 测出 I_L，绘制 $I_L = f(I_1)$ 曲线，并由其线性部分求出转移电流比 α。

表 10-11　CCCS 电流转移特性数据

实验数据	I_1/mA							α
	0.1	0.2	0.5	1	1.5	2	2.2	
I_L/mA	0.2	0.4	1	2	3	4	4.4	2

保持 $I_s = 1$ mA，令 R_L 为表 10-12 所列值，测出 I_L，绘制 $I_L = f(U_2)$ 曲线。

表 10-12　CCCS 负载特性数据

实验数据	R_L/kΩ									
	0	0.2	0.4	0.6	0.8	1	2	5	10	20
I_L/mA	2	2	2	2	2	2	2	2	2	2
U_2/V	4.88e-7	0.4	0.8	1.2	2	2	4	10	19.98	39.92

10.4 戴维南定理和诺顿定理的验证

10.4.1 戴维南定理和诺顿定理

任何一个线性含源网络，如果仅研究其中一条支路的电压和电流，则可将电路的其余部分看作一个有源二端网络（或称为含源一端口网络）。

戴维南定理指出：任何一个线性有源网络，总可以用一个电压源与一个电阻的串联来等效代替，此电压源的电动势 U_s 等于这个有源二端网络的开路电压 U_{oc}，其等效内阻 R_0 等于该网络中所有独立源均置零（理想电压源视为短接，理想电流源视为开路）时的等效电阻。

诺顿定理指出：任何一个线性有源网络，总可以用一个电流源与一个电阻的并联组合来等效代替，此电流源的电流 I_s 等于这个有源二端网络的短路电流 I_{sc}，其等效内阻 R_0 定义同戴维南定理。

U_{oc}（U_s）和 R_0 或者 I_{sc}（I_s）和 R_0 称为有源二端网络的等效参数。有源二端网络等效参数的测量方法，如图 10–19 所示。

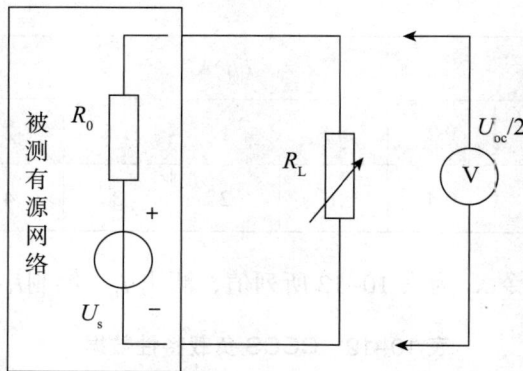

图 10-19 有源二端网络

开路电压、短路电流法测 R_0。在有源二端网络输出端开路时，用电压表直接测其输出端的开路电压 U_{oc}，然后再将其输出端短路，用电流表测其短路电流 I_{sc}，则等效内阻为

$$R_0 = \frac{U_{oc}}{I_{sc}}$$

如果二端网络的内阻很小，若将其输出端口短路则易损坏其内部元件，因此不宜用此法。

伏安法测 R_0 是用电压表、电流表测出有源二端网络的外特性曲线，如图 10-20 所示。

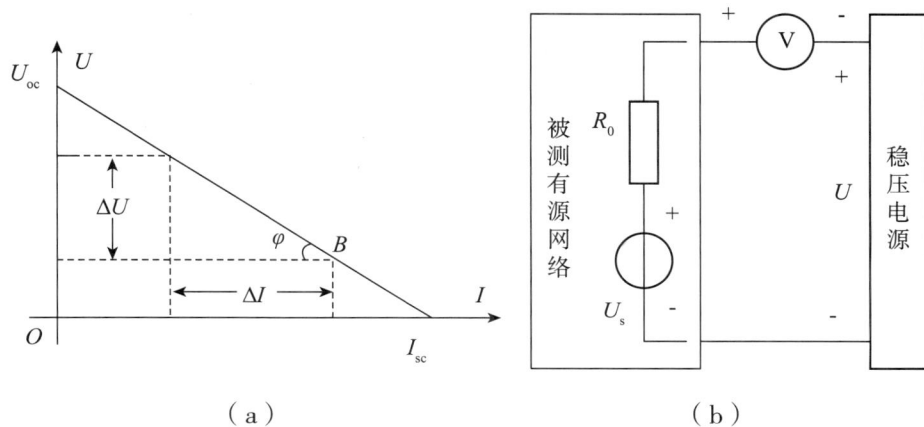

图 10-20　开路电压、短路电流法测电阻

根据外特性曲线求出斜率 $\tan\varphi$，则内阻

$$R_0 = \tan\varphi = \frac{\Delta U}{\Delta I} = \frac{U_{oc}}{I_{sc}}$$

也可以先测量开路电压 U_{oc}，再测量电流为额定值 I_N 时的输出端电压值 U_N，则内阻为

$$R_0 = \frac{U_{oc} - U_N}{I_N}$$

10.4.2　电路仿真与分析

（1）图 10-21 为戴维南定理实验电路接线图，其中，U_s 为 12 V 稳压电源，I_s 为 10 mA 恒流源。

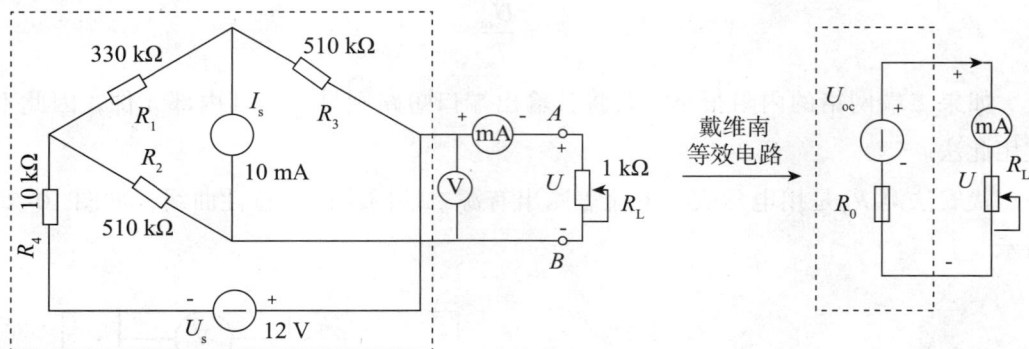

图 10-21 戴维南定理实验电路

按图 10-21 接入稳压电源 U_s=12 V 和恒流源 I_s=10 mA，不接入 R_L。用开路电压、短路电流法测定戴维南等效电路的 U_{oc}、R_0 和诺顿等效电路的 I_{sc}、R_0。

图 10-22 和图 10-23 分别为短路电流和开路电压测量的 Multisim 仿真电路。测出 U_{oc} 和 I_{sc}，并计算出 R_0。（测 U_{oc} 时，不接入毫安表。）其中，U_{oc}=16.997 V，I_{sc}=0.033 A，通过计算，R_0=519.885 Ω。

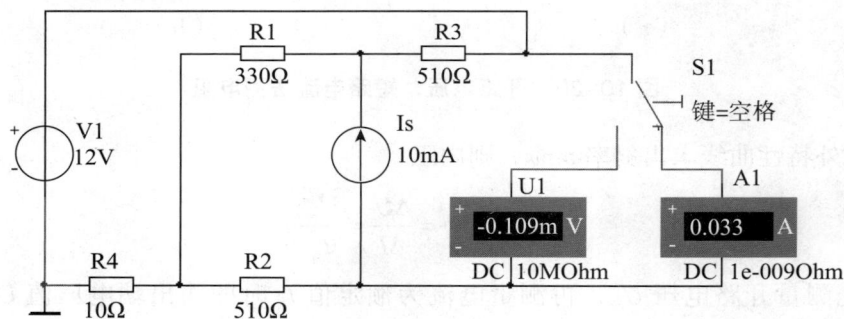

图 10-22 短路电流测量仿真电路

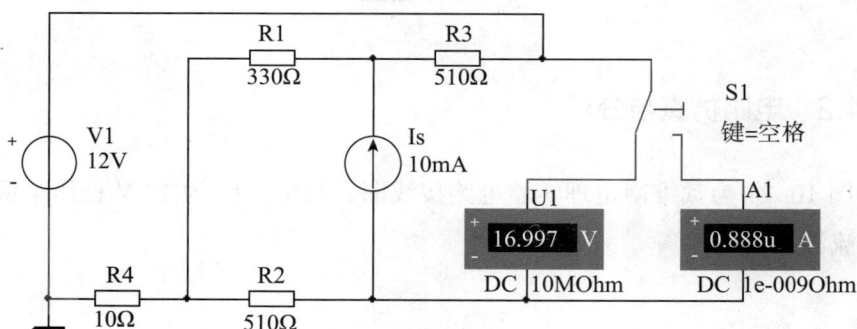

图 10-23 开路电压测量仿真电路

（2）负载实验：按图 10-21 接入 R_L，其对应的 Multisim 仿真电路如图 10-24 所示。

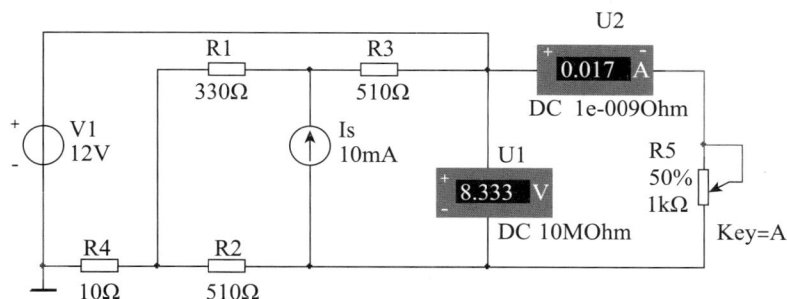

图 10-24　戴维南定理负载实验仿真电路

改变 R_L 阻值，测量有源二端网络的外特性曲线。表 10-13 为其外特性曲线对应的部分数据。

表 10-13　戴维南定理负载实验外特性测试

实验数据	R_L/Ω							
	0	100	200	400	600	800	900	1 000
U_1/V	3.27e-6	2.742	4.722	7.391	9.107	10.302	10.774	11.183
I_L/mA	33	27	24	18	15	13	12	11

（3）验证戴维南定理：从电阻箱上取得按步骤（1）所得的等效电阻 R_0 之值，然后令其与直流稳压电源（调到步骤（1）时所测得的开路电压 U_{oc} 之值）相串联，如图 10-25 所示。

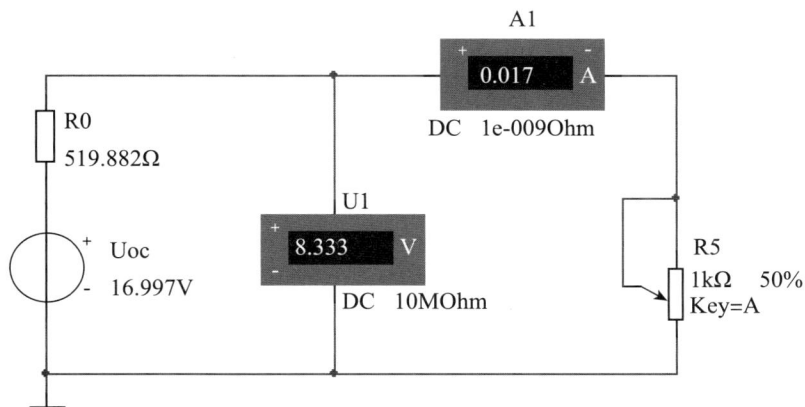

图 10-25　戴维南定理等效电路验证仿真电路

对戴维南定理进行验证，仿照步骤"2"对图 10-25 进行外特性测试，表 10-13 为其外特性曲线对应的部分数据。对比表 10-13 和表 10-14 可知两者外特性一致，可以采用戴维南定理进行电路等效变换。

表 10-14　戴维南定理等效电路外特性测试

实验数据	R_L/Ω							
	0	100	200	400	600	800	900	1 000
U_2/V	3.269e-6	2.742	4.722	7.391	9.106	10.302	10.773	11.182
I_L/mA	33	27	24	18	15	13	12	11

（4）验证诺顿定理：从电阻箱上取得按步骤（1）所得的等效电阻 R_0 之值，然后令其与直流恒流源（调到步骤（1）时所测得的短路电流 I_{sc} 之值）相并联，如图 10-26 所示。

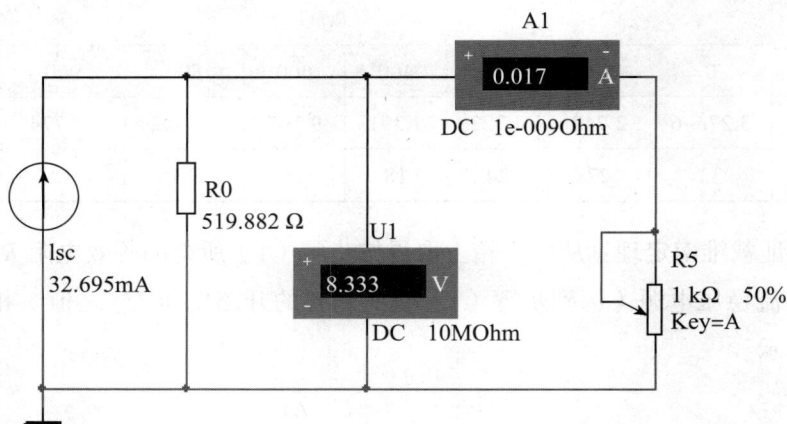

图 10-26　诺顿定理等效电路验证仿真电路

对诺顿定理进行验证，仿照步骤（2）对图 10-26 进行外特性测试，表 10-15 为其外特性曲线对应的部分数据。对比表 10-14 和表 10-15 可知两者外特性一致，可以采用诺顿定理进行电路等效变换。

表 10-15　诺顿定理等效电路外特性测试

实验数据	R_L/Ω							
	0	100	200	400	600	800	900	1 000
U_2/V	3.269e-6	2.742	4.722	7.391	9.106	10.302	10.773	11.182
I_L/mA	33	27	24	18	15	13	12	11

（5）有源二端网络等效电阻（又称入端电阻）的直接测量法，如图 10-27 所示。将被测有源网络内的所有独立源置零（去掉电流源 I_s 和电压源 U_s，并在原电压源所接的两点用一根短路导线相连），然后用伏安法或者直接用万用表的欧姆挡去测定负载 R_L 开路时 A、B 两点间的电阻，此即为被测网络的等效内阻 R_0，或称网络的入端电阻 R_i，如图 10-28 所示，测出等效电阻 R_i=519.883 Ω。

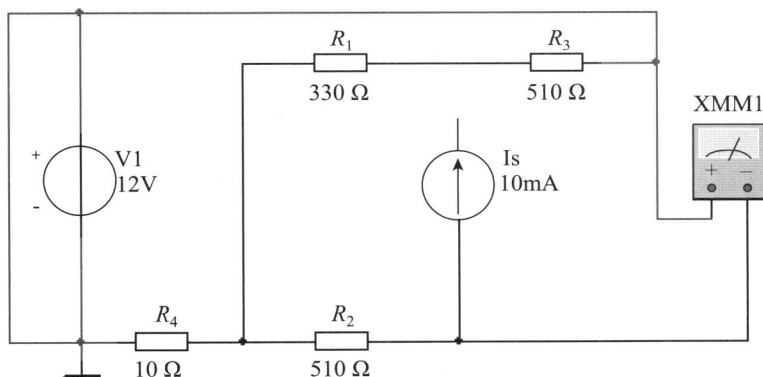

图 10-27　戴维南定理等效电路验证仿真电路

图 10-28　等效电阻测量结果

10.5　叠加定理的电路仿真

10.5.1　叠加定理

叠加原理指出：在有多个独立源共同作用下的线性电路中，通过每一个元件的电流或其两端的电压，可以看成是由每一个独立源单独作用时在该元件上所产生的电流或电压的代数和。

线性电路的齐次性是指当激励信号（某独立源的值）增加 K 倍或减小为原来的 $1/K$ 时，电路的响应（即在电路中各电阻元件上所建立的电流和电压值）也将增加 K 倍或减小为原来的 $1/K$。

10.5.2　电路仿真与分析

（1）实验线路如图 10-29 所示，将两路稳压源的输出分别调节为 12 V 和 6 V，接入 U_1 和 U_2 处。

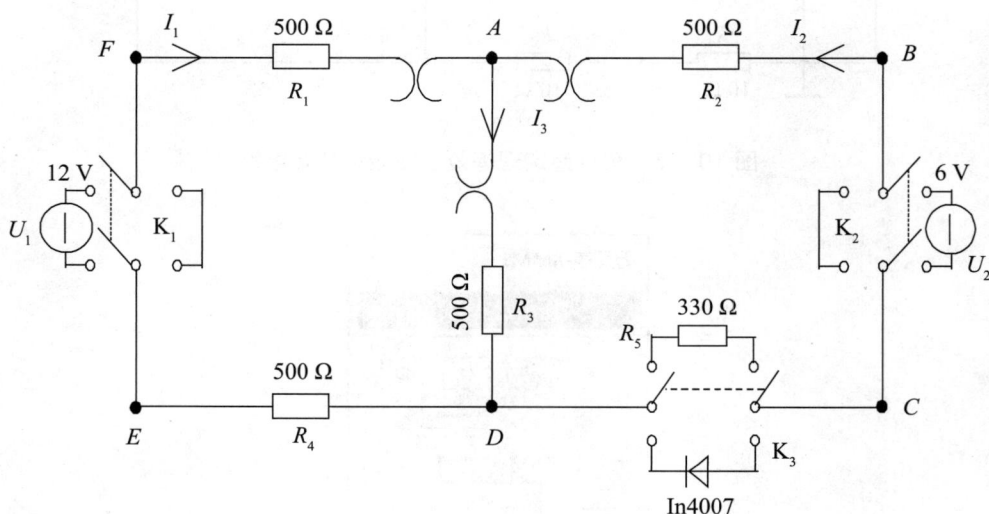

图 10-29　叠加原理实验电路

（2）令 U_1 电源单独作用，将开关 K_1 投向 U_1 侧，开关 K_2 投向短路侧，对应的实验仿真电路，如图 10-30 所示。用直流数字电压表和毫安表测量各支路电流及各电阻元件两端的电压，数据记入表 10-16。

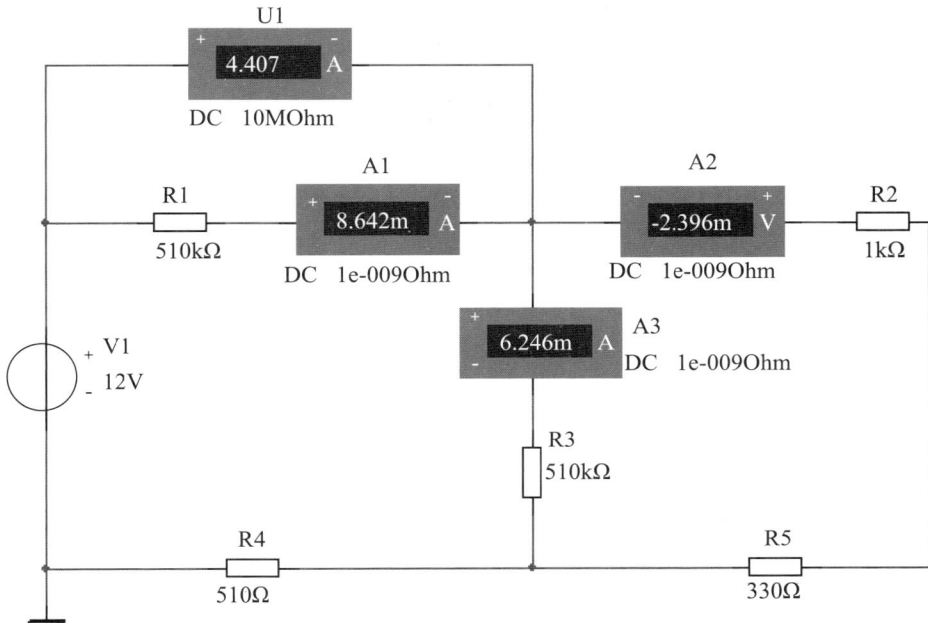

图 10-30　电压源 U_1 单独作用

（3）令 U_2 电源单独作用，将开关 K_1 投向短路侧，开关 K_2 投向 U_2 侧，对应的实验仿真电路，如图 10-31 所示，用直流数字电压表和毫安表测量各支路电流及各电阻元件两端的电压，数据记入表 10-16。

U1
-0.611 V
DC 10MOhm

R1
510Ω

A1
-1.197m A
DC 1e-009Ohm

A2
3.593m A
DC 1e-009Ohm

R2
1kΩ

A3
2.395m A
DC 1e-009Ohm

+ V2
- 6V

R3
510Ω

R4
510Ω

R5
330Ω

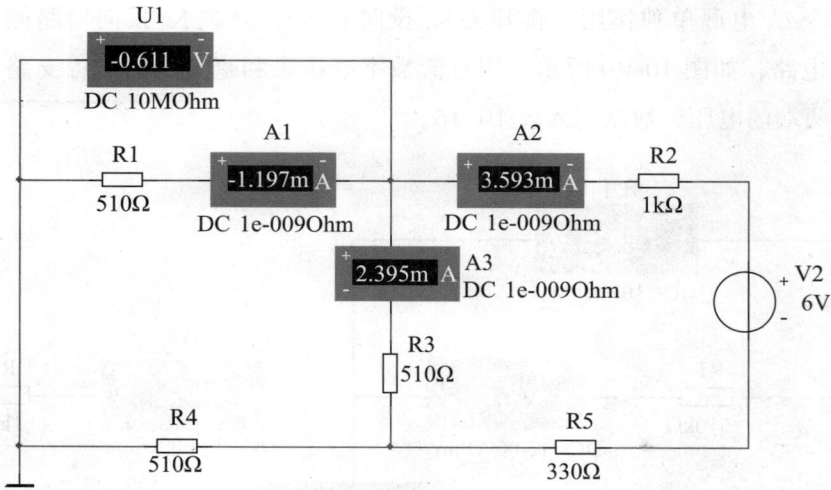

图 10-31　电压源 U2 单独作用

（4）令 U_1 和 U_2 共同作用，开关 K_1 和 K_2 分别投向 U_1 和 U_2 侧，对应的实验仿真电路，如图 10-32 所示，用直流数字电压表和毫安表测量各支路电流及各电阻元件两端的电压，数据记入表 10-16。

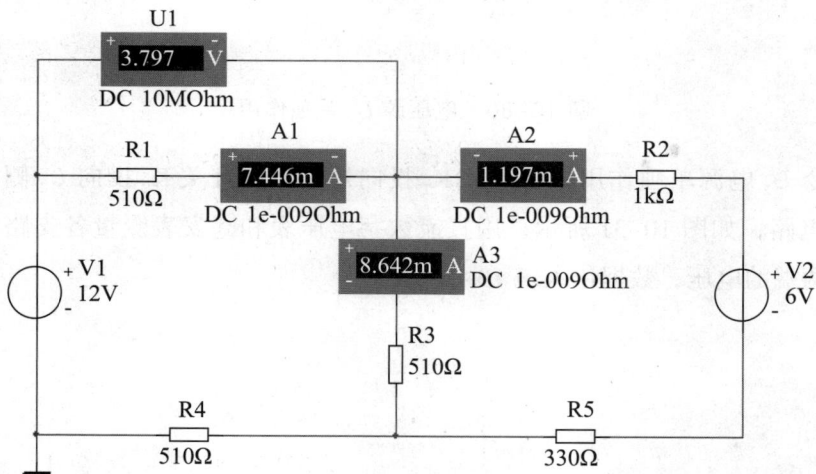

U1
3.797 V
DC 10MOhm

R1
510Ω

A1
7.446m A
DC 1e-009Ohm

A2
1.197m A
DC 1e-009Ohm

R2
1kΩ

A3
8.642m A
DC 1e-009Ohm

+ V1
12V

+ V2
- 6V

R3
510Ω

R4
510Ω

R5
330Ω

图 10-32　电压源 U_1、U_2 共同作用

（5）U_2 单独作用，并将 U_2 的数值调至 + 12 V，用直流数字电压表和毫安表测量各支路电流及各电阻元件两端的电压，数据记入表 10-16。

表 10-16　线性电路实验数据

测量项目	U_1/V	U_2/V	I_1/mA	I_2/mA	I_3/mA	U_{AB}/V	U_{CD}/V	U_{AD}/V	U_{DE}/V	U_{FA}/V
U_1 单独作用	12	0	8.642	−2.396	6.246	2.395	0..79	3.185	4.407	4.407
U_2 单独作用	0	6	−1.197	3.593	2.395	−3.593	−1.186	1.222	−0.611	−0.611
U_1，U_2 共同作用	12	6	7.446	1.197	8.642	−1.198	−0.395	4.407	3.797	3.797
$2U_2$ 单独作用	0	12	−2.395	7.186	4.79	−7.185	−2.371	2.443	−1.221	−1.221

由表 10-15 实验数据可知，当电路为线性电路时，U_1 单独作用和 U_2 单独作用结果的叠加与 U_1、U_2 共同作用的结果一致，满足叠加关系；$2U_2$ 单独作用的结果与 U_2 单独作用的结果呈倍数关系，满足线性关系。

（6）将 R_5（330 Ω）换成二极管 1N4007，即将开关 K_3 投向二极管 IN4007 侧，对应的实验仿真电路，如图 10-33 所示。

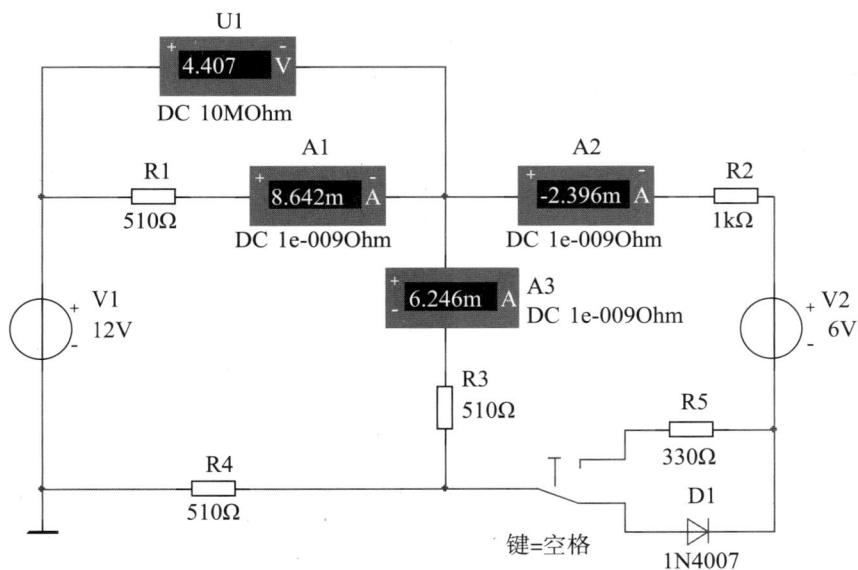

图 10-33　非线性电路

用直流数字电压表和毫安表测量各支路电流及各电阻元件两端的电压，数据记入表 10-17。

将 R_5（330 Ω）换成二极管 1N4007 后，电路中包含非线性元件，故此时，电路不再是线性电路，而是非线性电路。对于非线性电路，电路不再满足叠加关系和线性关系。

表 10-17　非线性电路实验数据

测量项目	U_1/V	U_2/V	I_1/mA	I_2/mA	I_3/mA	U_{AB}/V	U_{CD}/V	U_{AD}/V	U_{DE}/V	U_{FA}/V
U_1 单独作用	12	0	7.844	−0.888	7.844	0.072	4	4	−4	4
U_2 单独作用	0	6	−1.341	4.024	2.683	4.024	−0.608	1.368	−0.684	−0.684
U_1，U_2 共同作用	12	6	7.482	1.089	8.569	−1.09	0.54	4.37	3.815	−3.815
$2U_2$ 单独作用	0	12	−2.824	8.473	5.648	−8.473	−0.646	2.881	−1.44	−1.44

10.6　RC 一阶电路的响应测试

10.6.1　RC 一阶电路理论

（1）动态网络的过渡过程是十分短暂的单次变化过程。要用普通示波器观察过渡过程和测量有关的参数，就必须使这种单次变化的过程重复出现。为此，我们利用信号发生器输出的方波来模拟阶跃激励信号，即利用方波输出的上升沿作为零状态响应的正阶跃激励信号；利用方波的下降沿作为零输入响应的负阶跃激励信号。只要选择方波的重复周期远大于电路的时间常数 τ，那么电路在这样的方波序列脉冲信号的激励下，它的响应就和直流电接通与断开的过渡过程是基本相同的。

（2）图 10-34（b）所示的 RC 一阶电路的零输入响应和零状态响应分别按指数规律衰减和增长，其变化的快慢决定于电路的时间常数 τ。

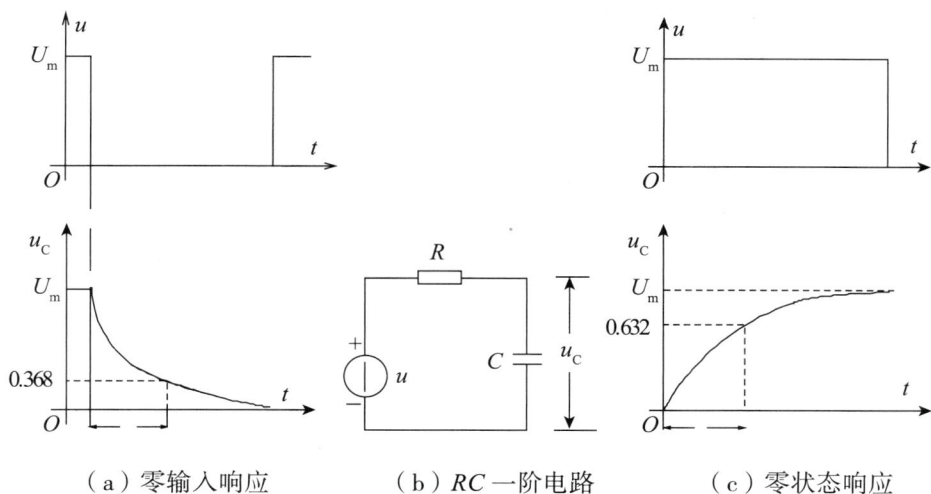

（a）零输入响应　　　　（b）RC 一阶电路　　　　（c）零状态响应

图 10-34　RC 一阶电路

（3）时间常数 τ 的测定方法。用示波器测量零输入响应的波形如图 10-34（a）所示。

根据一阶微分方程的求解得知：$u_C = U_m e^{-t/(RC)} = U_m e^{-t/\tau}$。

当 $t = \tau$ 时，$U_C(t) = 0.368 U_m$。

此时所对应的时间就等于 τ。亦可用零状态响应波形增加到 0.632 U_m 所对应的时间测得，如图 10-34（c）所示。

（4）微分电路和积分电路是 RC 一阶电路中较典型的电路，它对电路元件参数和输入信号的周期有着特定的要求。一个简单的 RC 串联电路，在方波序列脉冲的重复激励下，当满足 $\tau = RC < \dfrac{T}{2}$ 时（T 为方波脉冲的重复周期），且由 R 两端的电压作为响应输出，则该电路就是一个微分电路。因为此时电路的输出信号电压与输入信号电压的微分成正比，如图 10-35（a）所示。利用微分电路可以将方波转变成尖脉冲。

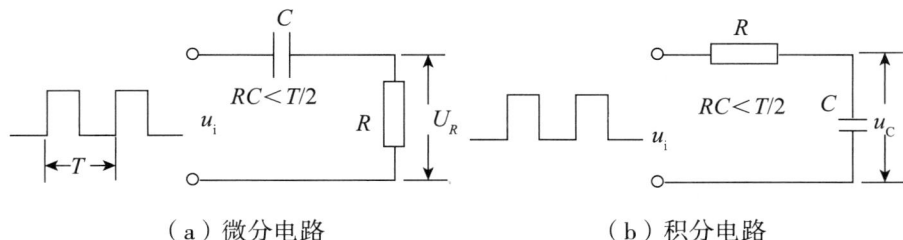

（a）微分电路　　　　　　　　（b）积分电路

图 10-35　微分电路和积分电路

若将图 10-35（a）中的 R 与 C 位置调换一下，如图 10-35（b）所示，由 C 两端的电压作为响应输出，且当电路的参数满足 $\tau = RC < \dfrac{T}{2}$，则该 RC 电路称为积分电路。因为此时电路的输出信号电压与输入信号电压的积分成正比。利用积分电路可以将方波转变成三角波。

从输入输出波形来看，上述两个电路均起着波形变换的作用，请在实验过程仔细观察与记录。

10.6.2　电路仿真与分析

（1）从电路板上选 $R = 10\ \text{k}\Omega$，$C = 6\ 800\ \text{pF}$ 组成如图 10-36 所示的 RC 充放电电路。u_i 为脉冲信号发生器输出的 $U_m = 3\ \text{V}$，$f = 1\ \text{kHz}$ 的方波电压信号，并通过两根同轴电缆线，将激励源 u_i 和响应 u_C 的信号分别连至示波器的两个输入口 Y_A 和 Y_B。这时可在示波器的屏幕上观察到激励与响应的变化规律（见图 10-37、图 10-38），少量地改变电容值或电阻值，定性地观察对响应的影响，记录观察到的现象。

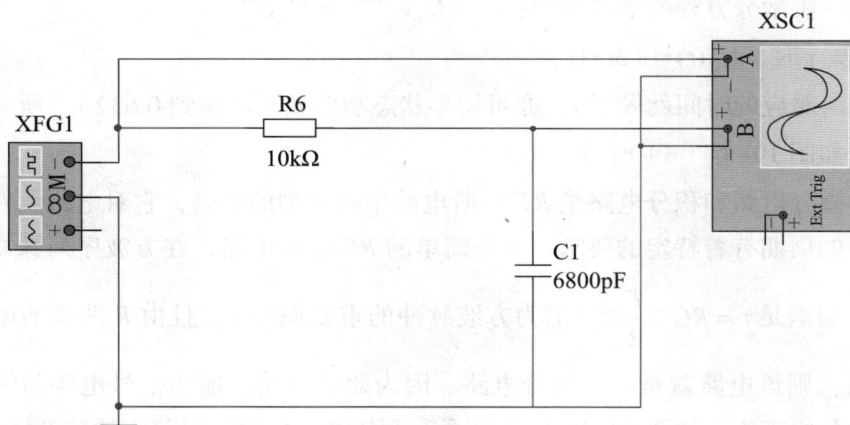

图 10-36　RC 充放电电路

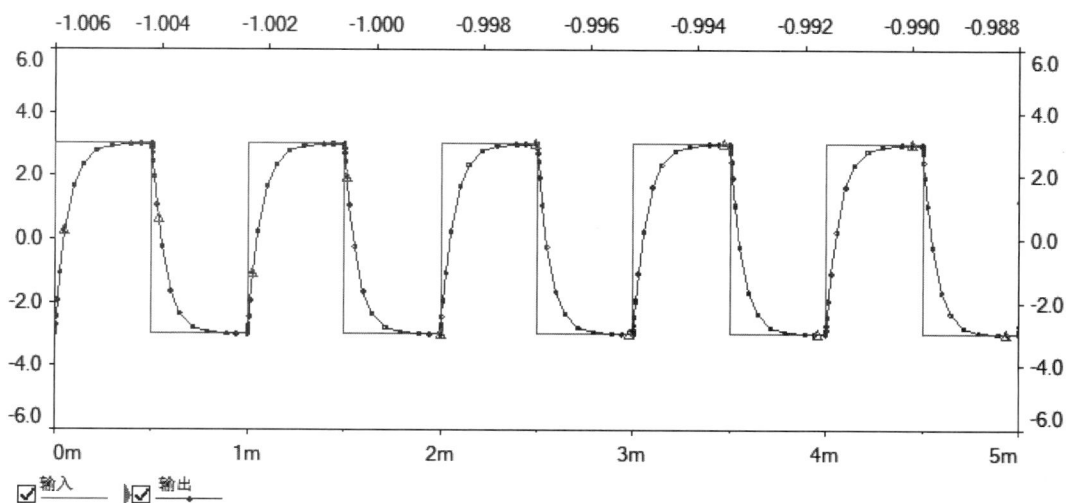

图 10-37　RC 充放电波形 1

光标	通道A	通道B
x1	994.7826μ	994.7826μ
y1	-3.0000	-2.9981
x2	1.1304m	1.1304m
y2	3.0000	2.1134
dx	135.6522μ	135.6522μ
dy	6.0000	5.1115
dy/dx	44.2308k	37.6807k
1/dx	7.3718k	7.3718k

图 10-38　RC 充放电波形光标数值

（2）令 $R = 10\,\mathrm{k}\Omega$，$C = 0.1\,\mu\mathrm{F}$，观察并描绘响应的波形（见图 10-39），继续增大 C 的值，定性地观察对响应的影响。

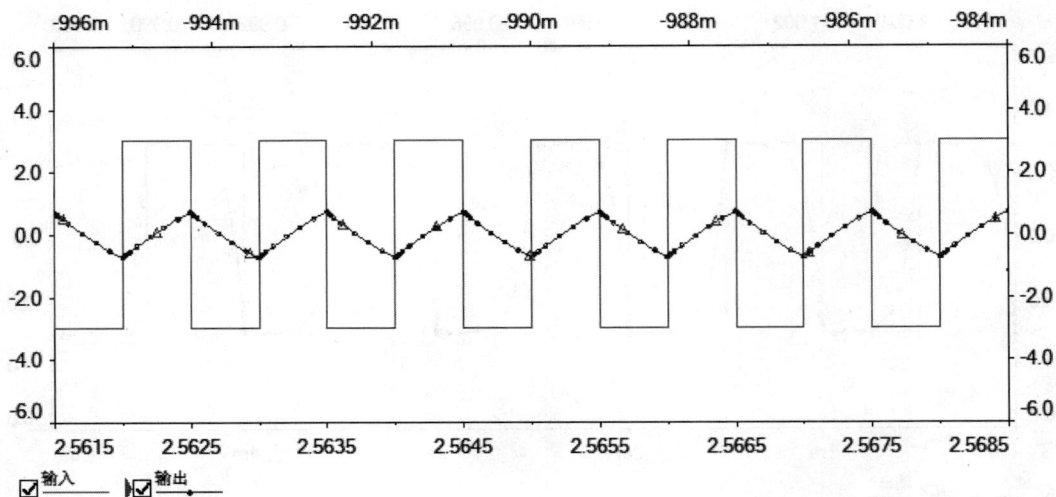

图 10-39　充放电波形 2

（3）令 $C = 0.01\ \mu\mathrm{F}$，$R = 100\ \Omega$，组成如图 10-40 所示的积分电路。在同样的方波激励信号（$U_{\mathrm{m}} = 3\ \mathrm{V}$，$f = 1\ \mathrm{kHz}$）作用下，观测并描绘激励与响应的波形（见图 10-41）。增减 R 值，定性地观察对响应的影响，并作记录。当 R 增至 $1\ \mathrm{M}\Omega$ 时，输入、输出波形发生变化（见图 10-42）。

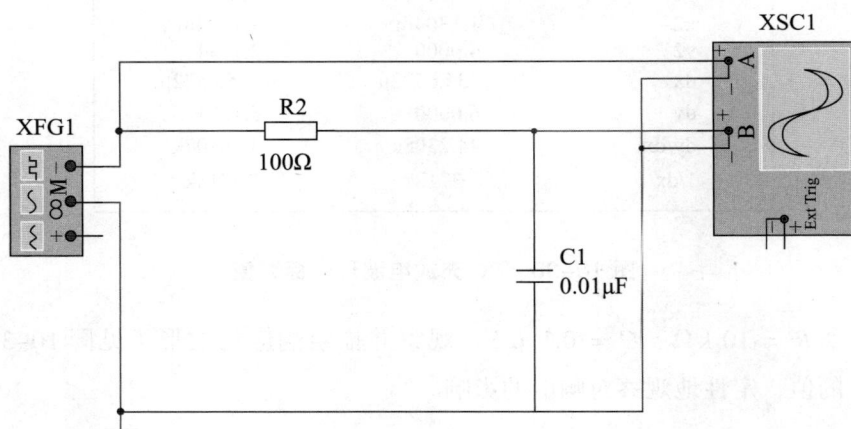

图 10-40　积分电路

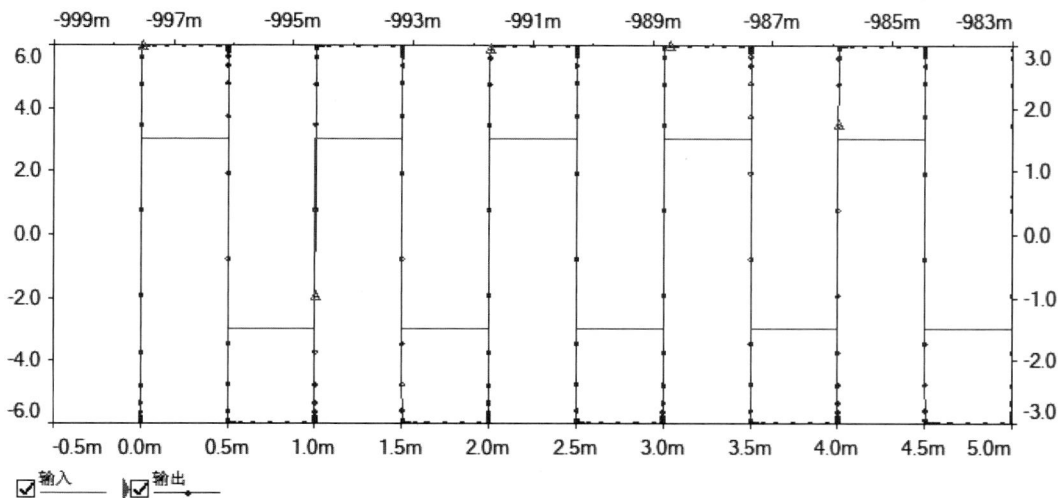

图 10-41　R=100 Ω

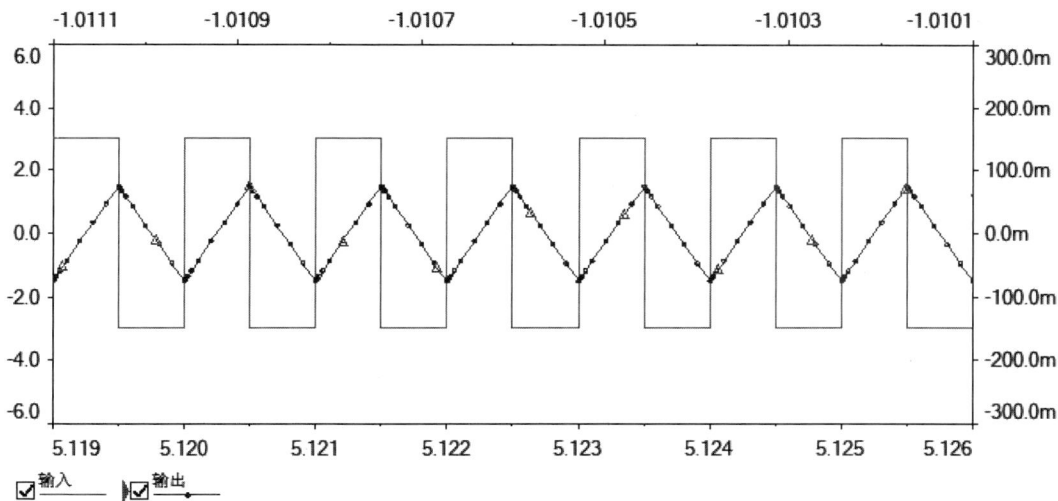

图 10-42　R=1 MΩ

（4）令 $C = 0.01$ μF，$R = 100$ Ω，组成如图 10-43 所示的微分电路。在同样的方波激励信号（$U_m = 3$ V，$f = 1$ kHz）作用下，观测并描绘激励与响应的波形（见图 10-44）。增加 R 值，定性地观察对响应的影响，并作记录。当 R 增至 1 MΩ 时，输入、输出波形发生变化（见图 10-45 ～图 10-48）。

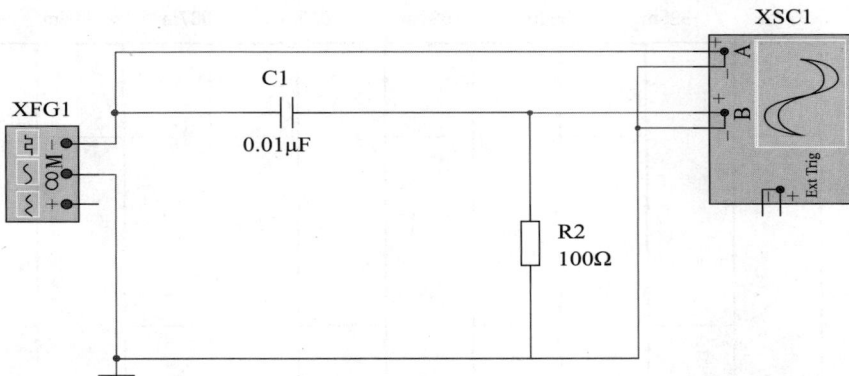

图 10-43　微分电路

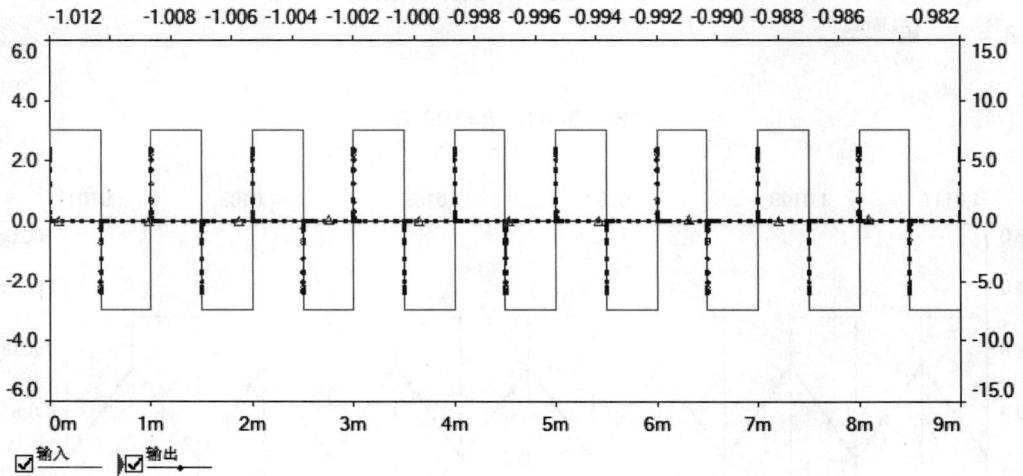

图 10-44　$R=100\ \Omega$

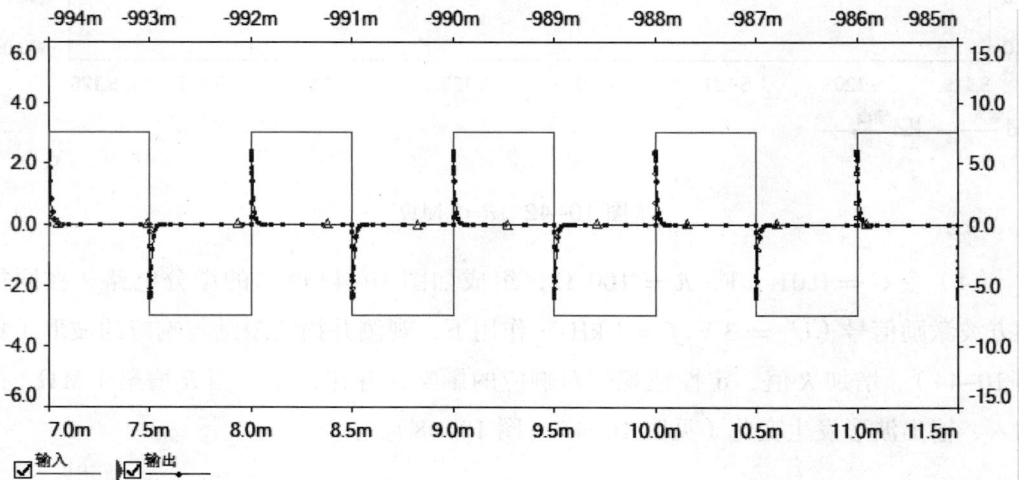

图 10-45　$R=1\ k\Omega$

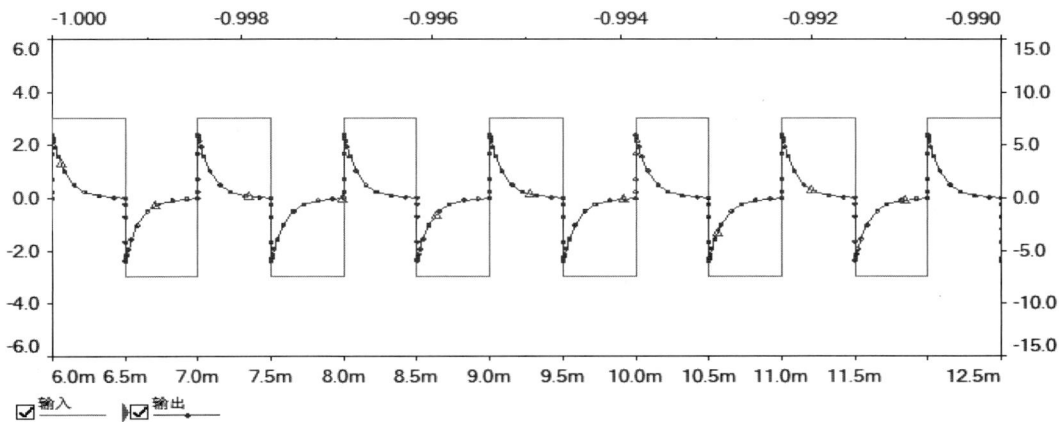

图 10-46 R=10 kΩ

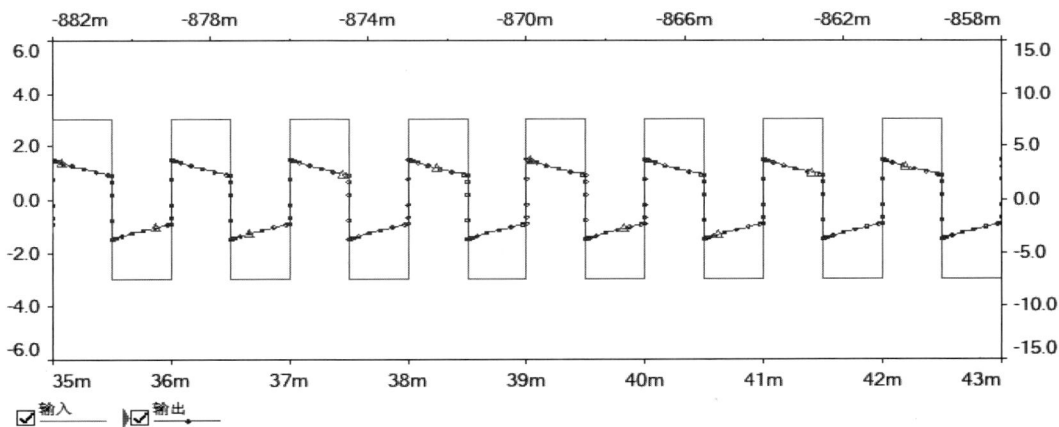

图 10-47 R=100 kΩ

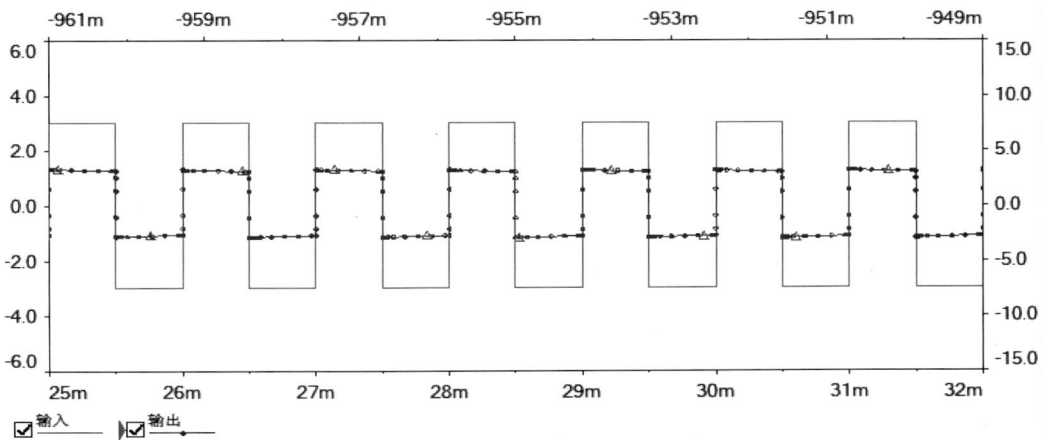

图 10-48 R=1 MΩ

10.7　R，L，C元件阻抗特性的测定

10.7.1　R，L，C元件阻抗特性的测量理论

（1）在正弦交变信号作用下，R，L，C电路元件在电路中的抗流作用与信号的频率有关，它们的阻抗频率特性 $R\text{-}f$，$X_L\text{-}f$，$X_C\text{-}f$ 曲线，如图10-49所示。

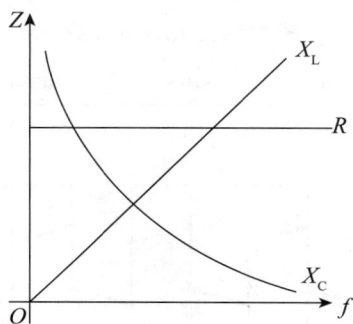

图10-49　阻抗频率特性曲线

（2）元件阻抗频率特性的测量电路如图10-50所示。图10-50中的 r 是提供测量回路电流用的标准小电阻，由于 r 的阻值远小于被测元件的阻抗值，因此可以认为 AB 之间的电压就是被测元件 R、L 或 C 两端的电压，流过被测元件的电流则可由 r 两端的电压除以 r 所得。

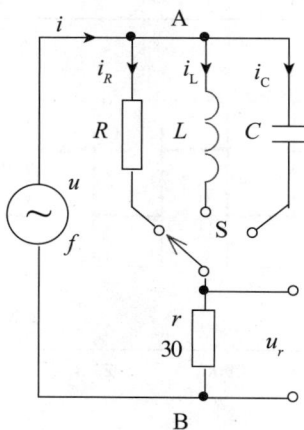

图10-50　阻抗频率测量实验电路

　　若用双踪示波器同时观察 r 与被测元件两端的电压，亦就展现出被测元件两端的电压和流过该元件电流的波形，从而可在荧光屏上测出电压与电流的幅值及它们之间的相位差。

　　（1）将元件 R、L、C 串联或并联相接，亦可用同样的方法测得 $Z_{串}$ 与 $Z_{并}$ 的阻抗频率特性 Z-f，根据电压、电流的相位差可判断 $Z_{串}$ 或 $Z_{并}$ 是感性还是容性负载。

　　（2）元件的阻抗角（即相位差 φ）随输入信号的频率变化而改变，将各个不同频率下的相位差画在以频率 f 为横坐标、阻抗角 φ 为纵坐标的坐标纸上，并用光滑的曲线连接这些点，即得到阻抗角的频率特性曲线。

　　用双踪示波器测量阻抗角的方法如图 10-51 所示。从荧光屏上数得一个周期占 n 格，相位差占 m 格，则实际的相位差 φ（阻抗角）为

$$\varphi = m \times \frac{360}{n}$$

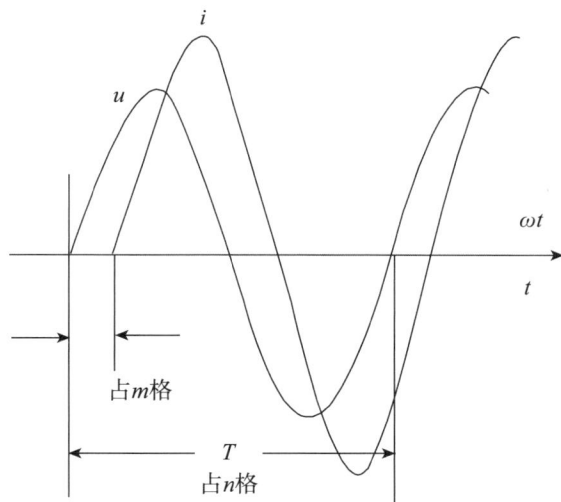

图 10-51　双踪示波器测量阻抗角

10.7.2　电路仿真与分析

　　（1）RLC 元件的并联阻抗频率特性测量。通过电缆线将低频信号发生器输出的正弦信号接至如图 10-50 所示的电路，作为激励源 u，并用交流毫伏表测量，使激励电压的有效值为 $U = 3\,\text{V}$，并保持不变。图 10-52 为阻抗频率测量实验仿真电路。

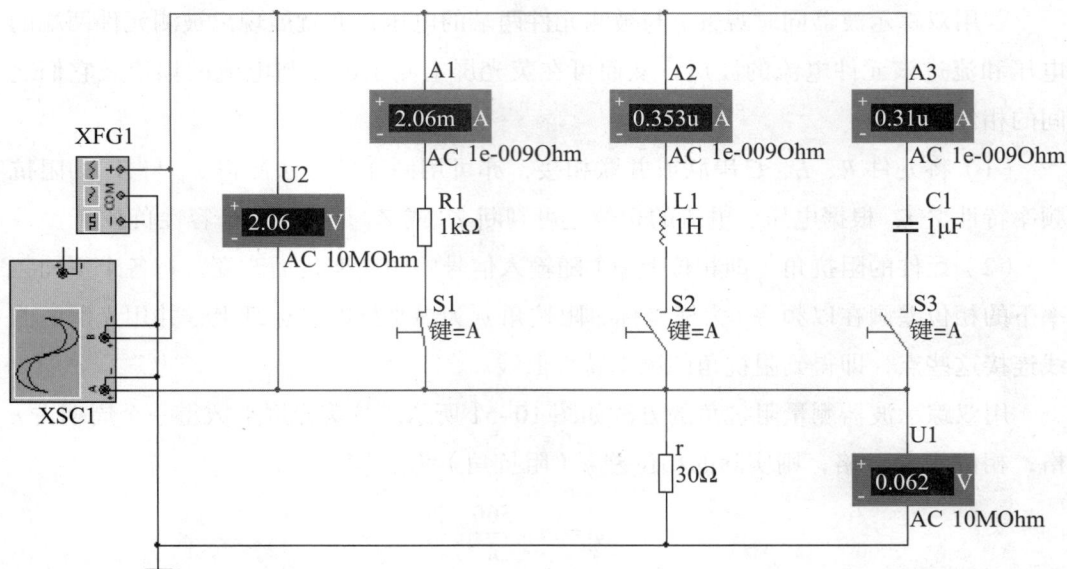

图 10-52　并联阻抗频率测量实验仿真电路

使信号源的输出频率从 200 Hz 逐渐增至 5 kHz（用频率计测量），并使开关 S 分别接通 RLC 三个元件，用交流毫伏表测量 U_r，并计算各频率点时的 I_R、I_L 和 I_C（即 U_r / r）以及 $R = U / I_R$、$X_L = U / I_L$ 及 $X_C = U / I_C$ 之值。注意：在接通 C 测试时，信号源的频率应控制在 200 ～ 2 500 Hz 之间。测量结果如表 10-18 所示。

表 10-18　并联阻抗频率测量实验仿真电路数据

接通元件	参数	频率 /kHz					
		0.2	1.2	2.2	3.2	4.2	5
R	U_r/V	0.062	0.062	0.062	0.062	0.062	0.062
	I_R/mA	2.06	2.06	2.06	2.06	2.06	2.06
	I_L/mA	3.49e-4	3.36e-4	3.36e-4	3.36e-4	3.53e-4	3.36e-4
	I_C/mA	2.62e-4	1.11e-4	1.58e-4	2.19e-4	2.62e-4	1.38e-4
	R/Ω	1 000	1 000	1 000	1 000	1 000	1 000
	X_L/Ω	—	—	—	—	—	—
	X_C/Ω	—	—	—	—	—	—

接通元件	参数	频率 /kHz					
		0.2	1.2	2.2	3.2	4.2	5
L	U_r/V	0.05	8.41e-3	4.59e-3	3.16e-3	2.40e-3	2.02e-3
	I_R/mA	2.97e-4	1.78e-4	3.04e-4	2.57e-4	2.57e-4	1.92e-4
	I_L/mA	1.682	0.28	0.153	0.105	0.08	0.067
	I_C/mA	2.73e-4	1.11e-4	1.59e-4	1.81e-4	2.63e-4	1.36e-4
	R/Ω	—	—	—	—	—	—
	X_L/Ω	1 261	7 575	13 862.7	20 200	26 512.5	31 656.7
	X_C/Ω	—	—	—	—	—	—
C	U_r/V	0.08	0.469	0.815	1.098	1.319	1.457
	I_R/mA	2.81e-4	1.81e-4	2.64e-4	2.62e-4	2.37e-4	2.71e-4
	I_L/mA	3.36e-4	3.53e-4	3.36e-4	3.36e-4	3.36e-4	3.53e-4
	I_C/mA	2.672	16	27	37	44	49
	R/Ω	—	—	—	—	—	—
	X_L/Ω	—	—	—	—	—	—
	X_C/Ω	793.41	129.31	72.56	49.05	37.75	31.45

（2）用双踪示波器观察在不同频率下 RLC 并联电路各元件阻抗角的变化情况，按图 10-51 记录 n 和 m，算出 φ。

①电阻元件接通，双踪示波器通道选取的刻度大小如图 10-53 所示。不同频率时阻抗角的频率特性曲线分别如图 10-54 ～图 10-56 所示，带"○"曲线为标准小电阻的电压曲线，可近似为流过被测元件的电流曲线，不带"○"曲线为被测元件的电压曲线。

由图 10-54 ～图 10-56 可知：当被测元件为电阻元件时，元件的阻抗角（即相位差 φ）不会随输入信号的频率变化而改变，始终保持同步状态。

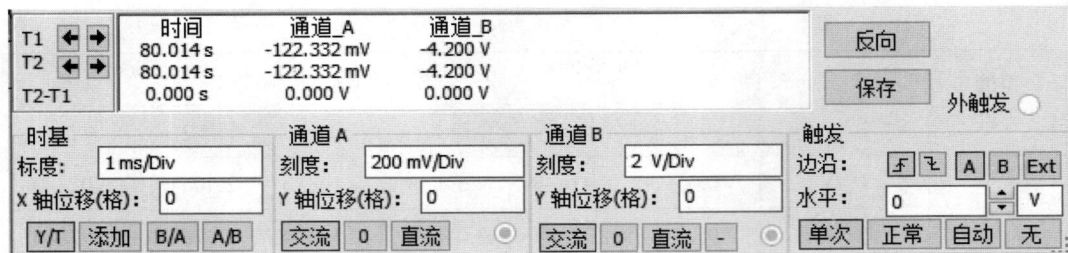

图 10-53　双踪示波器通道刻度选择一

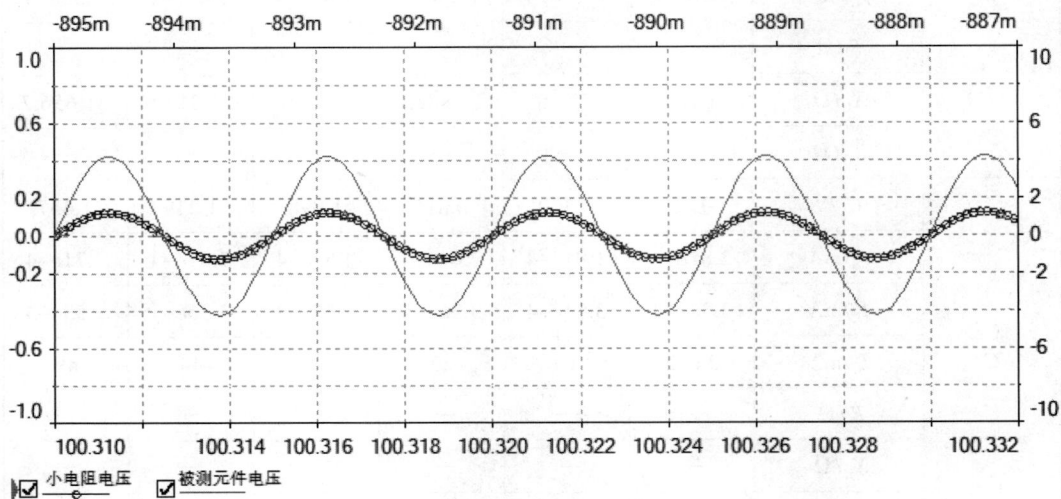

☑ 小电阻电压　☑ 被测元件电压

图 10-54　信号源输出频率 200 Hz- 电阻元件

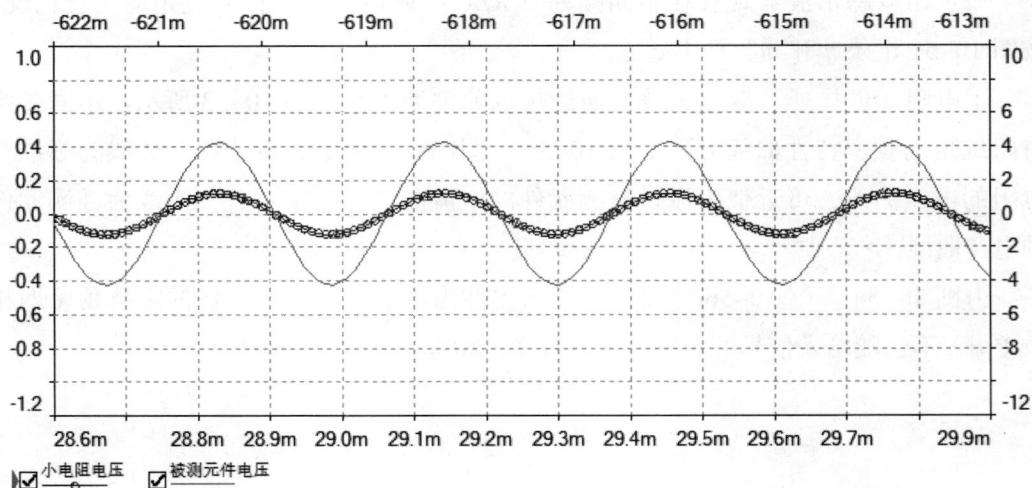

☑ 小电阻电压　☑ 被测元件电压

图 10-55　信号源输出频率 3 200 Hz- 电阻元件

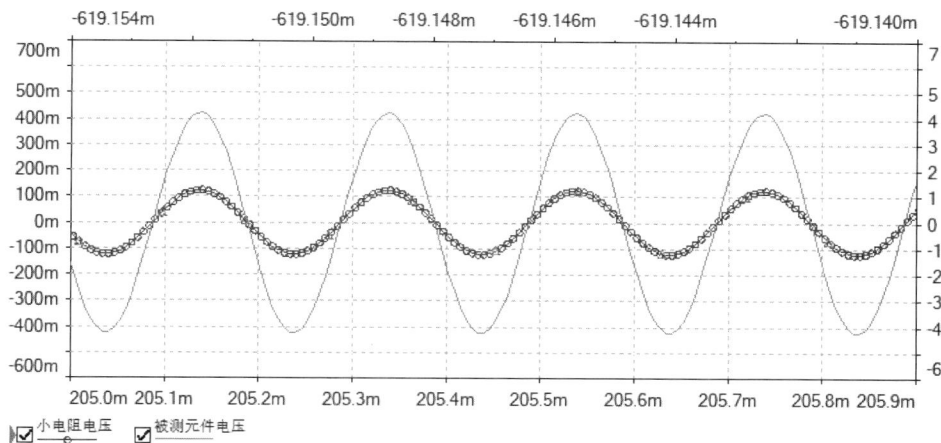

图 10-56　信号源输出频率 5 000 Hz- 电阻元件

②电感元件接通，双踪示波器通道选取的刻度大小如图 10-57 所示。不同频率时阻抗角的频率特性曲线分别如图 10-58 ～图 10-60 所示。带"○"曲线为标准小电阻的电压曲线，可近似为流过被测元件的电流曲线，不带"○"曲线为被测元件的电压曲线。

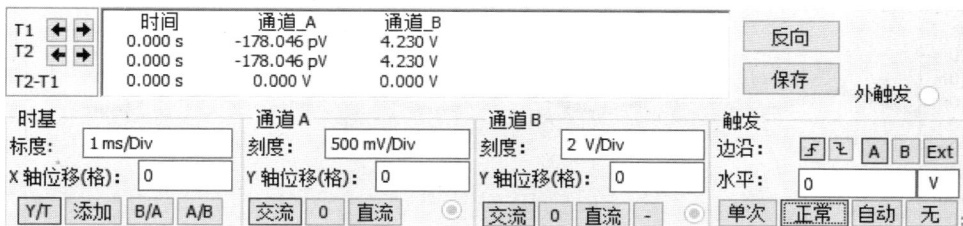

图 10-57　双踪示波器通道刻度选择二

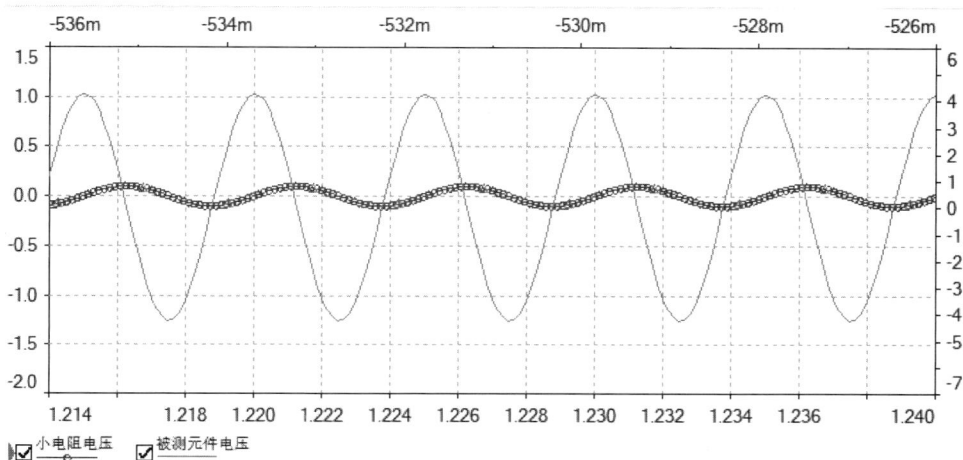

图 10-58　信号源输出频率 200 Hz– 电感元件

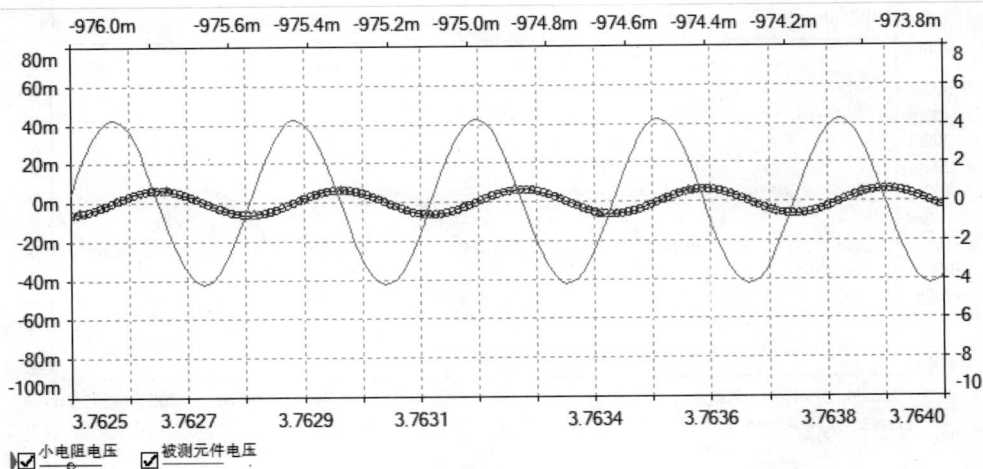

图 10-59　信号源输出频率 3 200 Hz- 电感元件

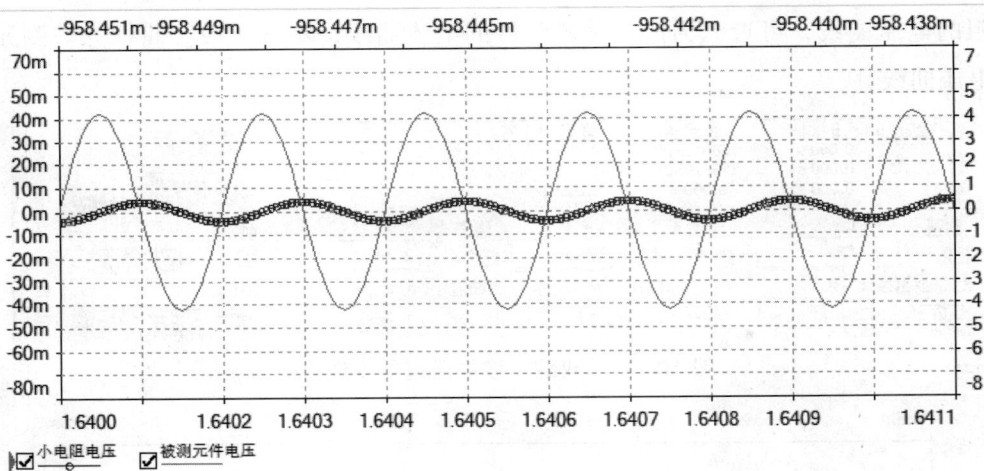

图 10-60　信号源输出频率 5 000 Hz- 电感元件

由图 10-58 ～图 10-60 可知：当被测元件为电感元件时，元件的阻抗角（即相位差 φ）会随输入信号的频率变化而改变。根据一个周期的占格和相位差的占格可以进一步计算出相位差 φ。

③电容元件接通，双踪示波器通道选取的刻度大小如图 10-61 所示，不同频率时阻抗角的频率特性曲线分别如图 10-62 ～图 10-64 所示。

由图 10-62 ～图 10-64 可知：当被测元件为电容元件时，元件的阻抗角（即相位差 φ）会随输入信号的频率变化而改变。根据一个周期的占格和相位差的占格可以进一步计算出相位差 φ。

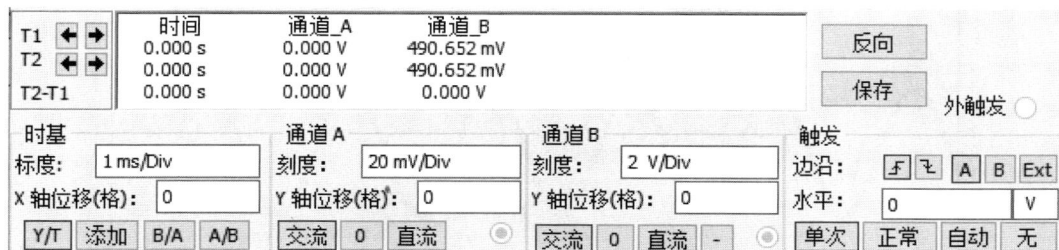

	时间	通道_A	通道_B		
T1 ← →	0.000 s	0.000 V	490.652 mV	反向	
T2 ← →	0.000 s	0.000 V	490.652 mV	保存	
T2-T1	0.000 s	0.000 V	0.000 V		外触发 ○

时基		通道 A		通道 B		触发	
标度:	1 ms/Div	刻度:	20 mV/Div	刻度:	2 V/Div	边沿:	ꜛ ꜜ A B Ext
X 轴位移(格):	0	Y 轴位移(格):	0	Y 轴位移(格):	0	水平:	0　　V
Y/T 添加 B/A A/B		交流 0 直流 ◉		交流 0 直流 - ◉		单次 正常 自动 无	

图 10-61　双踪示波器通道刻度选择三

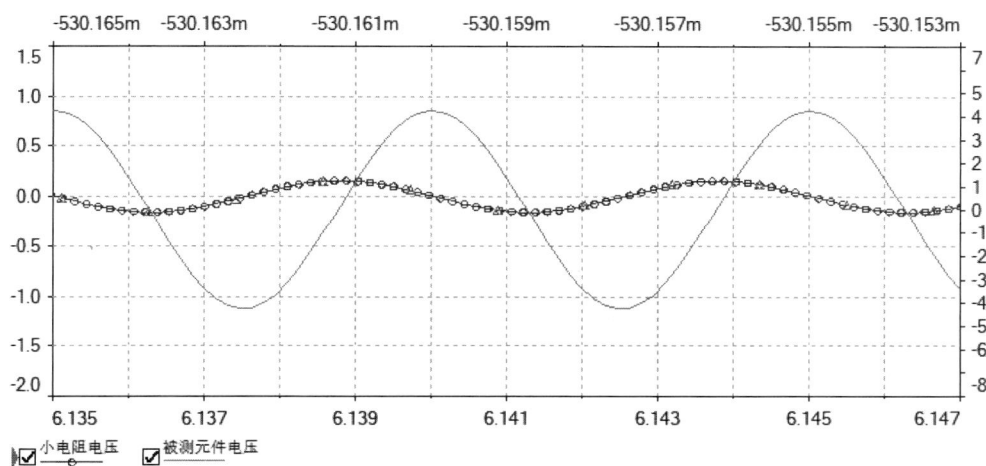

图 10-62　信号源输出频率 200 Hz- 电容元件

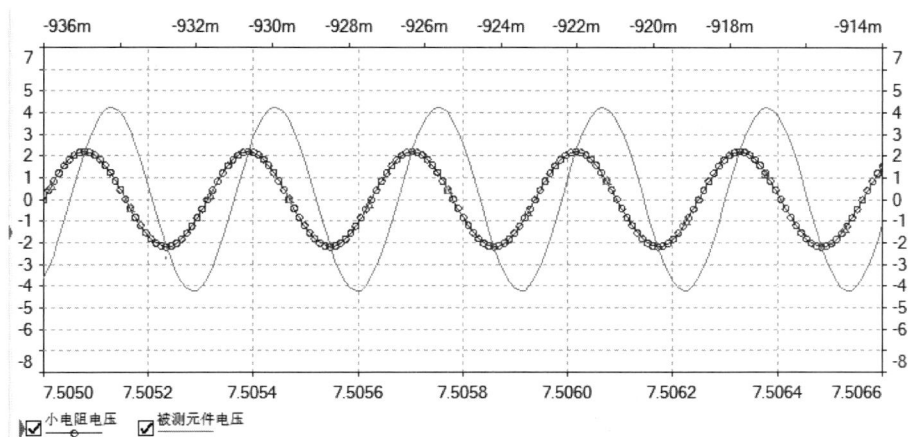

图 10-63　信号源输出频率 3 200 Hz- 电容元件

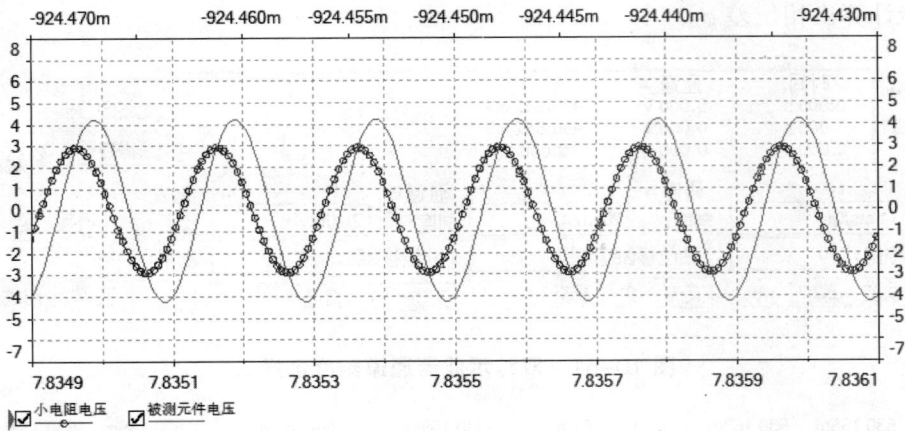

图 10-64　信号源输出频率 5 000 Hz- 电容元件

（3）测量 RLC 元件串联的阻抗角频率特性。通过电缆线将低频信号发生器输出的正弦信号作为激励源 u，并用交流毫伏表测量，使激励电压的有效值为 $U = 3$ V，并保持不变。图 10-65 为 RLC 元件串联阻抗频率测量实验仿真电路。

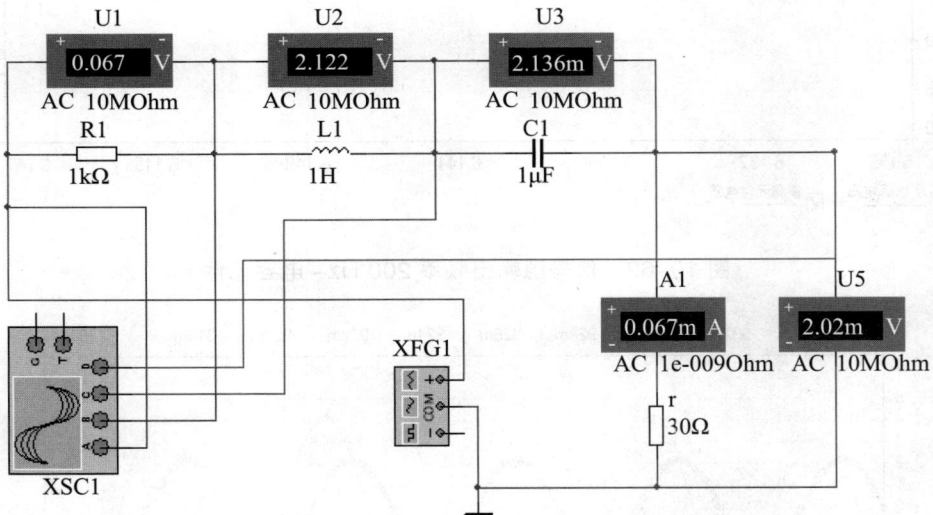

图 10-65　RLC 元件串联阻抗频率测量实验仿真电路

使信号源的输出频率从 200 Hz 逐渐增至 5 kHz（用频率计测量），接通 RLC 三个元件，用交流毫伏表测量 U_r，并计算各频率点时的 I_R、I_L 和 I_C（即 U_r / r）以及 $R = U / I_R$、$X_L = U / I_L$ 及 $X_C = U / I_C$。注意：在接通 C 测试时，信号源的频率应控制在 200 ～ 2 500 Hz 之间。

表 10-19 串联阻抗频率测量实验仿真电路数据

参数	频率 /kHz					
	0.2	1.2	2.2	3.2	4.2	5
U_r/V	0.056	8.481e-3	4.6e-3	3.158e-3	2.405e-3	2.02e-3
I_r/mA	1.875	0.283	0.153	0.105	0.08	0.067
U_R/V	1.875	0.283	0.153	0.105	0.08	0.067
U_L/V	2.364	2.138	2.126	2.124	2.122	2.122
U_C/V	1.487	0.037	0.011	5.219	3.028	2.136
R/Ω	1 000	1 000	1 000	1 000	1 000	1 000
X_L/Ω	1 260.8	7 554.77	13 895.42	20 228.57	26 525	31 671.64
X_C/Ω	318.47	130.74	71.90	49 704.76	37 850	31 880.60

（4）用 4 通道示波器观察在不同频率下 RLC 串联电路各元件阻抗角的变化情况。双踪示波器通道刻度选择如图 10-66 所示。不同频率时阻抗角的频率特性曲线分别如图 10-67 ～图 10-69 所示。

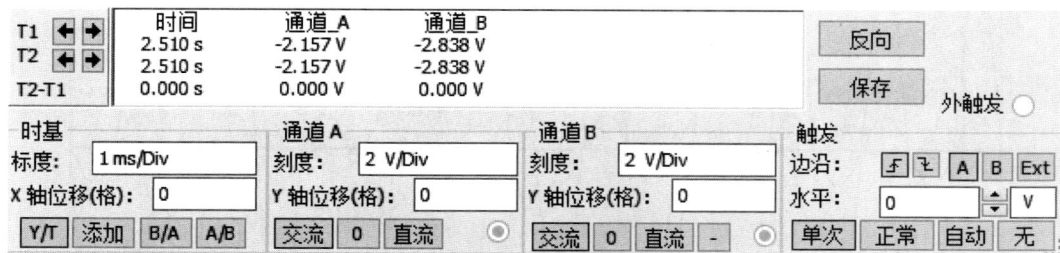

图 10-66 双踪示波器通道刻度选择四

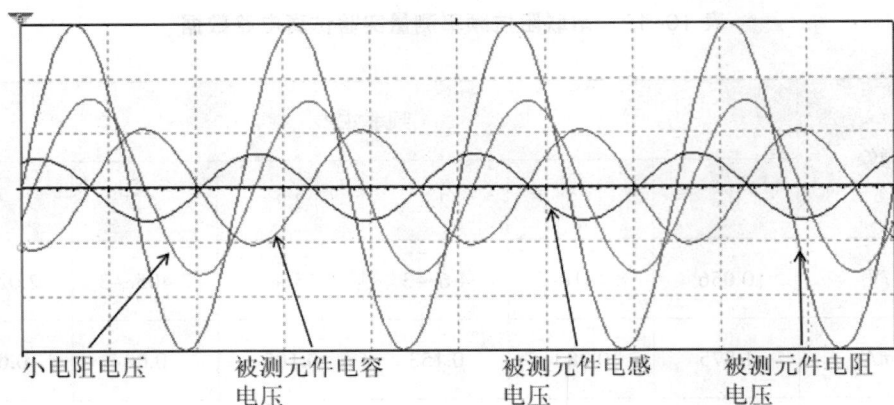

图 10-67   信号源输出频率 200 Hz

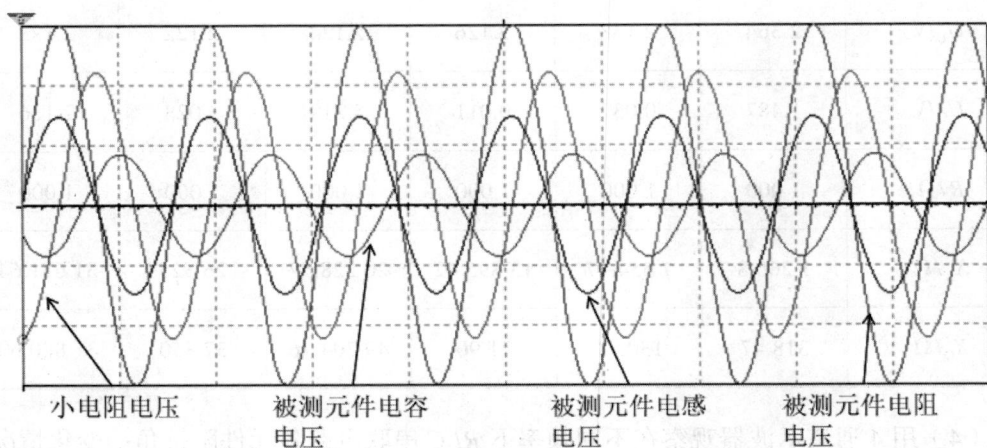

图 10-68   信号源输出频率 3200 Hz

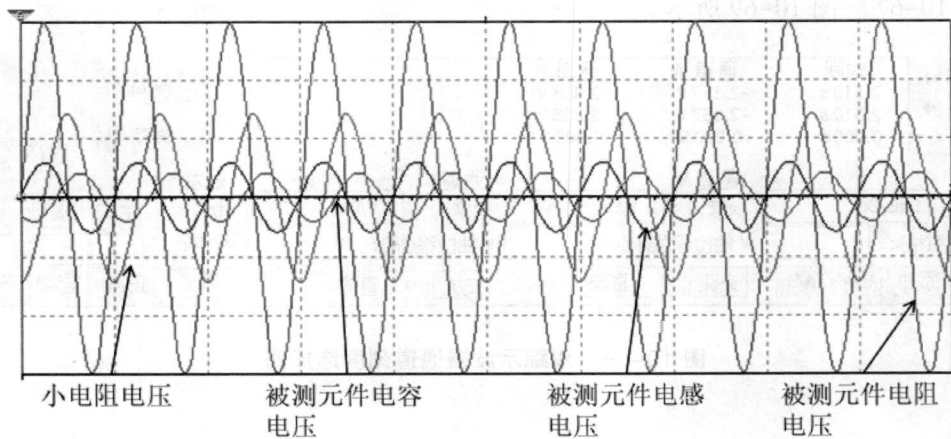

图 10-69   信号源输出频率 5000 Hz

由图可知，当输入信号的频率发生变化时，电阻元件的阻抗角不会发生变化，而电容和电感元件的阻抗角（即相位差 φ）会随着发生变化，同样根据一个周期的占格和相位差的占格可以进一步计算出相位差 φ。

10.8　交流电路等效参数测量

10.8.1　交流电路等效参数测量理论

（1）正弦交流信号激励下的元件值或阻抗值，可以用交流电压表、交流电流表及功率表分别测量出元件两端的电压 U、流过该元件的电流 I 和它所消耗的功率 P，然后通过计算得到所求的各值，这种方法称为三表法，是用以测量 50 Hz 交流电路参数的基本方法。

计算的基本公式为：

阻抗的模
$$|Z| = \frac{U}{I}$$

电路的功率因数
$$\cos \varphi = \frac{P}{UI}$$

等效电阻
$$R = \frac{P}{I^2} = |Z| \cos \varphi$$

等效电抗
$$X = |Z| \sin \varphi$$

或
$$X = X_{\mathrm{L}} = 2\pi f L , \ X = X_{\mathrm{C}} = \frac{1}{2\pi f C}$$

（2）阻抗性质的判别方法：可用在被测元件两端并联电容或将被测元件与电容串联的方法来判别。其原理如下：

①在被测元件两端并联一只适当容量的试验电容，若串接在电路中电流表的读数增大，则被测阻抗为容性，电流减小则为感性。

图 10-70（a）中，Z 为待测定的元件，C' 为试验电容器。图 10-70（b）是图 10-70（a）的等效电路，图中 G、B 为待测阻抗 Z 的电导和电纳，B' 为并联电容 C' 的电纳。在端电压有效值不变的条件下，按下面两种情况进行分析：

a. 设 $B + B' = B''$，若 B' 增大，B'' 也增大，则电路中电流 I 将单调地上升，故

可判断 B 为容性元件。

b. 设 $B + B' = B''$，若 B' 增大，而 B'' 先减小而后再增大，电流 I 也是先减小后上升，如图 10–71 所示，则可判断 B 为感性元件。

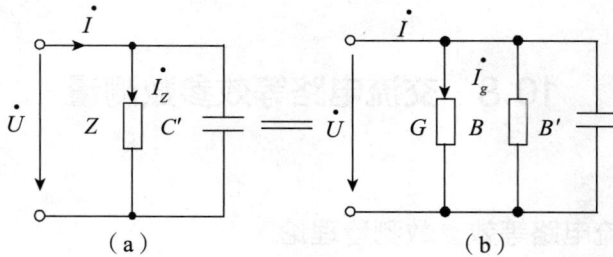

图 10–70   并联电容测量法

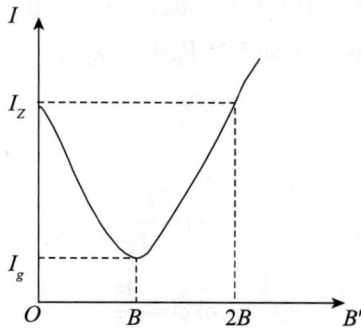

图 10–71   并联电容电流变化曲线

由以上分析可见，当 B 为容性元件时，对并联电容 C' 值无特殊要求；而当 B 为感性元件时，$B' < \mid 2B \mid$，才有判定为感性的意义。

当 $B' > \mid 2B \mid$ 时，电流单调上升，与 B 为容性时相同，并不能说明电路是感性的。因此，$B' < \mid 2B \mid$ 是判断电路性质的可靠条件，由此得判定条件为

$$C' < \left| \frac{2B}{\omega} \right|$$

②被测元件串联一个适当容量的试验电容（见图 10–72），若被测阻抗的端电压下降，则判为容性，端电压上升则为感性。

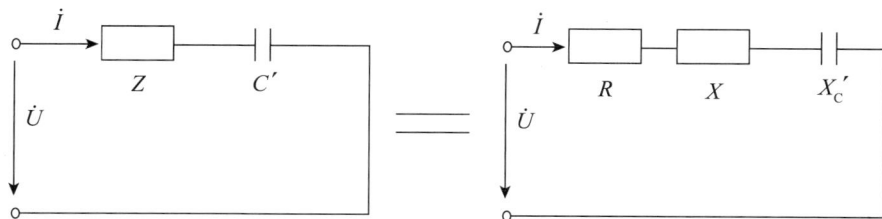

图 10-72　串联电容测量法

串联电容测量法与并联电容测量法分析方法一致，若电路中电压 U 单调下降，则可判断 X 为容性元件。而当电压 U 先上升后减小，如图 10-73 所示，则可判断 X 为感性元件。

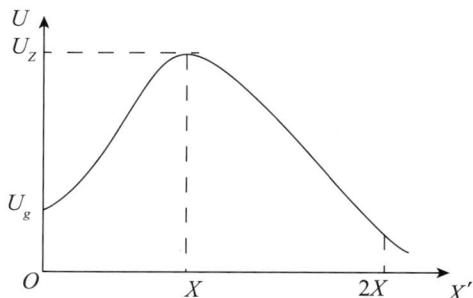

图 10-73　串联电容电压变化曲线

综合分析，判定条件为

$$\frac{1}{\omega C'} < 2|X|$$

其中，X 为被测阻抗的电抗值；C' 为串联试验电容值。此关系式可自行证明。

判断待测元件的性质，除上述借助于试验电容 C' 测定法外，还可以利用该元件的电流 i 与电压 u 之间的相位关系来判断。若 i 超前于 u，为容性；i 滞后于 u，则为感性。

10.8.2　电路仿真与分析

（1）三表法测试实验电路如图 10-74 所示，其中，电源为可调电源，调节时，使其输出电压从零开始逐渐升高。每次改接实验线路及实验完毕时，都必须先将其慢慢调回零位，再断电源，W 为功率表，"*" 为功率电压同名端，分别测量电压和电流，两者需短接一起。图 10-75 为其对应的实验仿真电路，本实验选用的电源电压为 120 V，频率为 50 Hz。

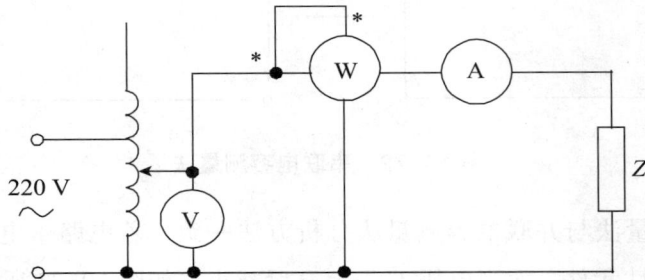

图 10-74　三表法测试实验电路

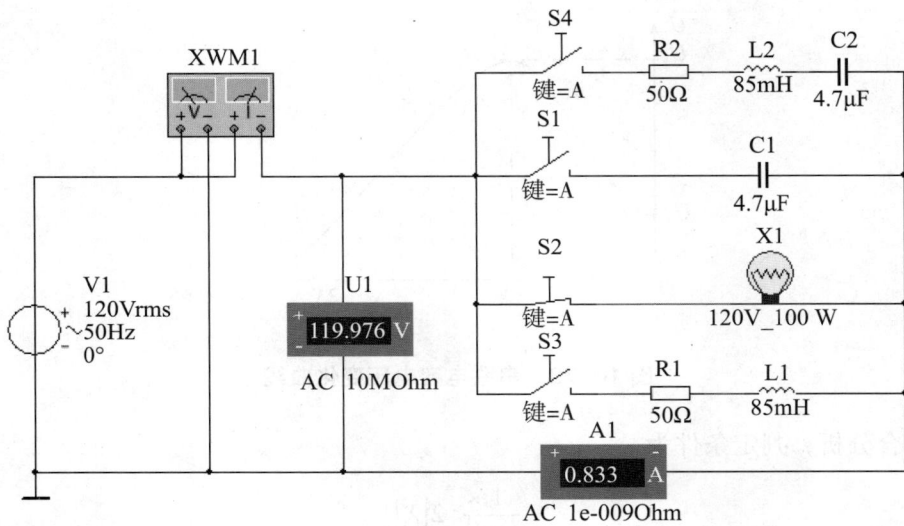

图 10-75　三表法测试实验仿真电路

（2）分别测量 120 V/100 W 白炽灯（R）、40 W 日光灯镇流器（L）和 4.7 μF 电容器（C）的等效参数，其中，白炽灯电阻为 144 Ω。在进行 Multisim 电路模型搭建时，40 W 日光灯镇流器可用 50 Ω 的电阻和 85 mH 的电感串联近似等效。

（3）测量 L、C 串联与并联后的等效参数，记录如表 10-20 所示内容。

表 10-20　L、C 串联与并联后等效参数测量数据

被测阻抗	测量值				计算值		电路等效参数		
	U/V	I/A	P/W	$\cos\varphi$	Z/Ω	$\cos\varphi'$	R/Ω	L/mH	$C/\mu\text{F}$
100 W 白炽灯 R	120	0.833	100	1	144.058	1	144.115	0	0
镇流器 L	120	2.115	223.765	0.882	56.738	0.8817	50.023	85.27	0
电容器 C	120	0.178	1.40E-03	0	674.157	6.55E-05	0.044	0	4.723
镇流器 L 与 C 串联	120	0.185	1.705	0.077	648.649	0.0768	49.817	2059.66	0
镇流器 L 与 C 并联	120	2.038	223.765	0.915	58.881	0.9150	53.875	75.67	0

（4）验证用串、并试验电容法判别负载性质的正确性。

采用串、并试验电容法判别负载性质，搭建的实验电路如图 10-76 所示，可以不必接功率表，测量的电压和电流记录在表 10-21 中。

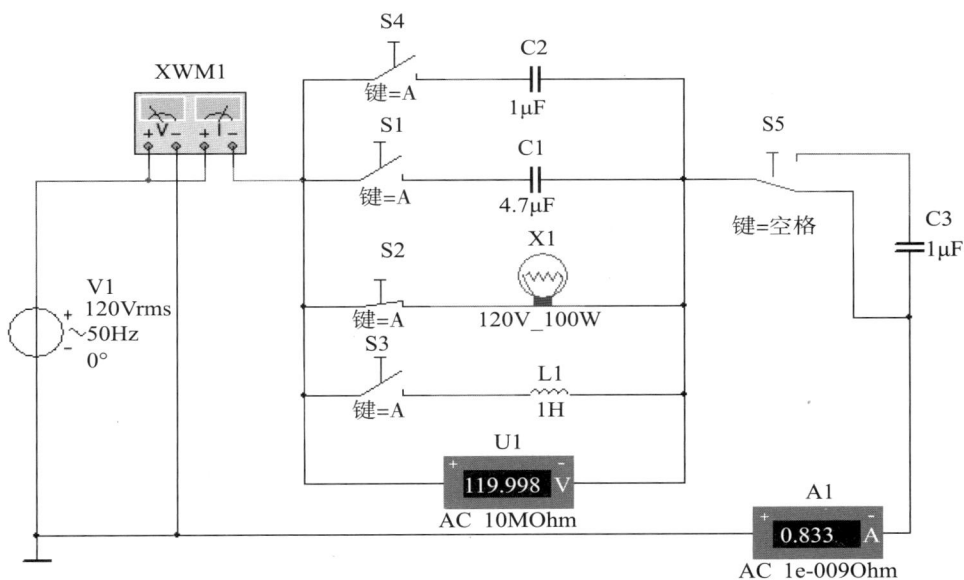

图 10-76　负载性质的串并联电容判别仿真电路一

表 10-21　串并联电容后的等效参数测量数据

被测元件	串 1μF 电容（$X=-3\,184.7$, $Y=0.000\,314$）				并 1 μF 电容（$X=-3\,184.7$, $Y=0.000\,314$）			
	串前电流/A	串后电流/A	串前端电压/V	串后端电压/V	并前电流/A	并后电流/A	并前端电压/V	并后端电压/V
R（144 Ω）（100 W 白炽灯）	0.834	0.038	120	5.44	0.834	0.834	120	120
C（4.7 μF）$X=-62.394\,7\,Ω$ $Y=0.016\,0\,S$	0.178	0.031	120	21.052	0.178	0.216	120	120
L（1 H）$X=341\,Ω$ $Y=-0.002\,9\,S$	0.381	0.058	120	13.235	0.381	0.343	120	120

由表 10-21 知，可以采用并联电容方法根据流过被试阻抗的电流变化进行阻性判断，串联电容时选取的电容过小，无法准确进行阻性判断。

将图 10-66 中的电容值改为 10 μF 进行仿真，仿真结果如表 10-22 所示，可以根据流过被试阻抗的电流变化进行阻性判断。

表 10-22　串并联电容后的等效参数测量数据

被测元件	串 10 μF 电容（$X=-318.47$, $Y=0.003\,14$）				并 10 μF 电容（$X=-318.47$, $Y=0.003\,14$）			
	串前电流/A	串后电流/A	串前端电压/V	串后端电压/V	并前电流/A	并后电流/A	并前端电压/V	并后端电压/V
R（144 Ω）（100 W 白炽灯）	0.834	0.344	120	49.59	0.834	0.834	120	120
C（4.7 μF）$X=-62.394\,7\,Ω$ $Y=0.016\,0$	0.178	0.121	120	81.63	0.178	0.915	120	120
L（1 H）$X=341\,Ω$ $Y=-0.002\,9$	0.381	21.23	120	63.69	0.381	2.54m	120	120

为进一步验证该方法的正确性，采用串、并试验电容法对不同阻性的负载进行负载性质判别，搭建的实验电路如图 10-77 所示，可以不必接功率表。

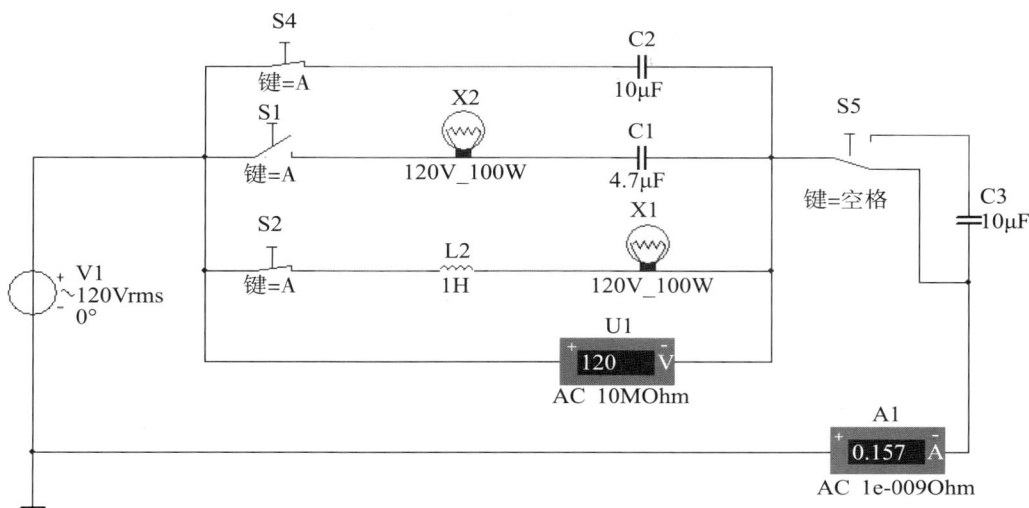

图 10-77 负载性质的串并联电容判别仿真电路二

对图 10-67 电阻与电容串联电路和电阻与电感串联电路分别进行串并联电容测量，选取的电容值为 10 μF，测量的电压和电流记录在表 10-23 中。

表 10-23 串并联电容后的等效参数测量数据

被测元件	串 10 μF 电容（$X=-318.47$, $Y=0.003\,14$）				并 10 μF 电容（$X=-318.47$, $Y=0.003\,14$）			
	串前电流/A	串后电流/A	串前端电压/V	串后端电压/V	并前电流/A	并后电流/A	并前端电压/V	并后端电压/V
RL 电路 $Z=144+j314\ \Omega$ $Y=0.000\,015-j0.000\,318$	0.346	0.833	120	288.704	0.346	0.157	120	120
RC 电路 $Z=144-j67.76\ \Omega$ $Y=0.005\,686+j0.002\,675$	0.174	0.12	120	82.604	0.174	0.549	120	120

通过对测量数据进行分析，可知实验结果与理论分析一致，可以采用串并联电容进行负载性质判断。

10.9 *RLC* 串联谐振电路的研究

10.9.1 *RLC* 串联谐振电路

（1）在图 10-78 所示的 *RLC* 串联电路中，当正弦交流信号源的频率 f 改变时，电路中的感抗、容抗随之而变，电路中的电流也随 f 而变。

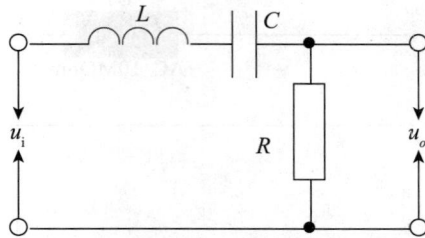

图 10-78 *RLC* 串联电路

取电阻 *R* 上的电压 U_o 作为响应，当输入电压 u_i 的幅值维持不变时，在不同频率的信号激励下，测出 U_o 之值，然后以 f 为横坐标，以 U_o/U_i 为纵坐标，因 U_i 不变，故也可直接以 U_o 为纵坐标，绘出光滑的曲线，此即为幅频特性曲线，亦称谐振曲线，如图 10-79 所示。

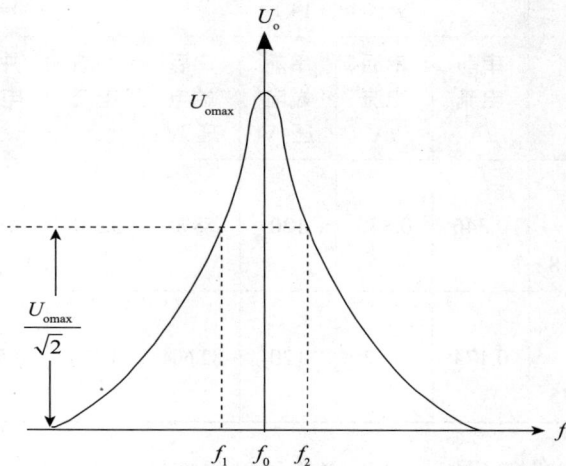

图 10-79 *RLC* 串联电路谐振曲线

（2）在$f = f_0 = \dfrac{1}{2\pi\sqrt{LC}}$处，即幅频特性曲线尖峰所在的频率点称为谐振频率。此时$X_L = X_C$，电路呈纯阻性，电路阻抗的模为最小。在输入电压 U_i 为定值时，电路中的电流达到最大值，且与输入电压 u_i 同相位。从理论上讲，此时，$U_i = U_R = U_o$，$U_L = U_C = QU_i$，其中的 Q 称为电路的品质因数。

（3）电路品质因数 Q 值的两种测量方法。

第一种方法是根据公式$Q = \dfrac{U_L}{U_o} = \dfrac{U_C}{U_o}$测定，$U_C$ 与 U_L 分别为谐振时电容器 C 和电感线圈 L 上的电压。

第二种方法是通过测量谐振曲线的通频带宽度 $\Delta f = f_2 - f_1$，再根据$Q = \dfrac{f_0}{f_2 - f_1}$求出 Q 值。

其中 f_0 为谐振频率，f_2 和 f_1 是失谐时，亦即输出电压的幅度下降到最大值的$1/\sqrt{2}$时的上、下频率点。Q 值越大，曲线越尖锐，通频带越窄，电路的选择性越好。在恒压源供电时，电路的品质因数、选择性与通频带只决定于电路本身的参数，而与信号源无关。

10.9.2　电路仿真与分析

（1）按图 10-80 组成监视、测量电路。先选用 C_1、R_1。用交流毫伏表测电压，用示波器监视信号源输出。令信号源输出电压 $U_i = 4V_{P-P}$，并保持不变。

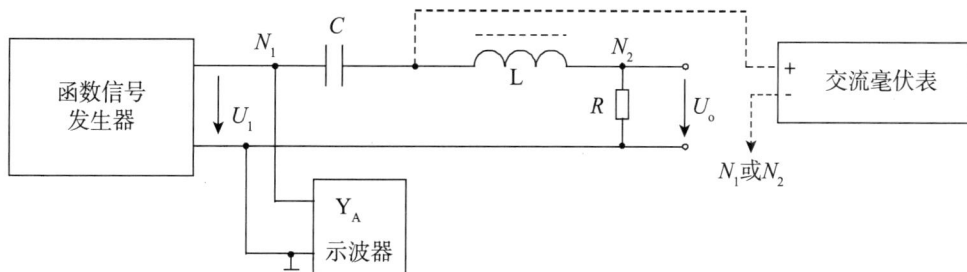

图 10-80　RLC 串联电路实验电路

（2）找出电路的谐振频率 f_0，其方法是，将毫伏表接在 R_1（200 Ω）两端，令信号源的频率由小逐渐变大，注意要维持信号源的输出幅度不变，当 U_o 的读数为最大时，读得频率计上的频率值即为电路的谐振频率 f_0，并测量 U_C 与 U_L 之值，注意及时更换毫伏表的量限。图 10–81 为 RLC 串联电路实验仿真电路。

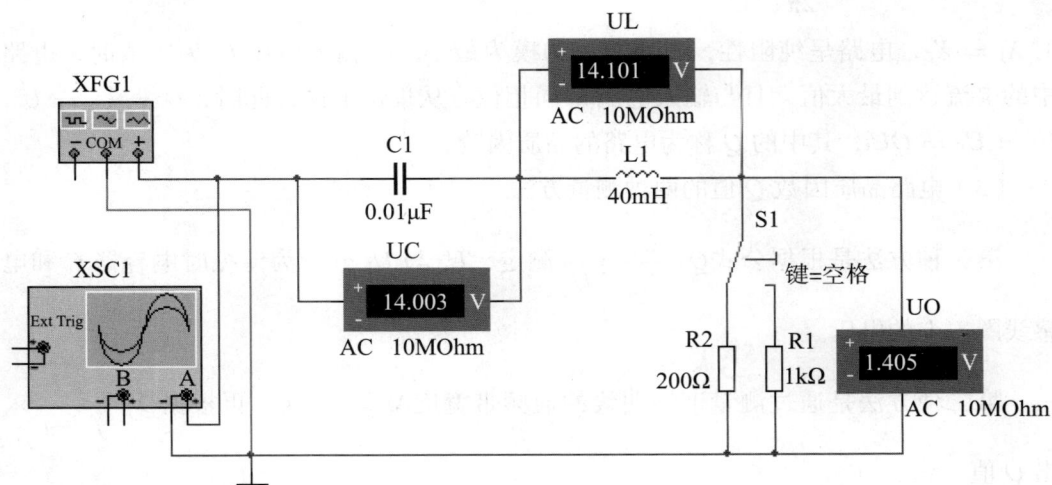

图 10–81　RLC 串联电路实验仿真电路

（3）根据 RLC 串联电路参数，计算该串联电路发生谐振时的谐振频率为 f_0=7.96 kHz。图 10–82 为 RLC 串联电路函数信号发生器的参数设置菜单，通过该菜单可以设置信号的波形、频率、振幅、偏置等参数。

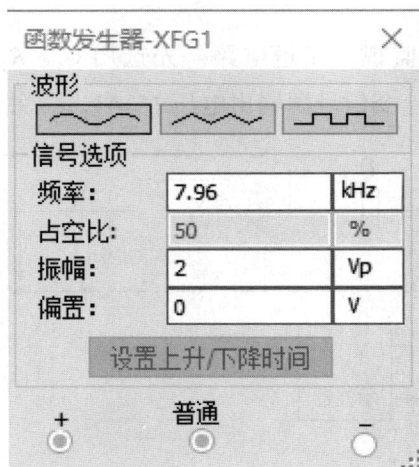

图 10–82　函数信号发生器的参数设置

（4）在谐振点两侧，按频率递增或递减 500 Hz 或 1 kHz，依次各取 8 个测量点，逐点测出 U_o，U_L，U_C 之值，记入数据表格 10–24。

表 10-24　R_2=1 kΩ 时的测量数据

f / kHz	U_o / V	U_L / V	U_C / V
1	0.018	0.023	1.437
2	0.038	0.096	1.51
3	0.062	0.236	1.649
4	0.095	0.481	1.892
5	0.147	0.927	2.334
6	0.246	1.862	3.255
7	0.524	4.621	5.934
8	1.389	14.01	13.77
9	0.519	5.89	4.575
10	0.296	3.729	2.346
11	0.21	2.913	1.515
12	0.21	2.494	1.09
13	0.137	2.242	0.835
14	0.118	2.076	0.666
U_i=4V_{P-P}，C=0.01 μF，L_1=40 mH，R_2=1 kΩ，f_0=7.96 kHz，$f-f_1$=1.137，Q=7			

将电阻改为 R_2，在谐振点两侧，按频率递增或递减 500 Hz 或 1 kHz，依次各取 8 个测量点，逐点测出 U_o，U_L，U_C 之值，记入数据表格 10-25。

表 10-25　R_2=2 kΩ 时的测量数据

f / kHz	U_o / V	U_L / V	U_C / V
1	0.09	0.023	1.434
2	0.189	0.095	1.497
3	0.305	0.23	1.611

续 表

f / kHz	U_o / V	U_L / V	U_C / V
4	0.453	0.457	1.796
5	0.655	0.826	2.079
6	0.936	1.416	2.476
7	1.263	2.23	2.863
8	1.412	2.849	2.801
9	1.261	2.861	2.223
10	1.032	2.604	1.638
11	0.849	2.355	1.225
12	0.716	2.166	0.946
13	0.618	2.026	0.754
14	0.544	1.922	0.617
U_i=4V_{P-P}, C=0.01 μF, L_1=40 mH, R_2=1 kΩ, f_0=7.96 kHz, f_2–f_1=5.614, Q=1.418			

10.10 三相交流电路电压、电流的测量

10.10.1 三相电路理论

（1）三相负载可接成星形（又称"Y"接）或三角形（又称"△"接）。当三相对称负载作 Y 形连接时，线电压 U_L 是相电压 U_P 的 $\sqrt{3}$ 倍。线电流 I_L 等于相电流 I_P，即

$$U_L = \sqrt{3}U_P, \ I_L = I_P$$

在这种情况下，流过中线的电流 $I_0 = 0$，所以可以省去中线。

当对称三相负载作△形联接时，有

$$I_L = \sqrt{3}\,I_P, \ U_L = U_P$$

（2）不对称三相负载作 Y 连接时，必须采用三相四线制接法，即 Y_0 接法。而且中线必须牢固连接，以保证三相不对称负载的每相电压维持对称不变。

（3）倘若中线断开，会导致三相负载电压的不对称，致使负载轻的那一相的相电压过高，使负载遭受损坏；负载重的一相相电压又过低，使负载不能正常工作。尤其是对于三相照明负载，无条件地一律采用 Y_0 接法。

（4）当不对称负载作 △ 连接时，$I_L \neq \sqrt{3}\, I_P$，但只要电源的线电压 U_L 对称，加在三相负载上的电压仍是对称的，对各相负载工作没有影响。

10.10.2　电路仿真与分析

（1）三相负载星形连接（三相四线制供电）。按图 10-83 线路组接实验电路，即三相灯组负载经三相自耦调压器接通三相对称电源。

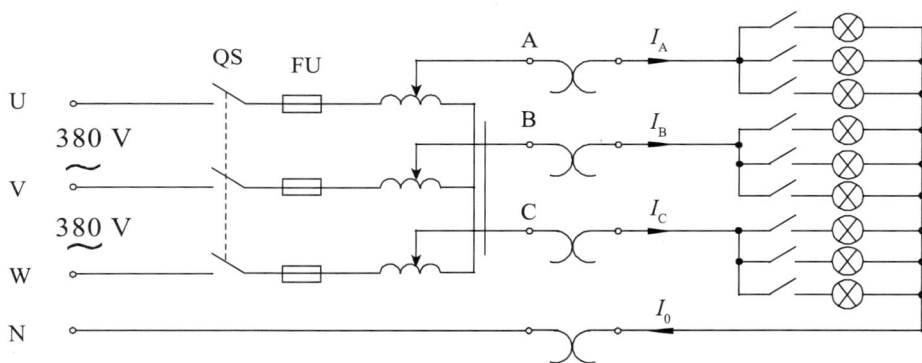

图 10-83　三相负载星形连接实验电路

然后调节调压器的输出，使输出的三相线电压为 210 V 左右，分别测量三相负载的线电压、相电压、线电流、相电流、中线电流、电源与负载中点间的电压。仿真电路如图 10-84 所示。

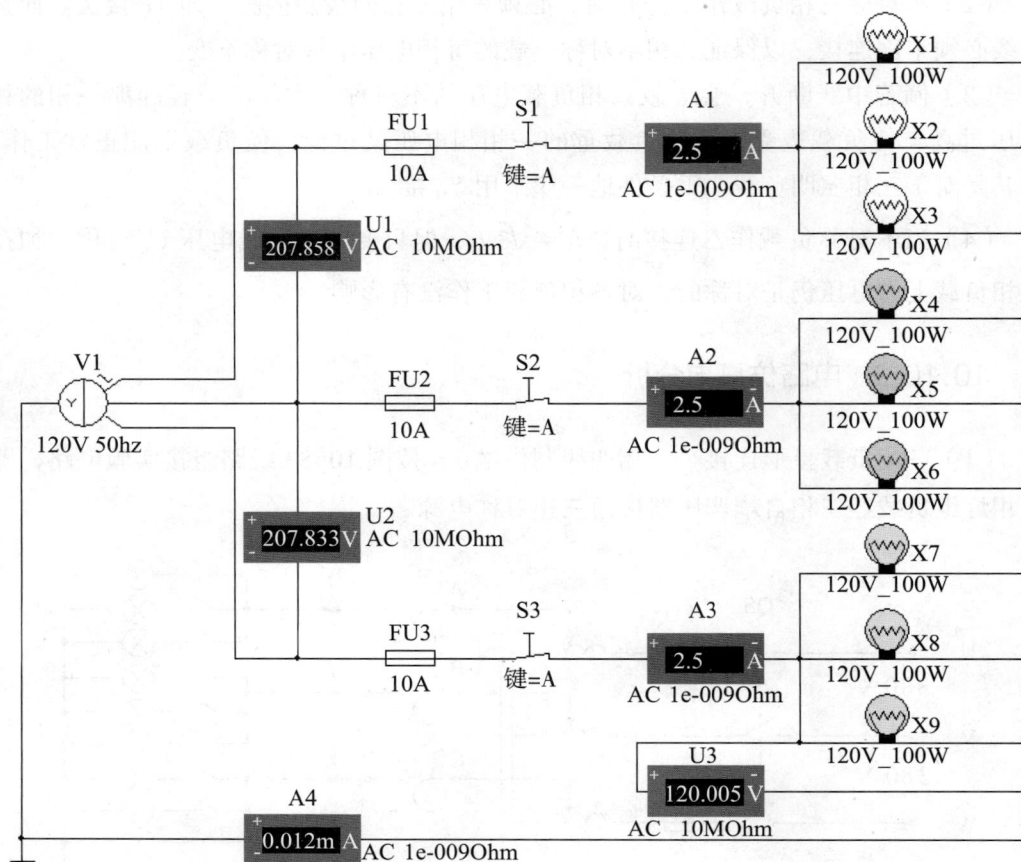

图 10-84 三相负载对称三相四线制星接实验电路

将所测得的数据记入表 10-26 中，并观察各相灯组亮暗的变化程度，特别要注意观察中线的作用。

表 10-26 三相负载星形连接实验数据

测量数据 实验内容 （负载情况）	开灯 盏数			线电流 / A			线电压 / V			相电压 / V			中线电流 I_0/A	中点电压 U_{N0}/V
	A 相	B 相	C 相	I_A	I_B	I_C	U_{AB}	U_{BC}	U_{CA}	U_{A0}	U_{B0}	U_{C0}		
Yo 接平 衡负载	3	3	3	2.5	2.5	2.5	207.86	207.83	207.72	120	120	120	0.012m	0

续　表

测量数据 实验内容 （负载情况）	开灯盏数			线电流 / A			线电压 / V			相电压 / V			中线电流 I_0/A	中点电压 U_{N0}/V
	A相	B相	C相	I_A	I_B	I_C	U_{AB}	U_{BC}	U_{CA}	U_{A0}	U_{B0}	U_{C0}		
Y 接平衡负载	3	3	3	2.5	2.5	2.5	207.86	207.85	207.72	120	120	120	/	6.61n
Yo 接不平衡负载	1	2	3	0.83	1.67	2.5	207.86	207.85	207.22	120	120	120	1.44	1.44n
Y 接不平衡负载	1	2	3	0.02m	1.73	1.73	207.86	207.86	207.82	181.21	124.68	83.14	/	63.5
Yo 接 B 相断开	1		3	0.83	0.02m	2.5	207.86	207.85	207.82	120	120	120	2.21	2.21n
Y 接 B 相断开	1		3	0.027m	0.021m	0.025m	207.86	207.86	207.86	207.86	207.86	0.34m	/	120.01
Y 接 B 相短路	1		3	0.02m	0.03m	0.03m	207.86	207.86	207.86	207.86	0	207.86	/	120.01

（2）负载三角形连接（三相三线制供电）。

按图 10-85 改接线路，经检查合格后接通三相电源，并调节调压器，使其输出线电压为 120 V，仿真电路如图 10-86 所示，并按表 10-26 的内容进行测试。

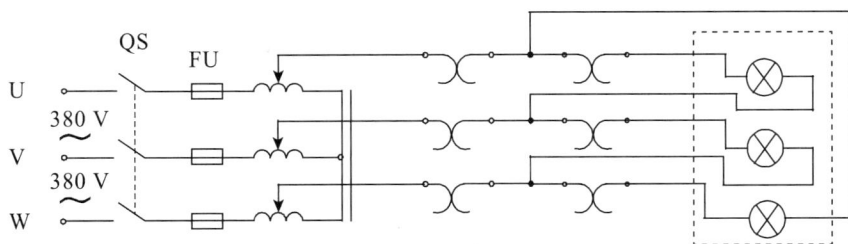

图 10-85　三相三线制供电

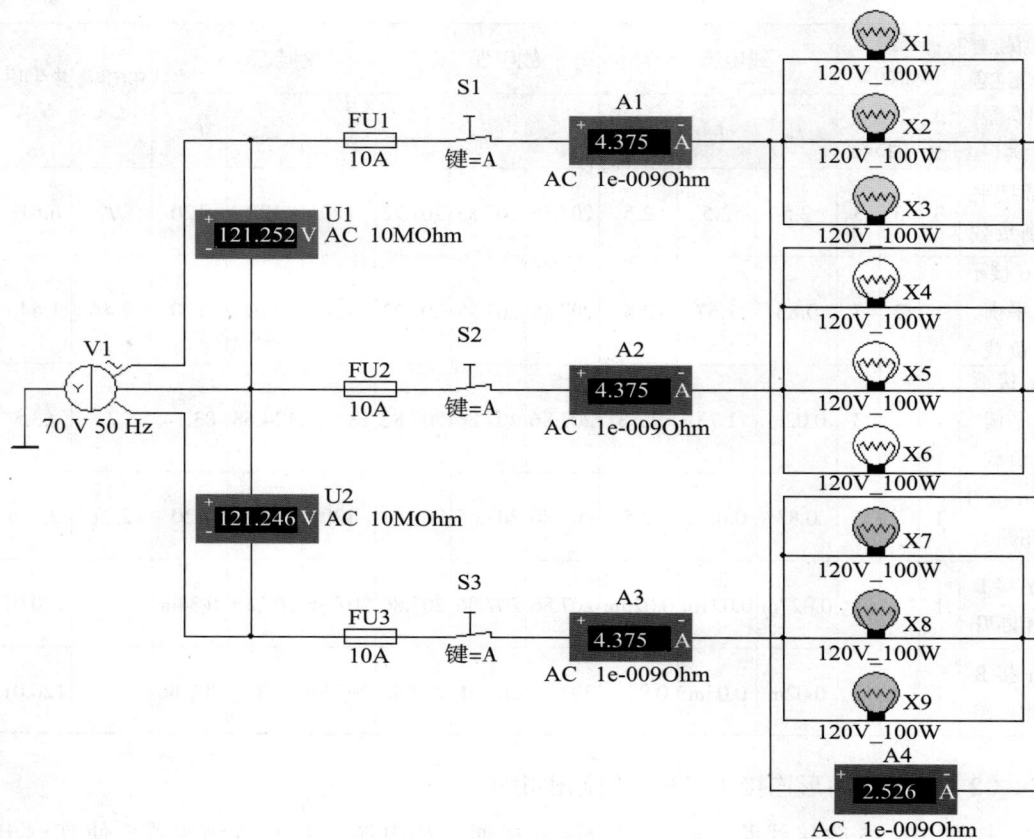

图 10-86　三相负载对称三相三线制三角形连接实验电路

分别测量三相负载的线电压、相电压、线电流、相电流，将所测得的数据记入表 10-27 中，并观察各相灯组亮暗的变化程度。

表 10-27　三相负载三角形连接实验数据

测量数据 负载情况	开 灯 盏 数			线电压 = 相电压 / V			线电流 / A			相电流 / A		
	AB相	BC相	CA相	U_{AB}	U_{BC}	U_{CA}	I_A	I_B	I_C	I_{AB}	I_{BC}	I_{CA}
三相 平衡	3	3	3	121.25	121.25	121.25	4.38	4.38	4.38	2.53	2.53	2.53
三相 不平衡	1	2	3	121.25	121.25	121.25	3.04	2.23	3.67	0.84	1.68	2.53

10.11　功率因数的测量

10.11.1　互感电路理论

图 10-87 为相序指示器电路，用以测定三相电源的相序 A，B，C（或 U，V，W）。它是由一个电容器和两个瓦数相同的白炽灯联接成的星形不对称三相负载电路。如果电容器所接的是 A 相，则灯光较亮的是 B 相，较暗的是 C 相。相序是相对的，任何一相均可作为 A 相，但 A 相确定后，B 相和 C 相也就确定了。

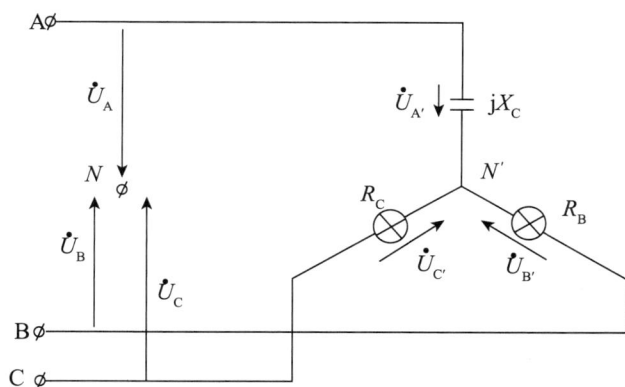

图 10-87　三相交流电路相序图

为了分析问题简单起见，设 $X_C = R_B = R_C = R$；$U_A = U_P \angle 0° = U_P$，则

$$U_{N'N} = \frac{U_P\left(-\dfrac{1}{jR}\right) + U_P\left(-\dfrac{1}{2} - j\dfrac{\sqrt{3}}{2}\right)\dfrac{1}{R} + U_P\left(-\dfrac{1}{2} + j\dfrac{\sqrt{3}}{2}\right)\dfrac{1}{R}}{-\dfrac{1}{jR} + \dfrac{1}{R} + \dfrac{1}{R}}$$

$$U_{B'} = U_B - U_{N'N}$$

$$= U_P\left(-\frac{1}{2} - j\frac{\sqrt{3}}{2}\right) - U_P\left(-0.2 + j0.6\right)$$

$$= U_P\left(-0.3 - j1.466\right)$$

$$= 1.49 \angle -101.6° U_P$$

$$U_{B'} = \sqrt{0.3^2 + 1.466^2}\,U_P = 1.49U_P$$

$$U_{C'} = U_C - U_{N'N}$$

$$= U_P\left(-\frac{1}{2} + j\frac{\sqrt{3}}{2}\right) - U_P(-0.2 + j0.6)$$

$$= U_P(-0.3 - j0.266)$$

$$= 0.4\angle -138.4°\,U_P$$

$$U_{C'} = \sqrt{0.3^2 + 0.266^2}\,U_P = 0.4U_P$$

由于 $U_{B'} > U_{C'}$，故 B 相灯光较亮。

10.11.2　电路仿真与分析

（1）相序的测定。按图 10-88 的实验电路接线，取 120 W/120 V 白炽灯两只，1 μF 电容器一只，经三相电压源接入电路，观察两只灯泡明亮状态，判断三相交流电源的相序。

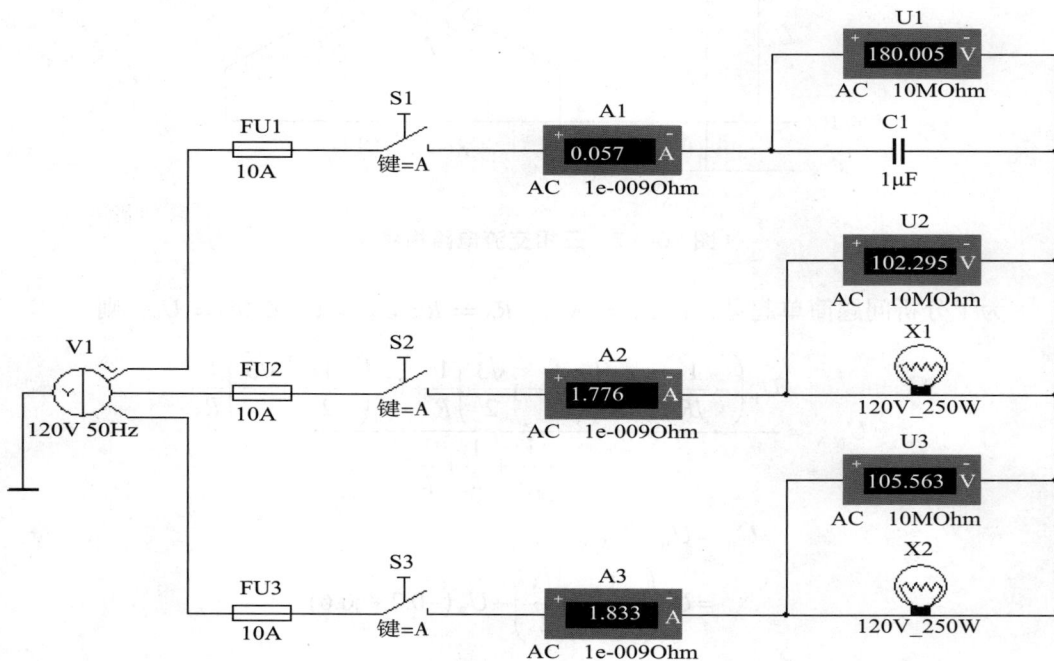

图 10-88　三相电源相序测定仿真电路

将电源线任意调换两相后再接入电路，观察两灯的明亮状态，判断三相交流电源的相序。

（2）电路功率 P 和功率因数 $\cos\varphi$ 的测定。按图 10-89 接线，接通电源，将输出电压调到 220 V，按表 10-28 所述开关合闸，记录表及其他各表的读数。

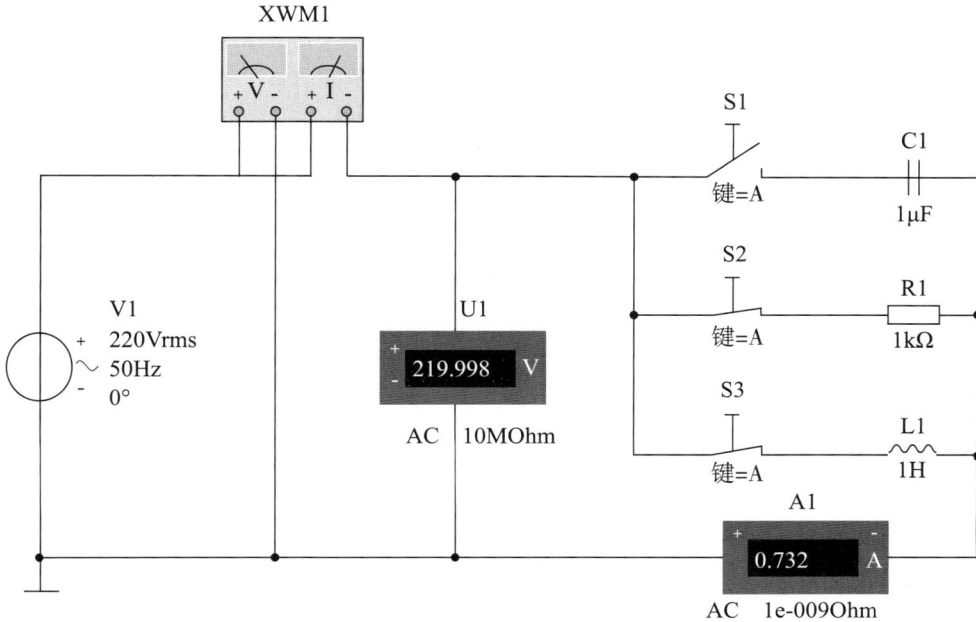

图 10-89　功率因数测量仿真电路

其中，XWM1 指瓦特计可以测量电路中的有功功率，同时也能测量电路中的功率因数，如图 10-90 所示。

图 10-90　瓦特计

分别断开和闭合各支路开关，将实验测量的电压、电流、功率、功率因数及功率因数计算值依次记录在表 10-28 中。

表 10-28　功率因数测量数据

按钮状态	测量值				计算值
	U/V	I/A	P/W	$\cos\varphi$	$\cos\varphi$
S1 合，S2、S3 开	220	0.069	4.839m	0	0
S2 合，S1、S3 开	220	0.22	48.406	1	1
S3 合，S1、S2 开	220	0.698	4.989m	0	0
S1、S2 合，S3 开	220	0.231	48.406	0.954	0.953
S2、S3 合，S1 开	220	0.732	48.416	0.301	0.303
S1、S3 合，S2 开	220	0.629	5.514	0	0
S1、S3、S2 合	220	0.666	48.406	0.330	0.334

思考题

1. 在 Multisim 中搭建一个简单的 RC 串联电路，如何设置信号源参数以观察到明显的暂态响应？改变电阻或电容值对暂态响应有何影响？

2. 利用 Multisim 设计一个三相异步电动机的正反转控制电路，在仿真过程中，若出现接触器误动作，可能是哪些参数设置错误导致的？如何排查？

3. 在 Multisim 里搭建照明电路，模拟灯具调光效果，使用电位器控制晶闸管的导通角来实现，若调光过程中出现闪烁现象，从电路和参数设置角度分析原因及解决方法。

4. 搭建一个包含多个运算放大器的复杂电路，利用 Multisim 进行仿真，如何准确测量各节点的电压和电流？若测量结果与理论值偏差较大，可能的原因有哪些？

5. 在 Multisim 中对一个含有变压器的电力传输电路进行仿真，如何设置变压器参数以实现高效的电压变换？若输出电压异常，应如何检查和调整？

6. 利用 Multisim 搭建一个电动机的降压启动电路，比较不同降压启动方式（如星三角、自耦变压器）在仿真中的启动电流和启动时间，分析哪种方式更适合特定的负载要求。

7. 在 Multisim 中搭建一个具有过流保护功能的照明电路，当电路出现过流时，保护装置应如何动作？如何通过仿真验证保护电路的可靠性？

8. 在 Multisim 中对一个工业自动化控制系统中的电动机控制电路进行仿真，如何添加传感器和执行器模型，以模拟实际运行情况，若仿真过程中出现系统不稳定，应如何优化？

参考文献

[1] 冯强. 电工实训指导书 [M]. 成都：电子科技大学出版社, 2016.

[2] 张士传. 维修电工实训指导书 [M]. 南宁：广西人民出版社, 2013.

[3] 郑清兰, 陈寿坤. 电工电子实训与电工考证指导书 [M]. 北京：北京理工大学出版社, 2017.

[4] 段永杰, 向俊成. 电工技术实验与综合实训指导书 [M]. 成都：西南交通大学出版社, 2014.

[5] 郑凯. 电气控制与 PLC 技术及其应用：西门子 S7-200 系列 [M]. 成都：西南交通大学出版社, 2019.

[6] 廖常初. PLC 编程及应用 [M].3 版. 北京：机械工业出版社, 2013.

[7] 赵全利, 李会萍. Multisim 电路设计及仿真 [M]. 北京：机械工业出版社, 2016.

[8] 张新喜. Multisim14 电子系统仿真与设计 [M]. 北京：机械工业出版社, 2017.